集成电路科学与工程系列教材

数字电路与系统

（第4版）

唐　洪　戚金清　主编

龚晓峰　秦　攀　黄正兴　邹德岳　陈晓明　编

電子工業出版社

Publishing House of Electronics Industry

北京 · BEIJING

内 容 简 介

数字电子技术是信息、通信、计算机、控制等领域工程技术人员必须掌握的基本理论和技能。本书内容主要包括：数字逻辑基础，逻辑门电路，逻辑代数基础，组合逻辑电路，触发器，时序逻辑电路，脉冲波形的产生与变换，数字系统设计基础，数模与模数转换，半导体存储器及可编程逻辑器件，硬件描述语言 Verilog HDL 等。全书包含大量例题和习题，便于学生理解所学概念。

本书不仅是一本面向信息与电气大类专业的本科生基础课教材，而且是电类工程技术人员的合适参考用书。

图书在版编目 (CIP) 数据

数字电路与系统 / 唐洪，戚金清主编. —4 版. —北京：电子工业出版社，2023.3
ISBN 978-7-121-45149-2

Ⅰ. ①数… Ⅱ. ①唐… ②戚… Ⅲ. ①数字电路－系统设计 Ⅳ. ①TN79

中国国家版本馆 CIP 数据核字（2023）第 037926 号

责任编辑：窦　昊
印　　刷：北京雁林吉兆印刷有限公司
装　　订：北京雁林吉兆印刷有限公司
出版发行：电子工业出版社
　　　　　北京市海淀区万寿路 173 信箱　　邮编：100036
开　　本：787×1092　1/16　印张：20.25　字数：518.4 千字
版　　次：2007 年 1 月第 1 版
　　　　　2023 年 3 月第 4 版
印　　次：2023 年 3 月第 1 次印刷
定　　价：45.00 元

凡所购买电子工业出版社图书有缺损问题，请向购买书店调换。若书店售缺，请与本社发行部联系，联系及邮购电话：（010）88254888，88258888。

质量投诉请发邮件至 zlts@phei.com.cn，盗版侵权举报请发邮件至 dbqq@phei.com.cn。

本书咨询联系方式：（010）88254466，douhao@phei.com.cn。

第 4 版序

本书是在《数字电路与系统》第 1、2、3 版的基础上修订而成的。经过总结近年来使用本书的教学和学习经验，对本书的章节、部分内容、部分习题进行调整、增删和修改。为了保持数字电路基本知识和基础理论的连贯性，同时适应信息科学的迅速发展，本书保留了有关数制、逻辑代数、触发器原理、组合逻辑电路、时序逻辑电路、模数转换与数模转换等原有的基本内容。

本书在前版基础上的具体修改包括：（1）全书的章节结构进行调整。将数字电路基础与数字逻辑整合在一起。将数字系统设计、数模转换、半导体存储器与可编程逻辑器件等章节进行了结构调整，更加符合教学的逻辑关系。（2）更新了 Verilog HDL 的软件使用介绍。（3）修改了全书的印刷错误。（4）全书各章增加或修订了部分例题及习题。

目录中有“*”号的部分是建议作为选讲的内容。在学时较少的情况下，可以删减这些内容。删去这些内容不会影响本书理论体系的完整性和内容的连贯性。

参加本次修订工作的人员包括：戚金清（第 2、4、8 章），唐洪（第 1、3 章），龚晓峰（第 3 章），秦攀（第 5、6 章），黄正兴（第 7 章），邹德岳（第 9 章），陈晓明（第 10 章）。全书由唐洪统稿、定稿。作者向参与原书写作的王兢、王洪玉、王开宇、李小兵和高仁璟老师表示衷心的感谢，向为本课程教学大纲提出宝贵意见的蔡惟曾教授表示真诚的感谢，向大连理工大学电子信息与电气工程学部领导给予的关怀和支持表示感谢，向电子工业出版社窦昊编辑以及帮助本书修改、出版、发行的同事们致以诚挚的谢意。

修订后的教材一定还会存在一些不妥和不完善之处，恳求读者批评指正。

编　者

目 录

第1章　数字逻辑基础

1.1　概述

21世纪是信息化、数字化时代。数字技术的迅猛发展和普及，不断改变着人们的生产、生活方式。大到国家的各个行业领域，小到个人生活的方方面面，数字技术与我们息息相关。“数字电路与系统”这门课程就是研究数字电路、数字系统设计及其在各学科领域应用的一门科学。一个典型数字系统的结构如图1.1所示。传感器感知微弱的模拟信号，经过放大后，由模数转换电路（Anolog to Digital Conventer，ADC）变成数字信号。数字处理器在控制器指定的状态下对输入的数字信号进行处理，将中间结果存于存储器中，向控制器反馈控制变量。控制器根据控制输入和反馈的控制变量，决定转换到下一个状态。数据处理器将处理结果经模数转换电路（Digital to Anolog Conventer，DAC）变成模拟信号，传输到执行机构。图1.1的示例高度概括了本门课程的知识体系。设计数字系统用到的知识包括：数码的表示、逻辑代数、组合逻辑电路、时序逻辑电路、模数转换电路与数模转换电路、脉冲产生电路、存储器和系统设计方法。在应用可编程逻辑器件后，组合逻辑电路、时序逻辑电路不再由独立的模块实现，而是由用户编制一定的程序实现。此举不但提高了系统性能，还将数字系统的设计、安装和调试融为一体，大大缩短了数字系统的研制周期，降低了成本。

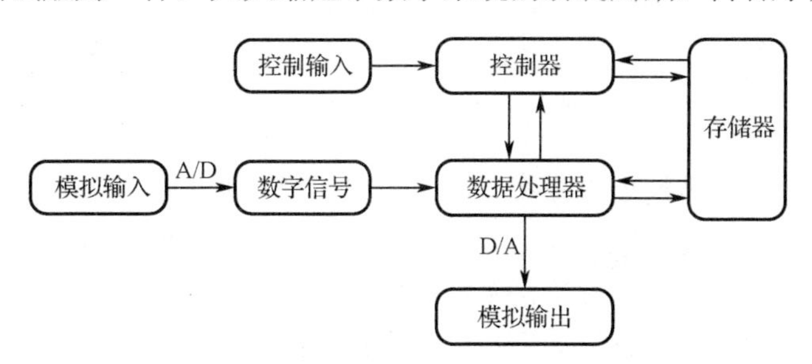

图1.1　典型数字系统的结构

数字系统既可以接收模拟信号，也可以接收数字信号。模拟信号在时间域是连续变化的，其幅度是一定范围的任意实数值。人们称这些连续变化的物理量为模拟量。表示模拟量的信号就是模拟信号。比如，某一天的气温是一个模拟信号，如图1.2(a)所示。气温在凌晨达到最低值，随后逐渐升高；在午后达到最高值，随后逐渐下降。图1.2(b)显示了人体的心电信号，是将一对电极片贴于人体体表的特定位置，测量电极之间的电压获得的。一般情况下，传感器输出微弱的电压或电流信号，经过滤波、放大后，进行模数转换，得到数字信号。

自然界或工程界中除了模拟量，还有一些物理量在幅度上是离散的，它们的幅度只是有限集合中的某一个。这样的物理量称为数字量。表示数字量的信号称为数字信号。比如，表示开关状态的物理量是数字信号，有“开”和“关”两个值；电灯的状态是数字信号，有“亮”和“灭”两个值；二极管的工作状态是数字信号，只能是“导通”和“截止”两个状态。算盘是中国古代的计算工具。算盘表示的数值是数字信号，因为算盘上每个算珠的位置是有限的，表示的数值精度也是有限的。除了自然界的数字信号，人们在科学研究或工程实施中常常人为地制造出数字信号。比如，汉字的数量是有限的，如果对汉字进行编码，那么编码一定是数字信号。通信中的数字调制信号，信号的发送端每次发射的符号是有限符号集中的某一个。QPSK 每次发送 4 个符号中的一个，16QAM 每次发送 16 个符号中的一个。图 1.3 给出了几个数字信号的示例。

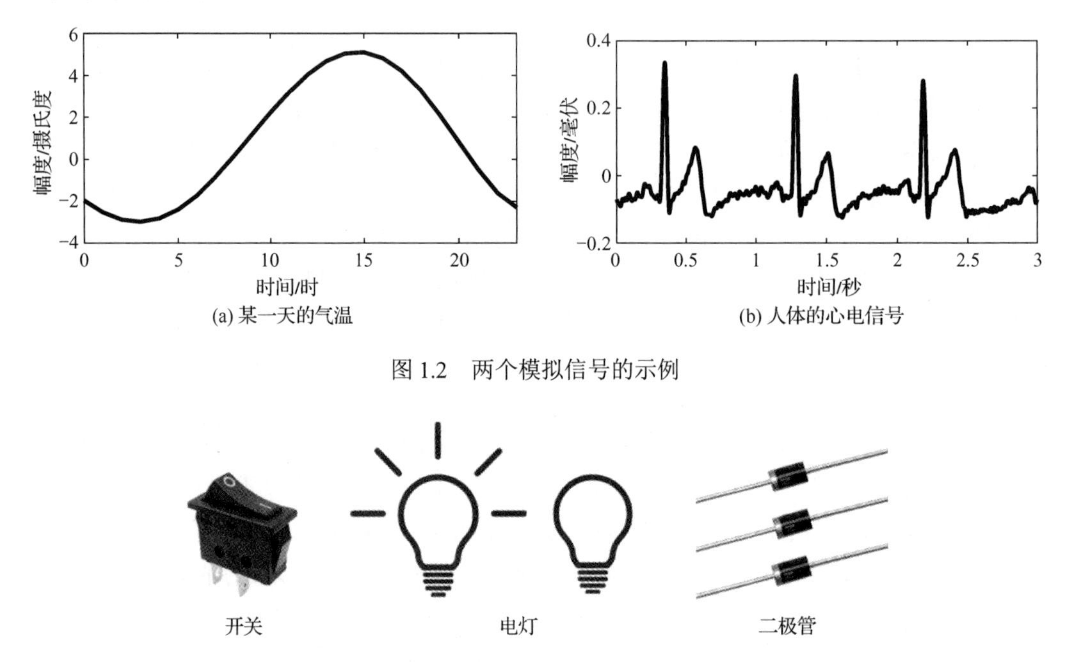

图 1.2　两个模拟信号的示例

图 1.3　几个数字信号的示例

模拟电路中的各个环节均处理模拟信号。构成模拟电路的元器件主要有电阻、电容、电感。随着制造工艺的进步，20 世纪初成功地制造出电子管，从此模拟电路能够完成功率放大、振荡产生等功能。结合模拟电路理论，模拟电路可进行算术运算、微积分运算，以至于最终造出了模拟计算机，实现了当时人们进行计算机仿真的愿望。然而，随着科技的飞速发展，许多军用和民用科学研究迫切需要进行大量快速计算，模拟计算机表现出显著的局限性，不能满足日益增长的需求。

数字技术早在 19 世纪末就已经有了工程应用，比如电报就是一个简单的二值数字系统。1846 年，英国数学家布尔（George Boole）创立了布尔代数，从此数字逻辑电路有了分析方法和设计方法，为数字技术的发展奠定了理论基础。数字电路最初也经历了电子管时期，由电子管的导通和截止来表示数字信号。从 20 世纪 60 年代开始，由于半导体制造工艺的突破，晶体管诞生了。由于晶体管具有体积小、功耗低、工作速度快、工作寿命长等特点，数字电路的体积大大缩小，有了小规模数字电路。从此，数字电路的发展进入快车道。到了 70 年代末，出现了集成电路，可以把成千上万的晶体管、电阻等元器件制造在一块面积很小的芯片上，并且价格大幅度下降、性能大幅度上升，数字技术开始进入国民经济的各行各业中。进入 20 世纪 80 年代，大规模、超大规模集成电路的生产技术成熟，工作性能等指标取得突破性进展，微处理器诞生，除了在各学科领域得到广泛使用，还深入到人们生活的各个方面。进入 21 世纪，数字技术和产品成为人们生活中不可缺少的一部分，比如微型计算机、笔记本电脑、智能手机、数码照相机。这些数字产品与人们朝夕相处，形影不离。数字技术伴随着人类迈进信息社会的每一个步伐。

环顾我们身边的各种电路与系统，可以发现，很少有系统是由全模拟电路构成的，也很少有由系统是全数字电路构成的。一般地，在一个系统中，模拟电路与数字电路各司其职、紧密配合，共同完成设计者指定的任务。如图 1.1 所示，模拟电路与数字电路的联系纽带是模数转换、数模转换。因此，有人形象地将模拟电路、模数转换（数模转换）、数字电路三者之间的关系比喻成一个鸡蛋。模拟电路像蛋壳，数字电路像蛋黄，而模数转换（数模转换）像介于蛋壳与蛋黄之间的蛋清。三者紧密联系在一起，完成设计给定的任务，如图 1.4 所示。

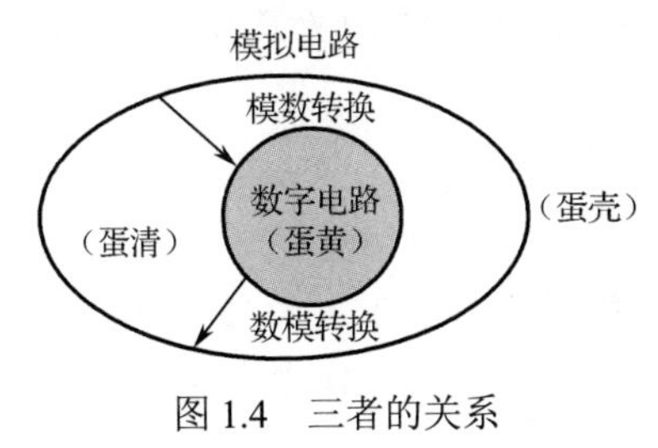

图 1.4　三者的关系

1.2　数制与编码

按照进位规则进行计数，即进位的制度，称为数制。一个数制所含数字符号的个数称为该数制的基数（radix）。人们在日常生活中使用的是十进制，有时也采用十二进制、二十四进制、六十进制，比如用于计时的时钟等。在数字系统中多采用二进制，有时也采用八进制或十六进制。

1．十进制（Decimal）

十进制有 10 个数字符号 0, 1, 2, 3, 4, 5, 6, 7, 8, 9，基数为 10，逢 10 进 1，即 9 + 1 = 10。任何一个十进制数都可以用这 10 个代码按一定规律排列起来表示。一个数的大小由它的数码大小和数码所在的位置决定。每个数码所处的位置称为“权”。权由基数的乘方表示，十进制数的权由10^0，10^1，10^2，…以及10^{-1}，10^{-2}，10^{-3}，…表示。例如 8596.41 按权展开为

$$(8596.41)_{10} = 8\times10^3 + 5\times10^2 + 9\times10^1 + 6\times10^0 + 4\times10^{-1} + 1\times10^{-2}$$

数字电路的计数规则一般不直接采用十进制，因为构成计数电路的基本思路是把电路的状态与数码对应起来，如果采用十进制，则需要有 10 个不同的电路状态来与之对应，会使数字电路的结构复杂、错误概率增大、工作可靠性变差。数字电路通常采用二进制进行计数。

2．二进制（Binary）

二进制的基数为 2，只有两个数码 0 和 1，逢 2 进 1，即 1 + 1 = 10。二进制数各位的权为基数 2 的乘方（见表 1.1）。

表 1.1　二进制数的权

二进制位数	权	十进制表示	二进制位数	权	十进制表示	二进制位数	权	十进制表示
12	2^{11}	2048	6	2^5	32	−1	2^{-1}	0.5
11	2^{10}	1024	5	2^4	16	−2	2^{-2}	0.25
10	2^9	512	4	2^3	8	−3	2^{-3}	0.125
9	2^8	256	3	2^2	4	−4	2^{-4}	0.062 5
8	2^7	128	2	2^1	2	−5	2^{-5}	0.031 25
7	2^6	64	1	2^0	1	−6	2^{-6}	0.015 625

二进制数$(101101.101)_2$可表示为

$$(101101.101)_2 = 1\times 2^5 + 1\times 2^3 + 1\times 2^2 + 1\times 2^0 + 1\times 2^{-1} + 1\times 2^{-3}$$

数字电路中通常采用二进制，因为二进制数只有 0 和 1 两个数码，正好对应于低电平和高电平两种电路状态。

3．八进制（Octal）

八进制的基数为 8，有 8 个数码 0, 1, 2, 3, 4, 5, 6, 7，逢 8 进 1，即 7+1=10。八进制数各位的权为基数 8 的乘方。例如，八进制数$(374.25)_8$按权展开为

$$(374.25)_8 = 3\times 8^2 + 7\times 8^1 + 4\times 8^0 + 2\times 8^{-1} + 5\times 8^{-2}$$

4．十六进制（Hexadecimal）

十六进制的基数为 16，有 16 个数码 0, 1, 2, 3, 4, 5, 6, 7, 8, 9, A, B, C, D, E, F，其中 A～F 分别表示 10～15，逢 16 进 1，即 F+1=10。十六进制各位的权为 16 的乘方。例如，十六进制数$(\mathrm{D5E8.A3})_{16}$按权展开为

$$(\mathrm{D5E8.A3})_{16} = 13\times 16^3 + 5\times 16^2 + 14\times 16^1 + 8\times 16^0 + 10\times 16^{-1} + 3\times 16^{-2}$$

5．任意进制

r 进制的基数为 r，有 r 个数码 0, 1, 2, …, $(r-1)$，逢 r 进 1。r 进制各位的权为 r 的乘方。一个 r 进制数 N 可以按权展开为

$$\begin{aligned}(N)_r &= k_{n-1}r^{n-1} + k_{n-2}r^{n-2} + \cdots + k_1r^1 + k_0r^0 + k_{-1}r^{-1} + k_{-2}r^{-2} + \cdots + k_{-m}r^{-m} \\ &= \sum_{i=-m}^{n-1} k_i r^i\end{aligned}$$

式中，n 为整数部分的位数，m 为小数部分的位数，r^i 为各位的权，k_i 为系数，是各位的数码。注意，整数部分从右向左第 n 位的权为 r^{n-1}，系数为 k_{n-1}；小数部分从左向右第 m 位的权为 r^{-m}，系数为 k_{-m}。

例如，七进制数$(345.61)_7$按权展开为

$$(345.61)_7 = 3\times 7^2 + 4\times 7^1 + 5\times 7^0 + 6\times 7^{-1} + 1\times 7^{-2}$$

表 1.2 列出十进制数 0～17 及其对应的二进制、八进制和十六进制数。

表 1.2　几种数制之间的关系对照表

十进制数	二进制数	八进制数	十六进制数
0	00000	0	0
1	00001	1	1
2	00010	2	2
3	00011	3	3
4	00100	4	4
5	00101	5	5
6	00110	6	6
7	00111	7	7
8	01000	10	8
9	01001	11	9
10	01010	12	A
11	01011	13	B
12	01100	14	C
13	01101	15	D
14	01110	16	E
15	01111	17	F
16	10000	20	10
17	10001	21	11

6. 任意进制数转换成十进制数

可以看出，各种进制的数按权展开就完成了其他进制向十进制数的转换。

【例 1.1】将二进制数$(101011.011)_2$转换为十进制数。

解：$(101011.011)_2 = (1\times 2^5 + 1\times 2^3 + 1\times 2^1 + 1\times 2^0 + 1\times 2^{-2} + 1\times 2^{-3})_{10} = (43.375)_{10}$

【例 1.2】将八进制数$(1047.5)_8$转换为十进制数。

解：$(1047.5)_8 = (1\times 8^3 + 4\times 8^1 + 7\times 8^0 + 5\times 8^{-1})_{10} = (551.625)_{10}$

【例 1.3】将十六进制数$(A6.C)_{16}$转换为十进制数。

解：$(A6.C)_{16} = (10\times 16^1 + 6\times 16^0 + 12\times 16^{-1})_{10} = (166.75)_{10}$

7. 十进制数转换成任意进制数

转换原则如下：将十进制数的整数部分除以 r 取余数，直到商为 0，将余数逆序排列，得到 r 进制数的整数部分；将十进制数的小数部分乘以 r，取出乘积的整数部分，剩下的小数部分继续乘以 r，直到满足精度要求为止，将乘积的整数部分顺序排列获得 r 进制数的小数部分。

【例 1.4】将十进制数 45.28 转换成二进制数（取 4 位小数）。

解：

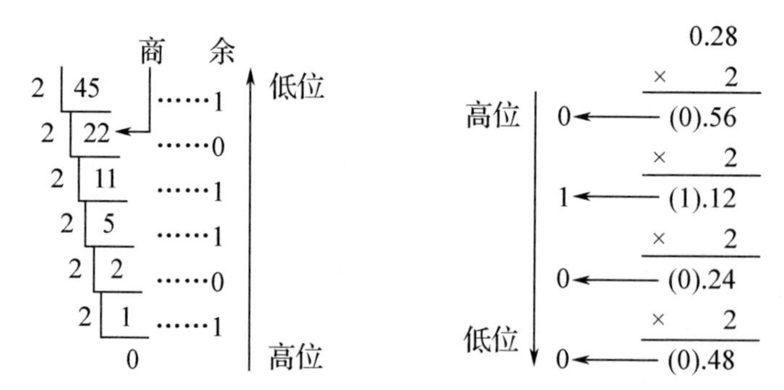

所以$(45.28)_{10} = (101101.0100)_2$。

【例 1.5】 将十进制数 348.27 转换成八进制数（取两位小数）。

解：

8 | 348 ……4 ↑ 低位
8 | 43 ……3
8 | 5 ……5 高位
0

0.27
× 8
高位 2 ← (2).16
× 8
低位 1 ← (1).28

所以$(348.27)_{10} = (534.21)_8$。

【例 1.6】 将十进制数 4021.78 转换成十六进制数（取两位小数）。

解：

16 | 4021 ……5 ↑ 低位
16 | 251 ……11
16 | 15 ……15 高位
0

0.78
× 16
468
78
高位 12 ← (12).48
× 16
288
48
低位 7 ← (7).68

所以 $(4021.78)_{10} = (\mathrm{FB5.C7})_{16}$。

8．二进制数与八进制数间的转换

八进制数的基数 8 是 2 的幂，即 $8 = 2^3$，因此可用 3 位二进制数表示一位八进制数。将二进制数转换成八进制数时，以小数点为界，向左、右两侧每 3 位分成一组（不够 3 位添 0），每组转换为一位八进制数。

【例 1.7】 将二进制数$(10111101.1101)_2$转换成八进制数。

解： $(\underline{010}\ \underline{111}\ \underline{101}.\underline{110}\ \underline{100})_2 = (275.64)_8$

【例 1.8】 将八进制数$(3641.256)_8$转换成二进制数。

解： $(3641.256)_8 = (\underline{11}\ \underline{110}\ \underline{100}\ \underline{001}.\underline{010}\ \underline{101}\ \underline{11})_2$

9. 二进制数与十六进制数间的转换

十六进制数的基数 16 是 2 的幂，即 $16 = 2^4$，因此可用 4 位二进制数表示 1 位十六进制数。将二进制数转换成十六进制数时，以小数点为界，向左、右两侧每 4 位分成一组（不够 4 位添 0），每组转换为一位十六进制数。

【例 1.9】 将二进制数$(101110110100100.1111011)_2$转换成十六进制数。

解： $(\underline{0101}\ \underline{1101}\ \underline{1010}\ \underline{0100}.\underline{1111}\ \underline{0110})_2 = (5DA4.F6)_{16}$

【例 1.10】 将十六进制数$(B2E.57)_{16}$转换成二进制数。

解： $(B2E.57)_{16} = (\underline{1011}\ \underline{0010}\ \underline{1110}.\underline{0101}\ \underline{0111})_2$

八进制数和十六进制数书写比二进制数方便，而且很容易与二进制数相互转换，因此，在数字电路中有时也使用八进制或十六进制。

10. 二-十进制代码

若被编码的信息量为 M，用于编码的二进制数为 n 位，则有 $n \geqslant \log_2(M)$，即 $2^n \geqslant M$。如果用二进制对 0～9 这 10 个十进制数进行编码，令二进制数的位数为 n，则有 $n \geqslant \log_2(10)$，应取 $n = 4$。

用 4 位二进制数对 1 位十进制数进行编码，这种编码称为二-十进制代码（Binary Coded Decimal，BCD）。这种编码的方法有多种，常用的几种 BCD 码列于表 1.3 中。最常用的是 8421BCD 码，使用 0000～1001 这 10 个 4 位二进制数，依次表示 10 个十进制数，其中 1010～1111 为禁用码。8421BCD 码保持了二进制数位权的特点，为有权码。此外，2421BCD 码、4221BCD 码、5421BCD 码等也是有权码，而余 3 码是一种偏移码，是由 8421BCD 码加 3 后得到的。从表 1.3 可以看出，余 3 码的主要特点是：0 与 9、1 与 8、2 与 7、3 与 6、4 与 5 各组数中两数之和均为 1111，即各组数中两数互为反码。

8421BCD 码与十进制之间的转换是直接完成的，例如，

$$(0101\ 1000\ 0111.1001\ 0000\ 0100)_{8421BCD} = (587.904)_{10}$$

$$(3462.58)_{10} = (0011\ 0100\ 0110\ 0010.0101\ 1000)_{8421BCD}$$

注意，“8421BCD”作为下标应明确标注，不能省略；否则与二进制数混淆了。另外，8421BCD码不能直接转换成二进制数，要先将其先转换成十进制数，再由十进制数转换成二进制数。

11. 格雷码

格雷码（Gray Code）有许多种，表1.4给出了典型格雷码的编码顺序。各种格雷码的共同特点是任意两个相邻码之间只有一位不同。在典型的 n 位格雷码中，0 和最大数 2^n-1 之间只有一位不同，所以它是一种循环码。格雷码的这个特点使它在传输过程中引起的误差较小。例如，7 的二进制码为 0111，8 的二进制码为 1000。在 7 和 8 的边界上，二进制的 4 位数都发生变化。而格雷码中 7 为 0100，8 为 1100，在二者边界上仅存在一位发生变化，带来的误差不会大于 1（即 7 和 8 之差）。

表 1.3 常用的几种 BCD 码

十 进 制	二 进 制	8421BCD	2421BCD	4221BCD	5421BCD	余 3 码
0	0000	0000	0000	0000	0000	0011
1	0001	0001	0001	0001	0001	0100
2	0010	0010	0010	0010	0010	0101
3	0011	0011	0011	0011	0011	0110
4	0100	0100	0100	0110	0100	0111
5	0101	0101	0101	0111	1000	1000
6	0110	0110	0110	1100	1001	1001
7	0111	0111	0111	1101	1010	1010
8	1000	1000	1110	1110	1011	1011
9	1001	1001	1111	1111	1100	1100

表 1.4 格雷码

十 进 制	二 进 制	格 雷 码	十 进 制	二 进 制	格 雷 码
0	0000	0000	8	1000	1100
1	0001	0001	9	1001	1101
2	0010	0011	10	1010	1111
3	0011	0010	11	1011	1110
4	0100	0110	12	1100	1010
5	0101	0111	13	1101	1011
6	0110	0101	14	1110	1001
7	0111	0100	15	1111	1000

12．字符代码

在数字系统中，0 和 1 不仅可以代表数，它们的组合还可以表示字母和符号的代码。ASCII 码就是一种常见的字符代码。ASCII 码就是美国信息交换标准码（American Standard Code for Information Interchange）。ASCII 码一般有7 位信息码，不同的字符组合代表不同的含义。如 0001101 为信息 CR（Carriage Return，回车），1111111 为信息 DEL（Delete，删除），1000001 为信息 A，0100101 为信息%，等等。

13．二进制代码的表示法

原码：一个二进制代码的原码是其本身。

反码：把一个二进制代码的原码逐位求反，即 1 变为 0、0 变为 1，就得到该二进制代码的**反码**。显然，n 位二进制数 N 的反码等于 n 位最大数（n 个 1）与其原码之差：

$$(N)_{反} = 2^n - 1 - N$$

补码：将一个二进制代码的反码最低有效位加 1，就得到该二进制代码的**补码**。一个 n 位二进制数 N，其补码$(N)_{补}$的定义为

$$(N)_{补} = 2^n - N$$

二进制数的补码可以直接从其原码求得，方法是：二进制数低位（包括小数部分）的右边第一个 1 保持不变（包含此 1），向左依次求反。

反码的反码为原码，补码再求补为原码。

【例 1.11】 求二进制代码 11001 的原码、反码、补码

解： 二进制代码的原码是该代码本身，即 $(11001)_{原码}=11001$

二进制代码的反码是代码各位依次求反，即 $(11001)_{反码}=00110$

二进制代码的补码是代码的反码末位加 1，即 $(11001)_{补码}=00111$

14．带符号二进制数的表示法

一个二进制数可以表示为正数或负数，方法是在二进制数最高位之前加一个符号位，用 0 表示正数，1 表示负数，通常用逗号将符号位隔开。

二进制正数表示法。正数的原码表示法、反码表示法和补码表示法相同，均为符号位 0 加二进制数本身（即原码）。例如，$(+37)_{10}=0,100101$。

二进制负数表示法。对于负数，三种表示方法不同，规则如下：原码表示法，符号位 1 加原码；反码表示法，符号位 1 加反码；补码表示法，符号位 1 加补码。

例如，37 的二进制数为 100101，(−37)的三种二进制表示法分别如下。

原码表示法：(1,100101)；反码表示法：(1,011010)；补码表示法：(1,011011)。

*15．带符号二进制数的运算

在数字电路系统中，为了简化运算电路，减法运算用补码相加来完成，乘法运算用加法和移位来实现，除法运算用减法和移位来完成。因此，加法运算是数字电路的基本运算单元。例 1.12 到例 1.14 说明了如何利用补码运算将减法转化为加法来完成计算。

【例 1.12】 用二进制补码运算 $(1101)_2-(1010)_2$。

解： 采用补码运算，首先化为带符号数相加的形式：

$$(1101)_2-(1010)_2=(0,1101)_2+(1,1010)_2$$

对两数求补：

$$[(0,1101)_2]_{补}=0,1101 \qquad [(1,1010)_2]_{补}=1,0110$$

然后两个补码相加并舍去进位：

$$0,1101+1,0110=(1)\,0,0011=0,0011$$

这仍是计算结果的补码形式。对此结果再求一次补，得到计算结果的原码：

$$(0,0011)_{补}=0,0011$$

所以 $(1101)_2-(1010)_2=(0,0011)_2$。

【例 1.13】 用二进制补码运算 $(13)_{10}-(25)_{10}$。

解： $(13)_{10}$ 表示成补码为 $(0,01101)_2$，$(-25)_{10}$ 表示成补码为 $(1,00111)_2$

两个补码相：加$(0,01101)_2+(1,00111)_2=(1,10100)_2$

这仍是计算结果的补码形式。对此计算结果再求一次补

$$(1,10100)_{补}=(1,01100)_2=(-12)_{10}$$

【例1.14】 用二进制补码运算 $(-13)_{10}-(25)_{10}$。

解： $(-13)_{10}$表示成补码为$(1,10011)_2$，$(-25)_{10}$表示成补码为$(1,00111)_2$

两个补码相加：$(1,10011)_2+(1,00111)_2=(10,11010)_2$。由于两个被加数都是6位的（包括符号位），运算结果也应该是6位的。所以，$(10,11010)_2$的最高位溢出，运算结果为$(0,11010)_2$。此数是一个正数，显然运算结果是错误的。

$(-13)_{10}-(25)_{10}$的运算结果应该是$(-38)_{10}$。用二进制表示至少用7位数字（包括符号位）。可见，出错的原因是参与运算的字长不足。解决办法是，增加字长，在两个被加数的原码最高位加一个0，再按相同方法继续运算，过程如下。

用7位数字表示$(-13)_{10}$，原码为$(1,001101)_2$，补码为$(1,110011)_2$。同理，$(-25)_{10}$的原码为$(1,011001)_2$，补码为$(1,100111)_2$。两个补码相加：$(1,110011)_2+(1,100111)_2=(11,011010)_2$，高位溢出后为$(1,011010)_2$。

这仍是计算结果的补码形式。对此计算结果再求一次补:

$$(1,011010)_{2补}=(1,100110)_2=(-38)_{10}$$

1.3 逻辑代数与运算法则

数字电路使用二进制，即电路中的信号变量均为二值变量，只能有0和1两种取值。逻辑代数描述了二值变量的运算规律，它是英国数学家布尔（George Boole）于19世纪中叶在他的著作《逻辑的数学分析》及《思维规律》中提出的，也称为布尔代数。逻辑代数是按逻辑规律进行运算的代数，是分析和设计数字逻辑电路不可缺少的基础数学工具。本章主要讨论逻辑代数的运算法则、基本规则以及逻辑函数的化简方法。

1.3.1 基本逻辑运算

逻辑代数中的变量只有0和1两种取值，逻辑函数的输入变量可以有多个，输出变量为一位。逻辑代数基本运算包括“与”“或”“非”三种运算。

“与”运算也称为逻辑乘，用“·”表示，分别为$0\cdot0=0$，$0\cdot1=0$，$1\cdot0=0$，$1\cdot1=1$。两个逻辑变量的“与”运算表示为

$$F=A\cdot B$$

A、B分别为逻辑变量。n个变量的“与”运算表示为

$$F=A_1\cdot A_2\cdots A_n$$

“或”运算也称为逻辑加，用“+”表示，分别为$0+0=0$，$0+1=1$，$1+0=1$，$1+1=1$。两个逻辑变量的“或”运算表示为

$$F=A+B$$

A、B 分别为逻辑变量。n 个变量的“或”运算表示为

$$F = A_1 + A_2 + \cdots + A_n$$

“非”运算也称为反相运算，即 $\overline{0} = 1$，$\overline{1} = 0$。“非”运算表示为

$$F = \overline{A}$$

A 为逻辑变量。

1.3.2　逻辑代数的基本定律

（1）交换律：$A \cdot B = B \cdot A$，$A + B = B + A$。
（2）结合律：$A(BC) = (AB)C$，$A + (B + C) = (A + B) + C$。
（3）分配律：$A(B + C) = AB + AC$，$A + BC = (A + B)(A + C)$。
（4）01 律：$1 \cdot A = A$，$1 + A = 1$，$0 \cdot A = 0$，$0 + A = A$。
（5）互补律：$A \cdot \overline{A} = 0$，$A + \overline{A} = 1$。
（6）重叠律：$A \cdot A = A$，$A + A = A$。
（7）还原律：$\overline{\overline{A}} = A$。
（8）反演律，即摩根定理（De. Morgan Theorems）：$\overline{A \cdot B} = \overline{A} + \overline{B}$，$\overline{A + B} = \overline{A} \cdot \overline{B}$。
可以用真值表证明上述定律的正确性。

1.3.3　逻辑代数的基本规则

代入规则。在任何一个逻辑代数等式中，如果等式两边出现的某一变量都用同一个逻辑函数代替，则等式依然成立。

例如，用代入规则证明摩根定理也适用于多变量的情况。已知 $\overline{A \cdot B} = \overline{A} + \overline{B}$，将$(BC)$代入等号左边 B 的位置，有 $\overline{A \cdot (BC)} = \overline{A} + \overline{BC} = \overline{A} + \overline{B} + \overline{C}$。同样，已知 $\overline{A + B} = \overline{A} \cdot \overline{B}$，将$(B + C)$代入等号左边 B 的位置，有 $\overline{A + (B + C)} = \overline{A} \cdot \overline{B + C} = \overline{A} \cdot \overline{B} \cdot \overline{C}$。

再如，由 01 律，已知 $1 + A = 1$，则有 $1 = 1 + A = 1 + A + B + C + ABC + DE \cdots$，即 1 可以吸收或扩展出任意的或项。

反演规则。设 F 为逻辑函数，如果将该函数表达式中所有的“与”（·）换成“或”（+），“或”（+）换成“与”（·）；“0”换成“1”，“1”换成“0”；原变量换成反变量，反变量换成原变量，则所得到的逻辑函数即 F 的反函数，表达式为 $\overline{F}$。

若函数 F 成立，其反函数 $\overline{F}$ 也成立，同时有 $\overline{\overline{F}} = F$。
运用反演规则时要注意以下两点：
（1）运算优先顺序不变；
（2）不是单一变量上的反号保持不变。

【例 1.15】 已知 $F = A(B + \overline{C}) + CD$，求 $\overline{F}$。

解：

$$\overline{F} = (\overline{A} + \overline{B}C)(\overline{C} + \overline{D})$$

【例 1.16】 已知 $G=\overline{\overline{(\overline{W}+X)\overline{Y}}\cdot Z}+\overline{X}$，求 $\overline{G}$。

解：

$$\overline{G}=\overline{\overline{(W\overline{X}+Y}+\overline{Z})}\cdot X$$

对偶规则。若 F 为逻辑函数，如果将该函数表达式中所有“与”$(\cdot)$ 换成“或”$(+)$，“或”$(+)$ 换成“与”$(\cdot)$；“0”换成“1”，“1”换成“0”，则所得到的逻辑函数即 F 的对偶式，表达式为 F'。若 F 成立，则 F' 也成立，同时有 $(F')'=F$。

利用对偶规则可以使要证明的公式数量减少一半。

【例 1.17】 已知 $F=A(B+\overline{C})+CD$，求 F'。

解：

$$F'=(A+B\overline{C})(C+D)$$

【例 1.18】 已知 $G=\overline{\overline{(\overline{W}+X)\overline{Y}}\cdot Z}\cdot X$，求 G'。

解：

$$G'=\overline{\overline{\overline{W}X+\overline{Y}}+Z}+X$$

逻辑代数的常用公式列举如下。

（1）$A+AB=A$，$A(A+B)=A$。也称为吸收律。

（2）$AB+A\overline{B}=A$，$(A+B)(A+\overline{B})=A$。也称为合并律。

（3）$A+\overline{A}B=A+B$，$A(\overline{A}+B)=AB$。

（4）$AB+\overline{A}C+BC=AB+\overline{A}C$。也称为冗余定理。推论：$AB+\overline{A}C+BCDE=AB+\overline{A}C$。

（5）$A\odot B=\overline{A\oplus B}$。证明：$\overline{A\oplus B}=\overline{A\overline{B}+\overline{A}B}=(\overline{A}+B)(A+\overline{B})=AB+\overline{A}\,\overline{B}=A\odot B$。

（6）$A\oplus A=0$，$A\oplus\overline{A}=1$，$A\oplus 0=A$，$A\oplus 1=\overline{A}$。

（7）如果 $A\oplus B=C$，则 $A\oplus C=B$，$B\oplus C=A$。推论：如果 $A\oplus B\oplus C=0$，则有 $A\oplus B\oplus 0=C$，$C\oplus B\oplus 0=A$。

在多变量异或运算中，运算结果只与变量为 1 的个数有关，与变量为 0 的个数无关。若有奇数个变量为 1，则结果为 1；若有偶数个变量为 1，则结果为 0。

1.4　逻辑函数的标准形式

逻辑函数有两种标准形式，一种是最小项之和的形式，称为标准与或式；另一种是最大项之积的形式，称为标准或与式。

1.4.1　最小项和标准与或式

1．最小项

多个变量的乘积形式称为与项，如 AB、$\overline{B}D\overline{E}$。由 n 个变量组成的逻辑函数的最小项是包含这 n 个变量的与项，其中每个变量都以原变量或反变量形式出现一次，且只出现一次。

这个与项称为最小项或标准与项。若变量数为 n，则有 2^n 个最小项。

例如，三个变量 A、B、C 可以构成 8 个最小项：$\overline{A}\,\overline{B}\,\overline{C}$、$\overline{A}\,\overline{B}C$、$\overline{A}B\overline{C}$、$\overline{A}BC$、$A\overline{B}\,\overline{C}$、$A\overline{B}C$、$AB\overline{C}$ 和 ABC。表 1.5 列出了三变量最小项真值表。

表 1.5　三变量最小项真值表

变量取值			最小项编号							
			m_0	m_1	m_2	m_3	m_4	m_5	m_6	m_7
A	B	C	$\overline{A}\,\overline{B}\,\overline{C}$	$\overline{A}\,\overline{B}C$	$\overline{A}B\overline{C}$	$\overline{A}BC$	$A\overline{B}\,\overline{C}$	$A\overline{B}C$	$AB\overline{C}$	ABC
0	0	0	1	0	0	0	0	0	0	0
0	0	1	0	1	0	0	0	0	0	0
0	1	0	0	0	1	0	0	0	0	0
0	1	1	0	0	0	1	0	0	0	0
1	0	0	0	0	0	0	1	0	0	0
1	0	1	0	0	0	0	0	1	0	0
1	1	0	0	0	0	0	0	0	1	0
1	1	1	0	0	0	0	0	0	0	1

最小项通常用 m_i 表示，下标 i 即是最小项编号，用十进制数表示。把使得最小项为 1 的那组变量取值当成二进制数，所对应的十进制数就是该最小项的编号。例如，A、B、C 取 101 时，$A\overline{B}C=1$，101 对应十进制数 5，所以 $A\overline{B}C$ 编号为 m_5。

最小项具有下列性质：

（1）对于任意一个最小项，只有一组变量的取值使它的值为 1，而其他取值都使该最小项为 0；

（2）对于变量的任一组取值，任意两个最小项的乘积为 0；

（3）全体最小项之和为 1。

2．标准与或式

将与项用“或”运算“+”连接起来构成的函数表达式称为与或式。如果与或式中的与项均为最小项（标准与项），构成最小项之和的形式，则称为逻辑函数的**标准与或式**。任何一个逻辑函数都可以表示为标准与或式的形式。标准与或式是表明逻辑变量取何值时，该逻辑函数等于 1。利用互补律 $A+\overline{A}=1$，任何一个逻辑函数都可以化成唯一的标准与或式，即最小项之和表达式。

【例 1.19】 将函数 $F(A,B,C)=A\overline{B}+AC+\overline{A}BC$ 化成标准与或式。

解：

$$\begin{aligned}F(A,B,C)&=A\overline{B}+AC+\overline{A}BC\\&=A\overline{B}(C+\overline{C})+AC(B+\overline{B})+\overline{A}BC\\&=A\overline{B}C+A\overline{B}\,\overline{C}+ABC+\overline{A}BC\\&=m_5+m_4+m_7+m_3\\&=\sum m(3,4,5,7)\\&=\sum(3,4,5,7)\end{aligned}$$

【例 1.20】将函数 $F(A,B,C)=\overline{(AB+\overline{A}\,\overline{B}+\overline{C})\overline{A}}$ 化成标准与或式。

解：

$$
\begin{aligned}
F(A,B,C) &= \overline{(AB+\overline{A}\,\overline{B}+\overline{C})\overline{A}} \\
&= \overline{AB+\overline{A}\,\overline{B}+\overline{C}}+A \\
&= \overline{AB}\cdot\overline{\overline{A}\,\overline{B}}\cdot C+A(B+\overline{B})(C+\overline{C}) \\
&= (\overline{A}+\overline{B})(A+B)C+ABC+A\overline{B}C+AB\overline{C}+A\overline{B}\,\overline{C} \\
&= \overline{A}BC+A\overline{B}C+ABC+AB\overline{C}+A\overline{B}\,\overline{C} \\
&= m_3+m_5+m_7+m_6+m_4 \\
&= \sum m(3,4,5,6,7) \\
&= \sum(3,4,5,6,7)
\end{aligned}
$$

1.4.2　最大项和标准或与式

1．最大项

多个变量的相加形式称为**或项**，如 $A+B$、$\overline{B}+D+\overline{E}$。最大项也称标准或项，由 n 个逻辑变量组成的最大项是这 n 个变量组成的或项，其中每个变量都以原变量或反变量的形式出现一次，且只出现一次。若变量数为 n，则有 2^n 个最大项。例如，三个变量 A、B、C 可以组成 8 个最大项，表 1.6 列出了三变量最大项真值表。

表 1.6　三变量最大项真值表

变量取值			最大项编号							
			M_0	M_1	M_2	M_3	M_4	M_5	M_6	M_7
A	B	C	$A+B+C$	$A+B+\overline{C}$	$A+\overline{B}+C$	$A+\overline{B}+\overline{C}$	$\overline{A}+B+C$	$\overline{A}+B+\overline{C}$	$\overline{A}+\overline{B}+C$	$\overline{A}+\overline{B}+\overline{C}$
0	0	0	0	1	1	1	1	1	1	1
0	0	1	1	0	1	1	1	1	1	1
0	1	0	1	1	0	1	1	1	1	1
0	1	1	1	1	1	0	1	1	1	1
1	0	0	1	1	1	1	0	1	1	1
1	0	1	1	1	1	1	1	0	1	1
1	1	0	1	1	1	1	1	1	0	1
1	1	1	1	1	1	1	1	1	1	0

对于任意一个最大项，只有一组变量取值使它的值为 0，而变量的其他各种取值都使该最大项为 1。最大项通常用 M_i 表示，下标 i 即是最大项编号，用十进制数表示。把使得最大项为 0 的那组变量取值当成二进制数，对应的十进制数就是该最大项的编号。表1.7 为三变量最大项和最小项及其编号。显然，最大项中的原变量对应取值为 0 的变量，反变量对应取值为 1 的变量；最小项中的原变量对应取值为 1 的变量，反变量对应取值为 0 的变量。

表 1.7　三变量最大项和最小项及其编号

变量取值 A B C	最大项（值为 0）	编　号	最小项（值为 1）	编　号
0 0 0	$A+B+C$	M_0	$\bar{A}\bar{B}\bar{C}$	m_0
0 0 1	$A+B+\bar{C}$	M_1	$\bar{A}\bar{B}C$	m_1
0 1 0	$A+\bar{B}+C$	M_2	$\bar{A}B\bar{C}$	m_2
0 1 1	$A+\bar{B}+\bar{C}$	M_3	$\bar{A}BC$	m_3
1 0 0	$\bar{A}+B+C$	M_4	$A\bar{B}\bar{C}$	m_4
1 0 1	$\bar{A}+B+\bar{C}$	M_5	$A\bar{B}C$	m_5
1 1 0	$\bar{A}+\bar{B}+C$	M_6	$AB\bar{C}$	m_6
1 1 1	$\bar{A}+\bar{B}+\bar{C}$	M_7	ABC	m_7

2. 标准或与式

逻辑函数表达式为一组最大项之积的形式，称为标准或与式。标准或与式说明在变量取何值时逻辑函数等于 0。

【例 1.21】一个三变量逻辑函数的真值表见表 1.8，请写出其标准或与表达式。

解

$$\begin{aligned}F(A,B,C)&=(A+B+C)(A+\bar{B}+\bar{C})(\bar{A}+B+\bar{C})(\bar{A}+\bar{B}+C)\\&=M_0\cdot M_3\cdot M_5\cdot M_6\\&=\prod M(0,3,5,6)\\&=\prod(0,3,5,6)\end{aligned}$$

【例 1.22】一个三变量逻辑函数的真值表见表 1.9，写出其标准与或表达式和标准或与表达式。

解：

$$F(A,B,C)=\sum m(2,3,6,7)=\prod M(0,1,4,5)$$

表 1.8　例 1.21 真值表

A	B	C	F
0	0	0	0
0	0	1	1
0	1	0	1
0	1	1	0
1	0	0	1
1	0	1	0
1	1	0	0
1	1	1	1

表 1.9　例 1.22 真值表

A	B	C	F	F_1	F_2
0	0	0	0		M_0
0	0	1	0		M_1
0	1	0	1	m_2	
0	1	1	1	m_3	
1	0	0	0		M_4
1	0	1	0		M_5
1	1	0	1	m_6	
1	1	1	1	m_7	

1.4.3　最大项与最小项的关系

（1）最大项与最小项互补，即 $\bar{m}_i=M_i$，$\overline{M_i}=m_i$。

例如，对于三变量 A、B、C，有

$$\overline{m_4} = \overline{A\overline{B}\,\overline{C}} = \overline{A} + B + C = M_4$$

$$\overline{M_4} = \overline{\overline{A} + B + C} = A\overline{B}\,\overline{C} = m_4$$

（2）对于同一函数，不在最小项中出现的编号，一定出现在最大项编号中，如例 1.22 所示。

可见，标准与或式包含了使函数为 1 的项，而标准或与式包含了使函数为 0 的项。两者从不同角度说明了同一函数。

1.5 逻辑函数的公式化简法

同一个逻辑函数可以有不同的表达式，而逻辑式的繁简程度可能相去甚远。在逻辑电路设计中，逻辑函数要用电路元件来实现。一般来说，表达式越简单，其表示的逻辑关系越明显，所用的电路元件越少，可以节省材料、降低成本、提高系统的可靠性。因此，常常需要对函数进行化简，找出其最简表达式。

最简表达式也有多种形式，如与或表达式、或与表达式、与非-与非表达式、或非-或非表达式、与或非表达式、或与非表达式等。例如

$$
\begin{aligned}
F &= XY + \overline{Y}Z & &\text{与或} \\
&= (X + \overline{Y})(Y + Z) & &\text{或与} \\
&= \overline{\overline{XY}\;\overline{\overline{Y}Z}} & &\text{与非与非} \\
&= \overline{\overline{X + \overline{Y}} + \overline{Y + Z}} & &\text{或非或非} \\
&= \overline{\overline{X}Y + \overline{Y}\,\overline{Z}} & &\text{与或非} \\
&= \overline{(\overline{X} + \overline{Y})(Y + \overline{Z})} & &\text{或与非}
\end{aligned}
$$

以上 6 种表达式是同一函数的不同形式，都是最简表达式。最简表达式的判断标准为：（1）项数最少；（2）每项中变量个数最少。

公式化简逻辑函数是运用逻辑代数公式、定理、规则等对逻辑函数进行化简。

【例 1.23】 化简 $X = AD + A\overline{D} + AB + \overline{A}C + BD + A\overline{B}EF + \overline{B}EF$。

解：

$$
\begin{aligned}
X &= AD + A\overline{D} + AB + \overline{A}C + BD + A\overline{B}EF + \overline{B}EF \\
&= A + AB + \overline{A}C + BD + A\overline{B}EF + \overline{B}EF & &(A + \overline{A} = 1) \\
&= A + \overline{A}C + BD + \overline{B}EF & &(A + AB = A) \\
&= A + C + BD + \overline{B}EF & &(A + \overline{A}B = A + B)
\end{aligned}
$$

【例 1.24】 化简 $F = AB + \overline{A}\,\overline{C} + B\overline{C}D + \overline{A}B\overline{C}D + (\overline{A} + \overline{B})D$。

解：

$$
\begin{aligned}
F &= AB+\overline{A}\,\overline{C}+B\overline{C}D+\overline{A}B\overline{C}D+(\overline{A}+\overline{B})D \\
&= AB+\overline{A}\,\overline{C}+B\overline{C}D+(\overline{A}+\overline{B})D && (A+AB=A) \\
&= AB+\overline{A}\,\overline{C}+B\overline{C}+B\overline{C}D+(\overline{A}+\overline{B})D && (B\overline{C}\text{是由冗余定理增加的}) \\
&= AB+\overline{A}\,\overline{C}+B\overline{C}+(\overline{A}+\overline{B})D && (A+AB=A) \\
&= AB+\overline{A}\,\overline{C}+(\overline{A}+\overline{B})D && (\text{冗余定理}) \\
&= AB+\overline{A}\,\overline{C}+\overline{AB}D && (\text{摩根定理}) \\
&= AB+\overline{A}\,\overline{C}+D && (A+\overline{A}B=A+B)
\end{aligned}
$$

【例 1.25】 化简 $L=AB+A\overline{C}+\overline{B}C+B\overline{C}+\overline{B}D+B\overline{D}+ADE(F+G)$。

解：

$$
\begin{aligned}
L &= AB+A\overline{C}+\overline{B}C+B\overline{C}+\overline{B}D+B\overline{D}+ADE(F+G) \\
&= A(B+\overline{C})+\overline{B}C+B\overline{C}+\overline{B}D+B\overline{D}+ADE(F+G) && (\text{分配律}) \\
&= A\overline{\overline{B}C}+\overline{B}C+B\overline{C}+\overline{B}D+B\overline{D}+ADE(F+G) && (\text{摩根定理}) \\
&= A+\overline{B}C+B\overline{C}+\overline{B}D+B\overline{D}+ADE(F+G) && (A+\overline{A}B=A+B) \\
&= A+\overline{B}C+B\overline{C}+\overline{B}D+B\overline{D} && (\text{吸收律}) \\
&= A+\overline{B}C+B\overline{C}+\overline{C}D+\overline{B}D+B\overline{D} && (\overline{C}D\text{是由冗余定理增加的}) \\
&= A+\overline{B}C+\overline{C}D+B\overline{D} && (\text{冗余定理})
\end{aligned}
$$

1.6　逻辑函数的卡诺图化简法

用卡诺图（Karnaugh Map）化简逻辑函数具有简单、直观、方便的特点，较容易判断出函数是否得到最简结果。

1.6.1　卡诺图

用卡诺图表示逻辑函数，是将此逻辑函数的每个最小项按一定规律填入一个特定的方格图内，这个图称为卡诺图。图 1.5 为两变量(A，B)卡诺图。每个变量都有 0 和 1 两种取值，每个小格为一个最小项。

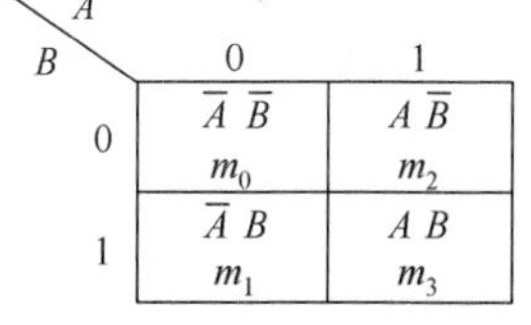

图 1.5　两变量卡诺图

图 1.6 分别给出了三变量、四变量和五变量卡诺图，小格内为相应最小项的编号。

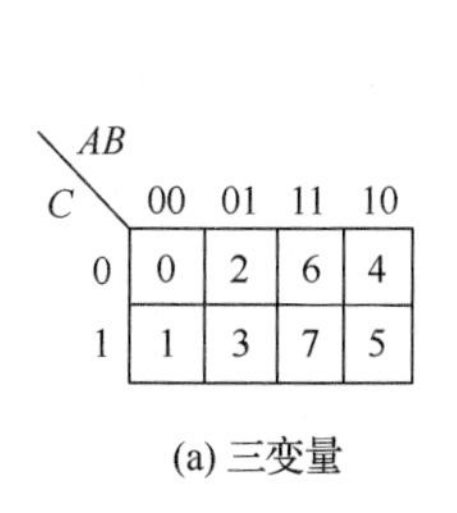

(a) 三变量

CD \ AB	00	01	11	10
00	0	4	12	8
01	1	5	13	9
11	3	7	15	11
10	2	6	14	10

(b) 四变量

DE \ ABC	000	001	011	010	110	111	101	100
00	0	4	12	8	24	28	20	16
01	1	5	13	9	25	29	21	17
11	3	7	15	11	27	31	23	19
10	2	6	14	10	26	30	22	18

(c) 五变量

图 1.6　三变量、四变量、五变量卡诺图

卡诺图的特点如下。

（1）若变量数为 n，则其卡诺图中小格数为 2^n。所以，每增加一个变量，小格数目（最小项数目）增加一倍。

（2）相邻小格的编号规律是使任意两个相邻小格只有一个变量不同，称为逻辑相邻。这种编号方法能保证小格的相邻性：既几何相邻，又逻辑相邻。

（3）卡诺图是一个上下、左右闭合的图形，即不仅紧挨着的小格相邻，而且上下、左右、对称位置的方格也都是相邻的。n 变量卡诺图中，每个小格有 n 个相邻格，如五变量卡诺图中，小格 12 的相邻格有 4、13、8、14、28。

1.6.2 用卡诺图表示逻辑函数

卡诺图是最小项构成的方格集合，只要把逻辑函数化成标准与或式（最小项之和），就可以很容易地填入卡诺图中。

【例 1.26】 用卡诺图表示逻辑函数 $F(A,B,C,D)=\overline{A}B\overline{C}\overline{D}+ABC+A\overline{B}$。

解： 首先将 F 化成标准与或式

$$
\begin{aligned}
F(A,B,C,D)&=\overline{A}B\overline{C}\,\overline{D}+ABC+A\overline{B}\\
&=\overline{A}B\overline{C}\,\overline{D}+ABC(D+\overline{D})+A\overline{B}(C+\overline{C})\\
&=\overline{A}B\overline{C}\,\overline{D}+ABCD+ABC\overline{D}+A\overline{B}C+A\overline{B}\,\overline{C}\\
&=\overline{A}B\overline{C}\,\overline{D}+ABCD+ABC\overline{D}+A\overline{B}C(D+\overline{D})+A\overline{B}\,\overline{C}(D+\overline{D})\\
&=\overline{A}B\overline{C}\,\overline{D}+ABCD+ABC\overline{D}+A\overline{B}CD+A\overline{B}C\overline{D}+A\overline{B}\,\overline{C}D+A\overline{B}\,\overline{C}\,\overline{D}\\
&=m_4+m_8+m_9+m_{10}+m_{11}+m_{14}+m_{15}
\end{aligned}
$$

在卡诺图中相应最小项的位置填 1，其余位置填 0（0 也可以不填），如图 1.7 所示。

【例 1.27】 已知逻辑函数 Y 的卡诺图如图 1.8 所示，写出 Y 的逻辑函数表达式。

解：

$$
\begin{aligned}
Y(A,B,C)&=m_2+m_3+m_5+m_6\\
&=\overline{A}B\overline{C}+\overline{A}BC+A\overline{B}C+AB\overline{C}
\end{aligned}
$$

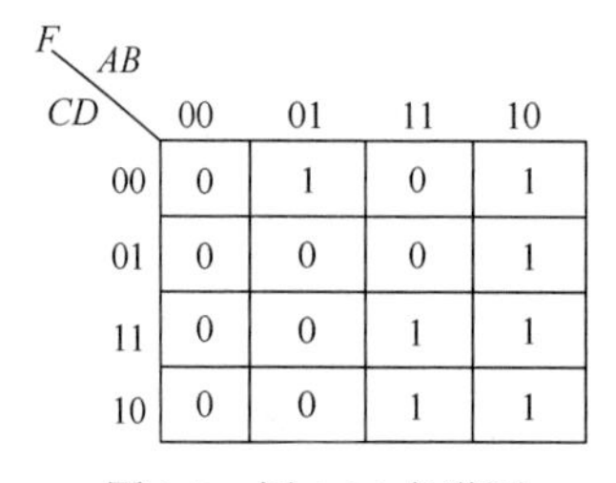

F: CD \ AB	00	01	11	10
00	0	1	0	1
01	0	0	0	1
11	0	0	1	1
10	0	0	1	1

图 1.7 例 1.26 卡诺图

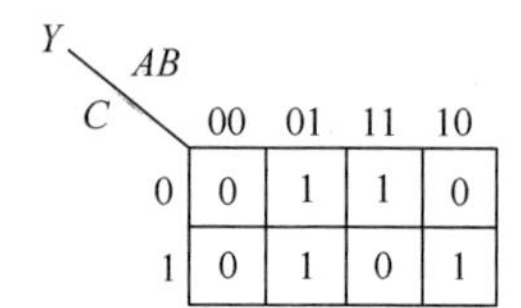

Y: C \ AB	00	01	11	10
0	0	1	1	0
1	0	1	0	1

图 1.8 例 1.27 卡诺图

1.6.3 用卡诺图化简逻辑函数

1. 求最简与或表达式

由卡诺图中小格的相邻性得知，相邻小格只有一个变量不同，因此可以合并小格为 1 的相邻格，保留相同的变量，消去不同的变量，达到化简的目的。化简的规则是：如果有 2^k 个最小项两两相邻（$k=1, 2, 3, \cdots$），则它们可以合并为一项，并消去 k 个因子，留下的相同变量是 1 的写原变量，是 0 的写反变量，组成与项，各个与项之间为“或”关系。

用卡诺图求最简与或式的步骤是：（1）画出函数的卡诺图；（2）用矩形圈出 2^k 个格中的 1；（3）写出最简与或表达式。同时要注意：（1）每个“1”格都必须包含在某个圈中；（2）“1”格可以被重复圈；（3）每个圈尽可能大，但包含的“1”格个数必须是 2 的整数次幂，圈的总个数尽可能少；（4）每个圈中至少有一个其他圈未圈过的 1。

【例 1.28】 用卡诺图法化简函数 $X(A,B,C)=\sum m(2,3,4,6,7)$。

解：将函数 X 填在卡诺图中（见图 1.9），圈 1，写出每个圈对应的与项，得到最简与或表达式

$$X = B + A\overline{C}$$

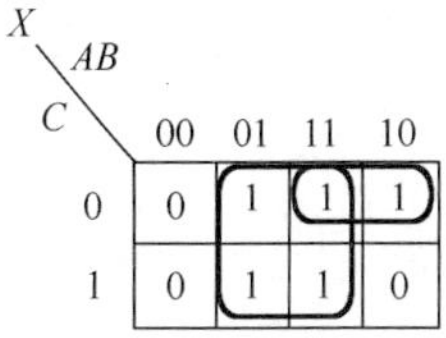

X
AB
C
00 01 11 10
0 0 1 1 1
1 0 1 1 0

图 1.9　例 1.28 图

【例 1.29】 用卡诺图法化简函数 $L=\overline{A}B\overline{C}D+B\overline{C}\,\overline{D}+BC\overline{D}+A\overline{B}CD$。

解：填卡诺图（见图 1.10），圈 1，得到最简与或表达式

$$L = B\overline{D} + \overline{A}B\overline{C} + A\overline{B}CD$$

【例 1.30】 用卡诺图法化简函数 $Y=\overline{A}\,\overline{B}+A\overline{C}\,\overline{D}+A\overline{B}D+AC\overline{D}+\overline{A}BCD$。

解：填卡诺图（见图1.11），圈 1，得到最简与或表达式

$$Y = \overline{B} + A\overline{D} + \overline{A}CD$$

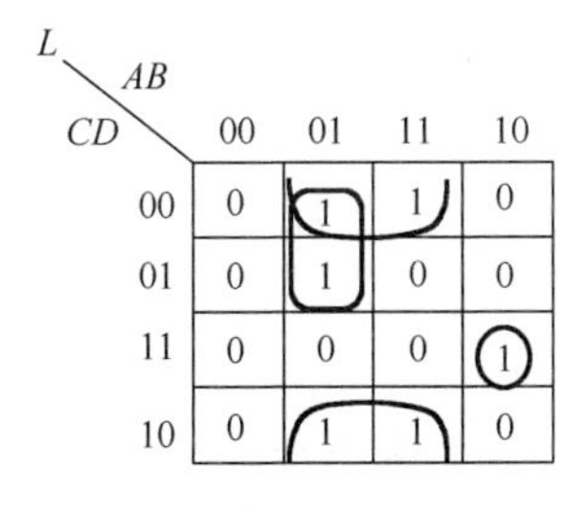

L
AB
CD
00 01 11 10
00 0 1 1 0
01 0 1 0 0
11 0 0 0 1
10 0 1 1 0

图 1.10　例 1.29 图

Y
AB
CD
00 01 11 10
00 1 0 1 1
01 1 0 0 1
11 1 1 0 1
10 1 0 1 1

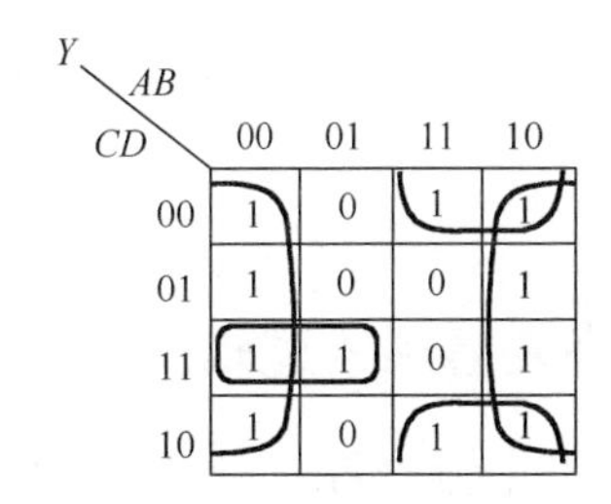

图 1.11　例 1.30 图

2. 求最简或与表达式

求逻辑函数的最简或与表达式时，要在卡诺图上圈 0。圈 0 和圈 1 的原则、方法相同，不同的是消去不同的变量后，留下的相同变量是 1 的写反变量，是 0 的写原变量，组成或项，各圈之间为“与”关系。

【例 1.31】 用卡诺图将下列函数化简为最简或与式

$$X(A,B,C)=\sum m(2,3,4,6,7)$$

X
AB
C
00 01 11 10
0 0 1 1 1
1 0 1 1 0

图 1.12　例 1.31 图

解：将函数 X 填入卡诺图（见图1.12），圈 0，得到最简或与表达式

$$X=(A+B)(B+\overline{C})$$

将例 1.31 与例 1.28 相比较，得到结论：同一函数圈 1 和圈 0 得

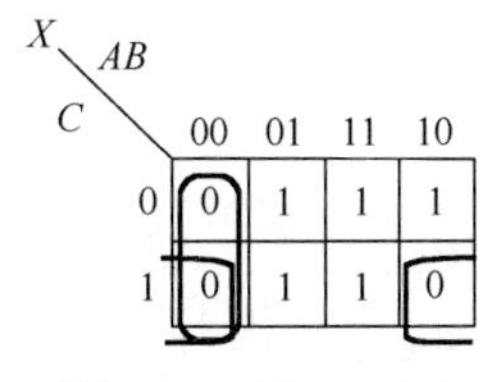

到的结果是相同的。最简与或式和最简或与式从不同角度描述了同一个逻辑函数。

【例 1.32】用卡诺图将下列函数化简为最简或与式

$$G=(A+B+D)(\overline{A}+\overline{B}+\overline{D})(\overline{A}+B+D)(A+C+\overline{D})(\overline{B}+\overline{C}+\overline{D})$$

解： 方法 1。将函数 G 在卡诺图中填 0，注意函数中为原变量的填在变量 0 的位置，为反变量的填在变量 1 的位置，如图1.13(a)所示，圈 0，得到最简或与式

$$G=(\overline{B}+\overline{D})(B+D)(A+B+C)$$

方法 2。先写出函数 G 的对偶式 G'

$$G'=ABD+\overline{A}\,\overline{B}\,\overline{D}+\overline{A}BD+AC\overline{D}+\overline{B}\,\overline{C}\,\overline{D}$$

将 G' 填入卡诺图，见图1.13(b)，圈 1，化简成 G' 的最简与或式

$$G'=\overline{B}\,\overline{D}+BD+ABC$$

将 G' 对偶求得 G 的最简或与式

$$G=(\overline{B}+\overline{D})(B+D)(A+B+C)$$

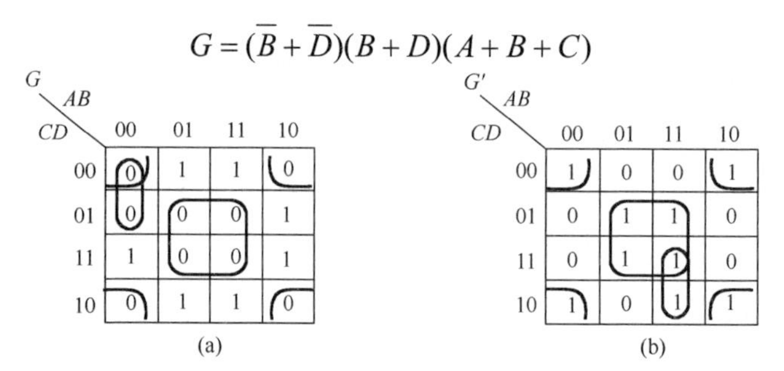

图 1.13 例 1.32 图

1.6.4 具有随意项的逻辑函数化简

在实际逻辑电路中，有时会遇到这样的情况：在逻辑变量顺序排列组合中，某些取值组合与实际情况相违背，这些取值不可能存在或不允许存在，它们对应的函数值也就没有意义或不存在。遇到这类问题时，将这些变量取值对应的函数值看成 1 还是看成 0，对函数功能没有影响。这种变量取值组合成的最小项称为随意项，在化简逻辑函数时可以根据化简的需要把其看成 1 或 0。

例如，一个电动机的正转、反转和停止工作分别用变量 A、B、C 表示，$A=1$ 表示电动机正转，$B=1$ 表示电动机反转，$C=1$ 表示电动机停止工作。很显然，电动机在任何时刻只能处于其中一种状态，即只能出现 ABC 取值为 001、100 或 010 中的一种，而不能取值 000、011、101、110 或 111 中的任何一种，因此这 5 个最小项为约束项。这种约束条件用最小项恒为 0 表示其与函数功能无关，即

$$\overline{A}\,\overline{B}\,\overline{C}+\overline{A}BC+A\overline{B}C+AB\overline{C}+ABC=0$$

又如，在 8421BCD 码中，有 6 组编码（1010～1111）是不使用的。电路正常工作时，这 6 组代码不会出现。因此，与之对应的输出为 1 或 0 都不影响电路工作，这种最小项称为无关项。

在逻辑代数中，把约束项和无关项统称为随意项，用∅或×表示，在逻辑函数中表示为

$\sum d(\cdots)$，或用“等于 0”表示。

【例 1.33】用卡诺图化简函数

$$F(A,B,C,D)=\sum m(1,3,7,11,15)+\sum d(0,2,5)$$

解：画出函数 F 的卡诺图，见图1.14。

将随意项 0101 作为 1，圈 1 化简得

$$F=CD+\overline{A}D$$

将随意项 0000 和 0010 作为 0，圈 0 化简得

$$F=D(\overline{A}+C)$$

注意，任何一个随意项可以看成 1 或 0，但不能既看成 1，又看成 0。

【例 1.34】一大一小两台电动机 M_L 和 M_S 向水箱泵水。当水箱内水位降到 C 点（见图1.15）时，由小电动机 M_S 单独泵水；降到 B 点时，由大电动机 M_L 单独泵水；降到 A 点时两台电动机同时泵水。试写出两台电动机工作的最简逻辑函数。

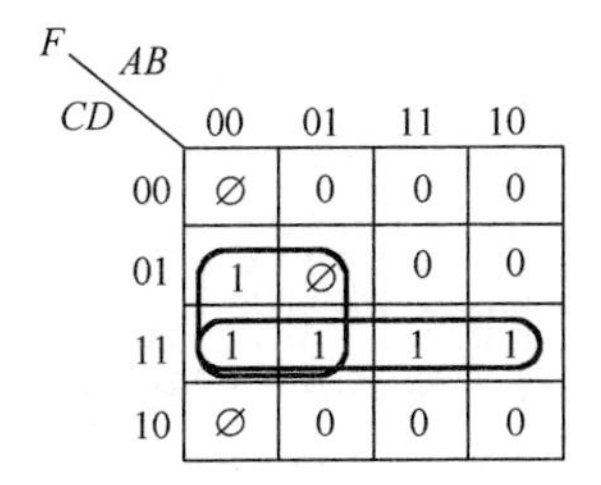

图 1.14　例 1.33 图

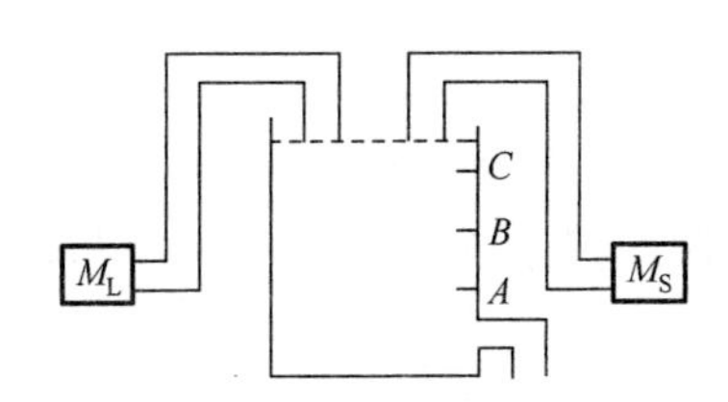

图 1.15　例 1.34 图

解：设水位 A、B、C 为逻辑变量，各变量值在低于相应水位时为 1，不低于相应水位时为 0；电动机 M_L 和 M_S 为逻辑函数，电动机工作时其值为 1、不工作时其值为 0。由此得到真值表（见表 1.10）。在真值表中，010、100、101、110 这 4 组取值无意义，对应不可能存在的情况，在真值表中用∅表示，即其值为 1 或 0 对函数 M_L 和 M_S 无影响。

将 M_L、M_S 分别填入卡诺图中（见图1.16），化简得

$$M_L=B$$

$$M_S=A+\overline{B}C$$

表 1.10　例 1.34 真值表

A B C	M_L	M_S
0 0 0	0	0
0 0 1	0	1
0 1 0	∅	∅
0 1 1	1	0
1 0 0	∅	∅
1 0 1	∅	∅
1 1 0	∅	∅
1 1 1	1	1

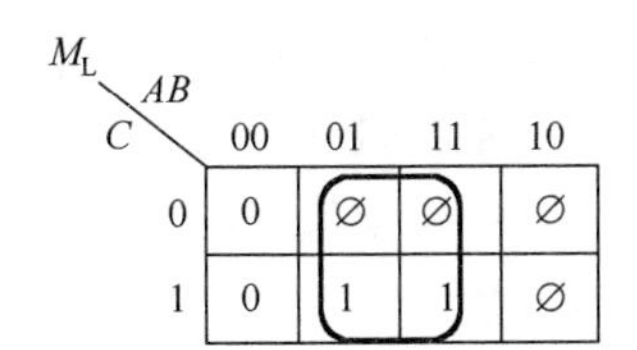

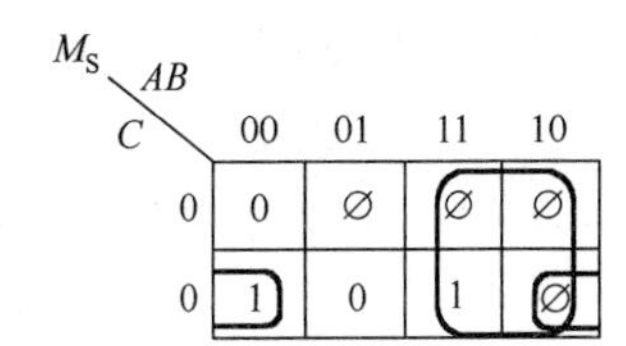

图 1.16　例 1.34 图

1.6.5 引入变量卡诺图

我们知道，变量每增加一个，其函数卡诺图的小格数就增加一倍。当变量超过5个时，其函数卡诺图的应用就会受到限制。可以用引入变量卡诺图（Variable Entered Map，VEM）使多变量卡诺图变得简单。

引入变量卡诺图是将一个 n 变量的函数分离出一个变量填入（$n-1$）变量卡诺图中，使卡诺图的面积减小为原来的一半，从而化简多变量卡诺图。例如，三变量函数

$$F=\overline{A}\,\overline{B}\,\overline{C}+AB\overline{C}+A\overline{B}\,\overline{C}+ABC$$

分离出变量 C 作为引入变量，填入两变量(A, B)卡诺图中，如图1.17所示。

【例 1.35】用 VEM 化简函数

$$F(A,B,C,D)=ABCD+\overline{A}\,\overline{B}\,\overline{C}D+\overline{A}B\overline{C}\,\overline{D}+AB\overline{C}\,\overline{D}+A\overline{B}C\overline{D}+A\overline{B}CD+\overline{A}B\overline{C}D$$

解：将 D 作为引入变量，填入三变量 ABC 卡诺图中（见图1.18），化简得

$$F=\overline{A}\,\overline{C}D+B\overline{C}\,\overline{D}+ACD+A\overline{B}C$$

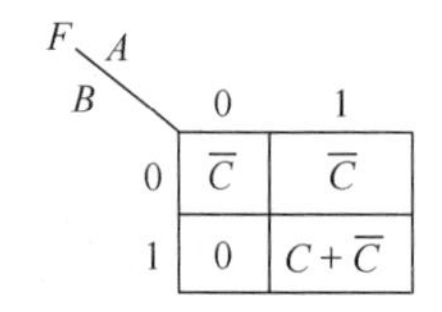

图 1.17　F 的引入变量卡诺图

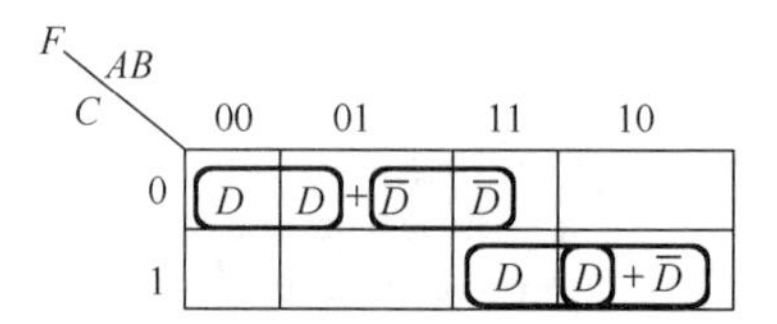

图 1.18　例 1.35 图

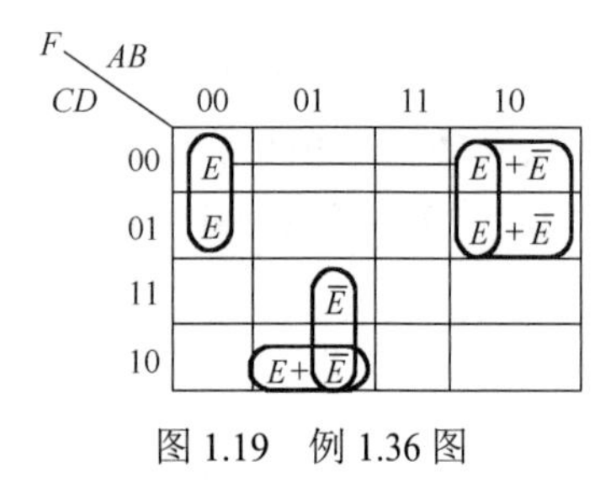

图 1.19　例 1.36 图

【例 1.36】用 VEM 化简函数

$$F=\overline{A}\,\overline{B}\,\overline{C}\,\overline{D}E+\overline{A}\,\overline{B}\,\overline{C}DE+\overline{A}BC\overline{D}\,\overline{E}+A\overline{B}\,\overline{C}\,\overline{D}\,\overline{E}$$
$$+A\overline{B}\,\overline{C}\,\overline{D}E+A\overline{B}\,\overline{C}D+\overline{A}BCD\overline{E}+\overline{A}BC\overline{D}E$$

解：将 E 作为引入变量，画 VEM 图（见图 1.19），化简得

$$F=\overline{B}\,\overline{C}E+A\overline{B}\,\overline{C}+\overline{A}BC\overline{E}+\overline{A}BC\overline{D}$$

习题

1.1　什么是数字电路？与模拟电路相比，数字电路具有哪些特点？

1.2　模拟电路与数字电路之间的联系纽带是什么？

1.3　举例说明我们身边的模拟信号和数字信号。

1.4　把下列二进制数转换成十进制数。

（1）$(11000101)_2$　　（2）$(0.01001)_2$　　（3）$(1010.001)_2$

（4）$(01011100)_2$　　（5）$(11.01101)_2$　　（6）$(111.11001)_2$

1.5　把下列十进制数转换成二进制数。

（1）$(12.0625)_{10}$　（2）$(127.25)_{10}$　（3）$(101)_{10}$

（4）$(51.125)_{10}$　（5）$(87.625)_{10}$　（6）$(191)_{10}$

1.6　把下列二进制数分别转换成十进制数、八进制数和十六进制数。

（1）$(110101111.110)_2$　（2）$(1101111.0110)_2$　（3）$(11111.1010)_2$

（4）$(100001111.10)_2$　（5）$(1000111.0010)_2$　（6）$(10001.1111)_2$

1.7　把下列八进制数分别转换成十进制数、十六进制数和二进制数。

（1）$(623.77)_8$　（2）$(701.53)_8$　（3）$(23.07)_8$

（4）$(156.72)_8$　（5）$(353.17)_8$　（6）$(73.71)_8$

1.8　把下列十六进制数分别转换成十进制数、八进制数和二进制数。

（1）$(2AC5.D)_{16}$　（2）$(1FB9.F)_{16}$　（3）$(B2C85.E)_{16}$

（4）$(6BE7.F)_{16}$　（5）$(5CAC5.AB)_{16}$　（6）$(9AF1.A)_{16}$

1.9　把下列十进制数转换成五进制数。

（1）$(432.13)_{10}$　（2）$(7132.3)_{10}$　（3）$(52.93)_{10}$

（4）$(212.78)_{10}$　（5）$(382.013)_{10}$　（6）$(43.75)_{10}$

1.10　用 8421BCD 码表示下列十进制数。

（1）$(42.78)_{10}$　（2）$(103.65)_{10}$　（3）$(9.04)_{10}$

（4）$(102.08)_{10}$　（5）$(412.12)_{10}$　（6）$(70.124)_{10}$

1.11　把下列 8421BCD 码表示成十进制数。

（1）$(0101\ 1000)_{8421BCD}$　（2）$(1001\ 0011\ 0101)_{8421BCD}$

（3）$(0011\ 0100.0111\ 0001)_{8421BCD}$　（4）$(0111\ 0101.0110)_{8421BCD}$

1.12　把下列 8421BCD 码表示成二进制数。

（1）$(1000)_{8421BCD}$　（2）$(0011\ 0001)_{8421BCD}$

（3）$(1000\ 1000)_{8421BCD}$　（4）$(1001\ 1001)_{8421BCD}$

1.13　把下列 8421BCD 码与 5421BCD 码互换。

（1）$(1001\ 0011)_{8421BCD}=(\quad\quad)_{5421BCD}$　（2）$(1100\ 0101)_{5421BCD}=(\quad\quad)_{8421BCD}$

（3）$(01100011)_{8421BCD}=(\quad\quad)_{5421BCD}$　（4）$(1001\ 0011)_{5421BCD}=(\quad\quad)_{8421BCD}$

1.14　填空。

（1）$(58.23)_{10}=(\quad\quad)_2=(\quad\quad)_8=(\quad\quad)_{8421BCD}$

（2）$(0001\ 1000\ 1001.0011\ 0101)_{8421BCD}=(\quad\quad)_{10}=(\quad\quad)_2$

1.15　填写题 1.15 表中的空格。

题 1.15 表

原码	反码	补码
1,0010		
	0,1010.01	
		1,11001.10
1,0000		

1.16　求下列二进制数的补码和反码。

（1）1,1010101　（2）0,0111000　（3）1,0000001　（4）1,10000

1.17 求下列十进制数的二进制数原码、反码和补码表示。

（1）$(+418)_{10}$　（2）$(-52)_{10}$　（3）$(-39)_{10}$

（4）$(+112)_{10}$　（5）$(-12)_{10}$　（6）$(-89)_{10}$

1.18 求下列各数的二进制数原码、反码、补码表示。

（1）$(+312)_8$　（2）$(-75)_8$　（3）$(-24)_5$

（4）$(+B73)_{16}$　（5）$(-C82)_{16}$　（6）$(-75)_{10}$

1.19 用二进制补码运算求下列各式的值。

（1）$(+51)_{10}+(+32)_{10}$　（2）$(-51)_{10}+(-32)_{10}$

（3）$(+51)_{10}+(-32)_{10}$　（4）$(-51)_{10}+(+32)_{10}$

1.20 用二进制补码运算求$(10011.10)_2-(01100.01)_2$。

1.21 已知逻辑函数真值表如题 1.21 表所示，写出函数对应的标准与或表达式、标准或与表达式。

题 1.21 表

A	*B*	*C*	*F*
0	0	0	1
0	0	1	1
0	1	0	0
0	1	1	0
1	0	0	1
1	0	1	1
1	1	0	0
1	1	1	0

1.22 写出下列函数的标准与或式、标准或与式。

（1）$X=(A+B+D)(A+C+\overline{D})(\overline{B}+\overline{C}+D)$

（2）$X=BCD+A\overline{C}\,\overline{D}+\overline{A}\,\overline{C}\,\overline{D}+\overline{A}\,\overline{B}\,\overline{D}$

1.23 分别指出下列逻辑函数的所有最大项和所有最小项，并说明哪些变量组合使得函数为 0，哪些变量组合使得函数为 1。

（1）$X=(\overline{A}+B)(B+\overline{C})(\overline{A}+C)(A+\overline{C})(\overline{B}+C)$

（2）$X=(A\oplus C)B+(A\oplus\overline{C})D$

（3）$X=\overline{A}\,\overline{C}+\overline{A}\,\overline{B}+B\overline{C}\,\overline{D}+BD+A\overline{B}\,\overline{D}+\overline{A}BC\overline{D}$

1.24 写出下列函数的对偶式。

（1）$F=(A+\overline{B})(\overline{A}+B)(B+C)(\overline{A}+C)$

（2）$F=\overline{A+\overline{B+\overline{\overline{C}}}}$

（3）$F=\overline{\overline{A}\cdot\overline{B+\overline{\overline{C}}}}$

（4）$F=AB+\overline{B}\,\overline{C}+\overline{A}C$

（5）$F=\overline{A}+\overline{B}\,\overline{C}+D$

（6）$F=\overline{(A+\overline{C})(B+C+D)(A+B+D)}+ABC$

（7）$F=(A+\overline{B})(\overline{A}+C)(B+C)$

（8）$F=A\overline{B}C+\overline{C}D+B\overline{D}+C$

（9）$F=A\cdot\overline{\overline{B}+C}+\overline{A}D$

1.25 写出下列函数的反函数。

（1）$F=A+\overline{B+\overline{C}+\overline{D+\overline{\overline{E}}}}$　（2）$F=B[(C\overline{D}+A)+\overline{E}]$

（3）$F=A\overline{B}+\overline{C}D$　（4）$F=(A\oplus B)C+(B\oplus\overline{C})D$

（5）$F=(\overline{A}+\overline{B})(BCD+\overline{E})(\overline{C}+A)$　（6）$F=(\overline{A}+D)(\overline{B}+\overline{C}+\overline{D})(AB+C)$

（7）$F=BC+\overline{A}B+A\overline{B}C$　（8）$F=\overline{A}+\overline{B+\overline{\overline{D}+\overline{C}}}$

1.26 将下列函数写成“与非-与非式”。

（1）$XY+\bar{X}Z+\bar{Y}\,\bar{Z}$　　（2）$XYZ+\bar{X}\,\bar{Y}\,\bar{Z}$

（3）$\overline{A+C+D}+\bar{A}\,\bar{B}CD+A\bar{B}C\bar{D}$　　（4）$(\bar{A}+B)(\bar{B}+\bar{C}+\bar{D})(A+B+C)$

（5）$A[(B\bar{D}+C)+\bar{E}]$　　（6）$A\oplus B\oplus C$

1.27　将下列函数写成“或非-或非式”。

（1）$(\bar{A}+\bar{B})(B+C)$

（2）$(A+B+\bar{C})(\bar{A}+\bar{C}+D)(\bar{B}+C+\bar{D})$

（3）$\overline{(A+\bar{C})(A+C+D)}+ABC+\overline{A+B+D}$

（4）$A\oplus B\oplus C$

（5）$\overline{AB}+\overline{B(C+D)}$

（6）$ABD+A\bar{C}D+\bar{C}\,\bar{D}+A\bar{B}C+\bar{A}C\bar{D}$

（7）$\overline{AB\bar{C}+\bar{B}C\bar{D}}+\bar{A}\,\bar{B}D$

（8）$\overline{C\bar{D}}\cdot\overline{BC}\cdot\overline{\overline{ABD}\,\bar{C}}$

1.28　用公式法化简下列逻辑函数成最简与或式。

（1）$A\bar{B}+B\bar{C}+\bar{B}C+\bar{A}B$

（2）$\overline{\bar{A}\,\bar{B}\,\overline{B\bar{C}}\,\overline{B\bar{C}D}\,\overline{\bar{A}\,\bar{B}CD}}+\bar{A}\,\bar{B}\,\bar{C}D$

（3）$(A+B)(B+D)(\bar{C}+\bar{D})(A+C+\bar{D})(\bar{B}+\bar{C}+D)$

（4）$\overline{\bar{C}\,\bar{D}+A}+CD+AB$

（5）$\overline{\bar{A}\,\bar{B}\,\overline{B\bar{C}}\,\overline{B\bar{C}D}\,\overline{\bar{A}\,\bar{B}CD}}+\bar{A}\,\overline{\bar{B}\,\bar{C}D}$

（6）$\overline{AC+\bar{A}BC+\bar{B}C}+AB\bar{C}$

（7）$AB+A\bar{C}+\bar{B}C+B\bar{C}+\bar{B}D+B\bar{D}+ADE(F+G)$

（8）$\overline{AB+A\bar{B}+\bar{A}B}\cdot(\bar{A}\,\bar{B}+CD)$

（9）$(A+C+D)(A+C+\bar{D})(A+\bar{C}+D)(A+\bar{B})$

（10）$ABC+\overline{\bar{A}\,\bar{C}(B+\bar{D})\bar{C}D}$

（11）$\overline{X+Y}\cdot\overline{\bar{X}+\bar{Y}}$

（12）$ABC+\bar{A}\,\bar{B}C+\bar{A}BC+AB\bar{C}+\bar{A}\,\bar{B}\,\bar{C}$

（13）$\overline{\bar{A}+C}+D\cdot\overline{(A+\bar{C})(\bar{A}+B)(\bar{B}+C)}$

（14）$A(\bar{B}+C+D)(B+\bar{D})$

（15）$\bar{A}\,\bar{B}+(AB+A\bar{B}+\bar{A}B)C$

（16）$A\bar{B}(C+D)+B\bar{C}+\bar{A}\,\bar{B}+\bar{A}C+BC+\bar{B}\,\bar{C}\,\bar{D}$

（17）$(A+B)(A+C)(A+\bar{C})$

（18）$\overline{(A+B\bar{C})(\bar{A}+\bar{D}E)}$

（19）$A\bar{B}CD+ABD+A\bar{C}D$

（20）$AC(\bar{C}D+\bar{A}B)+BC(\overline{\overline{\bar{B}+AD}+CE})$

（21）$A\bar{B}(ACD+\overline{AD+\bar{B}\,\bar{C}})(\bar{A}+B)$

（22）$\overline{C}\,\overline{D}+B\overline{C}D+\overline{B}C\overline{D}+\overline{A}BC\overline{D}$

1.29 证明下列异或运算公式。

（1）$A\oplus 0=A$ （2）$A\oplus 1=\overline{A}$ （3）$A\oplus A=0$

（4）$A\oplus\overline{A}=1$ （5）$AB\oplus A\overline{B}=A$

1.30 证明下列等式成立。

（1）$A\odot B=\overline{A}\oplus B$ （2）$\overline{A}\oplus B=A\oplus\overline{B}$ （3）$A\oplus B\oplus C=A\odot B\odot C$

1.31 化简下列各式为最简或与式。

（1）$X=(\overline{A}+B)(B+\overline{C})(\overline{A}+C)(A+\overline{C})(\overline{B}+C)$

（2）$X=(A+B)(B+D)(\overline{C}+\overline{D})(A+C+\overline{D})(\overline{B}+\overline{C}+D)$

（3）$X=(B+C+D)(A+\overline{C}+\overline{D})(\overline{A}+\overline{C}+\overline{D})(\overline{A}+\overline{B}+\overline{D})$

（4）$X=AD+A\overline{B}\,\overline{D}+\overline{A}\,\overline{B}\,\overline{C}\,\overline{D}$

（5）$X=A\overline{B}(\overline{A}CD+\overline{(AD+\overline{B}\,\overline{C})})(\overline{A}+B)$

（6）$X=AC(\overline{C}D+\overline{A}B)+BC(\overline{\overline{(\overline{B}+AD)}+CE})$

（7）$X=A\overline{B}D+\overline{A}\,\overline{B}\,\overline{C}D+\overline{B}CD+(\overline{A\overline{B}+C})(B+D)$

（8）$X=A\overline{B}\,\overline{C}D+A\overline{C}DE+\overline{B}D\overline{E}+A\overline{C}\,\overline{D}E$

1.32 化简下列各式成最简与或式。

（1）$G=\overline{AB+\overline{B}C+AC}$

（2）$G=\overline{(A+\overline{C}+D)(\overline{B}+C+D)(\overline{A}+C+\overline{D})(\overline{A}+\overline{C}+D)}$

（3）$G=\overline{(A\oplus B)C+(B\oplus\overline{C})D}$

（4）$G=A+(\overline{B+\overline{C}})(A+\overline{B}+C)(A+B+C)$

（5）$G=B\overline{C}+AB\overline{C}E+\overline{B}(\overline{\overline{A}\,\overline{D}+AD})+B(A\overline{D}+\overline{A}D)$

（6）$G=AC+A\overline{C}D+A\overline{B}\,\overline{E}F+B(D\oplus E)+B\overline{C}D\overline{E}+B\overline{C}\,\overline{D}E+AB\overline{E}F$

（7）$G=\overline{A}(C\overline{D}+\overline{C}D)+B\overline{C}D+A\overline{C}D+\overline{A}C\overline{D}$

（8）$G=\overline{(\overline{A}+\overline{B})D}+(\overline{A}\,\overline{B}+BD)\overline{C}+\overline{A}B\overline{C}D+\overline{D}$

1.33 下列逻辑函数项在卡诺图中的相邻项有哪些？

（1）$W\overline{X}YZ$ （2）$\overline{W}XY\overline{Z}$ （3）$WX\overline{Y}\,\overline{Z}$ （4）$WXYZ$

（5）$ABCDE$ （6）$A\overline{B}\,\overline{C}DE$ （7）$\overline{A}BC\overline{D}E$ （8）$ABC\overline{D}\,\overline{E}$

1.34 画出下列函数的卡诺图，分析每组函数间的关系。

（1）$F_1=X\overline{Y}+\overline{X}Z$

$F_2=(X+Z)(\overline{X}+\overline{Y})$

（2）$G_1=\overline{A}\,\overline{B}\,\overline{D}+\overline{A}B\overline{C}+ABD+A\overline{B}C$

$G_2=(A+C+D)(\overline{B}+C+\overline{D})(\overline{A}+\overline{C}+\overline{D})(B+\overline{C}+D)$

1.35 用卡诺图化简下列函数，并求出最简与或表达式。

（1）$F_1(A,B,C)=\sum m(2,3,6,7)$

（2）$F_2(A,B,C,D)=\sum m(7,13,14,15)$

（3） $F_3(A,B,C,D)=\sum m(1,3,4,6,7,9,11,12,14,15)$

（4） $F_4(X,Y,Z)=\sum m(0,1,2,5,6,7)$

（5） $F_5(A,B,C,D)=\sum m(0,1,2,3,4,6,7,8,9,10,11,14)$

（6） $F_6(A,B,C,D)=\sum m(0,1,4,6,8,9,10,12,13,14,15)$

（7） $F_7(A,B,C,D)=M_1 \cdot M_2$

（8） $F_8(A,B,C,D,E)=\sum m(0,3,4,6,7,8,11,15,16,17,20,22,25,27,29,30,31)$

（9） $F_9(A,B,C,D)=\sum m(0,2,3,4,6,7,10,11,13,14,15)$

（10） $F_{10}(A,B,C,D)=\sum m(4,5,6,7,8,9,10,11,12,13)$

1.36 用卡诺图化简下列函数，并求出最简与或式。

（1） $F_1(A,B,C,D)=ABD+\bar{A}\,\bar{C}\,\bar{D}+\bar{A}B+\bar{A}CD+A\bar{B}\,\bar{D}$

（2） $F_2(W,X,Y,Z)=\bar{X}Z+\bar{W}X\bar{Y}+W(\bar{X}Y+X\bar{Y})$

（3） $F_3(A,B,C,D,E)=BDE+\bar{B}\,\bar{C}D+CDE+\bar{A}\,\bar{B}CE+\bar{A}\,\bar{B}C+\bar{B}\,\bar{C}\,\bar{D}E$

（4） $F_4(A,B,C,D)=(A+D)(\bar{B}+\bar{C}+\bar{D})(AB+\bar{C})$

（5） $F_5(A,B,C,D,E)=(\bar{A}+\bar{B})(BCD+\bar{E})(\bar{B}+\bar{C}+\bar{E})(\bar{A}+\bar{C})$

（6） $F_6(A,B,C,D)=A\cdot\overline{\bar{B}+C}+\bar{A}D$

（7） $F_7(A,B,C,D)=(A\oplus B)\bar{C}+(B\oplus\bar{C})D$

（8） $F_8(A,B,C,D)=\overline{(A+C)(B+\bar{C}+D)(A+B+D)}+ABC$

（9） $F_9(A,B,C,D)=(A+\bar{B})(\bar{A}+C)(B+C)(\bar{C}+D)$

（10） $F_{10}(A,B,C,D)=\Pi(6,7,9,12)$

1.37 用卡诺图化简下列函数，并求出最简或与式。

（1） $F_1(A,B,C)=\Pi(0,1,4,5)$

（2） $F_2(A,B,C,D)=\Pi(0,1,2,3,4,10,11)$

（3） $F_3(W,C,Y,Z)=\Pi(1,3,5,7,13,15)$

（4） $F_4(X,Y,Z)=\sum m(0,1,3,5,6,7)$

（5） $F_5(A,B,C,D,E)=(\bar{A}+\bar{B})(BCD+\bar{E})(\bar{B}+C+\bar{E})(\bar{A}+\bar{C})$

（6） $F_6(A,B,C,D)=\bar{A}\cdot\overline{\bar{B}+C}+\bar{A}D$

（7） $F_7(X,Y,Z,W)=\Pi(0,1,4,5,7,13,15)$

（8） $F_8(A,B,C,D)=\overline{(\bar{A}+\bar{B})D}+(\bar{A}\bar{C}+BD)\bar{C}+\bar{A}B\bar{C}D+D$

1.38 用卡诺图化简下列各式，并求出函数的最简与或式、最简或与式。

（1） $F_1(X,Y,Z)=\bar{X}\,\bar{Z}+\bar{Y}\,\bar{Z}+Y\bar{Z}+XYZ$

（2） $F_2(A,B,C,D)=(A+\bar{B}+D)(\bar{A}+B+D)(\bar{A}+B+\bar{D})(B+\bar{C}+\bar{D})$

（3） $F_3(A,B,C,D)=(\bar{A}+\bar{B}+D)(\bar{A}+D)(A+B+\bar{D})(A+\bar{B}+C+D)$

（4） $F_4(A,B,C)=(\bar{A}+B)(A+\bar{B})C+\overline{BC}$

（5） $F_5(A,B,C)=\overline{AB\bar{C}+A\bar{B}C+\bar{A}BC}$

（6） $F_6(A,B,C,D)=\overline{AB\bar{C}+A\bar{B}C+\bar{A}BC}+B\bar{D}$

（7） $F_7(A,B,C,D)=A\overline{BC}+\overline{\overline{A\overline{B}}+\overline{A}\,\overline{B}+BC}+AD$

（8） $F_8(A,B,C,D)=A\overline{BC}+\overline{A}C+\overline{\overline{B\overline{C}}+\overline{A}D}$

1.39　试用最少与非门实现下列逻辑函数。

（1） $Y(A,B,C,D)=\overline{A}\,\overline{C}+A\overline{B}\,\overline{C}+\overline{A}B\overline{C}$

（2） $Y(A,B,C,D)=A\overline{B}D+BC\overline{D}+\overline{A}\,\overline{B}D+B\overline{C}\,\overline{D}+\overline{A}\,\overline{C}$

（3） $Y(A,B,C)=\overline{AB+AC+\overline{A}BC}$

（4） $Y(A,B,C,D)=AD+A\overline{B}\,\overline{D}+\overline{A}\,\overline{B}\,\overline{C}\,\overline{D}$

（5） $Y(A,B,C,D)=\overline{C}\,\overline{D}+B\overline{C}D+\overline{B}C\overline{D}+\overline{A}BC\overline{D}$

（6） $Y(A,B,C,D)=(A+B+C)(\overline{B}+\overline{D})(\overline{A}+\overline{C})$

（7） $Y(A,B,C,D)=M_1\cdot M_5\cdot M_8\cdot M_9$

1.40　写出题 1.40 图中各逻辑关系的逻辑函数式，并化简为最简与或式。

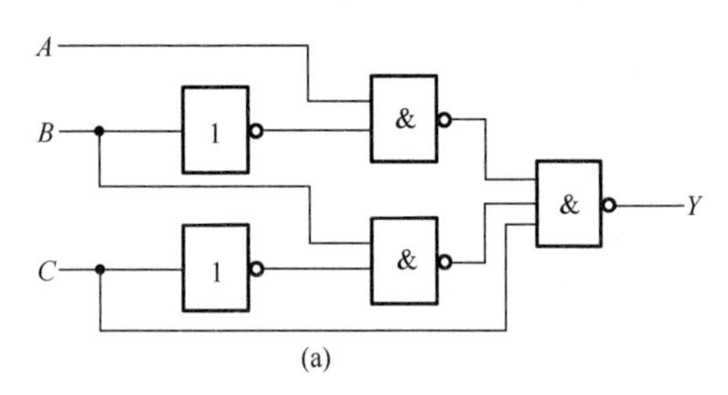

(a)

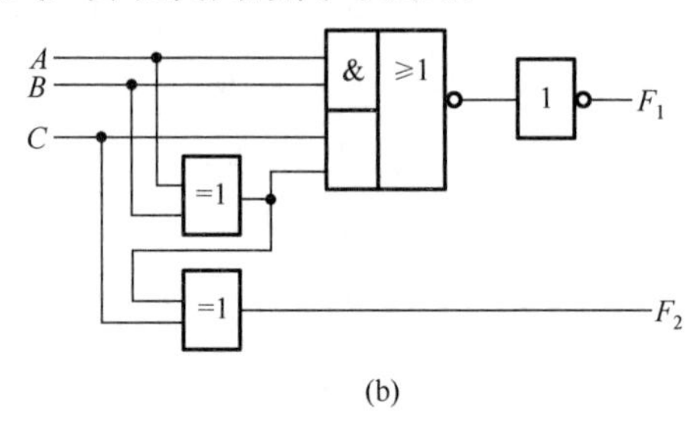

(b)

题 1.40 图

1.41　利用函数的随意状态化简函数，并求出最简与或式。

（1） $G(X,Y,Z)=\overline{Y}+\overline{X}\,\overline{Z},\qquad d=YZ+XY$

（2） $G(A,B,C,D)=\overline{B}\,\overline{C}\,\overline{D}+BC\overline{D}+AB\overline{C}D,\qquad d=\overline{B}C\overline{D}+\overline{A}B\overline{C}D$

（3） $G(A,B,C,D)=\sum m(0,1,5,7,8,11,14)+\sum d(3,9,15)$

（4） $G(A,B,C,D)=\sum m(0,2,3,4,5,6,11,12)+\sum d(8,9,10,13,14,15)$

（5） $G(A,B,C,D)=\overline{A+C+D}+\overline{A}\,\overline{B}C\overline{D}+A\overline{B}\,\overline{C}D,\qquad d=AB+AC$

（6） $G(A,B,C,D)=\sum m(0,1,3,5,8)+\sum d(10,11,12,13,14,15)$

（7） $G(A,B,C,D)=\sum m(0,1,2,4,7,8,9)+\sum d(10,11,12,13,14,15)$

（8） $G(A,B,C,D)=\sum m(2,3,4,7,12,13,14)+\sum d(5,6,8,9,10,11)$

1.42　化简下列逻辑函数为最简与或式。

（1） $Z_1(A,B,C)=\overline{A}\,\overline{C}+\overline{A}B$，$d=AB+AC$

（2） $Z_2(A,B,C,D)=\overline{B}\,\overline{C}\,\overline{D}+\overline{A}B\overline{C}\,\overline{D}+\overline{A}\,\overline{B}\,\overline{C}+\overline{A}\,\overline{B}\,\overline{D}$，$d=AB+AC$

（3） $Z_3(A,B,C,D)=\overline{A}\,\overline{C}\,\overline{D}+\overline{A}BCD+\overline{A}\,\overline{B}D+A\overline{B}\,\overline{C}D$，$d=AB+AC$

（4） $Z_4(A,B,C,D)=\sum m(3,5,6,7)+\sum d(2,4)$

（5） $Z_5(A,B,C,D)=\sum m(0,2,7,8,13,15)+\sum d(1,5,6,9,10,11,12)$

（6） $Z_6(A,B,C,D)=\sum m(0,4,6,8,13)+\sum d(1,5,6,9,10,11)$

（7） $Z_7(A,B,C,D)=\sum m(0,1,8,10)+\sum d(2,3,4,5,11)$

（8）$Z_8(A,B,C,D)=\sum m(0,2,6,8,10,14)+\sum d(5,7,13,15)$

（9）$Z_9(A,B,C,D)=\sum m(1,4,5,6,7,9)+\sum d(10,11,12,13,14,15)$

1.43　用 VEM 化简逻辑函数。

（1）$X=\overline{A}B\overline{C}+\overline{A}BC+AB\overline{C}+A\overline{B}\,\overline{C}$，将变量 C 作为引入变量。

（2）$X=\overline{A}\,\overline{B}\,\overline{C}\,\overline{D}+\overline{A}\,\overline{B}C\overline{D}+A\overline{B}\,\overline{C}D+A\overline{B}\,\overline{C}\,\overline{D}+A\overline{B}C\overline{D}+A\overline{B}CD$，将变量 D 作为引入变量。

（3）$X=BDE+\overline{B}\,\overline{C}D+CDE+\overline{A}\,\overline{B}CE+\overline{A}\,\overline{B}C+\overline{B}\,\overline{C}\,\overline{D}E$，将变量 E 作为引入变量。

（4）$X=ABC\overline{D}\,\overline{E}+\overline{A}\,\overline{B}\,\overline{D}E+A\overline{C}DE+\overline{A}C\overline{BE+\overline{\overline{C}}D}$，将变量 E 作为引入变量。

（5）$X(A,B,C,D)=\overline{A+C+D}+\overline{A}\,\overline{B}C\overline{D}+A\overline{B}\,\overline{C}D,\quad d=AB+AC$，将变量 D 作为引入变量。

（6）$X(A,B,C,D)=\sum m(0,1,5,7,8,11,14)+\sum d(3,9,15)$，将变量 D 作为引入变量。

1.44　用 VEM 化简下列逻辑函数，将变量 C、D 作为引入卡诺图的变量。

（1）$Y(A,B,C,D)=\overline{A}\,\overline{B}\,\overline{C}\,\overline{D}+\overline{A}\,\overline{B}\,\overline{C}D+\overline{A}\,\overline{B}C\overline{D}+\overline{A}BCD+A\overline{B}CD+ABCD$

（2）$Y(A,B,C,D)=A\overline{B}CD+AB\overline{C}D+ABC\overline{D}+AB\overline{C}\,\overline{D}+\overline{A}BCD+A\overline{B}C\overline{D}+\overline{A}\,\overline{B}\,\overline{C}D+ABCD$

（3）$Y(A,B,C,D)=A\overline{B}D+BC\overline{D}+\overline{A}\,\overline{B}D+B\overline{C}\,\overline{D}+\overline{A}\,\overline{C}$

（4）$Y(A,B,C,D)=A\overline{BC}+\overline{\overline{A\overline{B}}+\overline{A}\,\overline{B}+BC}+AD$

（5）$Y(A,B,C,D)=\overline{\overline{A\overline{B}}C+\overline{C}D}(AC+BC)$

（6）$Y(A,B,C,D)=\overline{(AB+\overline{B}D)\overline{\overline{A}\,\overline{C}}}(CD+AD)$

1.45　用卡诺图化解下列函数，求最简与或式。请找出所有可能的答案。

（1）$F(A,B,C,D)=\sum m(0,1,2,3,4,5,6,9,10,11,13,14,15)$

（2）$F(A,B,C,D)=\sum m(0,1,2,3,6,7,8,9,10,12,13,14,15)$

（3）$F(A,B,C,D)=\sum m(0,1,2,4,5,6,7,8,9,10,13,15)$

第 2 章　逻辑门电路

2.1　概述

用于实现基本逻辑运算和复合逻辑运算的单元电路统称为门电路（Gate Circuits）。常用的逻辑门电路主要有与门（AND）、或门（OR）和非门（NOT），以及与非门（NAND）、或非门（NOR）、异或门（XOR）、同或门（XNOR）等。

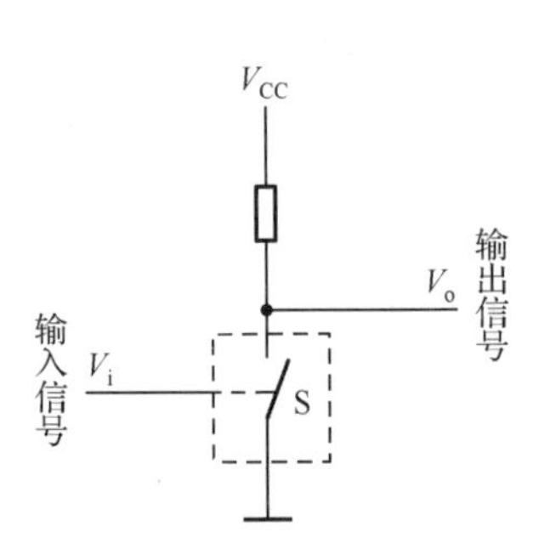

图 2.1　获得高、低输出电平的开关电路基本原理图

在数字电路中，通常用高电平（H）、低电平（L）分别表示二值逻辑的真（1）和假（0）两种状态。图 2.1 表示获得高、低输出电平的开关电路基本原理。当开关 S 断开时，输出电压 V_o 为高电平；当开关 S 接通以后，输出电压 V_o 为低电平。开关 S 在数字电路中可以用半导体二极管或三极管组成，只要通过输入信号 V_i 控制二极管或三极管工作在截止和导通两个状态，就可以起到图 2.1 中的开关 S 的作用。

如果以输出的高电平表示逻辑 1，以低电平表示逻辑 0，则称这种表示方法为正逻辑。反之，若以输出的高电平表示 0，而以低电平表示 1，则称这种表示方法为负逻辑。若无特殊说明，本书中一律采用正逻辑。

逻辑门电路种类繁多，按是否集成来分类，可分为分立元件逻辑门电路和集成逻辑门电路。集成电路按照其内部有源器件的不同又可以分为两类：双极型晶体管集成电路（Bipolar Integrated Circuits）和绝缘栅场效应管集成电路（MOS Integrated Circuits）。其中，以 TTL（Transistor-Transistor Logic）为代表的双极型晶体管集成电路和以 CMOS（Complementary Metal Oxide Semiconductor）为代表的绝缘栅场效应管集成电路，广泛应用到计算机、工业控制、消费电子等领域。本章将重点介绍 TTL 集成逻辑门电路和 MOS 集成逻辑门电路的基本原理和电气特性，为实际应用打下基础。

2.2　逻辑门电路介绍

2.2.1　基本逻辑门电路

1. 与门

实现与运算功能的逻辑器件称为与门，每个与门有两个或两个以上的输入端和一个输出端，两输入端的与门逻辑符号如图 2.2(a)所示。

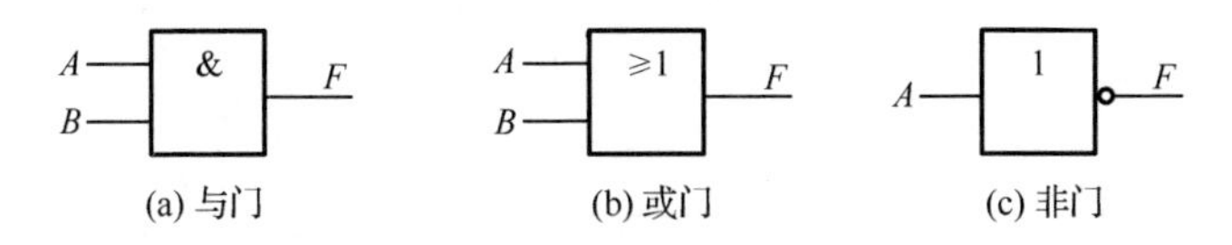

图 2.2　与门、或门和非门的逻辑符号

在图 2.2(a)中，A、B 为输入端，F 为输出端。将输入变量值按照二进制数大小排列，对应列出输出值的表称为真值表。与门的真值表如表 2.1 所示。与门输出和输入之间的逻辑关系表达式为

$$F = A \cdot B$$

2. 或门

实现或运算逻辑功能的逻辑器件称为或门。每个或门有两个或两个以上的输入端和一个输出端，两个输入端或门的逻辑符号如图 2.2(b)所示。图中 A、B 为输入端，F 为输出端。或门的真值表如表 2.2 所示。或门输出和输入之间的逻辑关系表达式为：

$$F = A + B$$

表 2.1　两输入端与门真值表

A	B	F
0	0	0
0	1	0
1	0	0
1	1	1

表 2.2　两输入端或门真值表

A	B	F
0	0	0
0	1	1
1	0	1
1	1	1

3. 非门

实现非门逻辑运算功能的逻辑器件称为非门，非门也称为反相器，每个非门有一个输入端和一个输出端，其逻辑符号如图 2.2(c)所示。图中 A 为输入端，F 为输出端。真值表如表 2.3 所示。非门输出和输入之间的逻辑关系表达式为

$$F = \overline{A}$$

表 2.3　非门真值表

A	F
0	1
1	0

2.2.2　复合逻辑门电路

从理论上讲，由与、或、非三种基本门电路可以实现任何逻辑功能，但在实际应用中，为了提高门电路的抗干扰能力、负载能力等，通常将一些复合逻辑采用集成电路一起实现，成为复合逻辑门电路。最常用的复合逻辑门电路有与非门、或非门、与或非门和异或门、同或门，它们的逻辑符号如图 2.3 所示。

1. 与非门

实现与运算后再进行非运算的复合逻辑电路称为与非门。与非门有两个或两个以上的输入端，两个输入端与非门的逻辑符号如图 2.3(a)所示。图中 A、B 为输入端，F 为输出端。

与非门真值表如表 2.4 所示。与非门输出和输入间的逻辑关系表达式为

$$F = \overline{A \cdot B}$$

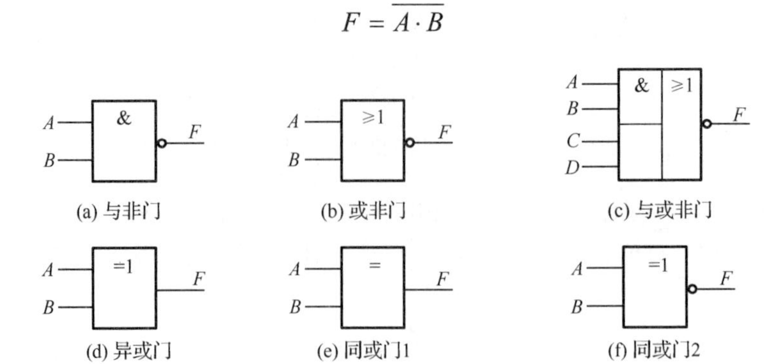

图 2.3　与非门、或非门、与或非门、异或门、同或门的逻辑符号

2．或非门

实现或运算后再进行非运算的复合逻辑电路称为或非门。或非门有两个或两个以上的输入端，两个输入端或非门的逻辑符号如图 2.3(b)所示。图中 A、B 为输入端，F 为输出端。或非门真值表如表2.5 所示。或非门输出和输入间的逻辑关系表达式为

$$F = \overline{A + B}$$

表 2.4　两输入端与非门真值表

A	B	F
0	0	1
0	1	1
1	0	1
1	1	0

表 2.5　两输入端或非门真值表

A	B	F
0	0	1
0	1	0
1	0	0
1	1	0

3．与或非门

与、或、非三种运算的复合运算的实现电路称为与或非门，其逻辑符号如图 2.3(c)所示，真值表如表 2.6 所示。与或非门输出和输入之间的逻辑关系表达式为

$$F = \overline{A \cdot B + C \cdot D}$$

表 2.6　与或非门真值表

A	B	C	D	F	A	B	C	D	F
0	0	0	0	1	1	0	0	0	1
0	0	0	1	1	1	0	0	1	1
0	0	1	0	1	1	0	1	0	1
0	0	1	1	0	1	0	1	1	0
0	1	0	0	1	1	1	0	0	0
0	1	0	1	1	1	1	0	1	0
0	1	1	0	1	1	1	1	0	0
0	1	1	1	0	1	1	1	1	0

4．异或门

异或逻辑指两输入端取值不同时，输出为 1；当两个输入端取值相同时，输出为 0。实现异或逻辑的门电路称为异或门。异或门有且只有两个输入端，一个输出端，其逻辑符号如图 2.3(d)所示。异或门的真值表如表 2.7 所示，其输出和输入之间的逻辑关系表达式为

$$F = A \oplus B = A\overline{B} + \overline{A}B$$

5．同或门

异或运算之后再进行非运算，则称为同或运算，其逻辑是指两输入端取值相同时，输出为 1；两输入取值不同时，其输出为 0。同或门有且只有两个输入端，一个输出端，其逻辑符号如图 2.3(e)、(f)所示。同或门的真值表如表 2.8 所示，其输出和输入之间的逻辑关系表达式为

$$F = A \odot B = \overline{A \oplus B} = \overline{A} \cdot \overline{B} + AB$$

表 2.7　异或门真值表

A	*B*	*F*
0	0	0
0	1	1
1	0	1
1	1	0

表 2.8　同或门真值表

A	*B*	*F*
0	0	1
0	1	0
1	0	0
1	1	1

2.3　TTL 逻辑门电路

分立元件构成基本门电路，在功能上可以实现正确的逻辑运算，但是其电气特性不如集成电路构成的门电路，抗干扰能力、带负载能力均不足。集成门电路还具有体积小、可靠性高、寿命长、速度快、成本低、功耗小等优点，因此，目前集成电路几乎全部取代了分立元件电路。

集成电路发展过程中有两种主要半导体器件类型，一种是双极型，另一种是单极型。TTL 是双极型集成电路中用得最多的一种，单极型集成电路则以 MOS 型为主。

2.3.1　TTL 与非门

TTL 与非门和 TTL 非门结构相同，只有输入端个数的差别，是 TTL 门电路中电路结构最简单的一种。74 系列与非门的典型电路如图 2.4 所示。图中 T_1 是多发射极晶体管，可以把它看成具有两个发射极的共基极三极管。TTL 与非门电路由三个极组成：T_1、R_1 和 D_1、D_2 组成输入极，实现逻辑与功能；T_2、R_2 和 R_3 组成中间极，从 T_2 的集电极和发射极同时输出两个相位相反的信号，分别驱动 T_4 和 T_5 管，它完成放大和倒相作用；R_4、T_4、D_3 和 T_5 组成推拉式输出极，直接驱动负载。D_1、D_2为输入端钳位二极管，用来限制输入端出现的负极性干扰脉冲，以保护输入端的 T_1 管。

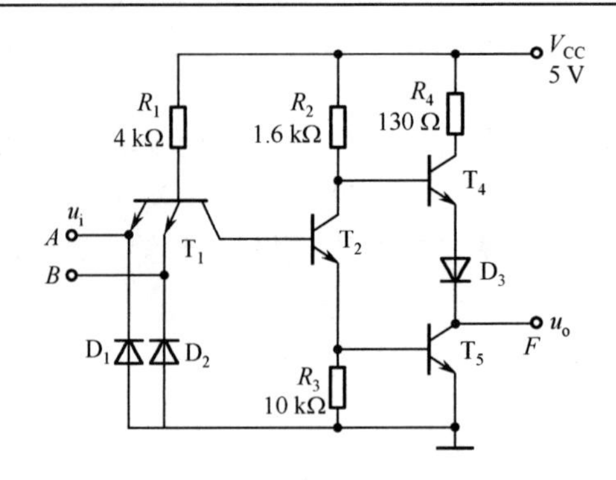

图 2.4 TTL 与非门电路

1. 工作原理

输入 A、B 中至少有一个为低电平 $V_{IL} = 0.3$ V 时，相应的 T_1 发射极导通，T_1 工作在深饱和状态，T_1 管的基极电位 V_{b1} 被钳位在 1 V，其饱和压降 $V_{ces1} = 0.1$ V，集电极电位 V_{c1} 为 0.4 V，T_2 和 T_5 截止。由于 T_2 截止，故 R_2 上压降很小，$V_{b4} \approx V_{CC} = 5$ V，T_4 和 D_3 管导通。因此，$u_o = V_{OH} = V_{b4} - V_{be4} - V_{d3} = 3.6$ V，输出为高电平，即 $F = 1$。等效电路如图 2.5 所示。

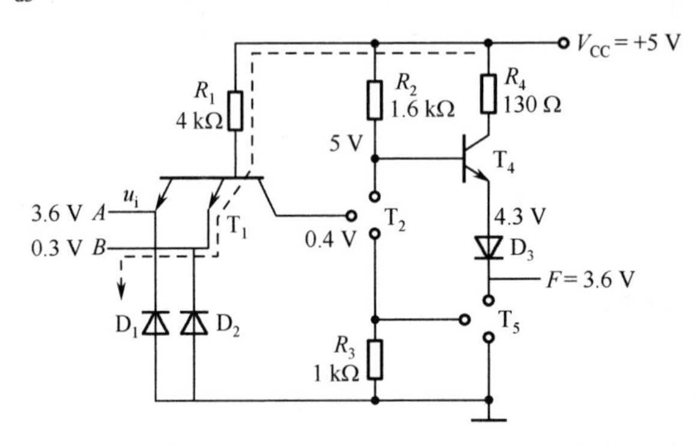

图 2.5 输入端 A、B 至少有一个低电平时 TTL 与非门等效电路

输入 A、B 全为高电平 $V_{IH} = 3.6$ V 时，如果假设此时 T_1 管的发射极均导通，则 $V_{b1} = V_{IH} + 0.7\text{ V} = 4.3$ V，此电压作用于 T_1 管的集电极、T_2 和 T_5 管的发射极，三个 PN 极必定导通，结果 $V_{b1} = V_{bc1} + V_{be2} + V_{be5} = 2.1$ V，于是使 T_1 管的所有发射极均反偏，因此，实际上 T_1 管处于倒置放大状态，即 c_1、e_1 倒置使用，而不是正常的导通状态。由于 T_1 集电极、T_2 和 T_5 发射极导通，T_5 工作在深饱和状态，故 $V_{c5} = V_{ces5} = 0.1$ V。另外，由于 $V_{c2} = V_{ces2} + V_{be5} = 0.3 + 0.7 = 1$ V，D_3 管截止。因此，$F = V_{c5} = 0.1\text{ V} = V_{OL}$，输出 $F = 0$。其等效电路图如图 2.6 所示。

综上所述，TTL 与非门只要有一个输入端为低电平，输出即为高电平，只有所有输入端均为高电平时，输出才为低电平。因此，电路实现了与非逻辑功能：$F = \overline{AB}$。

2. 电压传输特性

TTL 与非门的输出电压 F 随输入电压 A 的变化关系曲线称为电压传输特性曲线，如图 2.7 所示，大体可分为 4 个段区。

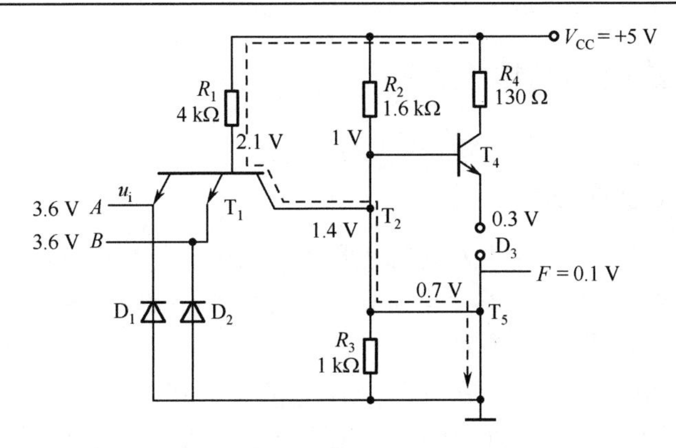

图 2.6　输入 A、B 均为高电平时 TTL 与非门等效电路

（1）AB 段。

当 $A<0.6$ V 时，$u_{c1}<0.7$ V，T_2 和 T_5 管截止，T_4 和 D_3 管导通，输出为高电平，$F=V_{OH}=V_{CC}-I_{b4}\times R_2-V_{be4}-V_{d3}\approx 3.6$ V。AB 段称为电压传输特性的截止区。

（2）BC 段。

当 $0.6\text{ V}<A<1.3\text{ V}$ 时，$0.7\text{ V}<u_{c1}<1.4\text{ V}$，由于 T_2 管的发射极电阻 R_3 直接接地，使 T_2 管开始导通并处于放大状态，所以 u_{c2} 和 F 随 A 的增高而线性降低，但 T_5 管仍截止，BC 段称为线性区。

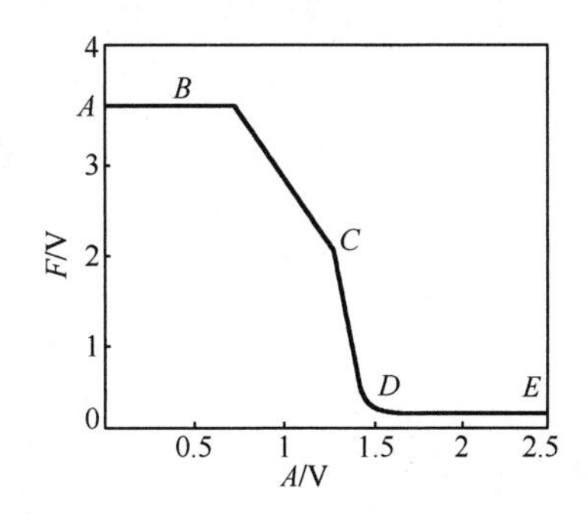

图 2.7　TTL 与非门的电压传输特性曲线

（3）CD 段。

当 $1.3\text{ V}<A<1.4\text{ V}$ 时，T_2 和 T_5 趋于饱和导通，F 急剧下降为低电平，CD 段称为转折区，其中 C 点对应的输入电压 V_T 称为阈值电压或门槛电压。$V_T=1.4$ V。

（4）DE 段。

$A>1.4$ V 以后，V_{b1} 被钳位在 2.1 V，T_2 和 T_5 管均饱和，$F=V_{OL}=V_{ces5}=0.1$ V，DE 段称为饱和区。

3. 关门电平、开门电平和输入端噪声容限

（1）关门电平 V_{OFF}：为保证与非门输出高电平时的最高输入电平值称为关门电平 V_{OFF}，$V_{OFF}=V_{ILmax}$。

（2）开门电平 V_{ON}：为保证与非门输出低电平时的最低输入电平值称为开门电平 V_{ON}，$V_{ON}=V_{IHmin}$。

（3）噪声容限：在保证逻辑门完成正常逻辑功能的情况下，逻辑门输入端所能承受的最大干扰电压值。噪声容限分为低噪声容限 V_{NL} 和高噪声容限 V_{NH}。噪声容限越大，与非门抗干扰能力越强。由于前一个门的输出端就是后一个门的输入端，由此可得低噪声容限 $V_{NL}=V_{ILmax}-V_{OLmax}$，高噪声容限 $V_{NH}=V_{OHmin}-V_{IHmin}$。

74 系列门电路的 $V_{OHmin}=2.4$ V，$V_{IHmin}=2$ V，$V_{OLmax}=0.4$ V，$V_{ILmax}=0.8$ V，故可知其 $V_{NL}=0.4$ V，$V_{NH}=0.4$ V。

2.3.2 TTL与非门的电气特性

本节介绍门电路输入端和输出端的电气特性。

1. TTL与非门的输入负载特性

图2.8(a)所示为与非门输入端接入负载电阻 R_i 的电路。当 R_i 在一定范围内增大时，由于输入电流 I_{IL} 流经 R_i 会产生压降，其上电压 u_i 也随之增大，反映两者之间关系变化的曲线称为输入负载特性曲线，如图2.8(b)所示。

结合图2.6可以看出，在 u_i 小于0.7 V以前，u_i 随 R_i 的增大呈线性升高，到 u_i 为0.7 V以后，V_{b1} 为1.4 V使管 T_2 导通，至此流经 R_i 的电流开始经 T_1 管的集电极分流一部分作为 T_2 管的基极电流。到 $u_i = 1.4$ V以后，T_5 管开始导通，V_{b1} 被钳位在2.1 V，自此以后 u_i 不再随 R_i 的增大而升高。通常把使 T_5 管刚开始导通的负载电阻 R_i 称为开门电阻 R_{ON}，R_{ON} 可由下式求出：

$$\frac{V_{CC}-V_{be}}{R_1+R_{ON}}R_{ON}=1.4\text{（V）}$$

即：

$$\frac{5-0.7}{4\times10^3+R_{ON}}R_{ON}=1.4\text{（V）}$$

可得 $R_{ON} = 2$ kΩ。

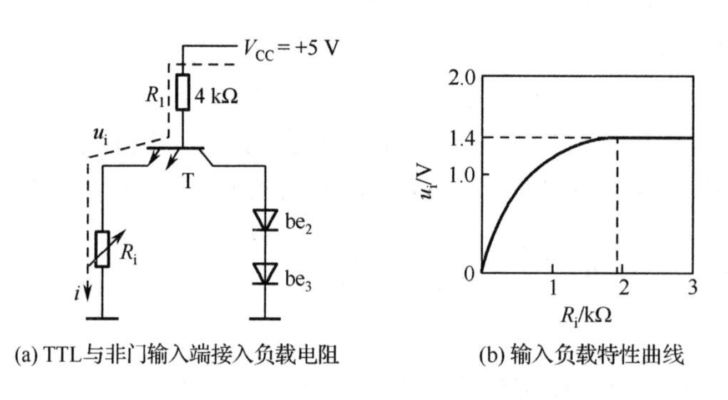

(a) TTL与非门输入端接入负载电阻　　(b) 输入负载特性曲线

图2.8 TTL与非门的输入负载特性

R_{ON} 也称为阈值（门槛）电阻 R_T，即，输入电阻 $R_i > 2$ kΩ时，相当于输入高电平；输入电阻 $R_i < 2$ kΩ时，相当于输入低电平。

而当TTL与非门输入端悬空时，相当于该输入端对地电阻无穷大，远大于2 kΩ，所以，TTL与非门输入端悬空相当于高电平。

2. TTL与非门的输入伏安特性

输入伏安特性是指输入电流随输入电压变化的特性。如果在与非门的输入端接入一个可调直流电源 V_i，并且与非门处于工作状态，V_i 由0逐步增加到3 V，可得到一条输入电流变化的曲线，这条曲线称为输入伏安特性曲线，如图2.9所示。输入电流 I_i 流入为正，流出为负。

当 V_i 小于0.6 V时，T_1 导通，T_2 截止，$I_i = -(V_{CC} - V_{be1} - V_i)/R_i$。当 $V_i = 0$ 时，相当于输入接地，称此时输入电流为输入短路电流 I_{IS}。$I_{IS} = (5\text{ V} - 0.7\text{ V}) / 4\text{ k}\Omega = 1.1$ mA，随着 V_i 从0

到 0.6 V 升高，I_i 将随之减小。

若 V_i 在 0.6～1.3 V 范围，T_2 导通，分流 I_{b1}，I_i 的绝对值随 V_i 的增加而逐渐减小，并且当 V_i 接近 1.3 V 时，I_i 迅速减小，I_{b1} 绝大部分经 T_1 集电极流入 T_2 的基极。

当 V_i 大于 1.4 V 后，T_1 进入倒置工作状态，I_i 由负变为正，由原来流出输入端变为流入输入端。此时的输入电流成为输入高电平电流，用 I_{IH} 表示，即 T_1 管的反向漏电流，其值一般为几十微安。

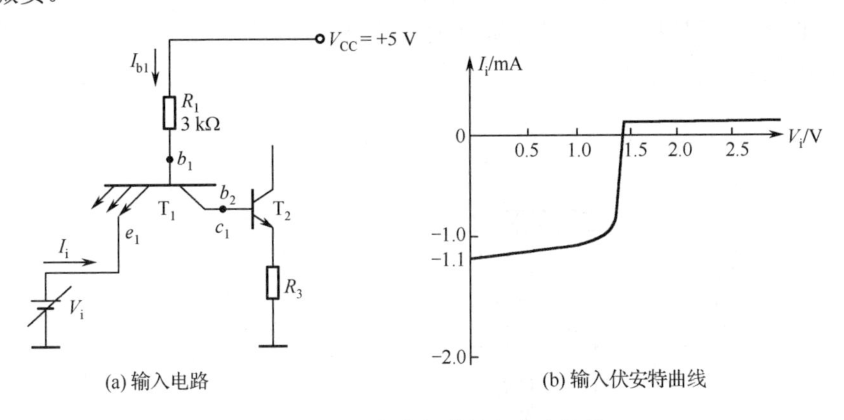

(a) 输入电路　　(b) 输入伏安特性曲线

图 2.9　TTL 与非门的输入伏安特性

3. TTL 与非门的输出特性

（1）灌流负载能力。

TTL 与非门输出为低电平时带灌流负载的等效电路如图 2.10(a)所示。$F = 0.1$ V 时，D_3 截止，T_5 管深饱和。未带负载时，i_{b5} 较大，而 $I_{cs5} = 0$，负载接入输出端 F 后，相当于负载 TTL 与非门输入端为低电平 0.1 V，故负载输入电流是灌入 F 端的，即为灌流负载。每路负载灌入的电流 $I_{IL} = 1.1$ mA，若有 N 个负载，则灌入电流为 NI_{IL}，N 越大，$I_{cs5} = NI_{IL}$ 越大，T_5 管饱和越浅，F 上升，其 F 端的输出特性曲线如图 2.10(b)所示。当输出 F 上升到超过规定的低电平时，F 将非高非低，形成逻辑错误，这是不允许的。因此，灌流负载个数 N 应有所限制，以保证 F 输出为 0.1～0.6 V。一般情况下，应取 $N \leqslant 8$。

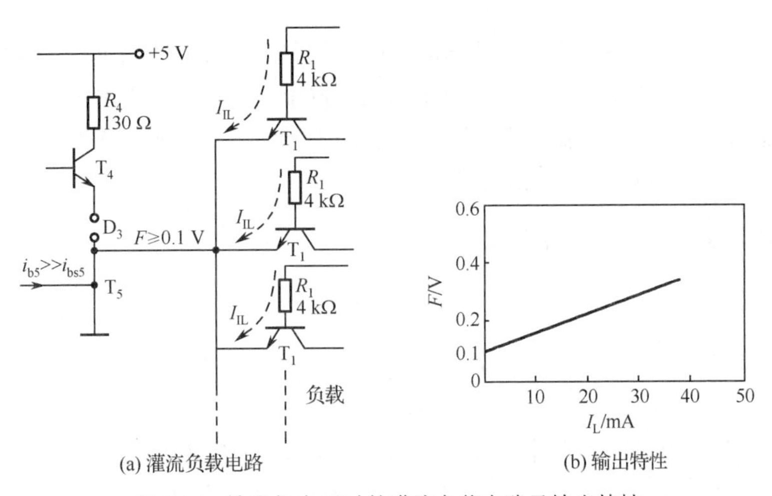

(a) 灌流负载电路　　(b) 输出特性

图 2.10　输出低电平时的灌流负载电路及输出特性

（2）拉流负载能力。

TTL 与非门输出高电平时带同类 TTL 与非门负载的等效电路如图 2.11(a)所示。此时，T_5截止，$F = 3.6$ V（逻辑 1）。带负载后，负载电流由 F 流向负载，也就是由 F 拉向负载，故称为拉流负载。每路负载由 F 拉出的电流都是负载 T_1 管的反向漏电流 I_L，约为几十微安。负载个数 N 越大，拉电流 NI_L 越大，在 R_4 上的压降也越大，使高电平输出下降的幅度越大，输出特性曲线如图 2.11(b)所示。当 F 下降到规定的高电平以下时，也会使 F 非高非低，但由于 I_L 很小，故TTL与非门带拉流负载的个数远大于带灌流负载的个数。TTL与非门带灌流负载的能力即为规定的扇出系数 N，手册上规定 $N≤8$。

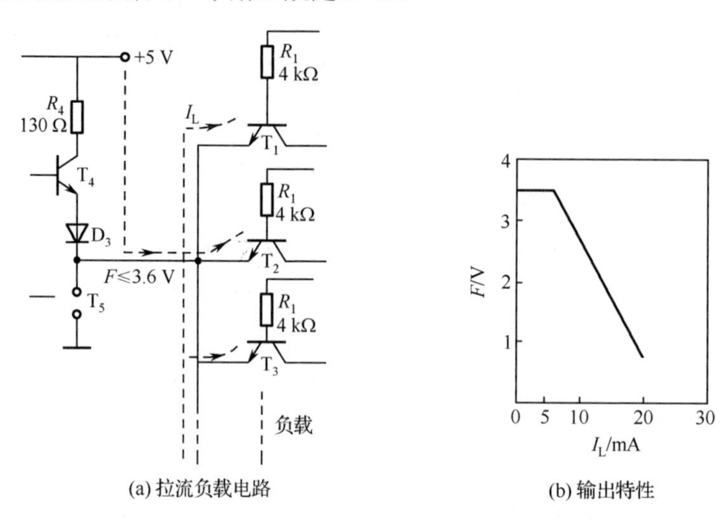

(a) 拉流负载电路 (b) 输出特性

图 2.11 输出高电平时的拉流负载电路及输出特性

4. 传输门延迟

在 TTL 电路中，二极管和三极管从导通变为截止或从截止变为导通都需要一定的时间，还有二极管、三极管以及电阻、连线的寄生电容存在，所以把理想的矩形电压信号加到门电路的输入端时，输出电压波形不仅要比输入信号滞后，而且波形的上升沿和下降沿也将变坏。

我们把输出电压波形滞后于输入电压波形的时间称为传输延迟时间。通常将输出电压由低电平跳变为高电平的传输延迟时间记为 t_{pLH}，把输出电压由高电平跳变为低电平的传输延迟时间记为 t_{pHL}，门电路的传输延迟时间为二者的平均值。传输延迟时间是衡量门电路工作速度的重要指标，可以从产品的数据手册中查找到。

2.3.3 其他类型 TTL 门电路

1. TTL 非门

与非门是通用逻辑电路，即可以用其实现各种逻辑运算。但实际应用中为提高可靠性，还有其他 TTL 门电路直接以集成电路形式实现。

图 2.12 是 74 系列 TTL 非门电路图，它与图 2.4 的与非门电路基本类似。

当输入 A 为低电平，即 $V_{IL} = 0.3$ V 时，T_1 发射结导通，T_1 工作在深饱和状态。T_1 管 V_{b1}

被钳位在 1 V，其饱和压降 $V_{ces1} = 0.1$ V，$V_{c1} = 0.4$ V，T_2 和 T_5 截止。$V_{b4} \approx V_{CC} = 5$ V，T_4 和 D_3 管导通。因此 $u_o = V_{OH} = V_{b4} - V_{be4} - V_{d3} = 3.6$ V，输出为高电平，$F = 1$。

当输入 A 为高电平，即 $V_{IH} = 3.6$ V 时，如果假设此时 T_1 管的发射极导通，则 $V_{b1} = V_{IH} + 0.7\text{ V} = 4.3$ V，使 T_1 管的集电极、T_2 和 T_5 管的发射极三个 PN 极导通，结果 $V_{b1} = V_{bc1} + V_{be2} + V_{be5} = 2.1$ V，于是 T_1 管的发射极反偏，T_1 实际工作在倒置放大状态。由于 T_1 集电极、T_2 和 T_5 发射极导通，T_5 工作在深饱和状态，故 $V_{c5} = V_{ces5} = 0.1$ V。另外，由于 $V_{c2} = V_{ces2} + V_{be5} = 0.3 + 0.7 = 1$ V，D_3 管截止。因此，$u_o = V_{c5} = 0.1\text{ V} = V_{OL}$，输出 $F = 0$。

2．或非门

74 系列或非门电路如图 2.13 所示。

图中 T_1'、T_2' 和 R_1' 所组成的电路与 T_1、T_2 和 R_1 组成的电路完全相同，一起构成输入极，中间极以及输出极电路和 TTL 与非门电路相同。当 A 输入为高电平时，T_2 和 T_5 同时导通，T_4 和 D_3 截止（详细分析参见与非门部分），所以输出 F 为低电平。当 B 输入为高电平，T_2' 和 T_5 同时导通，T_4 和 D_3 截止，输出 F 为低电平。只有当 A、B 输入都为低电平时，T_2 和 T_2' 同时截止，T_5 截止而 T_4 导通，所以输出 F 为高电平。因此，输出 F 和输入 A、B 之间的关系为或非关系，即 $F = \overline{A + B}$。

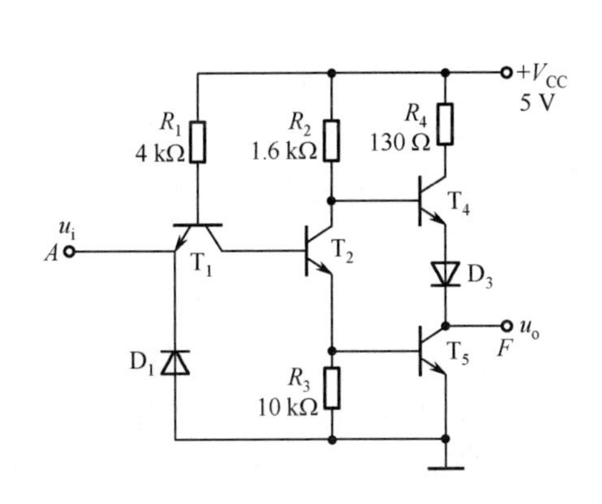

图 2.12　TTL 非门电路图

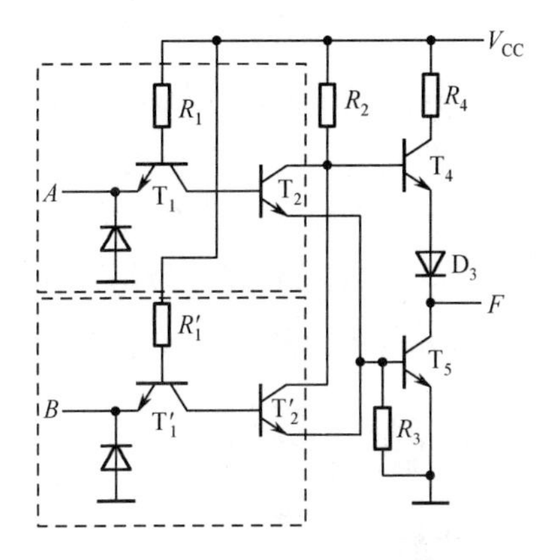

图 2.13　TTL 或非门电路图

3．与或非门

将图 2.13 或非门电路中的每个输入端改成多发射极三极管，就得到图 2.14 所示的与或非门电路。

由图可知，当输入 A、B 同时为高电平时，输出 F 为低电平；当输入 C、D 同时为高电平时，输出 F 为低电平；只有 A、B 和 C、D 每组输入都不同时为高电平时，输出 F 为高电平。因此，F 和 A、B 及 C、D 之间是与或非关系，即 $F = \overline{A \cdot B + C \cdot D}$。

4．异或门

TTL 异或门电路结构如图 2.15 所示。图中虚线右边的部分和或非门的倒相输出极相同，只要 T_6 和 T_7 当中有一个导通，都能使 T_8 截止、T_9 导通，输出为低电平。

当 A、B 同时为高电平时，T_6 导通，进而 T_9 导通、T_8 截止，输出为低电平。当 A、B 同时为低电平时，$V_{IL} = 0.3$ V，T_2、T_3 发射极导通，$V_{c2} = V_{c3} = 0.3 + 0.7 = 1$ V，不足以使 T_4 和

T_5 导通，所以 T_4、T_5 截止，使 T_7 导通，进而 T_9 导通、T_8 截止，输出为低电平。当 A、B 不同时（即一个为高电平而另一个为低电平），T_1 正向饱和导通，T_6 截止；同时，由于 A、B 必有一个是高电平，使 T_4、T_5 中有一个导通，从而 T_7 截止，因此，T_6、T_7 同时截止，T_8 导通，T_9 截止。输出为高电平。因此，输出 F 和输入 A、B 之间为异或关系，即 $F = A \oplus B$。

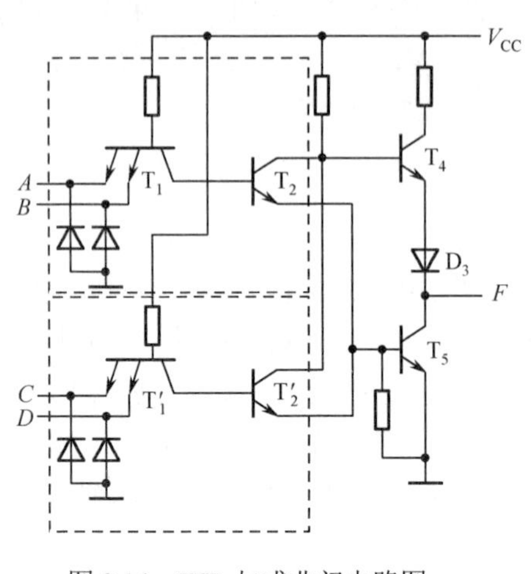

图 2.14　TTL 与或非门电路图

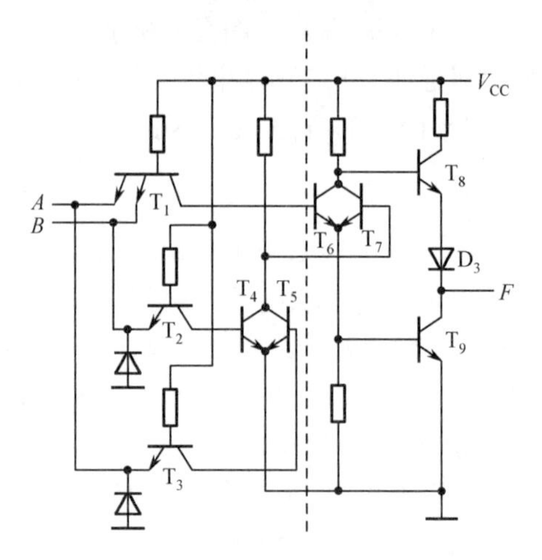

图 2.15　TTL 异或门电路图

与门、或门电路是在与非门、或非门电路的基础上，在电路内部增加一个反相极构成的，它们的原理基本相同。

从上面的 TTL 门电路介绍中，可以看出其结构基本相同，它们的电气特性，如输入/输出伏安特性、负载特性等都与TTL与非门相似，这里不详细介绍。

5. 集电极开路的门电路（OC 门）

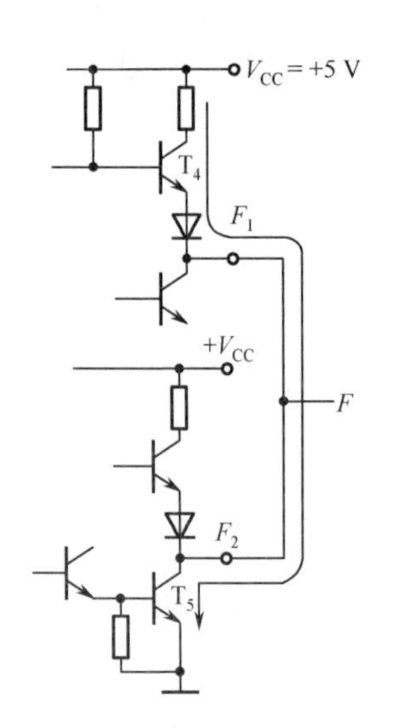

图 2.16　TTL 与非门输出端“线与”连接

前面介绍的TTL与非门电路，无论输出高电平还是低电平，其输出电阻都很低，因此组成逻辑电路时，不能直接将两个门的输出端连在一起。因为这些具有有源负载的推拉式输出极门电路，无论是输出高电平还是输出低电平，其输出负载都很小，所以当一个门截止而另一个门导通时，必然有一个很大的电流流过两个门的输出极，如图2.16 所示。由于此电流很大，不但会使导通门的低电平严重抬高，而且还有可能把导通门的 T_5 管烧坏。

为了使门电路的输出端能够直接并联使用，可以把 TTL 与非门电路的推拉式输出极改为三极管集电极开路输出，称为集电极开路（Open Collector）与非门，简称 OC 门，其电路结构和逻辑符号如图 2.17 所示。OC 门工作时期输出端需要外接负载电阻和电源。将 n 个 OC 门的输出端“线与”后可共用一个集电极负载电阻 R_L 和电源 V_{CC}，如图2.18 所示。显然，只有当 F_1～F_n 都为高电平时，输出 F 才为高电平；只要其中有一个门输出为低电平，F 就为低电平，即实现了线与逻辑功能，$F=F_1\cdot F_2\cdot\cdots\cdot F_n$。为了使线与输出的高、低电平值符合所在数字电路系统的要求，对外接负载电阻 R_L 阻值应做适当的选择。下面介绍外接负载电阻 R_L 的计算方法。

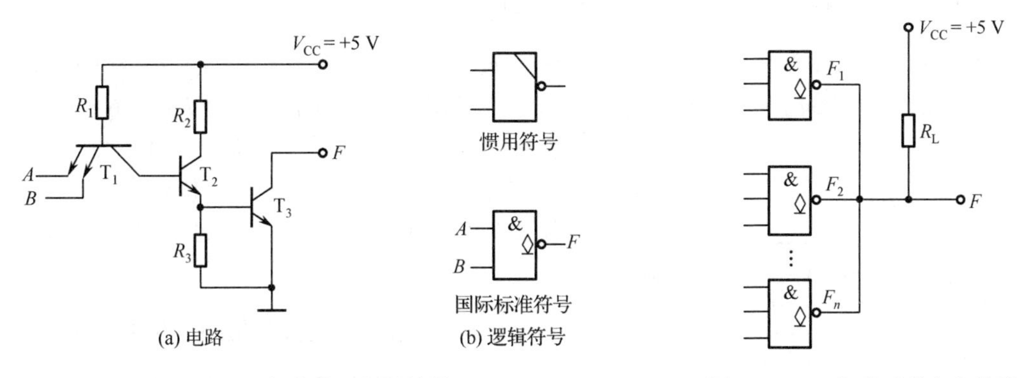

图 2.17　OC 门电路及逻辑符号　　图 2.18　OC 门的“线与”连接

（1）求负载电阻的最大值 R_{Lmax}。图 2.19 所示的电路为求 R_{Lmax} 的电路，图中有 n 个 OC 门输出端并联，并假定输出为高电平，负载为 m 个 TTL 与非门的输入端。设 I_{OH} 是每个 OC 门输出为高电平时输出端的截止漏电流，I_{IH} 是负载门在输入端为高电平时每个输入端的输入漏电流。

由图 2.19 可得

$$V_{OH}=V_{CC}-I_{RL}R_L=V_{CC}-(nI_{OH}+mI_{IH})R_L$$

则

$$R_{Lmax}=(V_{CC}-V_{OH\,min})/(nI_{OH}+mI_{IH})$$

（2）求负载电阻的最小值 R_{Lmin}。图 2.20 电路为求 R_{Lmin} 的电路，考虑最坏的情况，设 n 个线与的 OC 门只有一个门的驱动管 T_5 饱和导通，其他门的 T_5 均截止。

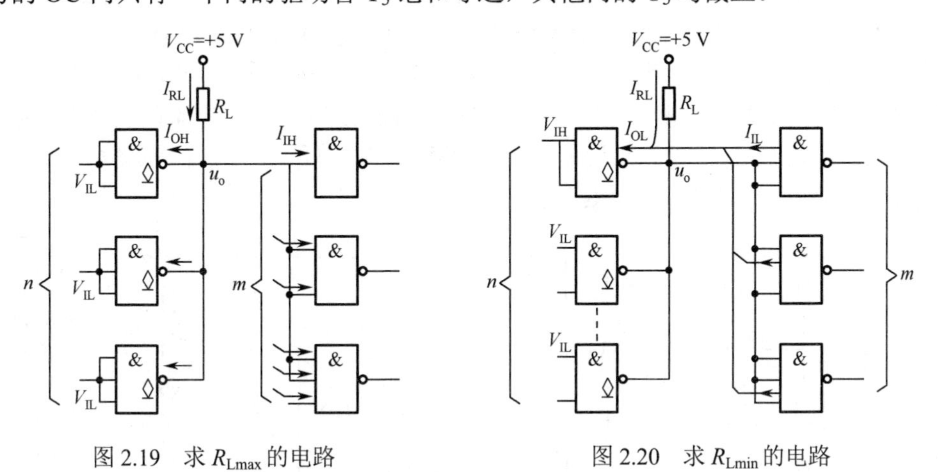

图 2.19　求 R_{Lmax} 的电路　　图 2.20　求 R_{Lmin} 的电路

由图可得

$$I_{OL}=(V_{CC}-V_{OL})/R_L+mI_{IL}$$

为了使 OC 门的灌电流 I_{OL} 不超过输出管 T_5 的允许值，负载电阻的最小值必须限制为

$$R_{Lmin} = (V_{CC} - V_{OLmax}) / (I_{OL} - mI_{IL})$$

式中，I_{IL} 为每个负载门输入低电平时的电流，m 为负载门个数。

【例 2.1】 图 2.21 所示电路中的外接负载电阻 R_L 选定合适的阻值。已知 G_1、G_2 为 OC 门，输出管截止时的漏电流 I_{OH} = 200 μA，输出管导通时允许的最大负载电流为 I_{OL} = 16 mA。G_3、G_4 和 G_5 均为 74 系列与非门，它们的低电平输入电流为 I_{IL} = 1 mA，高电平输入电流为 I_{IH} = 40 μA。给定 V_{CC} = 5 V，要求 OC 门输出的高电平 $V_{OH} \geqslant 3.0$ V，低电平 $V_{OL} \leqslant 0.4$ V。

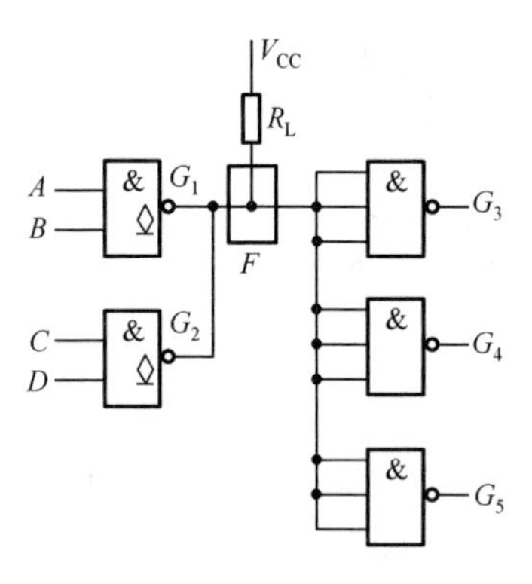

图 2.21　例 2.1 图

解：

$$R_{Lmax} = (V_{CC} - V_{OHmin})/(nI_{OH} + mI_{IH}) = \frac{5-3}{2\times0.2+3\times0.04} = 3.85\ \text{k}\Omega$$

$$R_{Lmin} = (V_{CC} - V_{OLmax}) / (I_{OL} - mI_{IL}) = \frac{5-0.4}{16-3\times1} = 0.35\ (\text{k}\Omega)$$

所以，选定的 R_L 值应在 3.85 kΩ与 0.35 kΩ之间，可以取 R_L = 1 kΩ。

6. 三态门（TSL 门）

三态（Three State Logic，TSL）门是指门的输出端不仅有高、低电平两种状态，还有悬空（对地高阻抗）状态。三态门的电路及逻辑符号如图 2.22 所示，其中 EN 为控制端。在图 2.22(a) 中，当 EN = 1 时，电路是与非门，$F = \overline{AB}$。当 EN = 0 时，因 EN 也是 T_1 的一个发射极，故此时 T_2、T_5 管截止，V_{c1} = 0.7 V，致使二极管 D_3 也截止，输出 F 处于悬空（对地高阻抗）状态。这种只有 EN = 1 时，$F = \overline{AB}$ 的三态门称为高电平有效三态门。在图 2.22(b)中，当 EN = 0 时，$F = \overline{AB}$。EN = 1 时，F 悬空，故图 2.22 (b)表示的是低电平有效三态门。

使用三态门可以构成传送数据的总线。图 2.23 为由三态门构成的单向数据总线。这个单向总线是分时传送的总线，每次只能传送 A_1～A_3 中的一个信号。当三态门的使能控制端 EN 为 1 时，其输入端的数据传送到总线上（数据的非）。当三态门的使能控制端 EN 为 0 时，不传送信号，总线与三态门呈断开状态（高阻）。

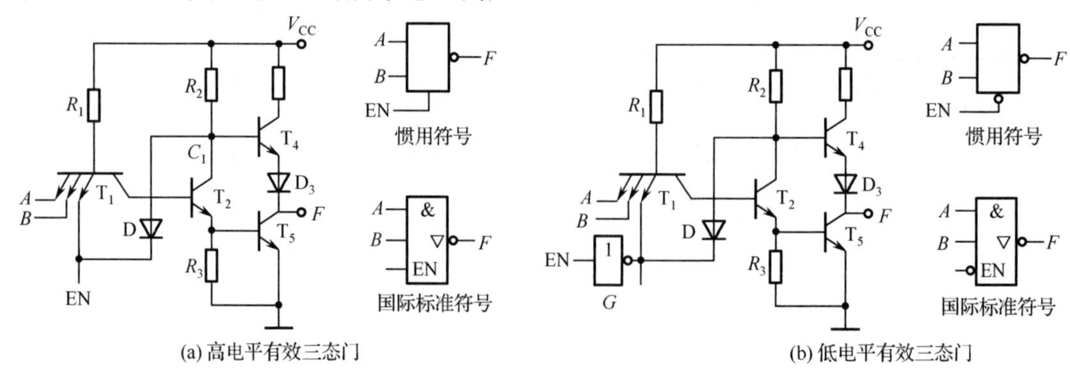

图 2.22　TTL 三态门电路和逻辑符号

图 2.24 为三态门构成的双向数据总线。该电路可以实现总线与三态门之间的数据分时双向传送，$\overline{D_1}$ 传送到总线上，总线上数据的非传送给 D_2。

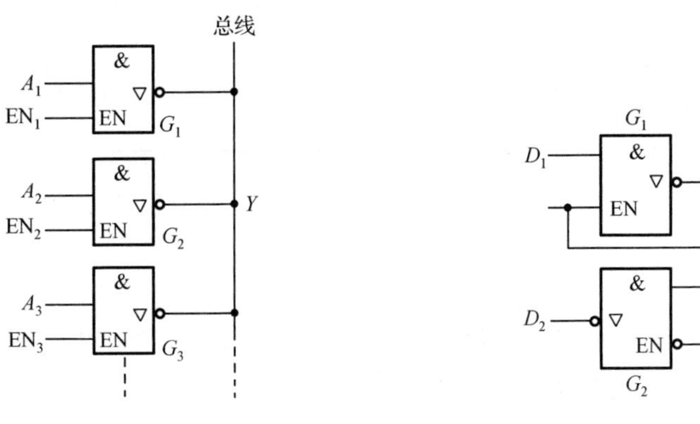

图 2.23　用三态门构成单向数据总线　　图 2.24　用三态门构成双向数据总线

【例 2.2】电路如图 2.25 所示，试列表讨论该电路的输出函数 F。

解：根据三态门输入输出特性，该电路的输出函数 F 如表 2.9 所示。

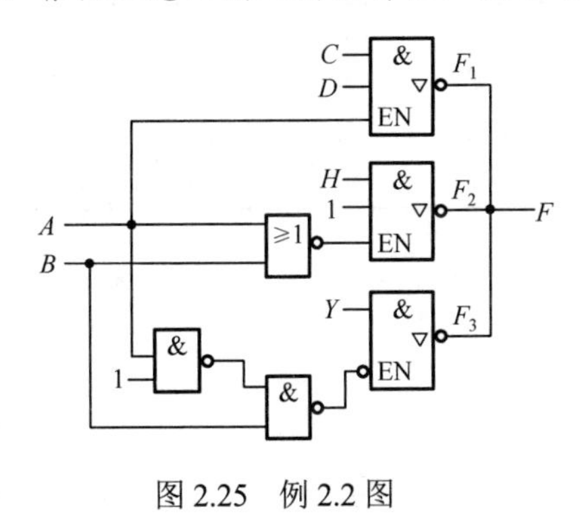

图 2.25　例 2.2 图

表 2.9　例 2.2 电路输出 F

A	B	F_1	F_2	F_3	F
0	0	高阻	$\overline{H}$	高阻	$\overline{H}$
0	1	高阻	高阻	$\overline{Y}$	$\overline{Y}$
1	0	$\overline{CD}$	高阻	高阻	$\overline{CD}$
1	1	$\overline{CD}$	高阻	高阻	$\overline{CD}$

2.4　MOS 门电路

2.4.1　NMOS 门电路

1．NMOS 反相器（非门）

NMOS 反相器逻辑电路如图 2.26 所示，它有两个 NMOS 管，T_1 为负载管，T_2 为开关管（也称驱动管）。由于 T_1 的栅漏两极共同接到电源 V_{CC} 上（V_{CC} 为 5～15 V），所以 T_1 管始终处于导通状态，导通电阻为 R_{ON1}，R_{ON1} 相当于反相器的负载电阻。T_2 工作在开关状态，当 $A=1$ 时，T_2 管导通，其导通电阻为 R_{ON2}，设计制造上要求 $R_{ON1}>R_{ON2}$，典型值 $R_{ON1}=100\ \text{k}\Omega$，$R_{ON2}=1\ \text{k}\Omega$。当 $A=0$ 时，T_2 截止，其截止电阻 $R_{OFF2}=10^{10}\ \Omega$。

表 2.10 说明了 NMOS 反相器的功能。从表 2.10 可知，$F=\overline{A}$。

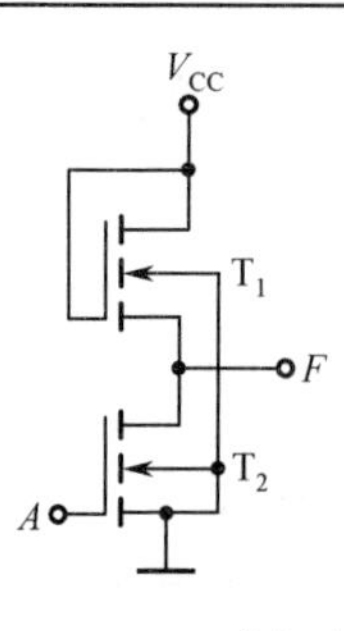

图 2.26　NMOS 非门电路

表 2.10　NMOS 反相器功能表

A	T_1	T_2	F
0	导通	截止	1
1	导通	导通	0

2．NMOS 与非门

NMOS 与非门逻辑电路如图 2.27 所示，T_1 是负载管，始终导通，T_2、T_3 是串联的驱动管，其功能表见表 2.11。从表 2.11 可知，$F=\overline{AB}$。

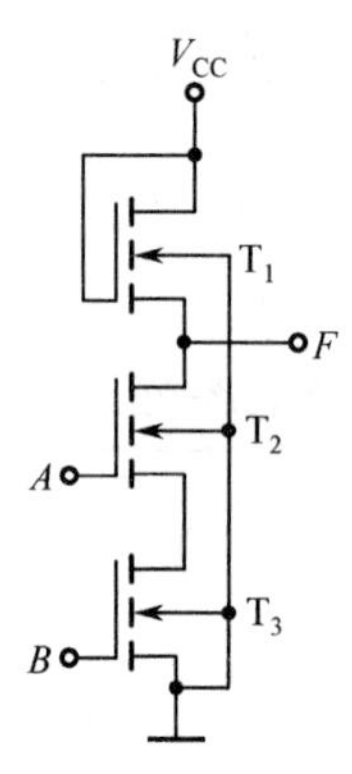

图 2.27　NMOS 与非门电路

表 2.11　NMOS 与非门功能表

A	B	T_1	T_2	T_3	F
0	0	导通	截止	截止	1
0	1	导通	截止	导通	1
1	0	导通	导通	截止	1
1	1	导通	导通	导通	0

3．NMOS 或非门

NMOS 或非门逻辑电路如图 2.28 所示，T_1 是负载管，始终导通，T_2、T_3 是并联的驱动管，其功能表见表 2.12。从表 2.12 可知，$F=\overline{A+B}$。

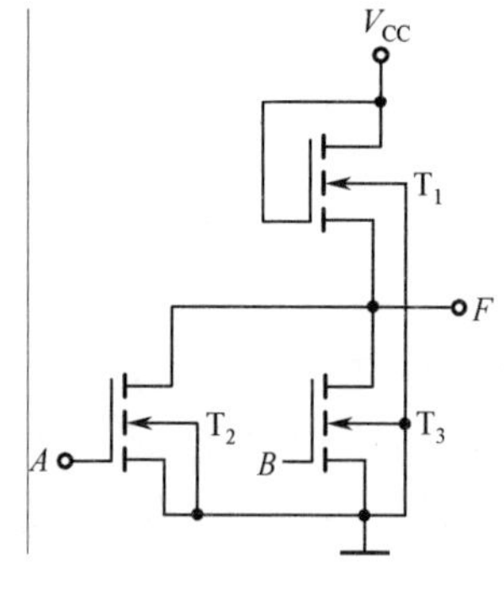

图 2.28　NMOS 或非门电路

表 2.12　NMOS 或非门功能表

A	B	T_1	T_2	T_3	F
0	0	导通	截止	截止	1
0	1	导通	截止	导通	0
1	0	导通	导通	截止	0
1	1	导通	导通	导通	0

4．NMOS 电路举例

【例 2.3】 NMOS 电路分别如图 2.29(a)和图 2.29(b)所示，求它们的输出逻辑函数 F。

解： 图 2.29(a)，输出 $F=\overline{AB+C}$。

图 2.29(b)，输出 $F=\overline{(A+D)BC+(B+E)(D+H)+CH}$。

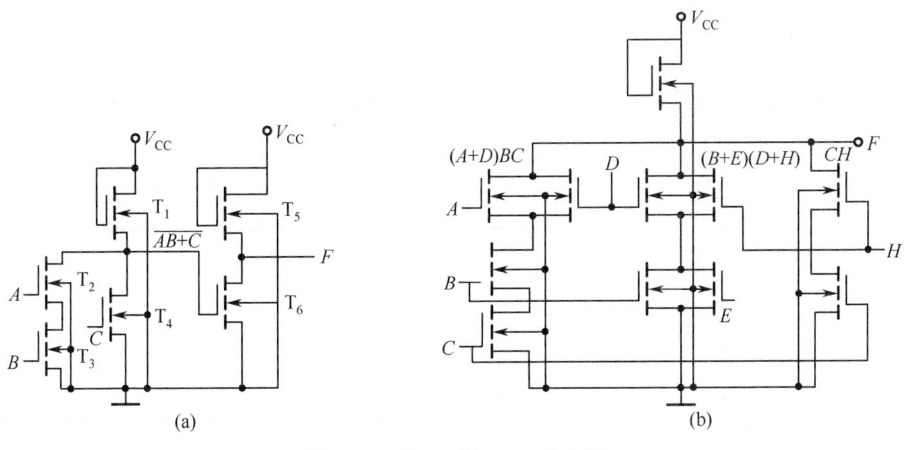

图 2.29　例 2.3 的 NMOS 电路

2.4.2　CMOS 电路

1．CMOS 非门

CMOS 非门如图 2.30 所示，NMOS 管的开启电压 V_{TN} 为 2～2.5 V，PMOS 管的开启电压 $V_{TP}=-2\sim-2.5$ V，电源电压 $V_{CC}>V_{TN}+|V_{TP}|$，表 2.13 示出了 CMOS 非门的功能表，从功能表可得 $F=\overline{A}$。

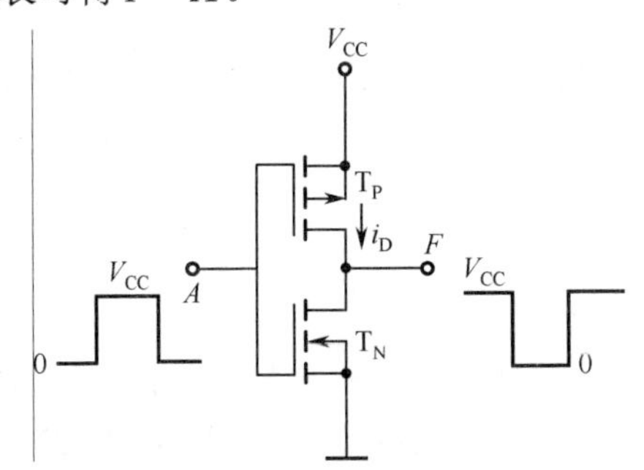

图 2.30　CMOS 非门电路

表 2.13　CMOS 非门功能表

A	T_N	T_P	*F*
0	截止	导通	1
1	导通	截止	0

2．CMOS 与非门

CMOS 与非门如图 2.31 所示，表 2.14 为 CMOS 与非门的功能表，从表可得 $F=\overline{AB}$。

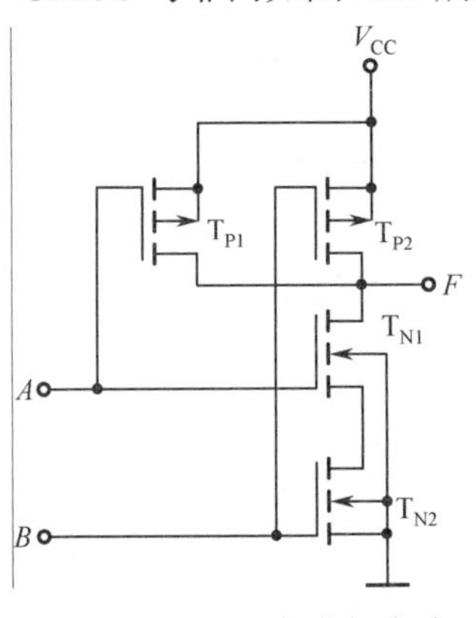

图 2.31　CMOS 与非门电路

表 2.14　CMOS 与非门功能表

A	*B*	T_{N1}	T_{N2}	T_{P1}	T_{P2}	*F*
0	0	截止	截止	导通	导通	1
0	1	截止	导通	导通	截止	1
1	0	导通	截止	截止	导通	1
1	1	导通	导通	截止	截止	0

3. CMOS 或非门

CMOS 或非门如图 2.32 所示，表 2.15 为 CMOS 或非门的功能表，从表可得 $F=\overline{A+B}$。

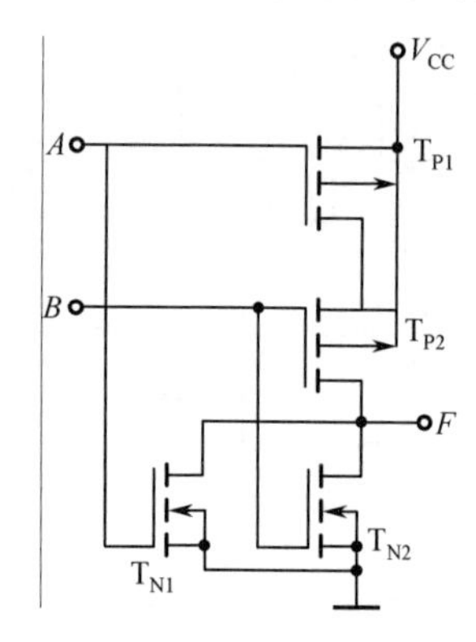

图 2.32 CMOS 或非门电路

表 2.15 CMOS 或非门功能表

A	B	T_{N1}	T_{N2}	T_{P1}	T_{P2}	F
0	0	截止	截止	导通	导通	1
0	1	截止	导通	导通	截止	0
1	0	导通	截止	截止	导通	0
1	1	导通	导通	截止	截止	0

4. CMOS 三态门

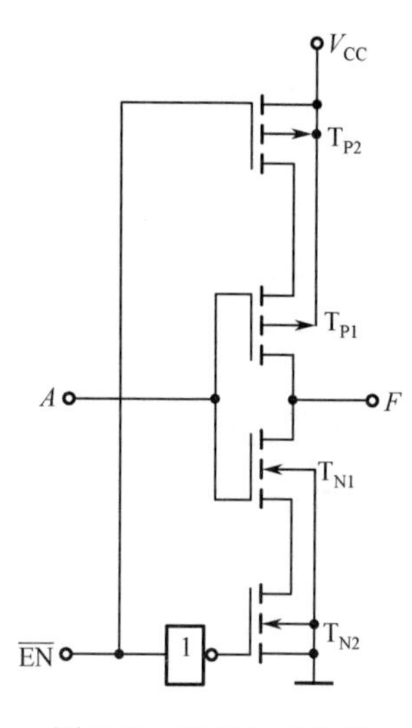

图 2.33 CMOS 三态门

CMOS 三态门电路如图 2.33 所示，这是个低电平有效的三态门。T_{P1}、T_{N1} 组成非门，增加的 NMOS 管 T_{N2} 与驱动管 T_{N1} 串接，增加的 PMOS 管 T_{P2} 与负载管 T_{P1} 串接。当控制端 $\overline{EN}=1$ 时，T_{N2}、T_{P2} 同时截止，故 F 悬空（对地高阻抗）；当 $\overline{EN}=0$ 时，T_{N2}、T_{P2} 同时导通，T_{N1}、T_{P1} 组成的非门正常工作，即 $F=\overline{A}$。

5. CMOS 传输门

CMOS 传输门电路及逻辑符号分别如图 2.34(a)和图 2.34(b)所示。CMOS 传输门电路由 NMOS 管 T_N 和 PMOS 管 T_P 并接而成，C、$\overline{C}$ 为倒相的控制端，其功能表见表 2.16。从功能表可得 $C=1$，$\overline{C}=0$ 时，$A \to F$，即 $F=A$；$C=0$，$\overline{C}=1$ 时，F 悬空，A 不能传输给 F。

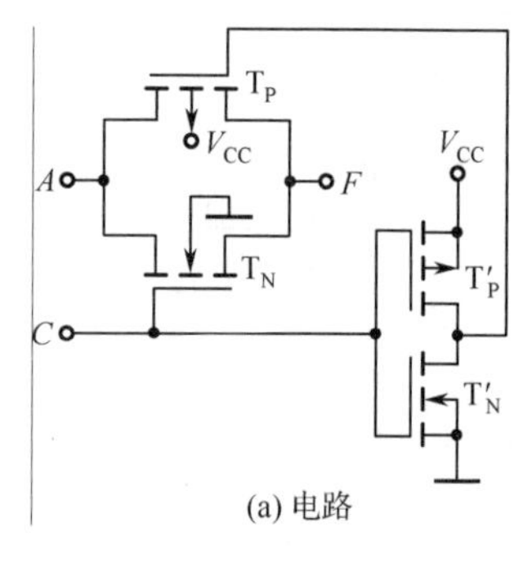

(a) 电路

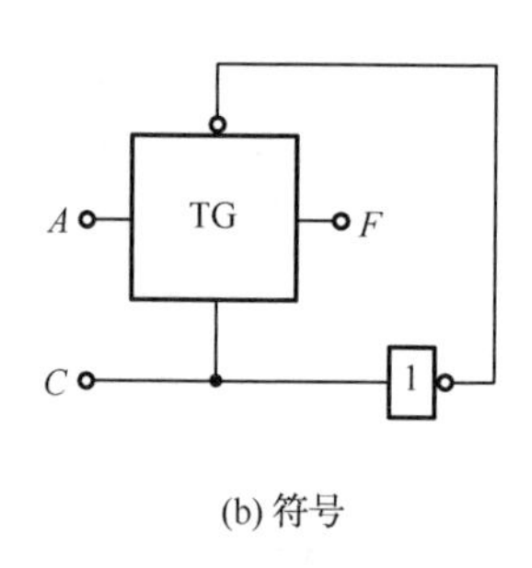

(b) 符号

图 2.34 CMOS 传输门（双向模拟开关）

表 2.16 CMOS 传输门功能表

C	$\overline{C}$	A	T_N	T_P	F
1	0	1（V_{CC}）	截止	导通	A
1	0	0	导通	截止	A
1	0	$\frac{1}{2}V_{CC}$	导通	导通	A
0	1	∅	截止	截止	悬空

2.4.3 CMOS 电路特点

这里将 CMOS 电路的特点简单总结如下。

（1）功耗小。由前述门电路分析中可知，CMOS 电路工作时，P 沟道管和 N 沟道管总有一个处于截止状态，因此它的静态工作电流很小，一般在 1 μA 以下。即使考虑动态功耗，其总功耗也不到 1 mW。因此 CMOS 电路在需要电池供电的场合得到广泛应用，如电子表、计算器等。

（2）电源电压取值范围大。V_{CC} 可在 3～15 V 取值，甚至可高达 18 V。

（3）抗干扰能力强。CMOS 电路的噪声容限最低为 1.5 V（当 V_{CC} = 5 V 时），大大高于 TTL 电路。

（4）工作速度已接近 TTL。以前的 CMOS 制造工艺只能将平均传输延迟时间 t_{pd} 控制在 100 ns 左右，如 CC 系列。由于工艺的改进，目前已可将 t_{pd} 减小到 9 ns，几乎与高速 TTL 相当，如高速 CMOS 产品 CT4000 系列，可替代 74HC 系列。

（5）负载能力强。CMOS 电路的扇出系数最大为 50，使用时也至少为 20，可见其负载能力比较强。

2.4.4 集成电路使用注意事项

1．CMOS 电路使用注意事项

下面给出 TTL 数字集成电路使用中的一些注意事项。

因为CMOS电路为高输入阻抗器件，易感受静电高压，电路部件间绝缘层很薄，因此在 CMOS 电路使用中尤其要注意静电防护问题。

（1）包装、运输和存储 CMOS 器件时，不宜接触化纤材料的制品，最好用防静电材料包装。

（2）组装、调试CMOS 电路时，所有工具、仪表、工作台、服装、手套等应注意接地或防静电。

（3）CMOS 电路不用的输入端一定不能悬空。

（4）CMOS 电路中有输入保护钳位二极管，为防止其过流损坏，对于低内阻信号源，要加限流电阻。

（5）CMOS 电路输出端不允许接 E_D 或地，不同芯片的输出端不能并接。

2．TTL 数字集成电路使用注意事项

（1）电源。TTL 电路采用+5 V 电源，一般要求电源电压稳定度在±5%以内。为防止干扰，要在电源和地之间接入滤波电容。

（2）输出端的连接。TTL 电路输出端不允许直接接电源或地。三态门输出可以并联使用，但任一时刻只允许一个门处于工作状态，其他门处于高阻状态。OC 门输出端可以并接使用，其他 TTL 门电路不允许输出端并接使用。

（3）TTL 电路不用的输入端的处理。在TTL 数字集成电路的使用中，经常会遇到很多输入端的逻辑门中有的输入端不用的情况，可做如下处理。

① 与门和与非门

与门和与非门的不用输入端有三种处理方法：接+5 V 高电平；与使用端并接；悬空，不

做任何处理，但此方法在高频工作条件下易引入干扰。

② 或门和或非门

不用输入端有两种处理方法：接地；与使用端并接。

（4）负载的使用。由 TTL 门电路的负载能力可知，TTL 门输出低电平时的灌流负载能力较强，最大为 16 mA。因此，当 TTL 门驱动较大负载时，应选用灌流方式，而不宜采用拉流方式。

（5）输入电阻的选择。在 TTL 门电路的应用中，有时需要在门的输入端连接电阻 R_i。$R_i > 2$ kΩ时，相当于输入为高电平 1；$R_i < 2$ kΩ时，相当于输入为低电平 0。

2.5 TTL 与 CMOS 电路的连接

在一个数字电路系统中，若同时采用 TTL 和 CMOS 电路，必然会遇到 TTL 与 CMOS 电路连接的问题。两种不同类型的集成电路，在连接时应满足一定的条件，否则必须通过接口电路进行电平或电流的变换之后才能连接，而相互连接就可能存在匹配问题。

门电路在连接时，前面的称为驱动门，后面的称为负载门。驱动门必须能为负载门提供符合要求的高、低电平和足够的输入电流，具体条件是

- 电压匹配。驱动门的输出端高电平一定要大于负载门的输入高电平；驱动门的输出低电平一定要小于负载门的输入低电平。
- 电流匹配。驱动门的输出电流一定要大于负载门的输入电流。

驱动门		负载门
V_{OH}	>	V_{IH}
V_{OL}	<	V_{IL}
I_{OH}	>	I_{IH}
I_{OL}	>	I_{IL}

表 2.17 列出了 TTL CT1000 系列、TTL CT4000 系列和 CMOS CC4000 系列有关电压和电流的参数，供 TTL 与 CMOS 电路接口时参考。

表 2.17 TTL 与 CMOS 门有关电压和电流参数

参 数	TTL CT1000 系列	TTL CT4000 系列	CMOS CC4000 系列（E_D = 5 V）
V_{OHmin}（V）	2.4	2.7	4.95
V_{OLmax}（V）	0.4	0.5	0.05
I_{OHmax}（mA）	0.4	0.4	0.5
I_{OLmax}（mA）	16	8	0.5
V_{IHmin}（V）	2	2	3.5
V_{ILmax}（V）	0.8	0.8	1.5
I_{IH}（μA）	40	20	0.1
I_{IL}（mA）	1.6	0.4	0.1×10^{-3}

1. CMOS 电路驱动 TTL 电路

通过表 2.17 可以看出，CMOS CC4000 系列电路可以直接驱动 TTL CT4000 系列电路。

这是因为 CMOS V_{OHmin} = 4.95 V，大于 CT4000 的 V_{IHmin}（2 V），且前者的 V_{OLmax} 小于后者的 V_{ILmax}（0.8 V）；CMOS I_{OHmax} = 0.5 mA，大于 CT4000 的 I_{ILmax}（0.4 mA），符合区配原则，故可以直接驱动。

因为 CC4000 系列的 I_{OLmax}（0.5 mA）小于 CT1000 系列的 I_{IL}（1.6 mA），故 CMOS 电路不能直接驱动 TTL CT1000 系列。为了完成 CMOS 和 TTL CT1000 系列之间的连接，可通过电平交换电路实现，或在CMOS 输出端加接电流放大器。常用的 CMOS-TTL 电平变换电路有 CC4049、CC4050 等。

2. TTL 电路驱动 CMOS 电路

因为 TTL 电路的 V_{OH} 小于 CMOS 电路的 V_{IH}，所以 TTL 电路不能直接驱动 CMOS 电路。可采用如图 2.35 所示的电路，其目的是提高 TTL 电路的输出高电平。R_{UF} 为上接电阻，对于 CT1000 系列，电阻值可在 290～4.7 Ω之间选取。如果 CMOS 电路 V_{CC} 高于 5 V，则需要电平变换电路。

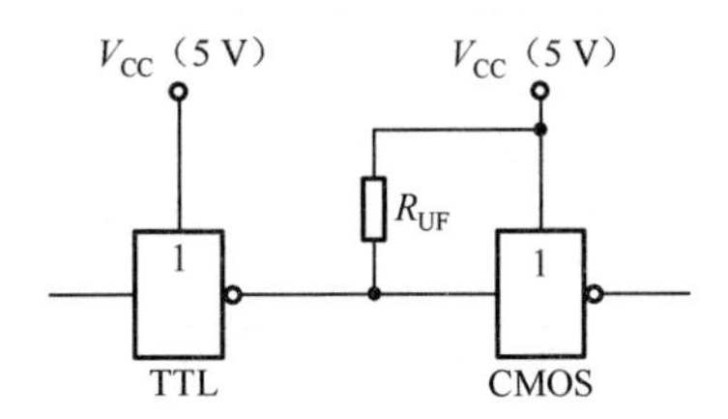

图 2.35　TTL 电路驱动 CMOS 电路的接口电路

2.6　TTL、CMOS 常用芯片介绍

以上介绍了多种门电路，下面把常用的几种 TTL 集成门电路芯片进行汇总。图 2.36 为几种常用的 TTL 集成门电路芯片引脚图。图 2.37 给出了常用的 CMOS 集成门电路芯片引脚图。

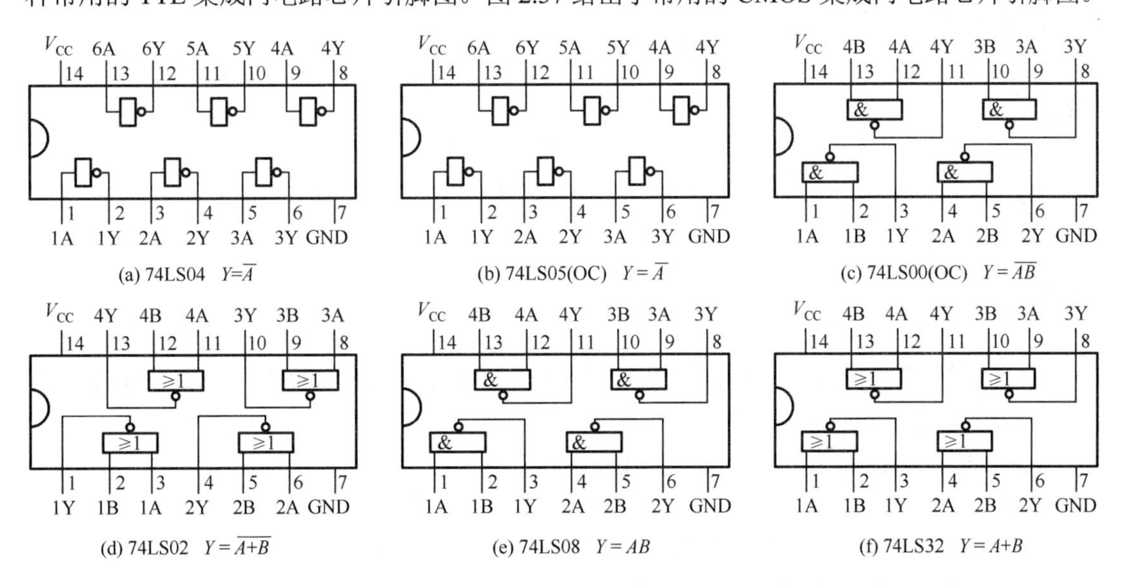

图 2.36　几种常用的 TTL 集成门电路芯片引脚图

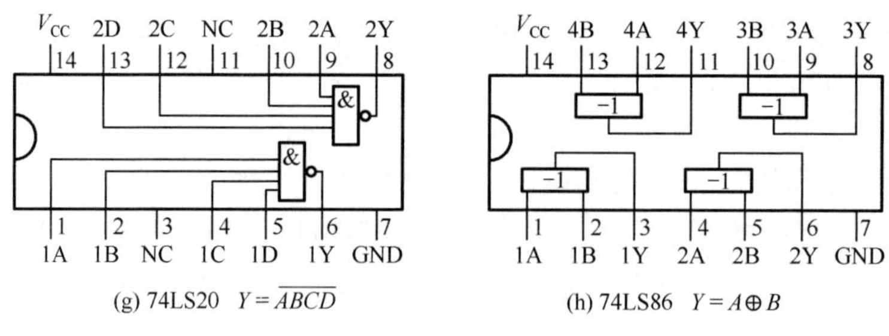

(g) 74LS20 $Y=\overline{ABCD}$　　(h) 74LS86 $Y=A\oplus B$

图 2.36　几种常用的 TTL 集成门电路芯片引脚图（续）

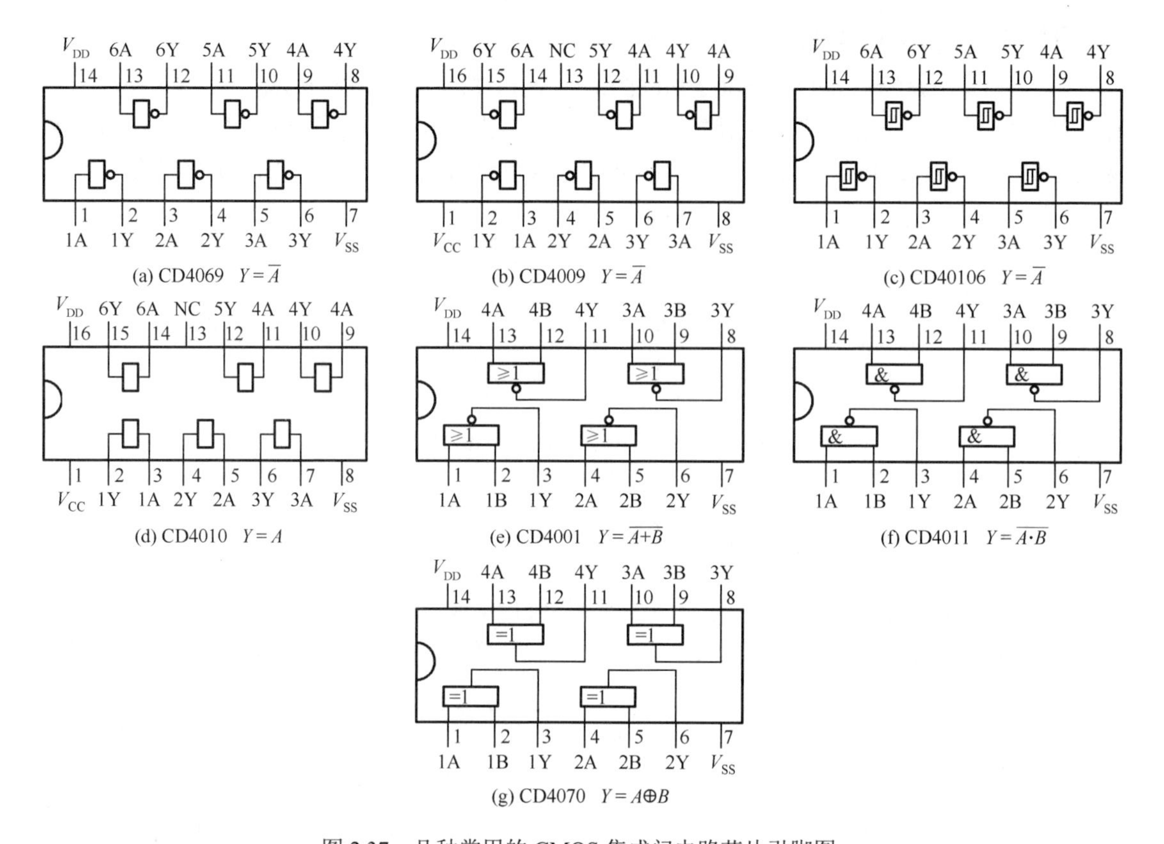

(a) CD4069 $Y=\overline{A}$　　(b) CD4009 $Y=\overline{A}$　　(c) CD40106 $Y=\overline{A}$

(d) CD4010 $Y=A$　　(e) CD4001 $Y=\overline{A+B}$　　(f) CD4011 $Y=\overline{A\cdot B}$

(g) CD4070 $Y=A\oplus B$

图 2.37　几种常用的 CMOS 集成门电路芯片引脚图

习题

2.1　题 2.1 图(a)画出了几种两输入端的门电路，试对应题 2.1 图(b)中的 A、B 波形画出各门输出 F_1～F_6 的波形。

2.2　求题 2.2 图所示电路的输出逻辑函数 F_1、F_2。

2.3　题 2.3 图中的电路均为 TTL 门电路，试写出各电路输出 Y_1～Y_8 状态。

2.4　题 2.4 图中各门电路为 CMOS 电路，试求各电路输出端 Y_1、Y_2 和 Y 的值。

2.5　6 个门电路及 A、B 波形如题 2.5 图所示，试写出 F_1～F_6 的逻辑函数，并对应 A、B 波形画出 F_1～F_6 的波形。

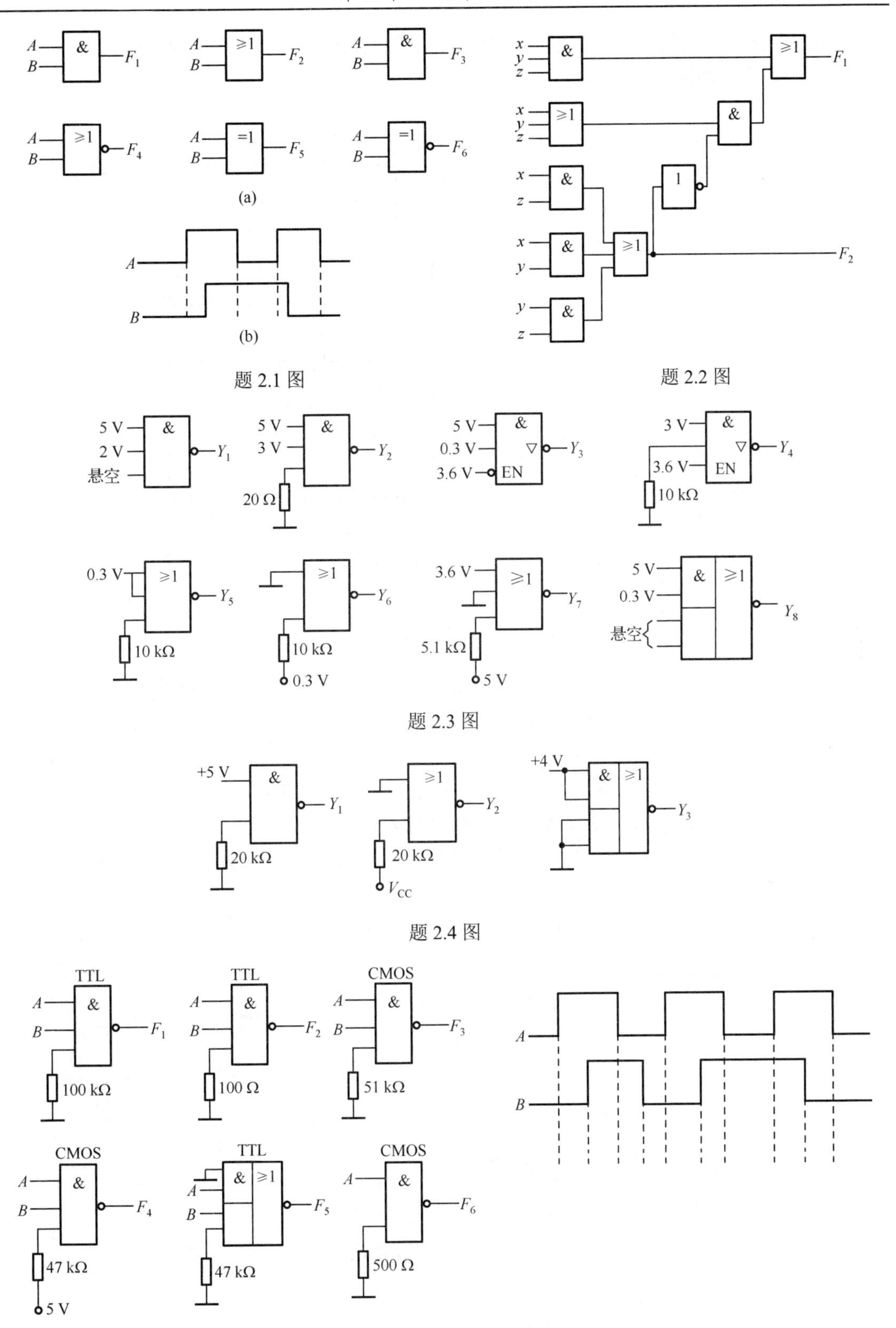

题 2.1 图

题 2.2 图

题 2.3 图

题 2.4 图

题 2.5 图

2.6 电路及输入波形分别如题 2.6 图(a)和题 2.6 图(b)所示，试对应 A、B、C、x_1、x_2、x_3 波形画出 F 端波形。

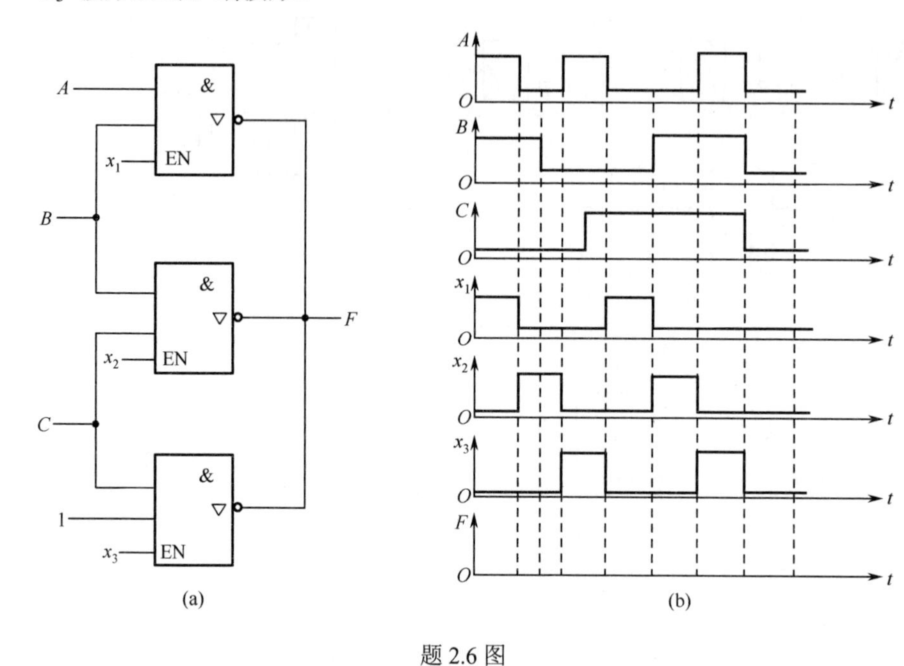

题 2.6 图

2.7 TTL 与非门的扇出系数 N 是多少？它是由拉流负载个数决定还是由灌流负载决定？

2.8 题 2.8 图表示三态门用于总线传输的示意图，图中三个三态门的输出接到数据传输总线，D_1D_2、D_3D_4、…、D_mD_n 为三态门的输入端，EN_1、EN_2、…、EN_n 分别为各三态门的片选输入端。试问：EN 信号应如何控制，以便输入数据 D_1D_2、D_3D_4、…、D_mD_n 顺序地通过数据总线传输（画出 EN_1～EN_n 的对应波形）。

2.9 某工厂生产的双互补对称反相器（4007）引出端如题 2.9 图所示，试分别连接成：（1）反相器；（2）三输入与非门；（3）三输入或非门。

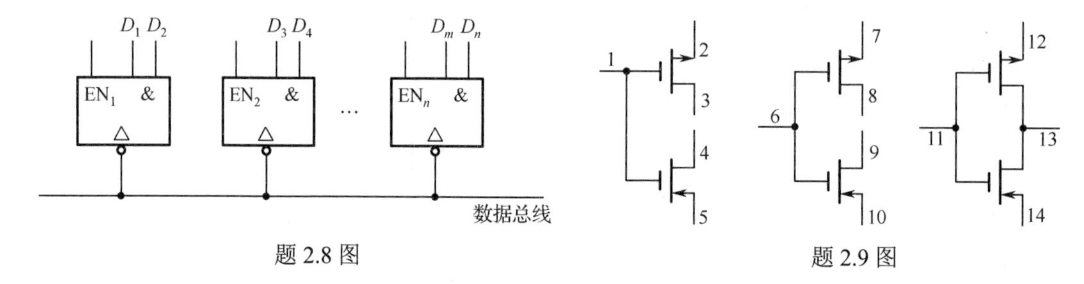

题 2.8 图 题 2.9 图

2.10 按下列函数画出 NMOS 电路图。

$$F_1 = AB + CD + E(H + \overline{G})$$

$$F_2 = (\overline{A} + B + CD)(AB + CD)$$

$$F_3 = A \oplus B$$

2.11 将两个 OC 门如题 2.11 图所示连接起来，试写出各种组合的输出电压 u_o 及逻辑表达式。

2.12　写出题 2.12 图的电路表达式，并对表达式进行简化。

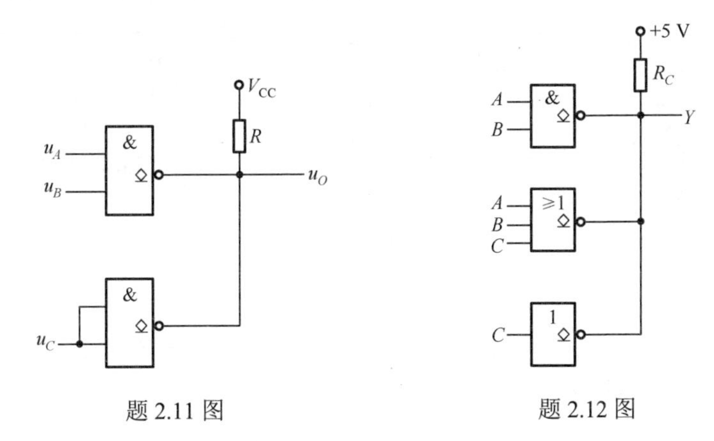

题 2.11 图　　　　题 2.12 图

2.13　按下列函数画出 CMOS 电路图。

$$F_1 = AB + CD$$
$$F_2 = A \oplus B$$

2.14　TTL 与非门输入端悬空相当于什么电平？输入端阈值电压 V_T 等于多少？输出端 $F = 0$ 时，能带动几个同类型 TTL 与非门？负载个数超出扇出系数越多，输出 F 变得越高还是越低？

2.15　题 2.15 图中，G_1 为 TTL 三态门，G_2 为 TTL 非门，K 为开关，电压表内阻为 200 kΩ。求下列情况下，电压表读数 F_1 和 G_2 输出电压 F_2 分别为多少？

（1）$A = 0.3$ V，$B = 0.3$ V，$C = 0.3$ V，K 接通。

（2）$A = 0.3$ V，$B = 3.6$ V，$C = 0.3$ V，K 断开。

（3）$A = 3.6$ V，$B = 0.3$ V，$C = 3.6$ V，K 接通。

（4）$A = B = 0$ V，$C = 3.6$ V，K 断开。

（5）$A = B = 3.63$ V，$C = 0.3$ V，K 接通。

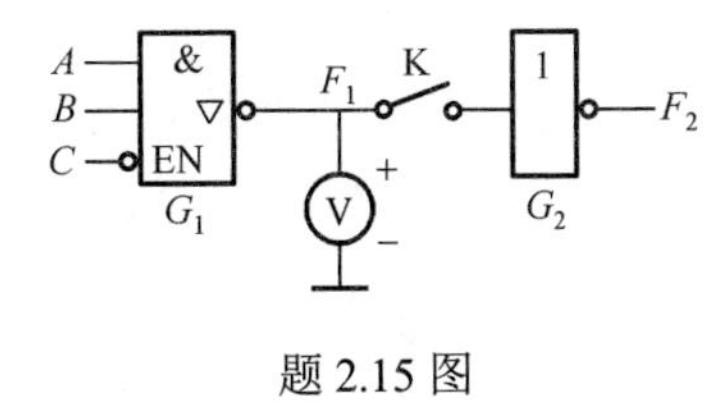

题 2.15 图

2.16　电路如题 2.16 图(a)所示，试对应题 2.16 图(b)的输入波形画出 F_1、F_2 的波形。

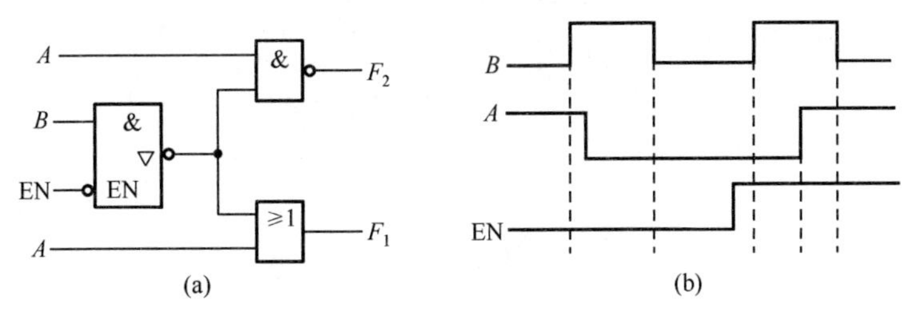

题 2.16 图

2.17　写出题 2.17 图中 NMOS 电路的逻辑表达式。

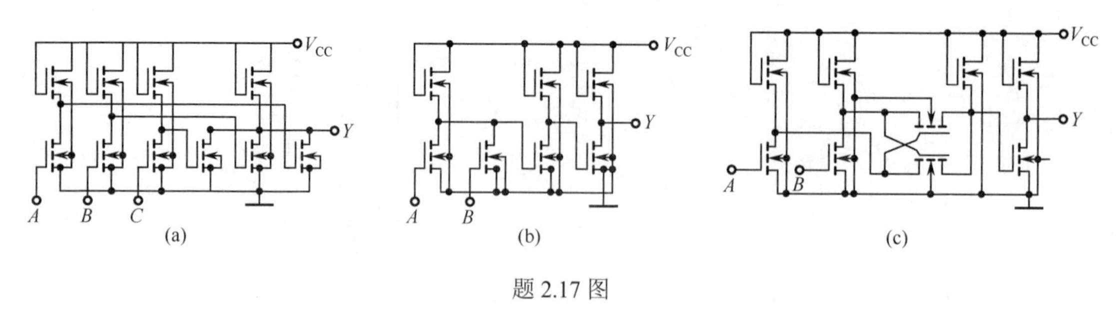

题 2.17 图

2.18　写出题 2.18 图(a)～(c)中各 TTL 电路的输出逻辑表达式 F_1、F_2 和 F_3，并对应题 2.18 图(d)所示的输入 A、B、C 波形画出 F_1、F_2、F_3 波形。

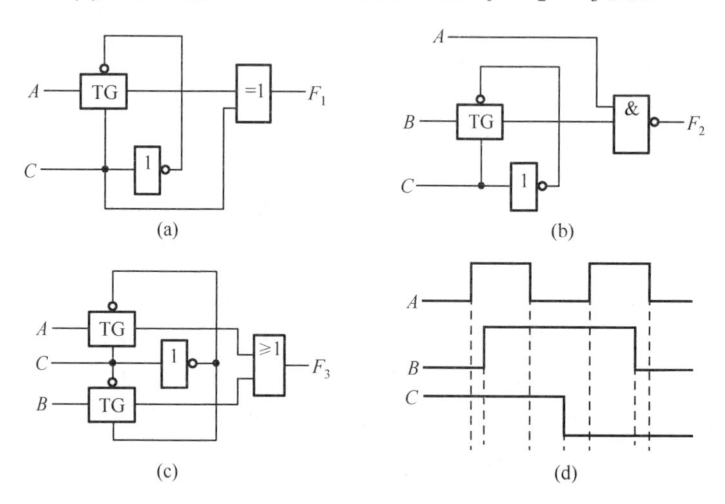

题 2.18 图

2.19　在题 2.19 图中，G_1、G_2 为“线与”的两个 TTL OC 门，G_3、G_4、G_5 为三个 TTL 与非门，若 G_1、G_2 皆输出低电平时，允许灌入的电流 I_{OL}=15 mA；G_1、G_2 门均输出高电平时的拉电流 I_{OH} 小于 200 μA，而负载一个 TTL 与非门的输出短路电流 I_{IL} 为 1.1 mA，输入反相漏电流 I_{IH} 小于 5 μA，V_{CC} = 5 V，求负载电阻 R_L 应选多大。

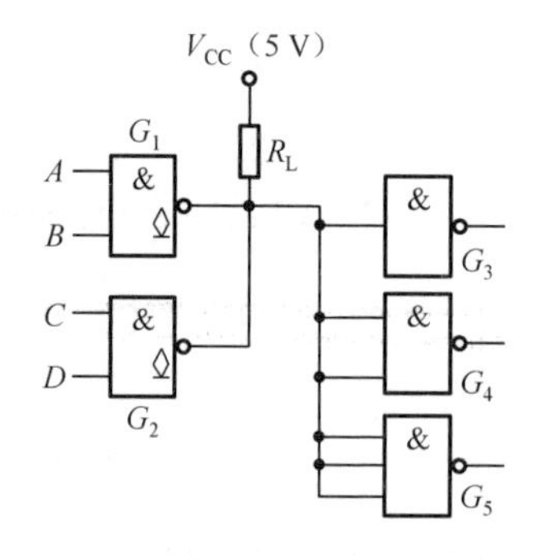

题 2.19 图

2.20　写出题 2.20 图(a)～(c)各 TTL 门电路的输出逻辑表达式 F_1、F_2 和 F_3。

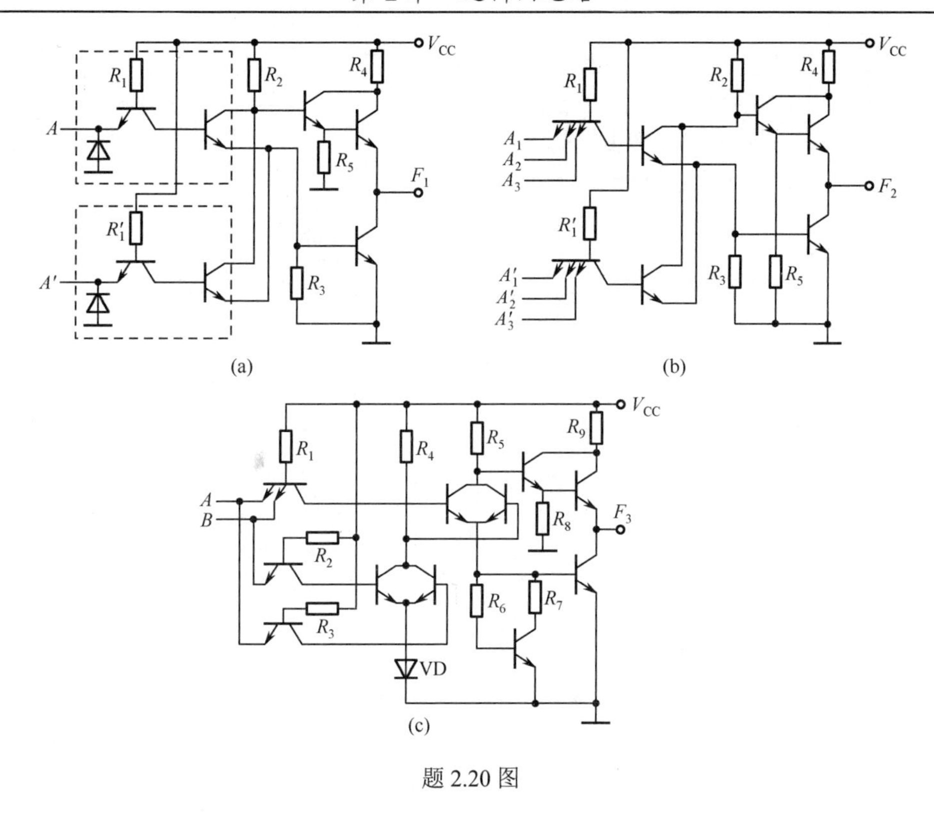

题 2.20 图

2.21　写出题 2.21 图中 CMOS 电路的输出逻辑表达式 F_1 和 F_2。

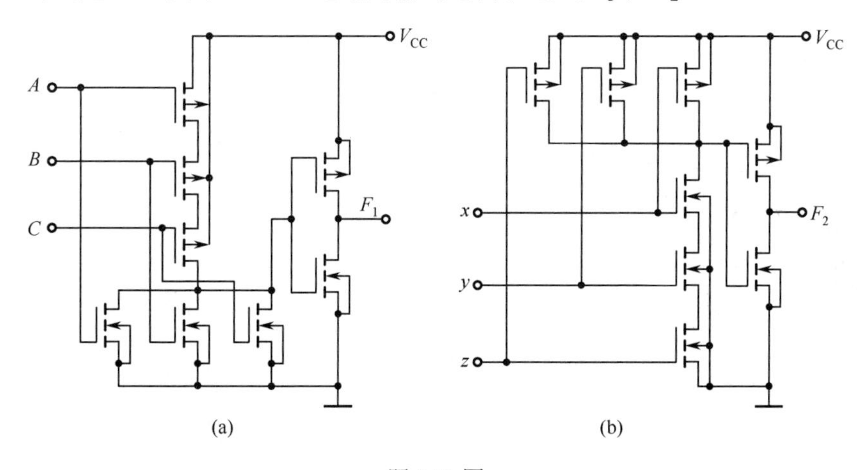

题 2.21 图

2.22　画出实现下列逻辑函数的 CMOS 电路。

$$F_1(A, B, C) = AB + C$$

$$F_2(A, B, C) = AB + CD$$

2.23　简述 CMOS 电路驱动 TTL 电路和 TTL 电路驱动 CMOS 电路的技术要求。

2.24　把题 2.24 图所示的或非门电路变成与或非门电路。

2.25　把题 2.25 图所示的门电路变换成非门电路。

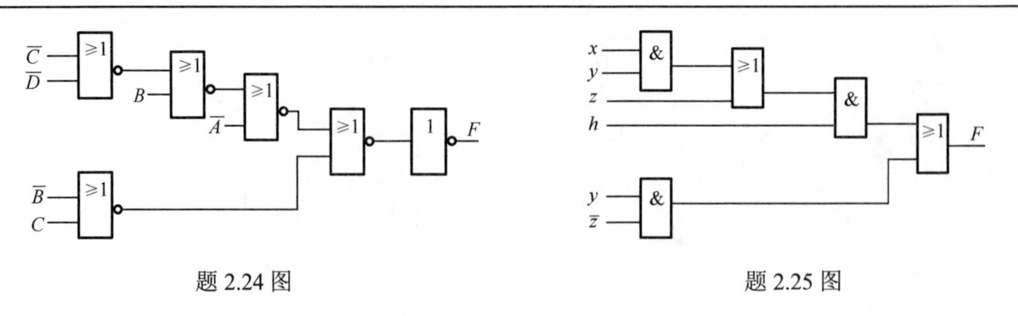

≥1
≥1
≥1
≥1
≥1
1
$\overline{C}$
$\overline{D}$
B
$\overline{A}$
$\overline{B}$
C
F
&
≥1
&
≥1
&
x
y
z
h
y
$\overline{z}$
F

题 2.24 图　　　　题 2.25 图

第3章　组合逻辑电路

我们在前面的章节学习了逻辑代数和各种逻辑门，这些内容体现了数字逻辑中组合逻辑的概念。在数字电路系统中，往往需要根据实际功能，将逻辑门电路进行连接组合，以实现输入和输出之间特定的逻辑关系。这样的电路就是**组合逻辑电路**。

组合逻辑电路具有如下特点：首先，在逻辑功能上，组合逻辑电路的输出是其输入的逻辑运算组合，输出在任何时刻只和当时的输入有关。其次，在电路结构上，组合逻辑电路不具有反馈电路或记忆、延迟单元，电路中的信号是单向传输的。图3.1是描述组合逻辑电路的示意图，图中电路的输入为 $X_1, X_2, \cdots, X_m$，输出为 $Z_1, Z_2, \cdots, Z_n$，其中 m 、n 可以是任意的自然数。因为组合逻辑电路中不存在反馈电路或记忆、延迟单元，所以，某一时刻的输入决定这一时刻的输出，与这一时刻前的输入和输出（即电路的原有状态）无关。

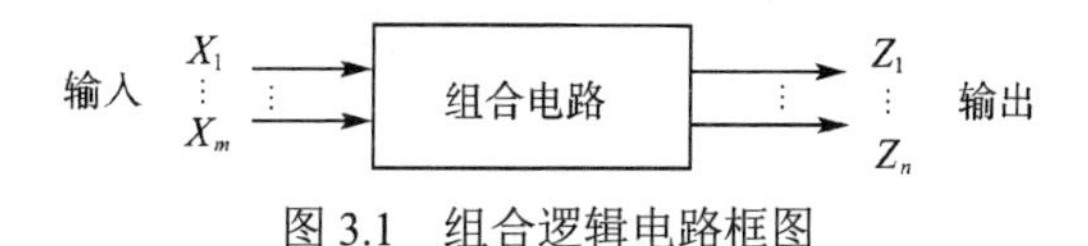

图 3.1　组合逻辑电路框图

组合逻辑电路的输出和输入关系可用如下逻辑函数表示。

$$
\begin{gathered}
Z_1 = F_1(X_1, X_2, \cdots, X_m) \\
Z_2 = F_2(X_1, X_2, \cdots, X_m) \\
\vdots \\
Z_n = F_n(X_1, X_2, \cdots, X_m)
\end{gathered}
$$

另一类数字逻辑电路的输出不仅与电路当时的输入有关，还与其输入和输出的历史状况有关，这类逻辑电路称为时序逻辑电路。

本章介绍的是组合逻辑电路，主要讨论组合逻辑电路的分析和设计，以及常用的几种组合逻辑集成电路。时序逻辑电路的分析和设计及常用时序逻辑集成电路将在后面章节讨论。

3.1　组合逻辑电路分析

组合逻辑电路通常主要由逻辑门构成，电路的输出与输入之间无反馈，电路没有记忆功能。

组合逻辑电路分析的任务是：对于给定的逻辑电路图，找出电路的逻辑功能。其分析过程主要可分为以下几个步骤。

Step1：根据所给组合逻辑电路图，从输入开始逐级写出各器件的输入和输出变量。

Step2：逐级写出各器件的输出函数表达式，合并为输入对输出的函数，并对其化简。

Step3：列出所得逻辑函数的真值表。

Step4：由逻辑函数表达式及真值表分析其逻辑功能。

【例 3.1】 已知逻辑电路如图3.2所示，分析该电路的逻辑功能。

解： 显然，电路中没有记忆单元，不存在反馈支路。此电路属于组合逻辑电路，可按以下步骤分析。

1）在逻辑图上标出各输出极T_1、T_2、T_3、T_4、T_5、T_6和T_7。

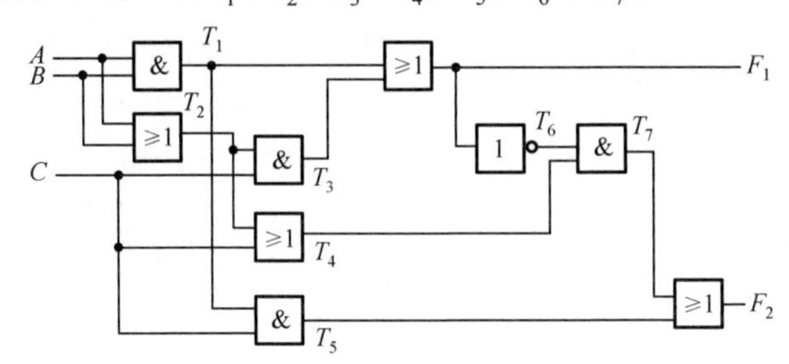

图 3.2　例 3.1 逻辑电路图

2）写出各极输出的逻辑表达式。

$T_1 = AB,\quad T_2 = A + B,\quad T_3 = (A + B)C,\quad T_4 = A + B + C,$

$T_5 = ABC,\ F_1 = T_1 + T_3 = AB + (A + B)C = AB + AC + BC,$

$T_6 = \overline{F_1} = \overline{AB + AC + BC},$

$T_7 = T_6 \cdot T_4 = \overline{AB + AC + BC} \cdot (A + B + C) = \overline{A}\overline{B}C + \overline{A}B\overline{C} + A\overline{B}\overline{C},$

$F_2 = T_5 + T_7 = \overline{A}\overline{B}C + \overline{A}B\overline{C} + A\overline{B}\overline{C} + ABC$ 。

表 3.1　例 3.1 真值表

A	B	C	F_1	F_2
0	0	0	0	0
0	0	1	0	1
0	1	0	0	1
0	1	1	1	0
1	0	0	0	1
1	0	1	1	0
1	1	0	1	0
1	1	1	1	1

3）列真值表（见表 3.1）。

4）分析电路功能。

从F_1和F_2的表达式及真值表可以看出，F_1为三变量表决电路，变量取值多于或等于两个1时，输出为1；F_2为三变量异或电路，三变量取值有奇数个1时输出为1，否则为0。此电路可用来检验三位二进制码的奇偶性。

组合逻辑电路分析的关键在于获得能够描述该电路的逻辑函数，难点在于如何由该逻辑函数具体化为具有某种实际意义的电路功能。需要注意的是，组合逻辑电路可能不只具有单一的功能，需要视具体情况而定。例如，本例中的电路也可以视为全加器（见3.7节）。

3.2　组合逻辑电路设计

组合逻辑电路设计是组合逻辑电路分析的逆过程，其任务是利用（给定的）组合逻辑器件，设计出符合某种逻辑功能的电路。其主要步骤如下。

Step1：根据设计所要求的实际逻辑问题，确定电路的输入和输出，赋予不同的逻辑变量，找出输入和输出之间的因果关系，用0、1分别代表两种不同状态，正逻辑用1表示肯定，用0表示否定。

Step2：根据要实现的电路功能，找出输出变量与输入变量之间的逻辑关系，并以此为依据列出能够体现该逻辑关系的真值表。

Step3：对真值表进行化简，以获得电路功能所对应的逻辑函数。

Step4：根据逻辑函数设计相应的电路。

组合逻辑函数的电路实现，视具体要求及器件资源条件，可以采用小规模集成电路的基本逻辑门电路，也可以采用中规模集成电路的常用组合逻辑器件，或者大规模集成电路的可编程逻辑器件（Programmable Logic Device，PLD），实际设计过程中应根据电路的具体要求和器件资源来决定。一般而言，电路设计应以电路简单，所用器件数量、器件种类及连线最少为原则，并尽量减少所用集成器件的种类。因此，在设计过程中要灵活运用逻辑函数的化简或转换方法，以实现最佳方案。

【例 3.2】某化工厂需要用一种液体化学原料进行生产，该液体原料在生产过程中储存在三个容器中，通过液面传感器来检测容器内的原料是否充足。当容器内的液面高于警戒值时，传感器输出低电平，否则输出高电平。若三个容器中的液体有两个以上低于警戒值，则系统报警，提示原料不足。试设计一个能够实现上述功能的数字电路。

解：1）分析。分别用变量 A、B、C 代表三个传感器，变量取值可以为 0 和 1，分别代表液面高于或低于警戒值，最后的报警结果为变量 Y，其取值 1 表示报警，取值 0 表示未报警。

2）列出真值表，如表 3.2 所示。

3）化简逻辑函数，如图 3.3 所示，得到 $Y = AB + BC + AC$ 。

表 3.2　例 3.2 真值表

A	*B*	*C*	*Y*
0	0	0	0
0	0	1	0
0	1	0	0
0	1	1	1
1	0	0	0
1	0	1	1
1	1	0	1
1	1	1	1

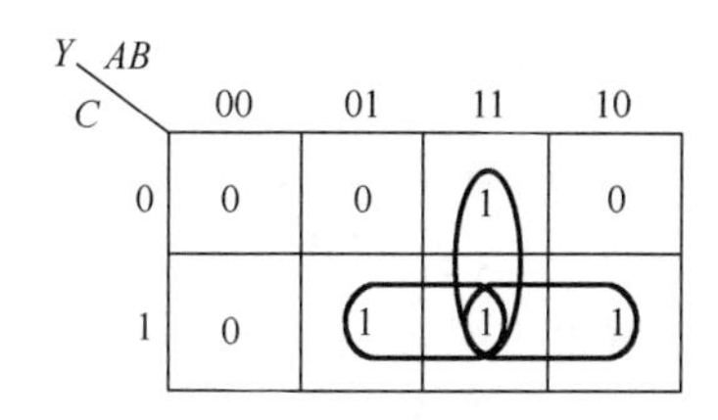

图 3.3　例 3.2 卡诺图

4）画出逻辑电路图，如图 3.4 所示。

如果要求用与非门实现该逻辑电路，就应将表达式转换成与非-与非表达式：

$$Y = AB + BC + AC = \overline{\overline{AB} \cdot \overline{BC} \cdot \overline{AC}}$$

画出逻辑电路图，如图 3.5 所示。

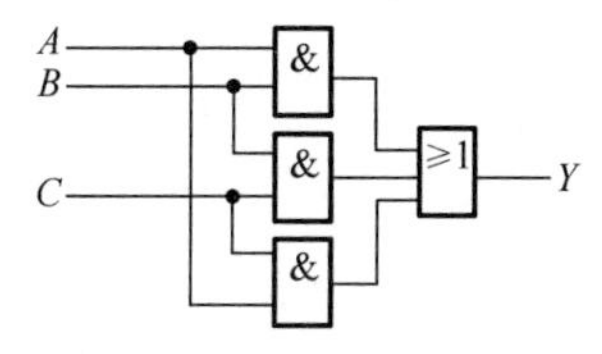

图 3.4　例 3.2 逻辑电路图

图 3.5　例 3.2 用与非门实现的逻辑电路图

【例 3.3】设计一个监视交通信号灯工作状态的逻辑电路。每组信号灯由红（R）、黄（Y）和绿（G）三盏信号灯组成。信号灯正常工作时，必有一盏灯亮，而且只允许有一盏灯亮（见图3.6），否则为故障状态，需发出故障信号。

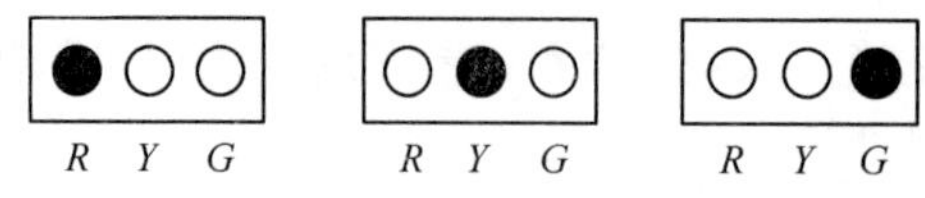

图 3.6 交通灯正常工作状态

表 3.3 例 3.3 真值表

R	Y	G	F
0	0	0	1
0	0	1	0
0	1	0	0
0	1	1	1
1	0	0	0
1	0	1	1
1	1	0	1
1	1	1	1

解： 1）分析。红、黄、绿灯为输入，分别用 R、Y、G 表示，灯亮为 1，灯灭为 0。输出 F 为故障状态，$F=1$ 表示有故障，$F=0$ 表示正常工作。

2）列真值表，见表 3.3。

3）化简逻辑函数，如图 3.7 所示，得到 $F=\overline{R}\,\overline{Y}\,\overline{G}+RY+YG+RG$。

4）画出逻辑电路图，如图3.8所示。

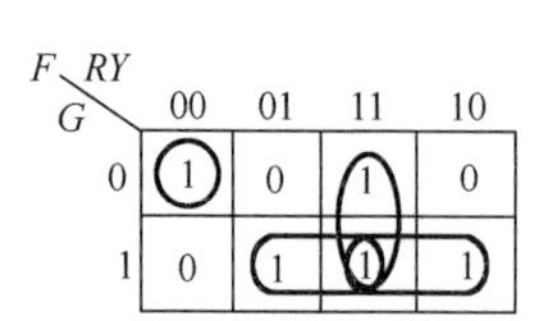

图 3.7 例 3.3 卡诺图

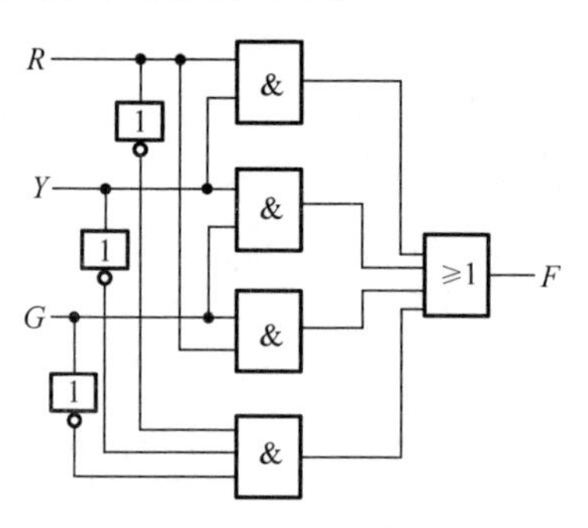

图 3.8 例 3.3 逻辑电路图

【例 3.4】 试设计一个 8421BCD 码的检码电路。要求当输入量 $ABCD\leqslant 3$ 或 $ABCD\geqslant 8$ 时，电路输出 L 为高电平，否则为低电平。设计该电路，写出 L 的表达式。

解： 根据题意，得真值表如表 3.4 所示。

由真值表写出逻辑函数表达式，有

$$L(A,B,C,D)=\sum\nolimits_m(0,1,2,3,8,9)+\sum\nolimits_d(10,11,12,13,14,15)$$

由图3.9的卡诺图化简，得

$$L=\overline{B}$$

逻辑电路图如图3.10所示。

表 3.4 例 3.4 真值表

A	B	C	D	L
0	0	0	0	1
0	0	0	1	1
0	0	1	0	1
0	0	1	1	1
0	1	0	0	0
0	1	0	1	0
0	1	1	0	0
0	1	1	1	0
1	0	0	0	1
1	0	0	1	1
1	0	1	0	∅
1	0	1	1	∅
1	1	0	0	∅
1	1	0	1	∅
1	1	1	0	∅
1	1	1	1	∅

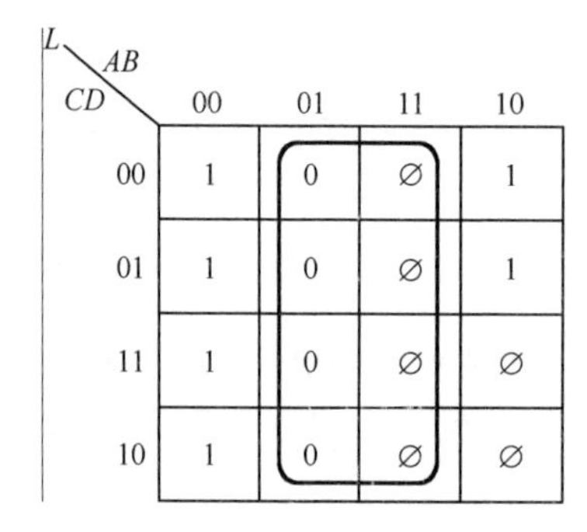

图 3.9 例 3.4 卡诺图

B — 1 — L

图 3.10 例 3.4 逻辑电路图

3.3　典型组合逻辑电路——编码器

数字系统只能处理二进制代码信息，任何输入数字系统的信息必须转换成某种二进制代码，这种转换工作通常由编码器完成。编码器的功能是把输入的信号编成二进制代码。所谓编码，就是为若干输入线赋予代码，以不同的代码值代表某输入线，表明此线输出有效。按照不同的输出代码种类，可将编码器分为二进制编码器和二-十进制编码器；按照是否有优先权编码，可将编码器分为普通编码器和优先编码器。

一般而言，N 个不同的信号至少需要 n 位二进制数来编码，其中，N 和 n 之间必须满足关系：$2^n \geqslant N$。

3.3.1　普通编码器

1．8 线-3 线编码器

8 线-3 线编码器的输入端是 8 个输入信号 $I_0, I_1, \cdots, I_7$，输出是 3 位二进制代码 Y_2, Y_1, Y_0。

输入信号互相排斥，即在任意时刻，该编码器只能对一个输入信号进行编码。表 3.5 为 8 线-3 线编码器的真值表。

8 线-3 线编码器的输出逻辑函数表达式为

$$Y_2 = I_4 + I_5 + I_6 + I_7 = \overline{\overline{I}_4 \cdot \overline{I}_5 \cdot \overline{I}_6 \cdot \overline{I}_7}$$

$$Y_1 = I_2 + I_3 + I_6 + I_7 = \overline{\overline{I}_2 \cdot \overline{I}_3 \cdot \overline{I}_6 \cdot \overline{I}_7}$$

$$Y_0 = I_1 + I_3 + I_5 + I_7 = \overline{\overline{I}_1 \cdot \overline{I}_3 \cdot \overline{I}_5 \cdot \overline{I}_7}$$

编码功能可以用或门实现，也可以用与非门实现。图3.11 为用或门实现的 8 线-3 线编码器电路。

表 3.5　8 线-3 线编码器真值表

I_0	I_1	I_2	I_3	I_4	I_5	I_6	I_7	Y_2	Y_1	Y_0
1	0	0	0	0	0	0	0	0	0	0
0	1	0	0	0	0	0	0	0	0	1
0	0	1	0	0	0	0	0	0	1	0
0	0	0	1	0	0	0	0	0	1	1
0	0	0	0	1	0	0	0	1	0	0
0	0	0	0	0	1	0	0	1	0	1
0	0	0	0	0	0	1	0	1	1	0
0	0	0	0	0	0	0	1	1	1	1

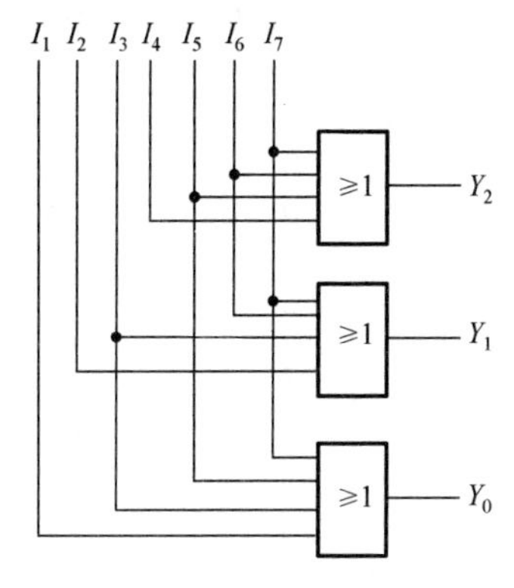

图 3.11　8 线-3 线编码器电路

2．键盘输入 8421BCD 码编码器

在数字系统的实际应用中，经常需要给电路输入数字 0, 1, …, 9，通常采用键盘输入逻辑电路来完成这一任务。键盘输入逻辑电路主要由编码器组成，如图3.12 所示。由

10 个按键和门电路等组成的 8421BCD 码编码器中，S_0～S_9为 10 个按键，对应十进制数 0～9 的输入键。电路输出 $A_3A_2A_1A_0$（A_3是高位）为 8421BCD 码，E为使能控制端。

表 3.6 为此编码器的功能表。该编码器为输入低电平有效。当按下 S_0～S_9 中任意一个键时，输入信号中有一个为低电平，$E=1$，表明有信号输入；$E=0$ 时，表明无信号输入，此时输出代码无效。

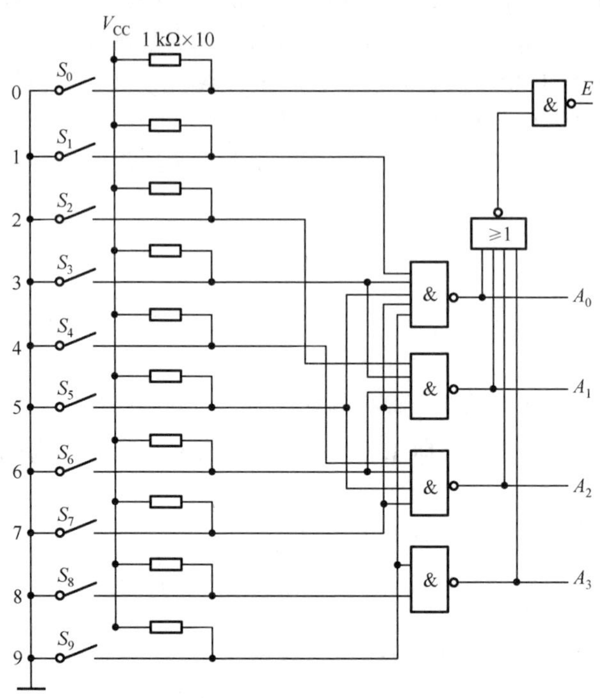

图 3.12　键盘输入 8421BCD 码编码器

表 3.6　键盘输入 8421BCD 码编码器功能表

S_9	S_8	S_7	S_6	S_5	S_4	S_3	S_2	S_1	S_0	A_3	A_2	A_1	A_0	E
1	1	1	1	1	1	1	1	1	1	0	0	0	0	0
1	1	1	1	1	1	1	1	1	0	0	0	0	0	1
1	1	1	1	1	1	1	1	0	1	0	0	0	1	1
1	1	1	1	1	1	1	0	1	1	0	0	1	0	1
1	1	1	1	1	1	0	1	1	1	0	0	1	1	1
1	1	1	1	1	0	1	1	1	1	0	1	0	0	1
1	1	1	1	0	1	1	1	1	1	0	1	0	1	1
1	1	1	0	1	1	1	1	1	1	0	1	1	0	1
1	1	0	1	1	1	1	1	1	1	0	1	1	1	1
1	0	1	1	1	1	1	1	1	1	1	0	0	0	1
0	1	1	1	1	1	1	1	1	1	1	0	0	1	1

3.3.2　优先编码器

1. 8 线-3 线优先编码器 74148

在实际应用中，可能出现多个输入信号同时有效的情况（比如，两个按键同时被按下），这时，编码器要决定哪个输入有效，这可以通过优先编码器来实现。优先编码器允许两个或两个以上的信号同时输入，但只对优先权最高的一个信号进行编码。8 线-3 线优先编码器 74148 的逻辑图、引脚图、国际标准符号和惯用符号如图3.13所示。表 3.7 为优先编码器 74148 的功能表。

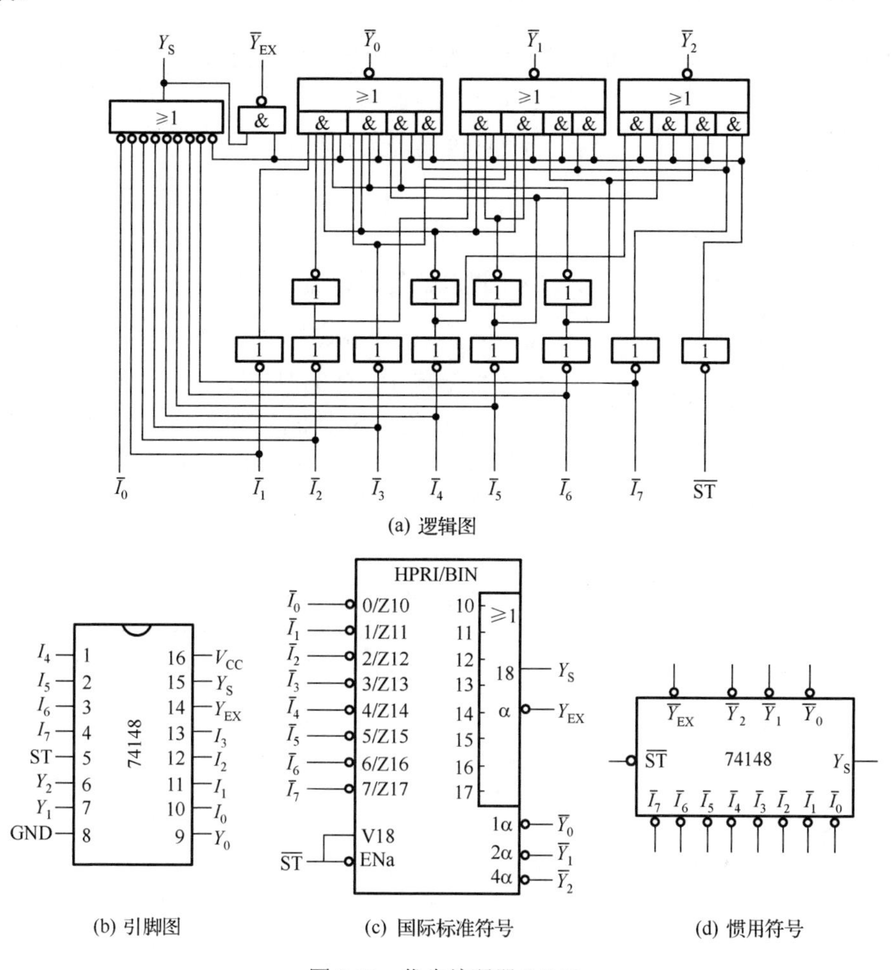

图 3.13　优先编码器 74148

表 3.7　优先编码器 74148 功能表

$\overline{ST}$	$\overline{I}_0$	$\overline{I}_1$	$\overline{I}_2$	$\overline{I}_3$	$\overline{I}_4$	$\overline{I}_5$	$\overline{I}_6$	$\overline{I}_7$	$\overline{Y}_2$	$\overline{Y}_1$	$\overline{Y}_0$	$\overline{Y}_{EX}$	Y_S
1	×	×	×	×	×	×	×	×	1	1	1	1	1
0	1	1	1	1	1	1	1	1	1	1	1	1	0
0	×	×	×	×	×	×	×	0	0	0	0	0	1
0	×	×	×	×	×	×	0	1	0	0	1	0	1
0	×	×	×	×	×	0	1	1	0	1	0	0	1
0	×	×	×	×	0	1	1	1	0	1	1	0	1
0	×	×	×	0	1	1	1	1	1	0	0	0	1
0	×	×	0	1	1	1	1	1	1	0	1	0	1
0	×	0	1	1	1	1	1	1	1	1	0	0	1
0	0	1	1	1	1	1	1	1	1	1	1	0	1

在 74148 中，输入、输出均为低电平有效。在 8 个输入端 $\overline{I}_0$～$\overline{I}_7$ 中，$\overline{I}_7$ 的优先权最高，$\overline{I}_6$ 次之，$\overline{I}_0$ 最低。$\overline{Y}_2\overline{Y}_1\overline{Y}_0$ 为 3 位二进制输出。使能输入端 $\overline{\mathrm{ST}}$、使能输出端 Y_S 及扩展输出端 $\overline{Y}_{EX}$ 在容量扩展时使用。功能表中有三种输出 $\overline{Y}_2\overline{Y}_1\overline{Y}_0 = 111$ 的情况，只有在 $\overline{\mathrm{ST}}=0$，$\overline{Y}_{EX}=0$，$Y_S=1$ 时，此器件才具有对 $\overline{I}_i$ 信号编码的功能。

【例 3.5】 8 线-3 线优先编码器 74148 电路连接如图 3.14 所示，那么输出 W、Z、B_2、B_1、B_0 的状态是高电平还是低电平？

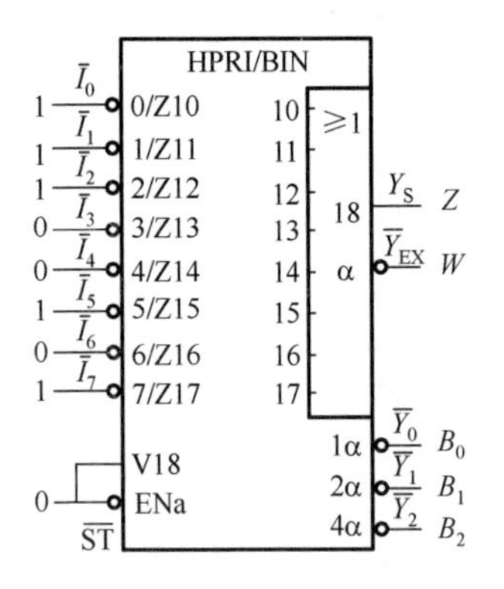

图 3.14　例 3.5 电路连接图

解： 由 74148 功能表可知

$$W=0,\ Z=1,\ B_2B_1B_0=001$$

2. 二-十进制优先编码器 74147

二-十进制优先编码器 74147 可以把 10 个输入信号 $\overline{I}_0$～$\overline{I}_9$ 分别编成 10 个 8421BCD 码的反码输出，其中 $\overline{I}_9$ 优先权最高，$\overline{I}_0$ 优先权最低。输入输出均为低电平有效。表 3.8 为 74147 功能表。图3.15为 74147 的引脚图、国际标准符号和惯用符号。图中没有输入 $\overline{I}_0$，因为任何输出都与 $\overline{I}_0$ 无关。

表 3.8　优先编码器 74147 功能表

$\overline{I}_0$	$\overline{I}_1$	$\overline{I}_2$	$\overline{I}_3$	$\overline{I}_4$	$\overline{I}_5$	$\overline{I}_6$	$\overline{I}_7$	$\overline{I}_8$	$\overline{I}_9$	$\overline{Y}_3$	$\overline{Y}_2$	$\overline{Y}_1$	$\overline{Y}_0$
1	1	1	1	1	1	1	1	1	1	1	1	1	1
×	×	×	×	×	×	×	×	×	0	0	1	1	0
×	×	×	×	×	×	×	×	0	1	0	1	1	1
×	×	×	×	×	×	×	0	1	1	1	0	0	0
×	×	×	×	×	×	0	1	1	1	1	0	0	1
×	×	×	×	×	0	1	1	1	1	1	0	1	0
×	×	×	×	0	1	1	1	1	1	1	0	1	1
×	×	×	0	1	1	1	1	1	1	1	1	0	0
×	×	0	1	1	1	1	1	1	1	1	1	0	1
×	0	1	1	1	1	1	1	1	1	1	1	1	0

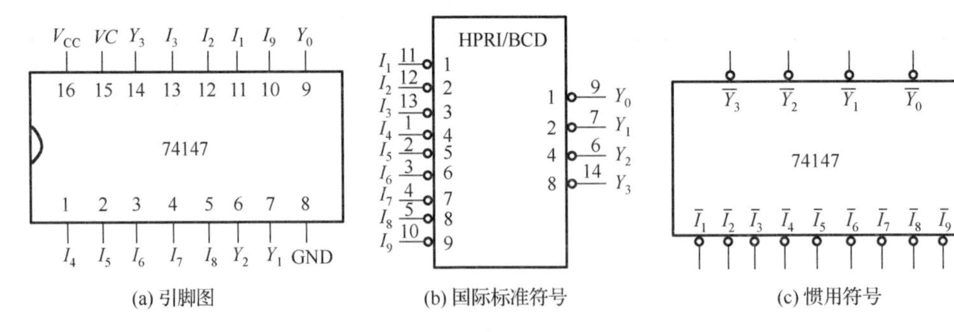

(a) 引脚图　　　(b) 国际标准符号　　　(c) 惯用符号

图 3.15　优先编码器 74147

3.4　典型组合逻辑电路——译码器

译码与编码过程相反。其功能是检测输入端的二进制代码（多位二进制数字的组合），并通过输出端特定的高低电平或其组合进行呈现，译码器通常是一个多输入、多输出的组合逻辑电路。常见的译码器主要包括二进制译码器、码制变换译码器及显示译码器等。

3.4.1　二进制译码器

把具有特定含义的二进制代码“翻译”成对应的输出信号的组合逻辑电路，称为二进制译码器。二进制译码器的输入是二进制代码，输出是与输入代码一一对应的有效电平信号。常用的集成电路二进制译码器有 2 线-4 线译码器 74139、3 线-8 线译码器 74138 和 4 线-16 线译码器 74154 等。下面以 3 线-8 线译码器 74138 为例，说明二进制译码器的工作原理。图3.16为 3 线-8 线译码器 74138 的逻辑图、引脚图、国际标准符号和惯用符号，表 3.9 为 74138 的功能表。

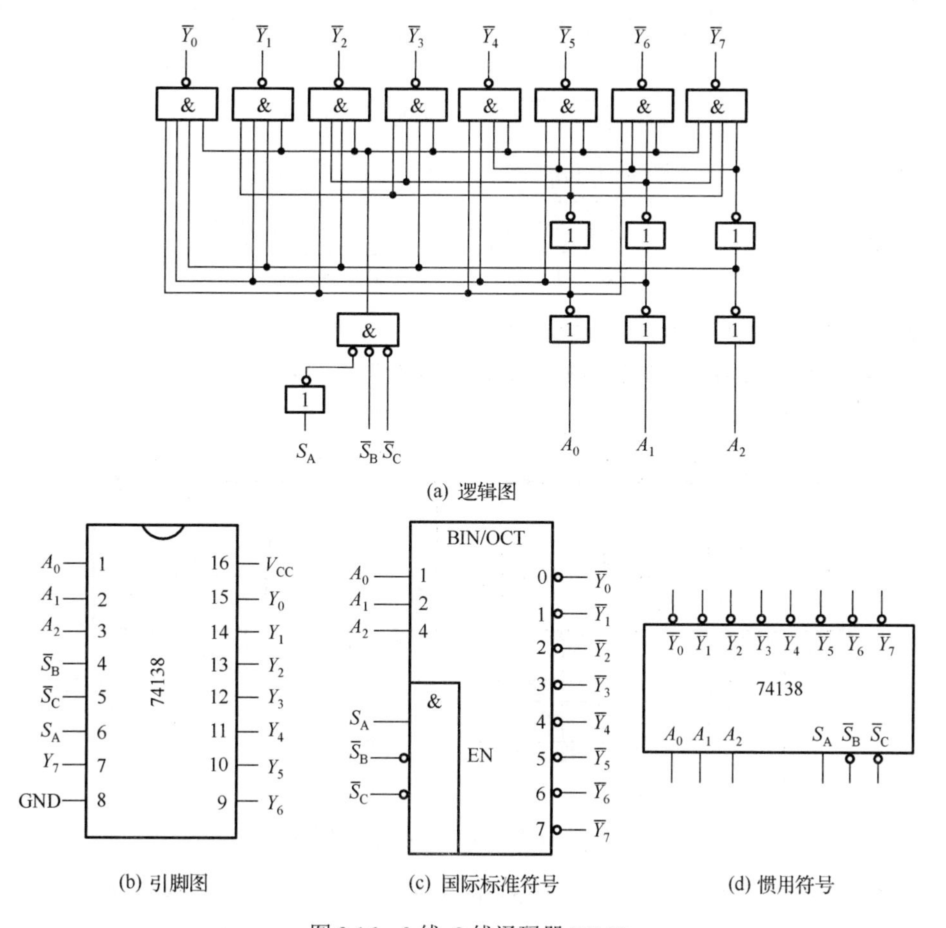

(a) 逻辑图

(b) 引脚图　(c) 国际标准符号　(d) 惯用符号

图 3.16　3 线-8 线译码器 74138

表 3.9　3 线-8 线译码器 74138 功能表

S_A	$\overline{S}_B+\overline{S}_C$	A_2	A_1	A_0	$\overline{Y}_0$	$\overline{Y}_1$	$\overline{Y}_2$	$\overline{Y}_3$	$\overline{Y}_4$	$\overline{Y}_5$	$\overline{Y}_6$	$\overline{Y}_7$
×	1	×	×	×	1	1	1	1	1	1	1	1
0	×	×	×	×	1	1	1	1	1	1	1	1
1	0	0	0	0	0	1	1	1	1	1	1	1
1	0	0	0	1	1	0	1	1	1	1	1	1
1	0	0	1	0	1	1	0	1	1	1	1	1
1	0	0	1	1	1	1	1	0	1	1	1	1
1	0	1	0	0	1	1	1	1	0	1	1	1
1	0	1	0	1	1	1	1	1	1	0	1	1
1	0	1	1	0	1	1	1	1	1	1	0	1
1	0	1	1	1	1	1	1	1	1	1	1	0

译码器 74138 有三个输入端 A_2、A_1和A_0，它们共有 8 种状态的组合输出$\overline{Y}_0$～$\overline{Y}_7$（输出低电平有效），每个输出对应一个最小项，因此这种译码器也称为最小项译码器。74138 还设有三个使能端S_A、$\overline{S}_B$和$\overline{S}_C$。从功能表中看出，只有当$S_A=1$、$\overline{S}_B=\overline{S}_C=0$时，译码器才具有正常译码功能，否则禁止译码，所有输出端被封锁在高电平。正常译码时，输出端的逻辑表达式为

$$\overline{Y}_0=\overline{\overline{A}_2\cdot\overline{A}_1\cdot\overline{A}_0}\qquad \overline{Y}_1=\overline{\overline{A}_2\cdot\overline{A}_1\cdot A_0}$$
$$\overline{Y}_2=\overline{\overline{A}_2\cdot A_1\cdot\overline{A}_0}\qquad \overline{Y}_3=\overline{\overline{A}_2\cdot A_1\cdot A_0}$$
$$\overline{Y}_4=\overline{A_2\cdot\overline{A}_1\cdot\overline{A}_0}\qquad \overline{Y}_5=\overline{A_2\cdot\overline{A}_1\cdot A_0}$$
$$\overline{Y}_6=\overline{A_2\cdot A_1\cdot\overline{A}_0}\qquad \overline{Y}_7=\overline{A_2\cdot A_1\cdot A_0}$$

【例 3.6】将 74138 扩展成 4 线-16 线译码器。

解：利用 74138 的使能端实现扩展功能，逻辑图如图 3.17 所示。

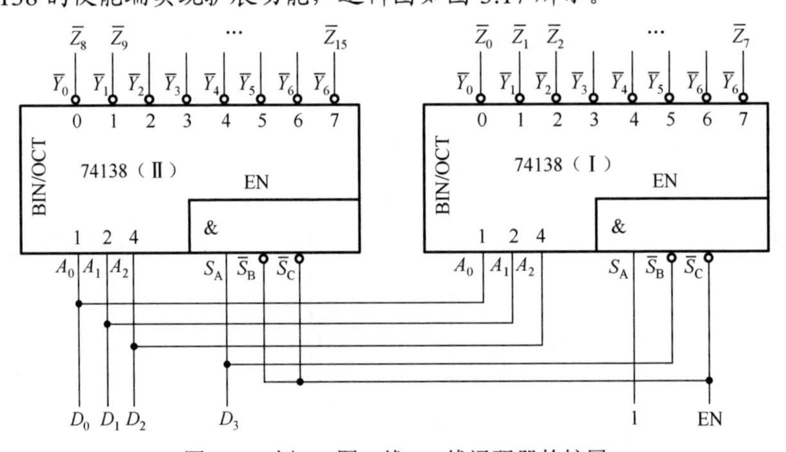

图 3.17　例 3.6 图 4 线-16 线译码器的扩展

将（II）片的使能端S_A与（I）片的$\overline{S}_B$接在一起，作为 4 线-16 线译码器的高位输入D_3，取（II）片的$A_2=D_2$，$A_1=D_1$，$A_0=D_0$，（I）片的S_A接高电平 1，（II）片的$\overline{S}_B$、$\overline{S}_C$和（I）片的$\overline{S}_C$接在一起，作为总使能端$\overline{EN}$。

【例 3.7】用译码器 74138 实现下列函数

$$F(A,B,C)=A\oplus B\oplus C$$
$$G(A,B,C)=AB+BC+AC$$

解： 将函数 F, G 化成最小项之和形式

$$F(A,B,C)=\overline{A}\overline{B}C+\overline{A}B\overline{C}+A\overline{B}\overline{C}+ABC$$
$$=m_1+m_2+m_4+m_7$$
$$G(A,B,C)=\overline{A}BC+A\overline{B}C+AB\overline{C}+ABC$$
$$=m_3+m_5+m_6+m_7$$

用两个与非门分别组成函数 F 和 G，如图3.18所示，显然，一个译码器可以同时实现多个函数。

【例 3.8】用译码器 74138 设计一个 1 线-8 线数据分配器——将 1 路输入数据根据地址选择码分配给 8 路输出数据中的某一路输出。

解： 利用 74138 的 1 个使能端作为数据输入，输出为 8 个译码输出端，由地址信号选择某一根输出线。显然，当输入数据为高电平时，使能端无效，被选中的输出端输出高电平；当输入数据为低电平时，使能端有效，被选中的输出端有效，输出低电平。综合以上结果，以上使用方案实现了数据选择器的功能，图3.19为用译码器构成数据分配器的连接方案，表 3.10 为以上数据分配器的功能表。

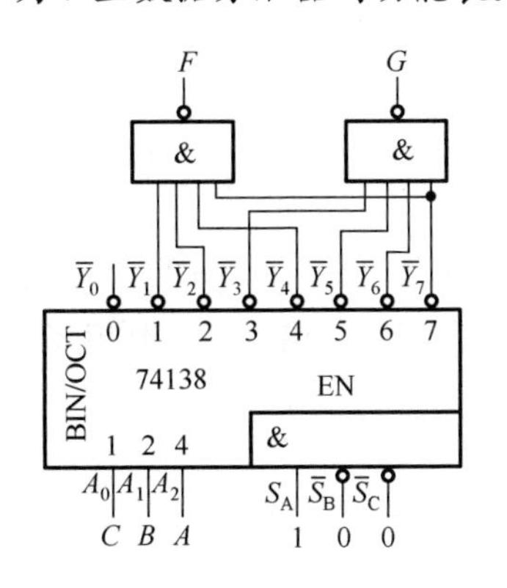

图 3.18　例 3.7 图

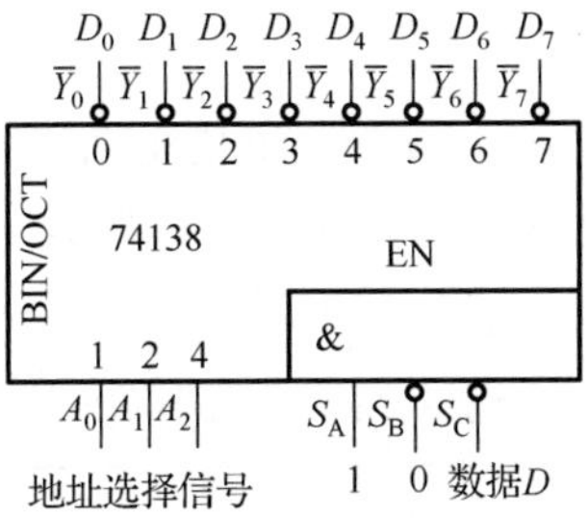

图 3.19　用译码器构成数据分配器

表 3.10　数据分配器功能表

地址选择信号 A_2	A_1	A_0	输　出
0	0	0	$D=D_0$
0	0	1	$D=D_1$
0	1	0	$D=D_2$
0	1	1	$D=D_3$
1	0	0	$D=D_4$
1	0	1	$D=D_5$
1	1	0	$D=D_6$
1	1	1	$D=D_7$

【例 3.9】二进制译码器的实际应用：计算机外围设备的端口寻址。在实际的计算机系统中，计算机通过输入/输出（I/O）端口与许多外围设备连接，例如，打印机、显示器、投影仪、存储设备、扫描仪、鼠标、键盘等。在使用时，计算机需要与外围设备通过相应的端口进行指令或数据的传递，计算机的控制及处理器根据实际需要，发出指令，打开相应端口的过程就是端口寻址。如图 3.20 所示。

每一个 I/O 端口都有与之唯一对应的编号，即地址。当计算机使用某个外围设备时，发出与该设备所连接的端口的二进制地址码，该地址码经相应的译码器转化成相应端口上的有效电平，从而将端口打开，实现计算机同外围设备的通信。

计算机控制器/处理器同外围设备之间通过总线进行数据传输，总线由若干平行的数据传

输线构成，与所有的 I/O 端口进行连接。当对应的 I/O 端口打开时（使能端为有效电平），外围设备方可与计算机进行数据传输。

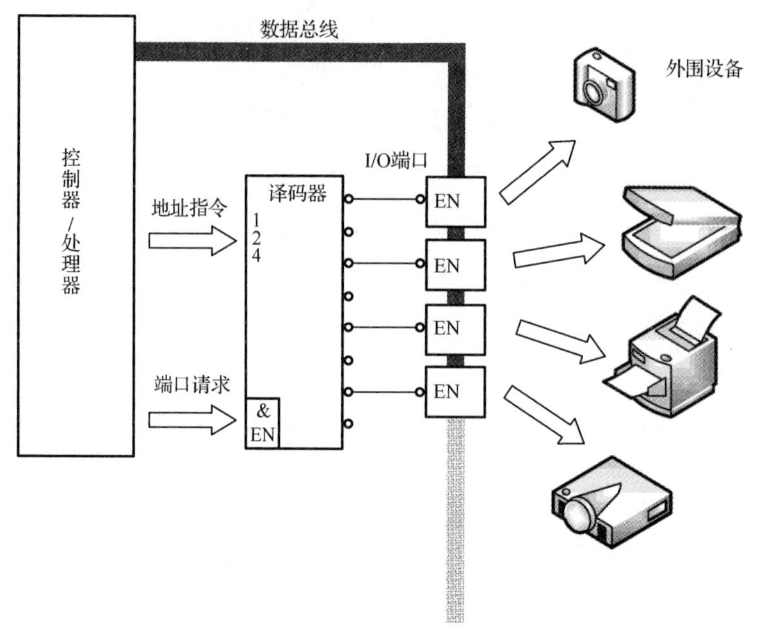

图 3.20 外围设备端口寻址示意图

3.4.2 码制变换译码器

码制变换译码器的功能是将一种码制的代码转换成另一种码制的代码。下面介绍二-十进制译码器 7442。

集成芯片7442 是4 线-10 线译码器，输入为 8421BCD 码，输出为十进制代码 0~9，它的功能表见表3.11，输出低电平有效。当输入 8421BCD 码为1010~1111时，输出全为高电平，为无效码。

表 3.11 4 线-10 线译码器 7442 功能表

十进制代码	输入				输出									
	A_3	A_2	A_1	A_0	$\overline{Y_0}$	$\overline{Y_1}$	$\overline{Y_2}$	$\overline{Y_3}$	$\overline{Y_4}$	$\overline{Y_5}$	$\overline{Y_6}$	$\overline{Y_7}$	$\overline{Y_8}$	$\overline{Y_9}$
0	0	0	0	0	0	1	1	1	1	1	1	1	1	1
1	0	0	0	1	1	0	1	1	1	1	1	1	1	1
2	0	0	1	0	1	1	0	1	1	1	1	1	1	1
3	0	0	1	1	1	1	1	0	1	1	1	1	1	1
4	0	1	0	0	1	1	1	1	0	1	1	1	1	1
5	0	1	0	1	1	1	1	1	1	0	1	1	1	1
6	0	1	1	0	1	1	1	1	1	1	0	1	1	1
7	0	1	1	1	1	1	1	1	1	1	1	0	1	1
8	1	0	0	0	1	1	1	1	1	1	1	1	0	1
9	1	0	0	1	1	1	1	1	1	1	1	1	1	0

图3.21 为 4 线-10 线译码器 7442 的逻辑图、引脚图、国际标准符号和惯用符号。由 7442

功能表和电路图可得到输出端逻辑函数为

$$\overline{Y}_0=\overline{\overline{A}_3\cdot\overline{A}_2\cdot\overline{A}_1\cdot\overline{A}_0}\qquad \overline{Y}_1=\overline{\overline{A}_3\cdot\overline{A}_2\cdot\overline{A}_1\cdot A_0}$$

$$\overline{Y}_2=\overline{\overline{A}_3\cdot\overline{A}_2\cdot A_1\cdot\overline{A}_0}\qquad \overline{Y}_3=\overline{\overline{A}_3\cdot\overline{A}_2\cdot A_1\cdot A_0}$$

$$\overline{Y}_4=\overline{\overline{A}_3\cdot A_2\cdot\overline{A}_1\cdot\overline{A}_0}\qquad \overline{Y}_5=\overline{\overline{A}_3\cdot A_2\cdot\overline{A}_1\cdot A_0}$$

$$\overline{Y}_6=\overline{\overline{A}_3\cdot A_2\cdot A_1\cdot\overline{A}_0}\qquad \overline{Y}_7=\overline{\overline{A}_3\cdot A_2\cdot A_1\cdot A_0}$$

$$\overline{Y}_8=\overline{A_3\cdot\overline{A}_2\cdot\overline{A}_1\cdot\overline{A}_0}\qquad \overline{Y}_9=\overline{A_3\cdot\overline{A}_2\cdot\overline{A}_1\cdot A_0}$$

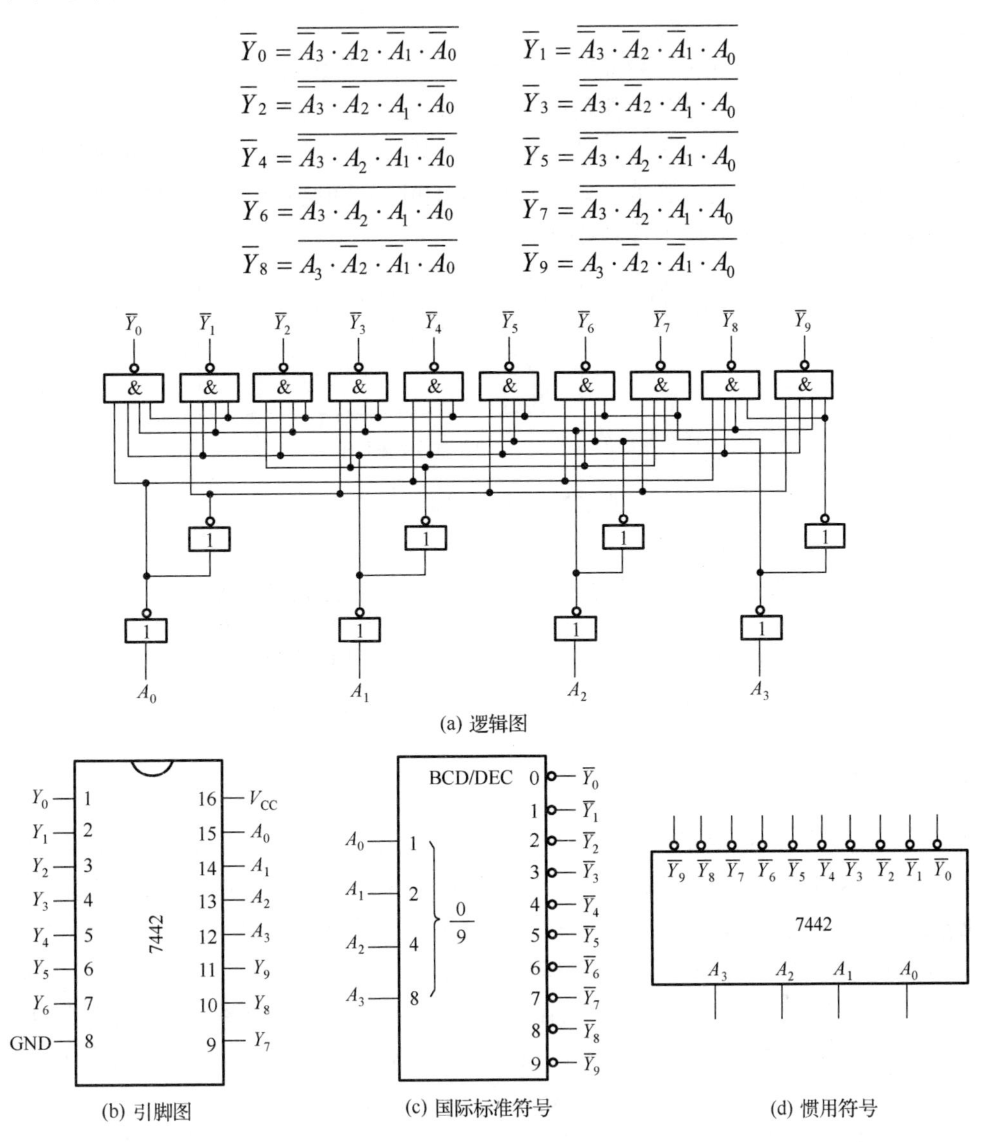

图 3.21　4 线-10 线译码器 7442

3.4.3　显示译码器

在数字系统中，常常需要将数字、字母或符号等直观地显示出来，供人们读取，或用于监视系统的工作情况。能够显示数字、字母或符号的器件称为数字显示器。这些被显示的数字量都是以一定的代码形式出现的，所以这些数字量要先经过数字显示译码器的译码，才能送到数字显示器去显示。

1. 七段字符显示器

在各种显示器中，七段数码管目前应用广泛。图 3.22 为七段数码管显示发光段示意图和数字显示图，它可以表示 0～15 的阿拉伯数字。在实际应用中，10～15 一般用两位数码显示器表示。

目前常用的七段数码管有半导体发光二极管（LED）和液晶显示器（LCD）两类。根据不同的连接方式，七段数码管分为共阴极和共阳极两类。共阴极是将 7 个发光管的阴极连在一起，接低电平，阳极为高电平的发光管被点亮。共阳极是指 7 个发光管的阳极连在一起接高电平，阴极接低电平的发光管被点亮。图 3.23(a)和图 3.23(b)分别为半导体发光二极管共阴极数码管 BS201A 和共阳极数码管 BS201B 的原理图。

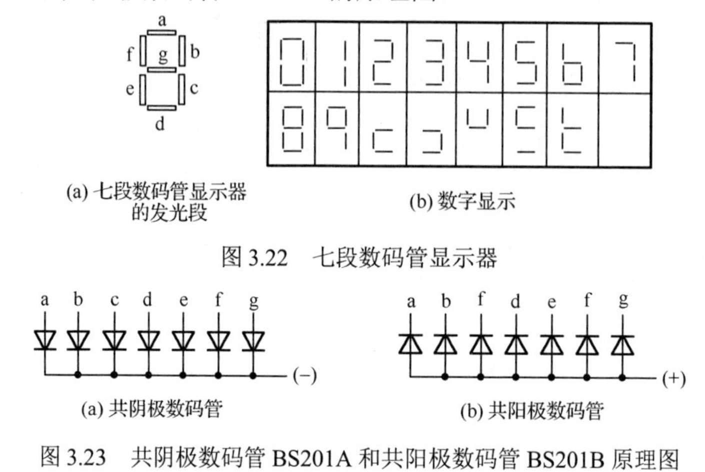

(a) 七段数码管显示器的发光段　(b) 数字显示

图 3.22　七段数码管显示器

(a) 共阴极数码管　(b) 共阳极数码管

图 3.23　共阴极数码管 BS201A 和共阳极数码管 BS201B 原理图

2. BCD 码七段显示译码器 7448

半导体数码管和液晶显示器都可以用 TTL 或 CMOS 集成电路直接驱动。为此，需要用显示译码器将 BCD 码译成数码管所需的驱动信号，以使数码管将 BCD 码所代表的数值用十进制数字显示出来。这类中规模 BCD 码七段译码器种类较多，如输出低电平有效的 7445、7447 七段显示译码器，它们可以驱动共阳极显示器；输出高电平有效的 7448 七段显示译码器，可以驱动共阴极显示器。下面介绍能驱动 BS201A 工作的 4 线-7 线译码器 7448。

7448 的功能见表 3.12，图3.24 为它的逻辑图、引脚图、国际标准符号和惯用符号。图3.25 为用 7448 驱动 BS201A 半导体数码管的连接方法。

译码器 7448 的功能主要取决于三个控制端 $\overline{LT}$、$\overline{RBI}$ 和 $\overline{BI}/\overline{RBO}$，现分别介绍如下。

（1）灭灯输入 $\overline{BI}$。

$\overline{BI}/\overline{RBO}$ 是灭灯输入或灭零输出端。当 $\overline{BI}/\overline{RBO}$ 为输入端且 $\overline{BI}=0$ 时，无论其他输入端是什么电平，输出 Y_a～Y_g 均为 0，字形消隐。

（2）测试灯输入 $\overline{LT}$。

当 $\overline{LT}=0$ 时，$\overline{BI}/\overline{RBO}$ 是输出端且 $\overline{RBO}=1$，此时无论其他输入是什么电平，输出 Y_a～Y_g 均为 1，即七段管都亮。这一功能可用于测试数码管发光管的好坏。

（3）灭零输入 $\overline{RBI}$。

当 $\overline{LT}=1$、$\overline{RBI}=0$、输入变量为 0000 时，七段输出 Y_a～Y_g 全为 0，不显示 0 字形。此时 $\overline{RBO}$ 为输出端且 $\overline{RBO}=0$。

表 3.12　4 线-7 线译码器 7448 功能表

十进制或功能	$\overline{LT}$	$\overline{RBI}$	A_3	A_2	A_1	A_0	$\overline{BI}/\overline{RBO}$	Y_a	Y_b	Y_c	Y_d	Y_e	Y_f	Y_g
	输入							输出						
0	1	1	0	0	0	0	1	1	1	1	1	1	1	0
1	1	×	0	0	0	1	1	0	1	1	0	0	0	0
2	1	×	0	0	1	0	1	1	1	0	1	1	0	1
3	1	×	0	0	1	1	1	1	1	1	1	0	0	1
4	1	×	0	1	0	0	1	0	1	1	0	0	1	1
5	1	×	0	1	0	1	1	1	0	1	1	0	1	1
6	1	×	0	1	1	0	1	0	0	1	1	1	1	1
7	1	×	0	1	1	1	1	1	1	1	0	0	0	0
8	1	×	1	0	0	0	1	1	1	1	1	1	1	1
9	1	×	1	0	0	1	1	1	1	1	0	0	1	1
10	1	×	1	0	1	0	1	0	0	0	1	1	0	1
11	1	×	1	0	1	1	1	0	0	1	1	0	0	1
12	1	×	1	1	0	0	1	0	1	0	0	0	1	1
13	1	×	1	1	0	1	1	1	0	0	1	0	1	1
14	1	×	1	1	1	0	1	0	0	0	1	1	1	1
15	1	×	1	1	1	1	1	0	0	0	0	0	0	0
灭灯	×	×	×	×	×	×	0（输入）	0	0	0	0	0	0	0
灭零	1	0	0	0	0	0	0	0	0	0	0	0	0	0
测试灯	0	×	×	×	×	×	1	1	1	1	1	1	1	1

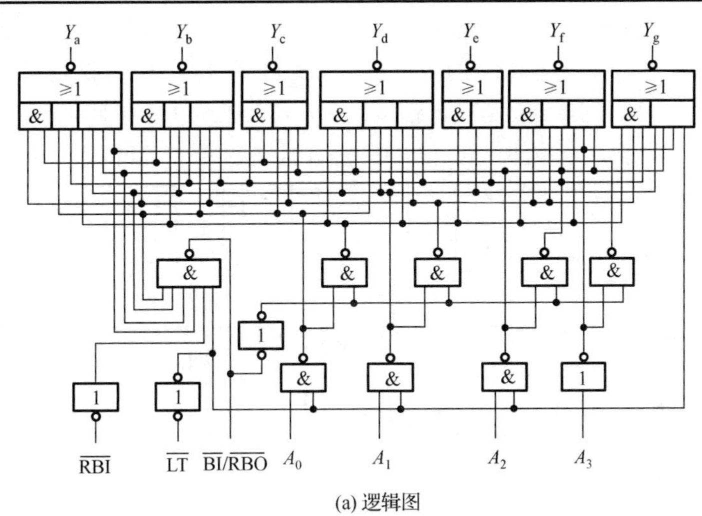

(a) 逻辑图

(b) 引脚图　(c) 国际标准符号　(d) 惯用符号

图 3.24　译码器 7448

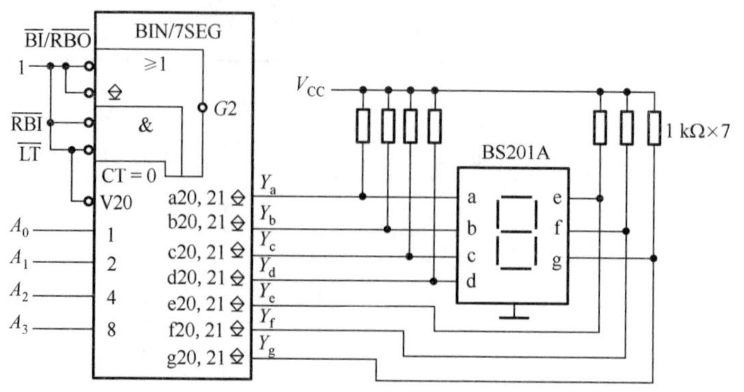

图 3.25　译码器 7448 驱动 BS201A 电路

（4）灭零输出 $\overline{RBO}$。

由7448 逻辑图得到 $\overline{RBO}=\overline{\overline{A_3}\cdot\overline{A_2}\cdot\overline{A_1}\cdot\overline{A_0}\cdot\overline{LT}\cdot RBI}$。只有当输入 $A_3A_2A_1A_0=0000$ 且有灭零输入信号（$\overline{RBI}=0$）时，$\overline{RBO}$ 才会给出低电平。因此，$\overline{RBO}=0$ 表示译码器已将本来应该显示的 0 熄灭了。

将灭零输入端和灭零输出端配合使用，可以实现多位数码显示系统的灭零控制，如图3.26所示的连接方法可以达到此目的。整数部分把高位 $\overline{RBO}$ 与低位 $\overline{RBI}$ 相连，$\overline{RBI}$ 最高位接 0，最低位接 1；小数部分的 $\overline{RBO}$ 与高位 $\overline{RBI}$ 相连，$\overline{RBI}$ 最高位接 1，最低位接 0，这样就可以把前、后多余的 0 熄灭了。这种连接方式，使整数部分只有在高位是 0 且被熄灭的情况下，低位才会有灭零输入信号。同样，小数部分只有在低位是 0 且被熄灭时，高位才有灭零输入信号。

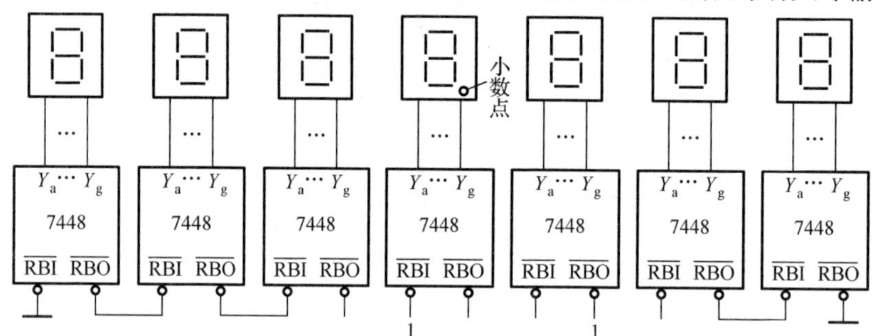

图 3.26　有灭零控制的数码显示系统示意图

【例 3.10】 用与非门设计一个七段显示译码器，要求显示“H”“E”“L”“P”4 个符号。

解： 显示 4 个符号需要 2 位译码输入、7 位输出。列出输入/输出关系如表 3.13 所示。

表 3.13　7448 驱动表

A	B	a	b	c	d	e	f	g	显示
0	0	0	1	1	0	1	1	1	H
0	1	1	0	0	1	1	1	1	E
1	0	0	0	0	1	1	1	0	L
1	1	1	1	0	0	1	1	1	P

从而有

$$a=\overline{A}B+AB=B=\overline{\overline{B}}$$

$$b=\overline{A}\,\overline{B}+AB=\overline{\overline{\overline{A}\,\overline{B}}\;\overline{AB}}$$

$$c=\overline{A}\,\overline{B}=\overline{\overline{\overline{A}\,\overline{B}}}$$

$$d=\overline{A}B+A\overline{B}=\overline{\overline{\overline{A}B}\;\overline{A\overline{B}}}$$

$$e=f=1$$

$$g=\overline{A\overline{B}}$$

逻辑电路图略。

3.5　典型组合逻辑电路——数据选择器

数据选择器也称多路选择器（Multiplexer，简写为 MUX），其功能是将多个输入端上的数字信息，送到同一条输出线进行传输。数据选择器一般具有多输入单输出的特点，通过控制输入端将某一条输入线上的数据切换至输出端。常用的有二选一、四选一、八选一和十六选一等数据选择器。

表 3.14　74153 功能表

$\overline{ST}$	A_1	A_0b	Y
1	×	×	0
0	0	0	D_0
0	0	1	D_1
0	1	0	D_2
0	1	1	D_3

3.5.1　数据选择器

双四选一数据选择器 74153 的逻辑图、引脚图、国际标准符号及惯用符号示于图 3.27 中。表 3.14 为 74153 功能表。一片 74153 上有两个四选一数据选择器，A_1、A_0 为公共控制输入端（即地址），可以控制将 4 个输入数据 D_0、D_1、D_2、D_3 中的哪一个送到输出端。$\overline{ST}$ 为选通端，低电平有效。当 $\overline{ST}$ =1 时，输出端 Y 恒为 0。

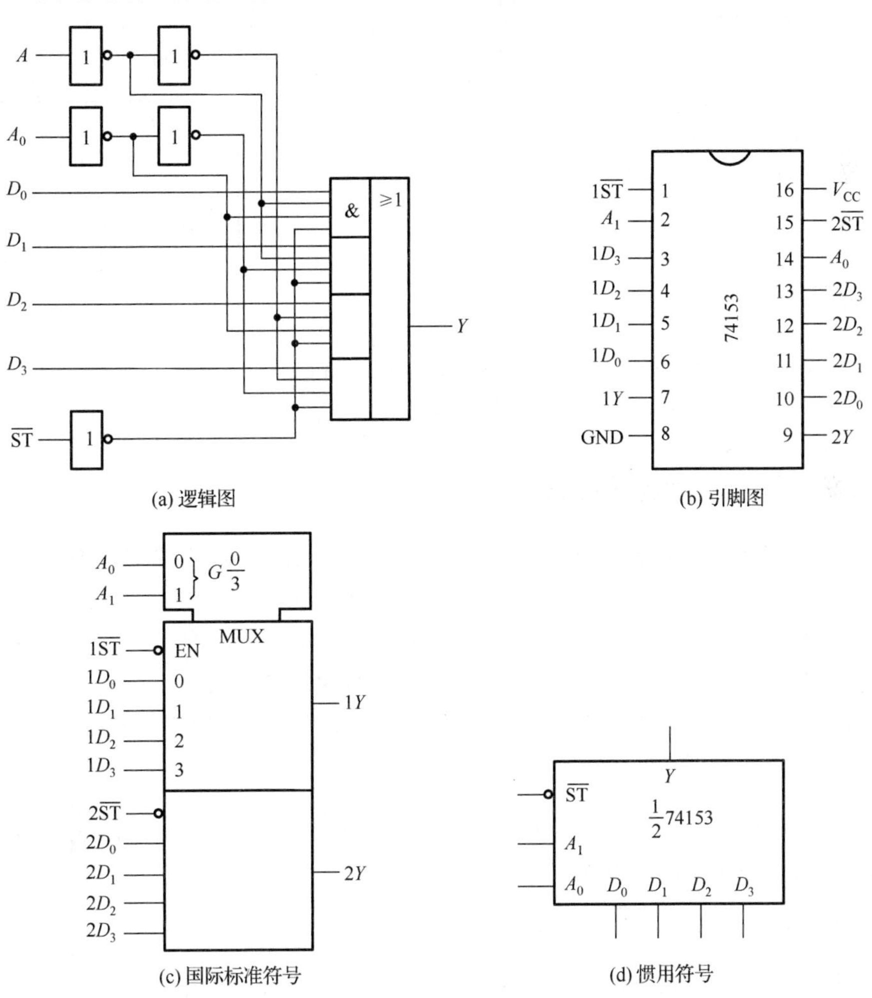

(a) 逻辑图　(b) 引脚图　(c) 国际标准符号　(d) 惯用符号

图 3.27　双四选一数据选择器 74153

表3.15　74151功能表

$\overline{ST}$	A_2	A_1	A_0	Y	$\overline{Y}$
1	×	×	×	0	1
0	0	0	0	D_0	$\overline{D_0}$
0	0	0	1	D_1	$\overline{D_1}$
0	0	1	0	D_2	$\overline{D_2}$
0	0	1	1	D_3	$\overline{D_3}$
0	1	0	0	D_4	$\overline{D_4}$
0	1	0	1	D_5	$\overline{D_5}$
0	1	1	0	D_6	$\overline{D_6}$
0	1	1	1	D_7	$\overline{D_7}$

从逻辑图和功能表看出，数据选择器74153的输出与输入关系表达式为

$$Y = D_0\overline{A}_1\overline{A}_0 + D_1\overline{A}_1A_0 + D_2A_1\overline{A}_0 + D_3A_1A_0 = \sum_{i=0}^{3}D_im_i$$

显然，数据选择器可以认为是二进制译码器和数据 D_i 的组合，因此，只要合理地选择 D_i，就可以用译码器实现数据选择器的功能。

74151是八选一数据选择器，有三个控制输入端 A_2、A_1、A_0，8个数据输入端 D_0～D_7，一个选通端 $\overline{ST}$，两个互补输出端 Y 和 $\overline{Y}$。

表3.15为八选一数据选择器74151的功能表，图3.28为74151的引脚图、国际标准符号和惯用符号。

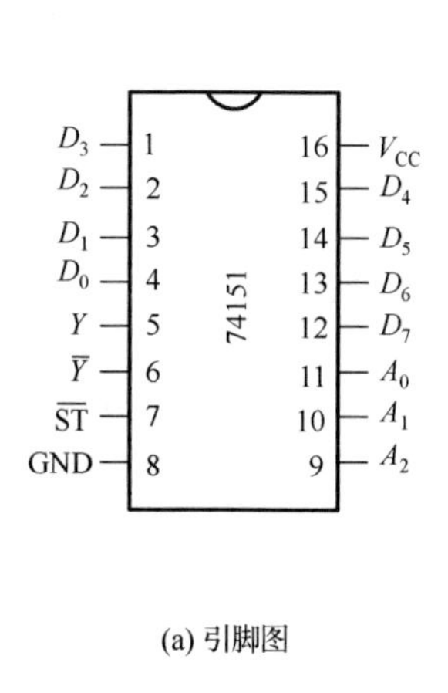

(a) 引脚图

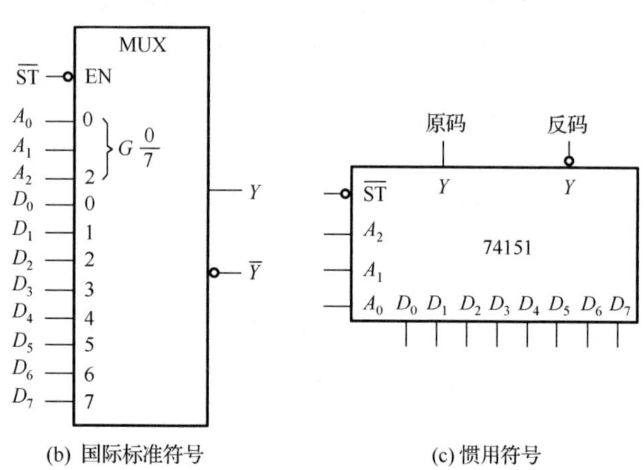

(b) 国际标准符号　　(c) 惯用符号

图3.28　八选一数据选择器74151

3.5.2　数据选择器实现逻辑函数

由数据选择器74153的输出与输入关系表达式可以看出，只要恰当地选择 D_i，就可以实现若干最小项之和的形式，这正是一般逻辑函数的通用表达式。所以，可以根据以上特点用数据选择器来实现逻辑函数。具体地说，在连接电路时，把逻辑函数的变量依次接数据选择器的地址码端，在数据输入端对应将逻辑函数所包含的最小项接1，未包含的最小项接0，这样在输出端就得到该逻辑函数。

【例3.11】 用74151实现逻辑函数 $F(A,B,C)=\overline{A}BC+B\overline{C}+A\overline{B}C$。

解： 将函数化成最小项之和的形式

$$F(A,B,C)=\overline{A}BC+B\overline{C}+A\overline{B}C=m_2+m_3+m_5+m_6$$

按图3.29所示连接方式连接电路，74151的输出端就实现了逻辑函数 F。

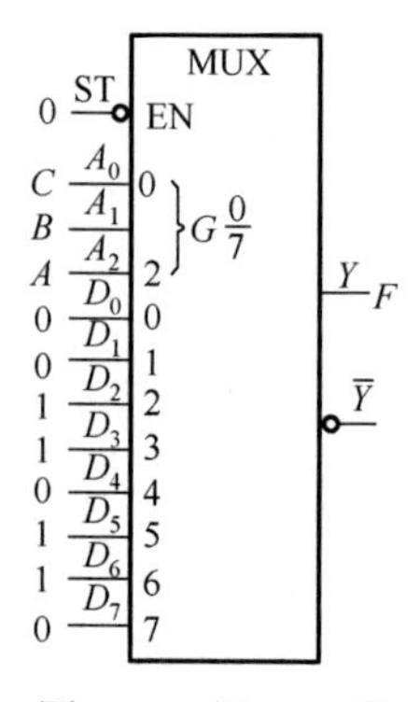

图3.29　例3.11图

【例 3.12】用半片双四选一数据选择器 74153 实现函数

$$G(X,Y,Z)=\overline{X}\overline{Y}+\overline{X}Y\overline{Z}+X\overline{Y}Z$$

解： 将函数 G 化成标准与或式

$$\begin{aligned}G(X,Y,Z)&=\overline{X}\overline{Y}+\overline{X}Y\overline{Z}+X\overline{Y}Z\\&=\overline{X}\overline{Y}Z+\overline{X}\,\overline{Y}\,\overline{Z}+\overline{X}Y\overline{Z}+X\overline{Y}Z\end{aligned}$$

由于 74153 只有两个控制变量（即两位地址码），而函数 G 有三个变量，需将变量 Z 分离出来，作引入变量卡诺图，如图3.30(a)所示。将 X、Y 接在 74153 控制输入 A_1、A_0，数据 1、$\overline{Z}$、Z、0 分别接在 D_0、D_1、 D_2、D_3 端，$\overline{\mathrm{ST}}$ 接 0，这样 74153 的输出 Y 就实现了逻辑函数 G，如图3.30(b)所示。

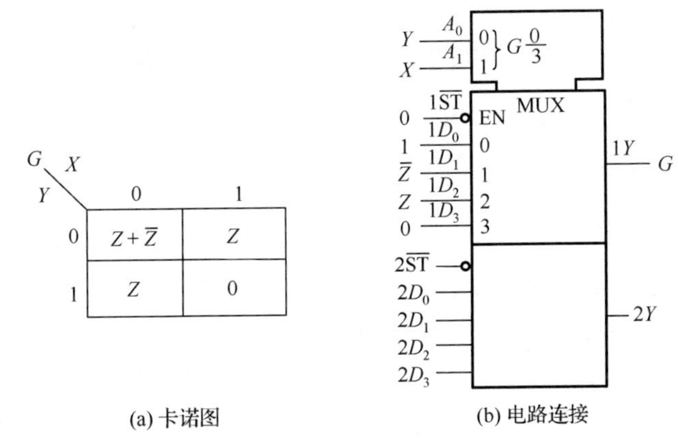

(a) 卡诺图　　(b) 电路连接

图 3.30　例 3.12 图

【例 3.13】试用一个八选一数据选择器（MUX）实现逻辑函数

$$F(A,B,C,D)=\sum m(1,5,8,9,13,14)+\sum d(6,7,10,11)$$

其中，$\sum m(\cdots)$ 为最小项之和，$\sum d(\cdots)$ 为随意项之和（输入允许使用反变量）。

解： 一个八选一数据选择器只有 3 个地址译码端，而函数输入有 4 个，所以先将函数的输入端转化为 3 个，如表 3.16 所示。

转化为三变量后，即可按上两例类似方法连接，结果如图3.31所示。

表 3.16　例 3.13 真值表

A	*B*	*C*	*D*	*F*(*A*, *B*, *C*, *D*)	*F*(*A*, *B*, *C*)	*A*	*B*	*C*	*D*	*F*(*A*, *B*, *C*, *D*)	*F*(*A*, *B*, *C*)
0	0	0	0	0	D	1	0	0	0	1	1
0	0	0	1	1		1	0	0	1	1	
0	0	1	0	0	0	1	0	1	0	∅	∅
0	0	1	1	0		1	0	1	1	∅	
0	1	0	0	0	D	1	1	0	0	0	D
0	1	0	1	1		1	1	0	1	1	
0	1	1	0	∅	∅	1	1	1	0	1	$\overline{D}$
0	1	1	1	∅		1	1	1	1	0	

【例 3.14】数据选择器的实际应用。

应用 1：传统以太网的总线拓扑结构。

传统以太网采用公共总线结构（如图 3.32 所示），将多台计算机连接至同一总线。计算机与总线之间的连接由总线仲裁器（Bus Arbiter，可以看成一种特殊的数据选择器）进行控制，根据计算机的请求指令以及总线的状态（繁忙或空闲）决定计算机与总线之间的连接状态。在同一时间，总线只被一台计算机使用。

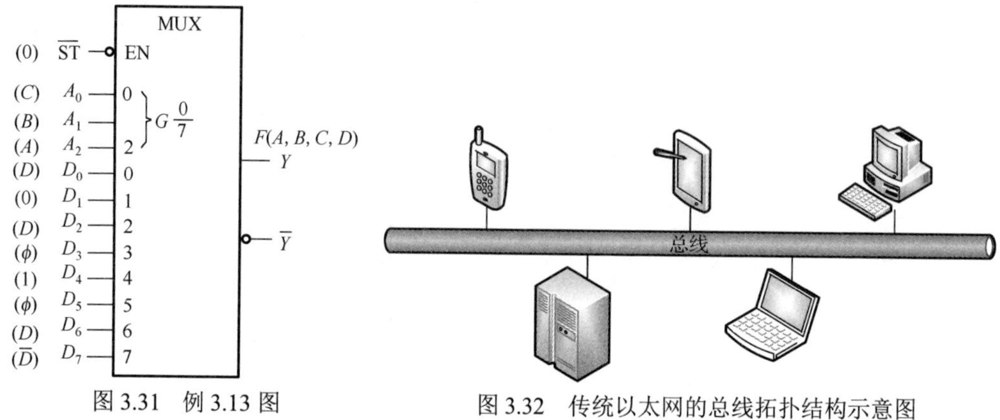

图 3.31　例 3.13 图　　　　图 3.32　传统以太网的总线拓扑结构示意图

应用 2：时分复用（Time Division Multiplexing，TDM）。

时分复用是一种重要的通信技术，它将多路信号在同一条通信线路上进行传输。其中，传输时间被分隔成若干个时隙，每一个时隙分别传输某一路输入信号，具体传输哪一路信号由输入端数据选择器的控制输入信号决定（开关信号）。与此同时，在输出端由与之同步的控制信号，通过数据分配器决定公共通信线路上传输的信号分配至哪一个输出端口。时分复用示意图见图 3.33。

在时分复用中，不同用户的信号占据不同的传输时隙，在时间上互不重叠。与时分复用对应的是频分复用（FDM），即将信号的频率带宽划分成不同的频段，以传输多路信号。

复用是通信技术中的一个重要的概念，它使不同用户能够共享相同的信道资源。在复用的基础上发展出多址技术（Multiple Access）。常用的多址技术包括时分多址（TDMA）、频分多址（FDMA）、码分多址（CDMA）、空分多址（SDMA）等。

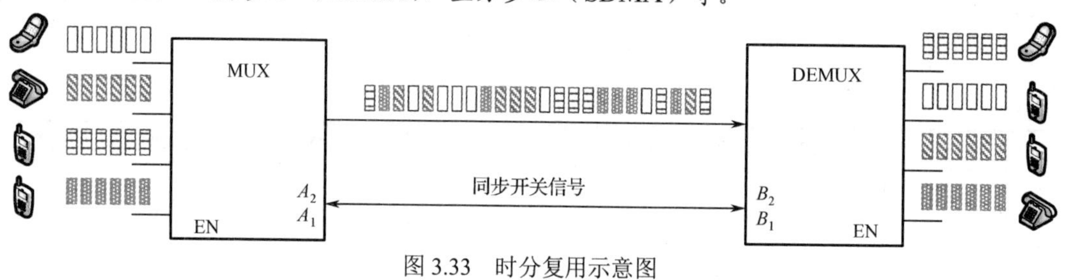

图 3.33　时分复用示意图

3.6　典型组合逻辑电路——数值比较器

在一些数字系统（例如，数字计算机系统）中，经常要求比较 A 与 B 两个数字的大小。为完成这一功能所设计的各种逻辑电路系统称为数值比较器。数值比较器的输入是待比较的两个数 A 和 B，输出是比较的结果（$A>B$、$A<B$ 和 $A=B$）。

3.6.1　一位数值比较器

一位数值比较器是多位比较器的基础。当待比较的数A和B都是一位数时，比较的结果见表 3.17。图3.34为一位数值比较器的逻辑电路图。一位数值比较器的逻辑函数表达式为

$$L(A>B)=A\overline{B}$$
$$S(A<B)=\overline{A}B$$
$$E(A=B)=\overline{A}\overline{B}+AB=A\odot B$$

表 3.17　一位数值比较器真值表

A	B	$L(A>B)$	$S(A<B)$	$E(A=B)$
0	0	0	0	1
0	1	0	1	0
1	0	1	0	0
1	1	0	0	1

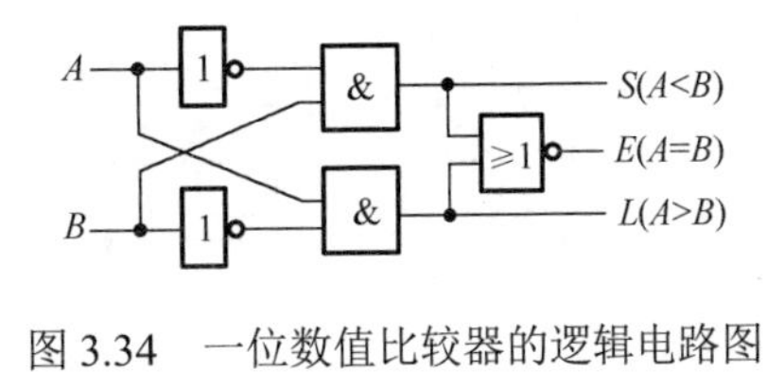

图 3.34　一位数值比较器的逻辑电路图

3.6.2　四位数值比较器 7485

比较两个多位数的大小时，必须从高位向低位逐位比较，高位不同时可以直接给出比较结果；高位相等时，依次比较低位直至级联输入位。

常用的集成四位数值比较器是7485，输入待比较的两个数分别为$A=A_3A_2A_1A_0$和$B=B_3B_2B_1B_0$，输出为比较结果$L(A>B)$、$S(A<B)$和$E(A=B)$。7485 还设有三个级联输入端$l(A>B)$、$s(A<B)$和$e(A=B)$。表 3.18 为四位数值比较器 7485 功能表。

表 3.18　比较器 7485 功能表

数值输入				级联输入			输出		
A_3B_3	A_2B_2	A_1B_1	A_0B_0	l	s	e	L	S	E
$A_3>B_3$	×	×	×	×	×	×	1	0	0
$A_3<B_3$	×	×	×	×	×	×	0	1	0
$A_3=B_3$	$A_2>B_2$	×	×	×	×	×	1	0	0
$A_3=B_3$	$A_2<B_2$	×	×	×	×	×	0	1	0
$A_3=B_3$	$A_2=B_2$	$A_1>B_1$	×	×	×	×	1	0	0
$A_3=B_3$	$A_2=B_2$	$A_1<B_1$	×	×	×	×	0	1	0
$A_3=B_3$	$A_2=B_2$	$A_1=B_1$	$A_0>B_0$	×	×	×	1	0	0
$A_3=B_3$	$A_2=B_2$	$A_1=B_1$	$A_0<B_0$	×	×	×	0	1	0
$A_3=B_3$	$A_2=B_2$	$A_1=B_1$	$A_0=B_0$	1	0	0	1	0	0
$A_3=B_3$	$A_2=B_2$	$A_1=B_1$	$A_0=B_0$	0	1	0	0	1	0
$A_3=B_3$	$A_2=B_2$	$A_1=B_1$	$A_0=B_0$	0	0	1	0	0	1

由功能表可以得到 7485 三个输出端逻辑表达式如下。

$$E=E_3E_2E_1E_0e$$
$$L=L_3+E_3L_2+E_3E_2L_1+E_3E_2E_1L_0+E_3E_2E_1E_0l$$
$$S=S_3+E_3S_2+E_3E_2S_1+E_3E_2E_1S_0+E_3E_2E_1E_0s$$

其中，E_i表示$A_i=B_i$，L_i表示$A_i>B_i$，S_i表示$A_i<B_i$（$i=0,1,2,3$）。图3.35为四位数值比较器的逻辑图、引脚图、国际标准符号和惯用符号。

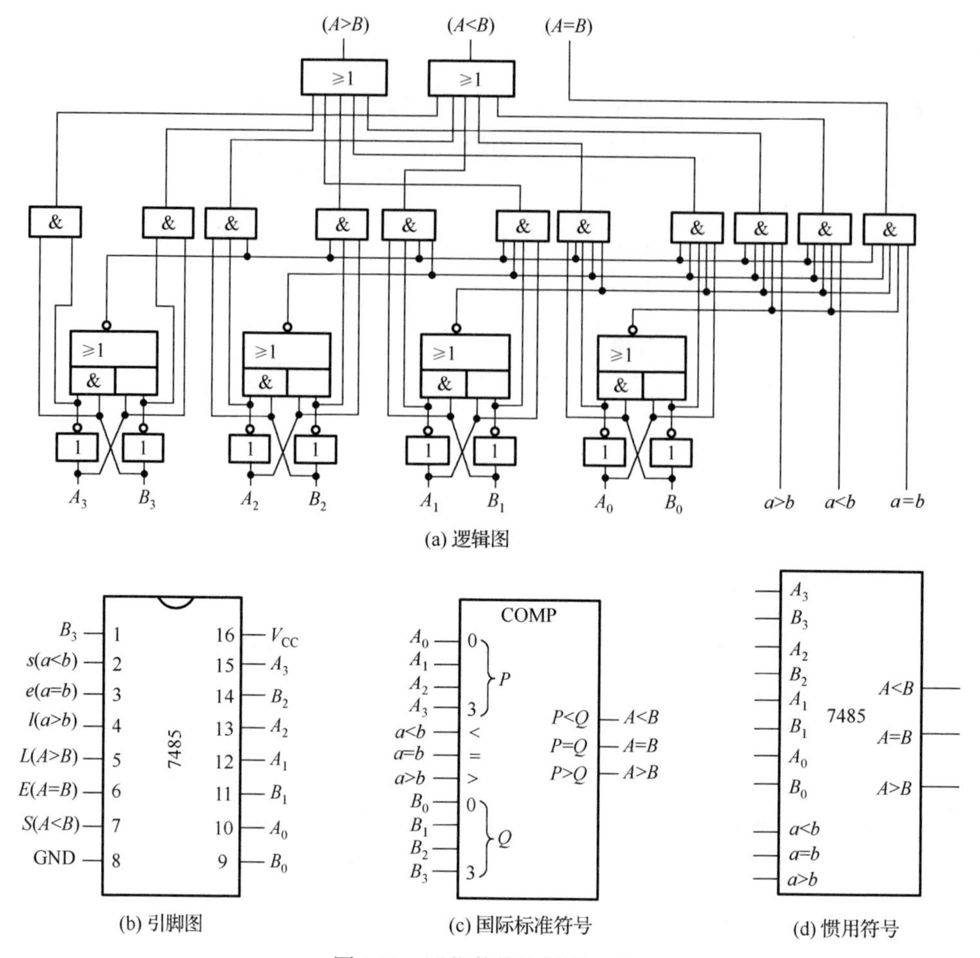

(a) 逻辑图

(b) 引脚图　(c) 国际标准符号　(d) 惯用符号

图 3.35　四位数值比较器 7485

3.6.3　数值比较器的位数扩展

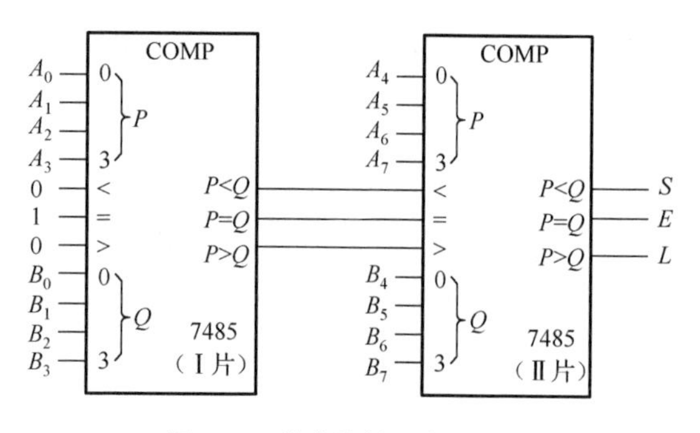

图 3.36　数值比较器串联扩展

如果待比较的数值多于四位，则可以通过对四位数值比较器的扩充来实现。图 3.36 是用两片四位数值比较器 7485 串联构成的一个八位数值比较器的连接方法。若高四位能得出比较结果，则输出与低位片（Ⅰ 片）无关；若高位相同，比较结果由低四位的比较结果确定。

以上串联连接方案速度较慢，当待比较的数值位数较多且需要快速比较时，可以采用并联方式扩展。这方面的内容可查阅其他参考书。

3.7　典型组合逻辑电路——加法电路

算术运算是数字系统的基本功能之一，更是计算机中不可缺少的组成单元。两个二进制数之间的算术运算（加、减、乘或除）的实现，目前，在数字计算机中都是转化成若干步加法进行运算的，因此加法器是算术运算器的基本单元。

3.7.1　半加器

半加器（Half Adder）的功能是实现两个一位二进制数相加。由于未考虑来自相邻低位的进位，所以称为半加器。半加器真值表见表 3.19，其中输入 A 和 B 分别为被加数和加数，输出 S 和 C 分别为本位和以及进位输出。由真值表得到

表 3.19　半加器真值表

A	B	S	C
0	0	0	0
0	1	1	0
1	0	1	0
1	1	0	1

$$S = A \oplus B$$
$$C = AB$$

图3.37为半加器的逻辑图、国际标准符号及惯用符号。

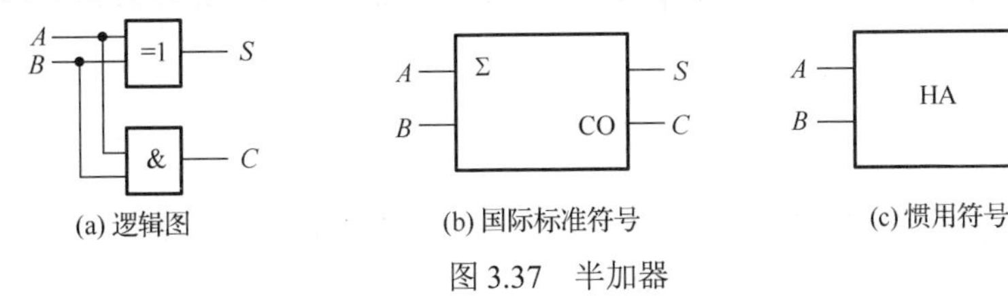

(a) 逻辑图　(b) 国际标准符号　(c) 惯用符号

图 3.37　半加器

3.7.2　全加器

除了被加数和加数外，输入端还应考虑来自低位的进位C_i，这样的电路构成全加器（Full Adder）。全加器真值表见表 3.20，其中输出 C_{i+1} 是本位向高位的进位输出。

表 3.20　全加器真值表

A	B	C_i	S	C_{i+1}
0	0	0	0	0
0	0	1	1	0
0	1	0	1	0
0	1	1	0	1
1	0	0	1	0
1	0	1	0	1
1	1	0	0	1
1	1	1	1	1

由真值表得到输出函数表达式

$$S = \overline{A}\overline{B}C_i + \overline{A}B\overline{C}_i + A\overline{B}\overline{C}_i + ABC_i = A \oplus B \oplus C_i$$

$$C_{i+1} = \overline{A}BC_i + A\overline{B}C_i + AB\overline{C}_i + ABC_i = AB + BC_i + AC_i$$

图3.38是双全加器 74183 的逻辑图、引脚图、国际标准符号和惯用符号。

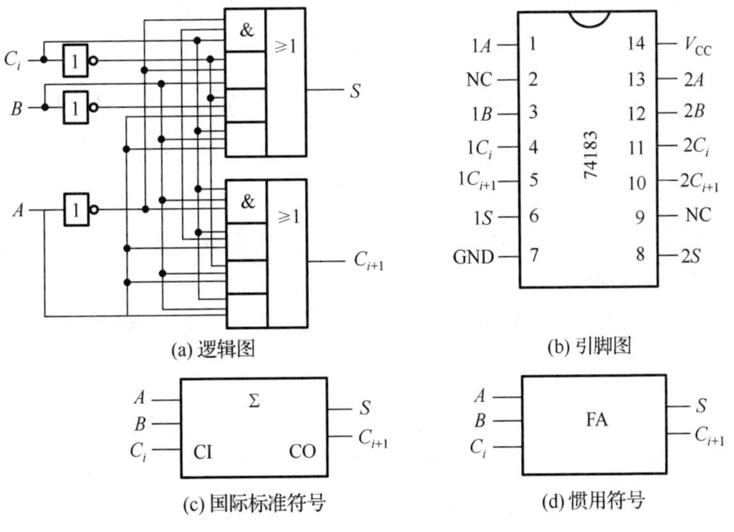

(a) 逻辑图　(b) 引脚图

(c) 国际标准符号　(d) 惯用符号

图 3.38　双全加器 74183

3.7.3 超前进位加法器 74283

多位二进制数相加时，每一位用一个全加器，依次将低位加法器进位输出端 C_{i+1} 与高位加法器的进位输入端 C_i 相连，构成并行输出、串行进位的加法器，图 3.39 所示为四位串行进位加法器。这种加法器结构简单，但运算速度不高。为克服这一缺点，采用超前进位方式。下面介绍超前进位的原理。

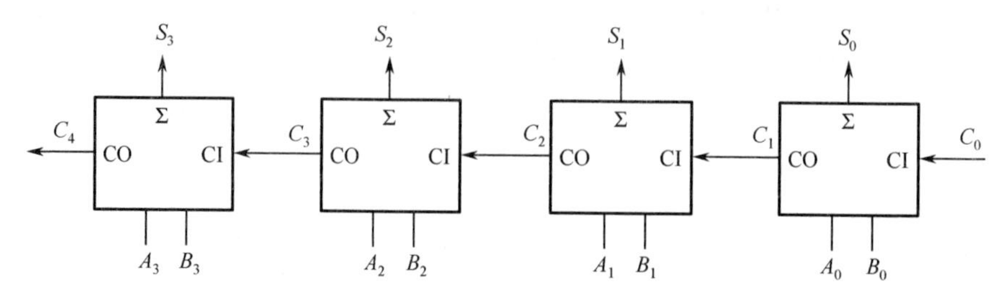

图 3.39 四位串行进位加法器

由表 3.20 可知，全加器本位和 S_i、进位 C_{i+1}（$i = 1, 2, 3, 4$）分别为

$$S_i = A_i \oplus B_i \oplus C_i$$

$$\begin{aligned} C_{i+1} &= \overline{A}_i B_i C_i + A_i \overline{B}_i C_i + A_i B_i \overline{C}_i + A_i B_i C_i \\ &= A_i B_i + (A_i \oplus B_i) C_i \end{aligned}$$

定义 $G_i = A_i B_i$ 为产生变量，$P_i = A_i \oplus B_i$ 为传输变量，这两个变量都与进位信号无关。上面两式可以写成

$$S_i = P_i \oplus C_i$$

$$C_{i+1} = G_i + P_i C_i$$

可以得到各位进位信号表达式为

$$\begin{aligned} C_1 &= G_0 + P_0 C_0 \\ C_2 &= G_1 + P_1 C_1 = G_1 + P_1 G_0 + P_1 P_0 C_0 \\ C_3 &= G_2 + P_2 C_2 = G_2 + P_2 G_1 + P_2 P_1 G_0 + P_2 P_1 P_0 C_0 \\ C_4 &= G_3 + P_3 C_3 = G_3 + P_3 G_2 + P_3 P_2 G_1 + P_3 P_2 P_1 G_0 + P_3 P_2 P_1 P_0 C_0 \end{aligned}$$

由于 $C_0 = 0$，所以各位的进位都只与 G、P 有关，即只与 A、B 有关，因此是可以并行产生的。

根据超前进位原理，构成的四位超前进位加法器 74283，它的逻辑图、引脚图、国际标准符号及惯用符号如图3.40 所示。

运算速度加快是以增加电路复杂程度为代价的。当加法器位数增加时，电路的复杂程度随之急剧上升。

【例 3.15】 用全加器、超前进位加法器、显示译码器实现的 6 人投票选举电路如图 3.41 所示。其中每一个全加器实现 3 个同意票或否决票的加法，其输出再作为后续的超前进位加法器的输入，从而实现 6 个同意票或否决票的相加。相加的结果经过显示译码器，转换为 7 段显示二极管的驱动信号，驱动显示管显示“同意”或“否决”票的数量。

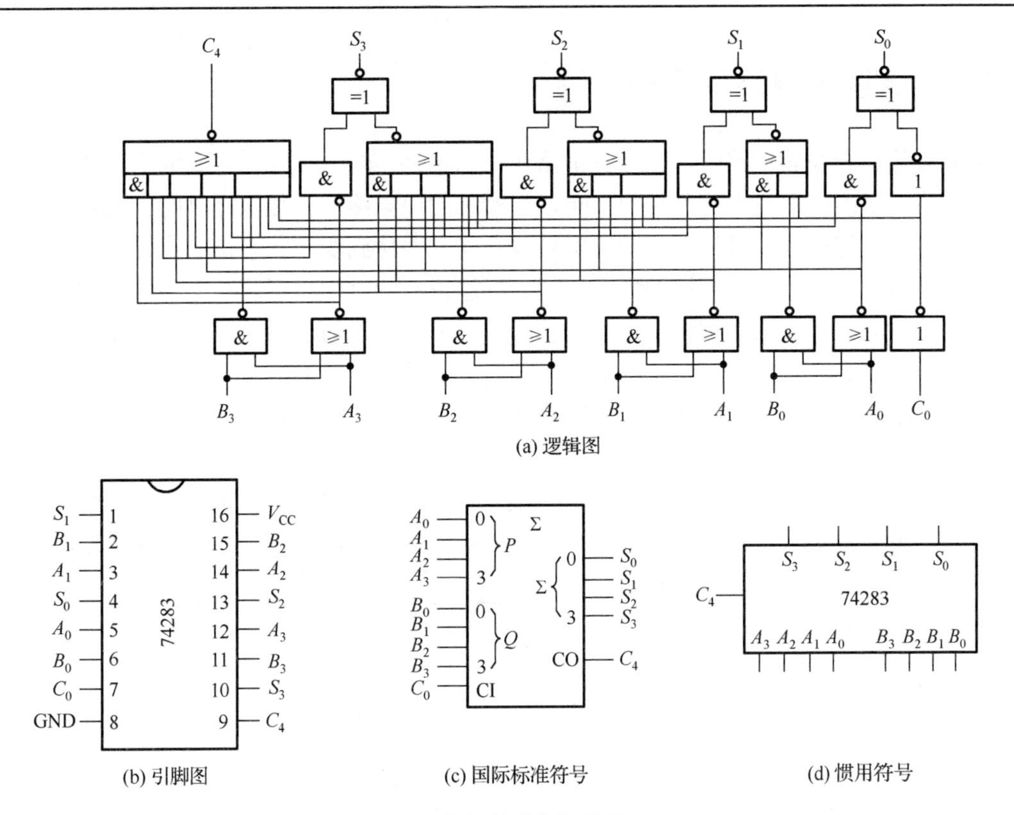

图 3.40　四位超前进位加法器 74283

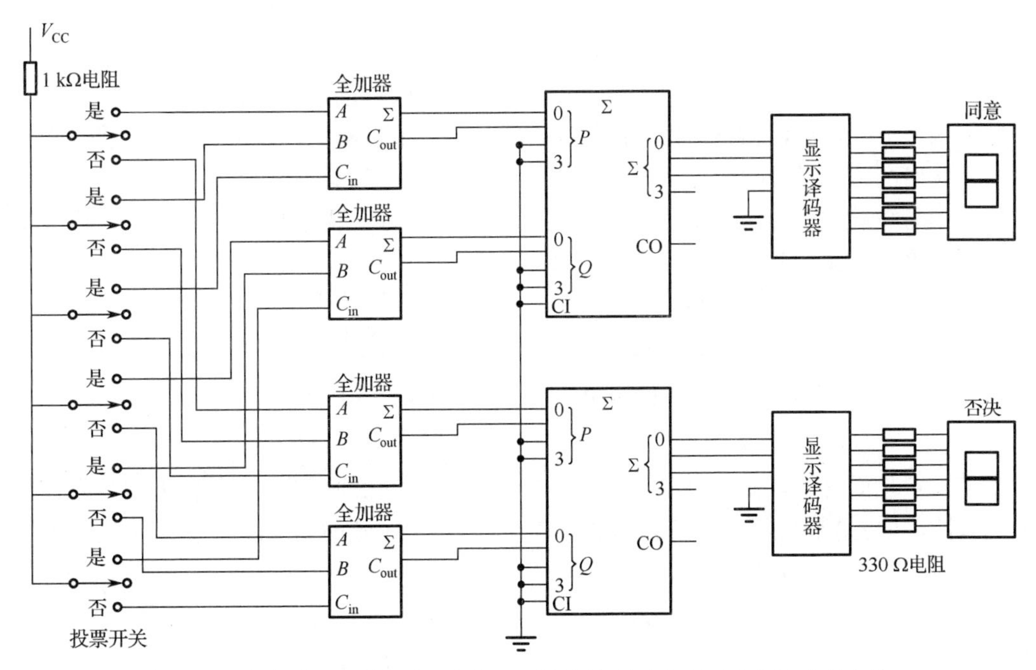

图 3.41　全加器、超前进位加法器、显示译码器实现的 6 人投票选举电路

*3.8 组合逻辑电路的竞争冒险

前面讨论组合逻辑电路时，只考虑电路在稳态条件下输入和输出之间的逻辑关系，没有考虑门电路的延迟时间对电路产生的影响，而实际的门电路是有传输延时的。因此，当输入信号发生变化并进入稳定状态时，输出信号并不能立即达到稳定状态，而要经过一定时间。从输入到输出的途径不同，经历的延迟时间、到达输出的时间也不同，这种现象称为竞争。由于竞争的原因，在输出达到稳定状态之前，输出可能出现与逻辑表达式（即时的输入和即时的输出之间的关系式）约束不符的情况，即竞争的结果导致逻辑电路产生错误输出，我们把输出端出现短暂错误输出的现象称为冒险或险象。显然，并不是所有竞争必定产生险象。产生险象的竞争称为临界竞争，不产生险象的竞争称为非临界竞争。

组合逻辑电路中的险象仅在信号状态改变的时刻出现“毛刺”，这种险象是暂时性的，它不会使稳态偏离正常值。图3.42 给出了一个单输入、单输出的险象电路及其波形图。

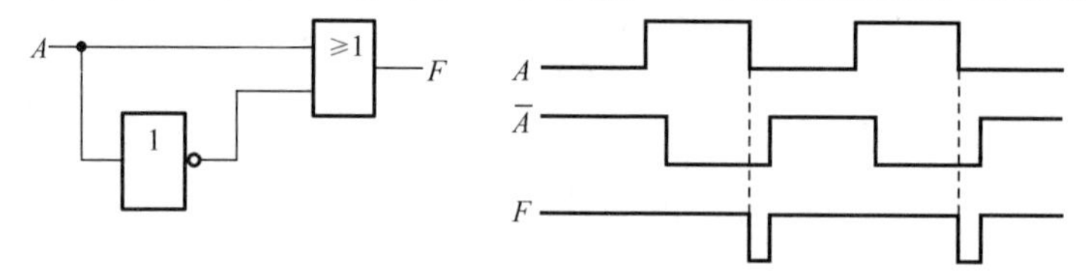

图 3.42 单输入、单输出的险象电路及其波形图

3.8.1 竞争冒险的分类与判别

1. 竞争冒险的分类

根据险象输出波形的特点，可以将冒险分为静态冒险和动态冒险。

输入信号变化前后，输出的稳态值相同，但从输入信号变化开始至输出达到稳定为止的过程中，输出产生了错误的输出——“毛刺”，这种险象称为静态冒险。

输入信号变化前后，输出的稳态值不同，并在输出的边沿处出现了“毛刺”，这种险象称为动态冒险，如图3.43 所示。

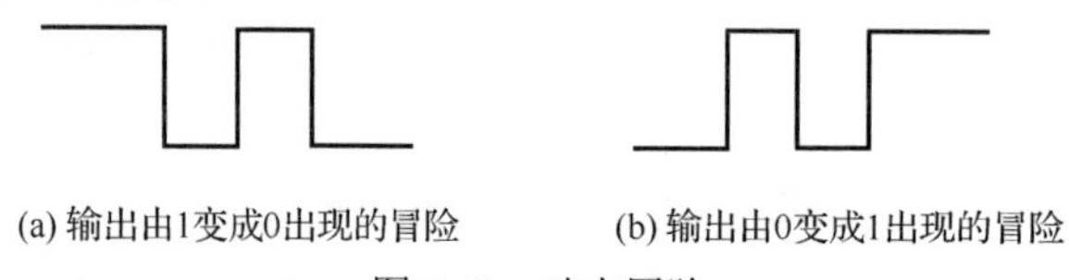

(a) 输出由1变成0出现的冒险　　(b) 输出由0变成1出现的冒险

图 3.43 动态冒险

对静态冒险而言，若输出稳态值为 0，出现了正的尖脉冲“毛刺”，称为“1”态冒险或偏 0 型冒险，如图3.44(a)所示。若输出稳态值为 1，出现了负的尖脉冲“毛刺”，则称为“0”态冒险或偏 1 型冒险，如图3.44(b)所示。

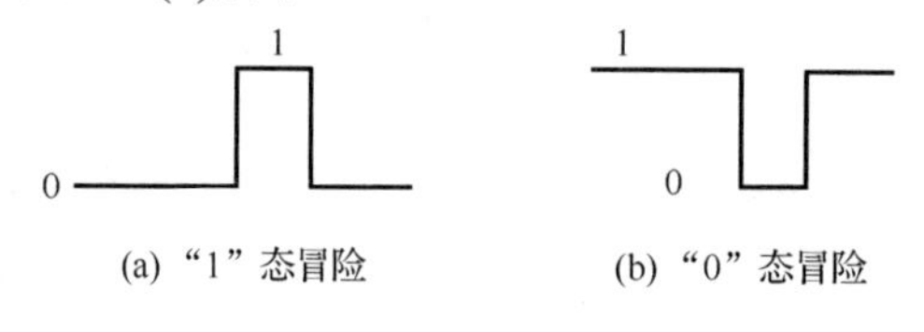

(a) “1”态冒险　　(b) “0”态冒险

图 3.44 静态冒险

动态冒险通常由静态冒险引起，通过消除电路中的静态冒险，可以消除电路中的动态冒险。因此，下面的分析主要围绕静态冒险展开。

2．竞争冒险的判别

（1）代数化简法

在图 3.45(a)所示的电路中，输出 $F = AB + \overline{A}C$，当 $B = C = 1$ 时，输出 F 应始终是高电平 1。但是由于门的传输延迟时间不同，使输出 F 出现了一个极窄的负脉冲，产生“0”态冒险。当一个变量的原变量和反变量同时输入到一个或门时，就会产生“0”态冒险。

在图3.45(b)所示的电路中，输出 $G = (A + B)(\overline{A} + C)$，当 $B = C = 0$ 时，输出 G 应始终是低电平0。延迟时间的不同引起G 出现了一个极窄的正脉冲，产生“1”态冒险。当一个与门的输入端为一个变量的原变量和反变量时，就会产生“1”态冒险。

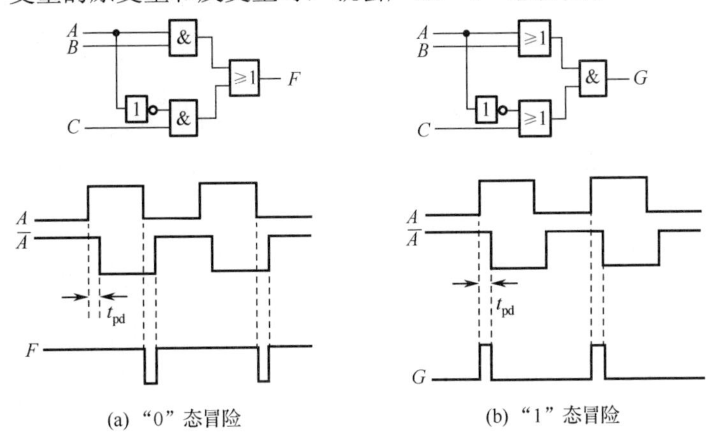

(a)“0”态冒险　　(b)“1”态冒险

图 3.45　产生冒险的电路及波形示意图

上述典型电路的结论可以推广到一般电路，即，若输出逻辑函数式在一定条件下最终能化简为 $L = A + \overline{A}$ 的形式，则此电路中有可能存在“0”态冒险；若输出逻辑函数式在一定条件下最终能化简为 $L = A \cdot \overline{A}$ 的形式，则此电路中有可能存在“1”态冒险。

（2）卡诺图法

判别电路中是否存在冒险的有效方法还有卡诺图法。其方法简述如下：将电路的逻辑函数用卡诺图表示，并画出合并项对应的卡诺圈，若发现两个卡诺圈“相切”，即两个卡诺圈之间存在被不同卡诺圈包含的相邻最小项，则该逻辑电路就可能产生冒险，圈“1”则为“0”态冒险，圈“0”则为“1”态冒险。当卡诺圈相交或相离时均无竞争冒险产生。

图 3.46 为逻辑函数 $F = AB + \overline{A}C$ 的卡诺图，两个卡诺圈“相切”，因此该逻辑函数代表的组合电路一定存在险象，并且是“0”态冒险。这与上面代数化简法得到的结论一致。

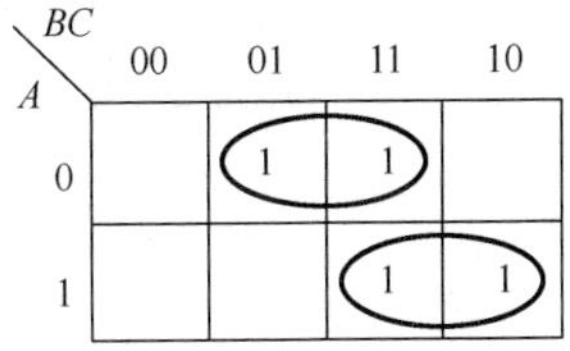

A \ BC	00	01	11	10
0		1	1	
1			1	1

图 3.46　卡诺图法判别冒险

3.8.2　竞争冒险消除方法

1．接入滤波电容

如果逻辑电路在较慢速度下工作，由于竞争冒险引起的脉冲一般都很窄（几十纳秒），所以可以在电路的输出端并接一个滤波电容，将其滤掉。图3.47是电容滤波电路及其效果的示意图。接入的并联电容与电路的输出电阻一起组成一个积分电路，对主要由高频成分构成的“毛刺”具有很好的抑制作用。由于接入电容会影响电路的工作速度，如果电容太大，将使稳态波形的前后沿产生较大的畸变；反之，如果电容太小，抑制“毛刺”的能力又会降低，故电容量的选取要合适，通常靠试验调试来确定电容量的值。

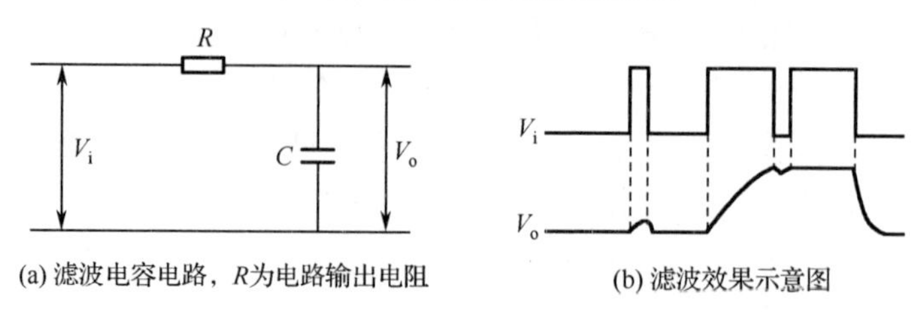

(a) 滤波电容电路，R为电路输出电阻　　(b) 滤波效果示意图

图 3.47　电容滤波电路及其效果

2. 引入采样脉冲

如果输出极引入采样脉冲，逻辑图如图3.48(a)所示，则图3.48(b)是当 $B=C=0$ 时的输出波形。采样脉冲仅在输出处于稳态值的期间到来，以保证输出正确的结果。无采样脉冲期间，输出端信息无效。

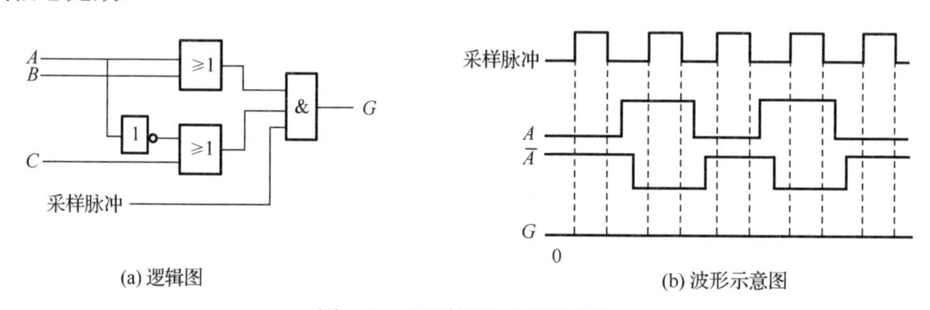

(a) 逻辑图　　(b) 波形示意图

图 3.48　用采样脉冲消除冒险

3. 修改设计方案

从前面的分析知道，当逻辑函数出现 $F=A+\overline{A}$ 时，逻辑电路可能出现“0”态冒险；当出现 $F=A\cdot\overline{A}$ 时，逻辑电路可能产生“1”态冒险。

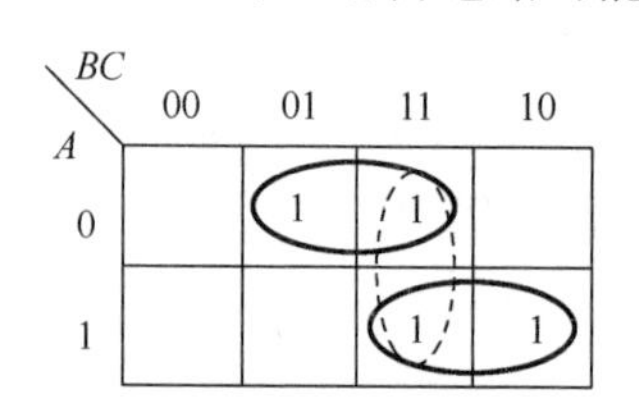

图 3.49　用卡诺图法引入冗余项消除冒险

用公式法或卡诺图法引入冗余项，就可以消除冒险。仍以上面的逻辑函数 $F=AB+\overline{A}C$ 为例，图 3.49 是其卡诺图，观察可见，两个卡诺圈在 $BC=11$时“相切”，可能形成“0”态冒险，通过将 $BC=11$圈加入函数，使之变成 $F=AB+\overline{A}C+BC$，这样，由此表达式组成的逻辑电路就不会出现险象。

习题

3.1　分析题 3.1 图所示的电路，写出 Y 的逻辑表达式。

3.2　求题 3.2 图所示电路中 F 的逻辑表达式，并化简成最简与或式，列出真值表，分析其逻辑功能，设计出全部改用与非门实现这一逻辑功能的电路。

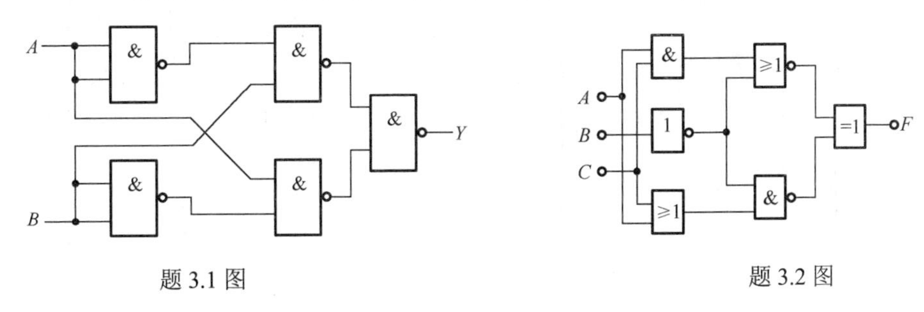

题 3.1 图　　题 3.2 图

3.3　分析题 3.3 图所示电路。

3.4　分析题 3.4 图所示电路，求输出 F 的逻辑函数表达式并化简，用最少的或非门实现。

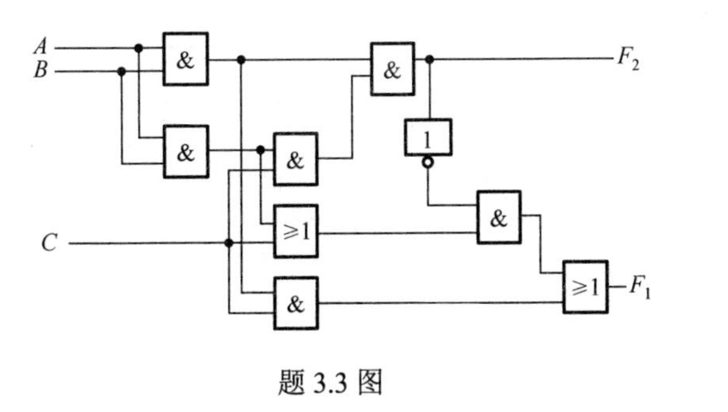

题 3.3 图

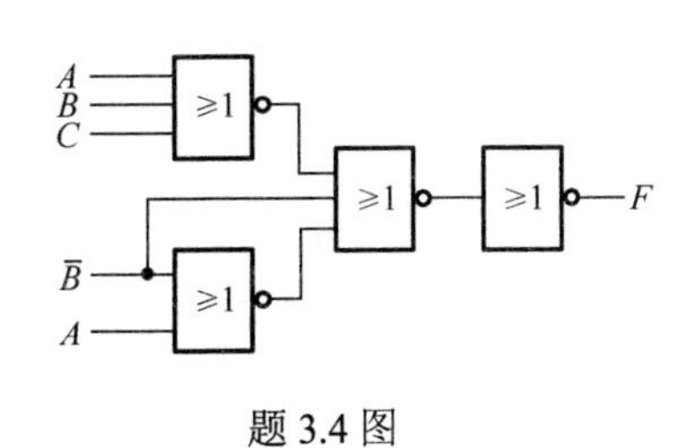

题 3.4 图

3.5　分析题 3.5 图所示电路，说明其逻辑功能。

3.6　分析题 3.6 图所示电路，说明其逻辑功能。

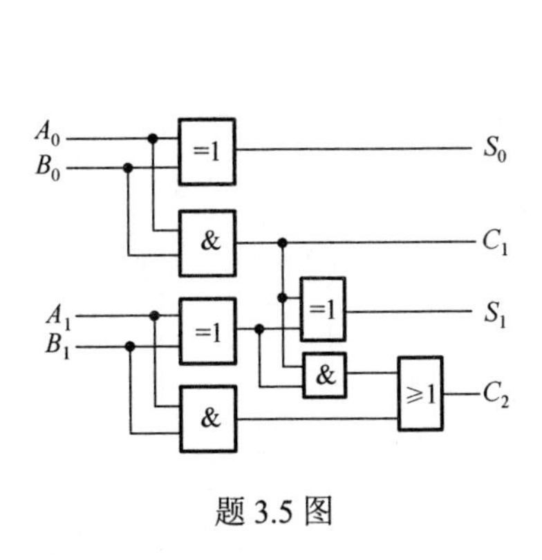

题 3.5 图

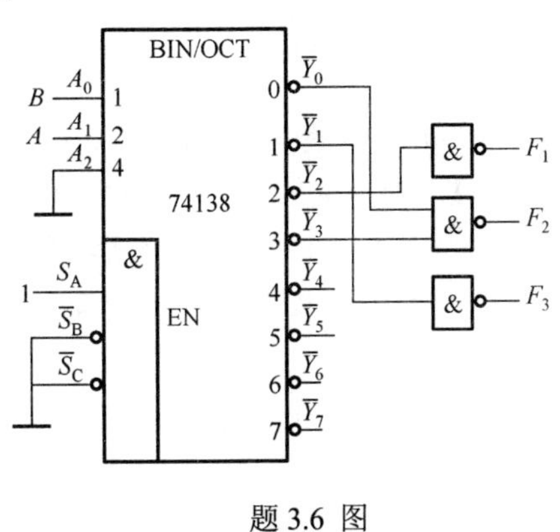

题 3.6 图

3.7　一个由 3 线-8 线译码器和与非门组成的电路如题 3.7 图所示，试写出 Y_1 和 Y_2 的逻辑表达式。

3.8　八选一数据选择器电路如题 3.8 图所示，其中 ABC 为地址，D_0～D_7 为数据输入，试写出输出 Y 的逻辑表达式。

3.9　假如已知一个组合逻辑电路的输入 A、B、C 和输出 F 的波形如题 3.9 图所示，试用最少的逻辑门实现输出函数 F。

3.10　试用与非门设计一个组合电路，其输入 A、B、C 及输出 F_A、F_B、F_C 波形如题 3.10 图所示。

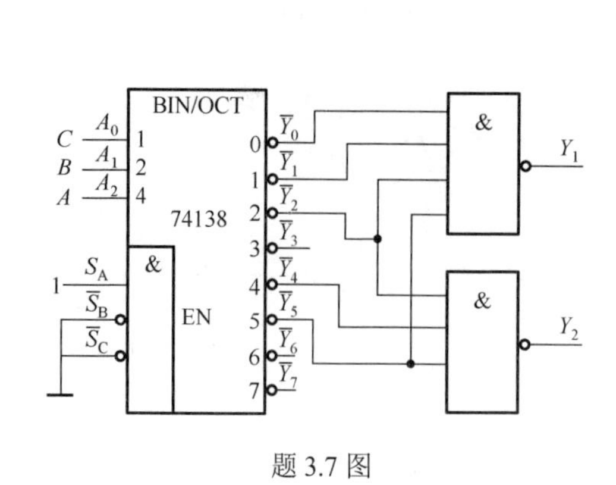

题3.7图

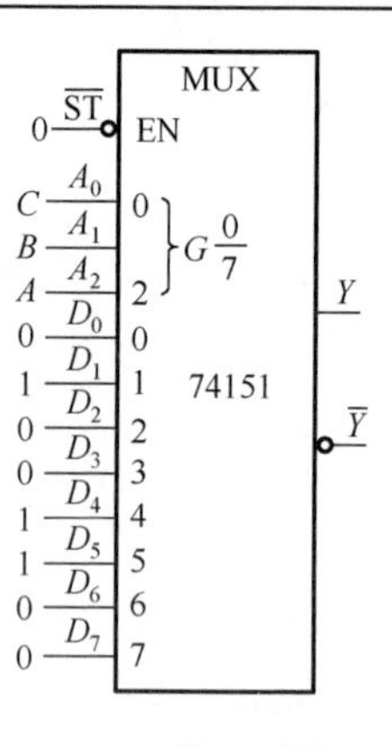

题3.8图

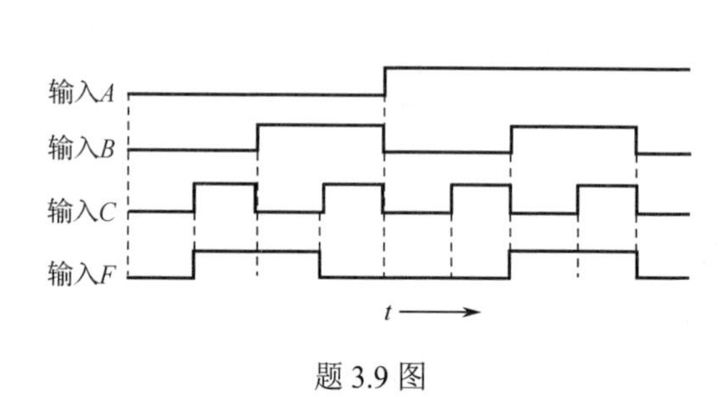

题3.9图

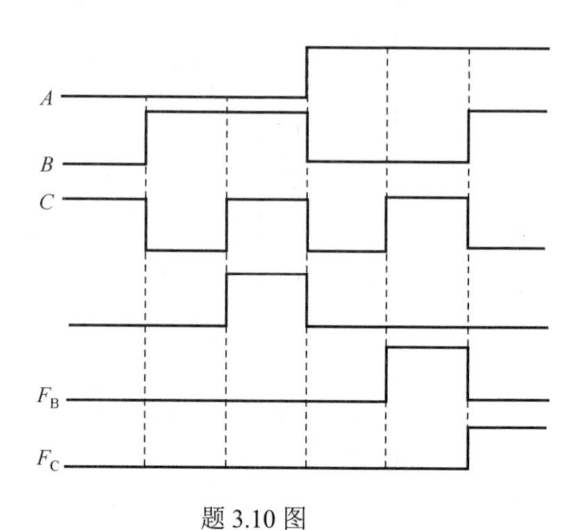

题3.10图

3.11 组合电路有 4 个输入 A、B、C、D 和一个输出 Y。当满足下面三个条件中任一个时，输出 Y 都等于1：（1）所有输入都等于1；（2）没有一个输入等于1；（3）奇数个输入等于1。写出输出 Y 的最简与或表达式。

3.12 试用与非门组成半加器，用与非门和非门组成全加器。

3.13 试用与非门设计一个组合电路，输入是 3 位二进制数，输出是输入的平方。

3.14 试用与非门设计一个组合电路，输入是 4 位二进制数，输出是输入的补码不包含符号位。

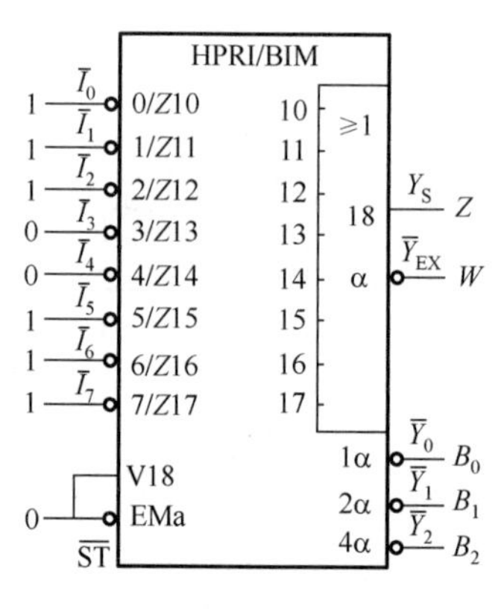

题3.16图

3.15 试用与非门设计三变量不一致电路（输入端只提供原变量）。

3.16 74148是8线-3线优先编码器，若电路连接如题3.16图时，输出 W、Z、B_2、B_1、B_0 的状态是高电平还是低电平？

3.17 在优先编码器 74148 电路中（见题 3.16 图），当 $(\mathrm{ST},\overline{I}_7,\overline{I}_6,\overline{I}_5,\overline{I}_4,\overline{I}_3,\overline{I}_2,\overline{I}_1,\overline{I}_0)=(0,1,0,1,0,1,0,1,1)$ 时，给出其输出代码 $(Y_S,\overline{Y}_{EX},\overline{Y}_2,\overline{Y}_1,\overline{Y}_0)$。

3.18　某产品有 A、B、C、D 四项质量指标。规定：A 必须满足要求，其他三项中只要有任意两项满足要求，产品即算合格。试设计一个组合电路以实现上述功能。

3.19　现有 A、B、C 三台用电设备，每台用电量均为 10 kW，由两台发电机组供电，Y_1 发电机组的功率为 20 kW，Y_2 发电机组的功率为 10 kW。设计一个供电控制系统，当三台用电设备同时工作时，Y_2、Y_1 均启动；两台用电设备工作时，Y_1 启动；一台用电设备工作时，Y_2 启动。试用 3 线-8 线译码器 74138 实现。

3.20　有一个车间，有红、黄两个故障指示灯，用来表示三台设备的工作情况。当有一台设备出现故障时，黄灯亮；两台设备出现故障时，红灯亮；三台设备都出现故障时，红灯、黄灯都亮。试用与非门设计一个控制灯亮的逻辑电路。

3.21　旅客列车分为特快、直快和慢车，它们的优先顺序为特快、直快、慢车。同一时间内只能有一种列车从车站开出，即只能给出一个开车信号。试用3 线-8 线译码器 74138 设计一个满足上述要求的排队电路。

3.22　设计一个组合逻辑电路，电路有两个输出，其输入为8421BCD码。当输入表示的十进制数为 2、4、6、8 时，输出 $X=1$；当输入数≥5 时，输出$Y=1$。试用与非门实现电路并画出逻辑图。

3.23　某设备有开关 A、B、C，要求：仅在开关 A 接通的条件下，开关 B 才能接通；开关C 仅在开关B 接通的条件下才能接通。违反这一规程则发出报警信号。设计一个由与非门组成的能实现这一功能的报警控制电路。

3.24　利用3 线-8 线译码器电路，设计一个路灯控制电路。要求用 4 个开关在不同的地方都能控制路灯的亮和灭，当一个开关动作后灯亮，另一个开关动作后灯灭。

3.25　试用 3 线-8 线译码器 74138 和与非门实现下列函数：

$$F_1(A,B,C)=\sum\nolimits_m(0,3,6,7)$$

$$F_2(A,B,C)=\sum\nolimits_m(1,3,5,7)$$

3.26　试用 3 线-8 线译码器 74138 和与非门实现下列函数：

$$Y_1(A,B,C)=AB\overline{C}+\overline{A}(B+C)$$

$$Y_2(A,B,C)=(A+\overline{C})(\overline{A}+B+C)$$

$$Y_3(A,B,C)=AB+AC+BC$$

3.27　4 线-16 线译码器 74154 接成题 3.27 图所示电路，图中 $\overline{G}_1$, $\overline{G}_2$ 为使能端，工作时为 0。写出函数 $F_1(A,B,C,D)$、$F_2(A,B,C,D)$ 的最简表达式。

3.28　分析题 3.28 图所示电路，写出输出函数表达式。

3.29　用八选一数据选择器 74151 实现下列函数：

$$Z_1(A,B,C)=\sum\nolimits_m(0,1,4,7)$$

$$Z_2(A,B,C)=A+BC$$

$$Z_3(A,B,C)=(A+\overline{B})(\overline{A}+C)$$

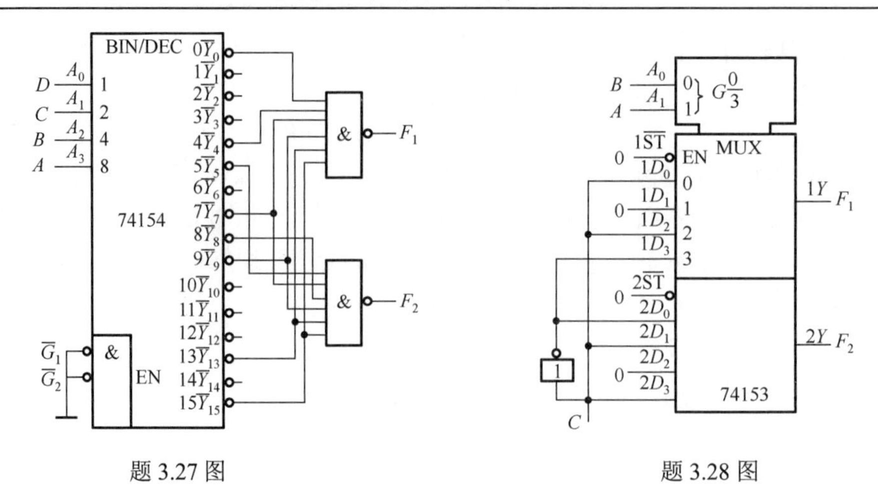

题 3.27 图　　题 3.28 图

3.30　用八选一数据选择器 74151 实现下列函数：

$$G_1(A,B,C,D)=\sum_m(0,1,6,8,12,15)$$
$$G_2(A,B,C,D)=A+BCD$$
$$G_3(A,B,C,D)=(A+\overline{B}+D)(\overline{A}+C)$$

3.31　用三个半加器实现下列函数：

$$X_1(A,B,C)=A\oplus B\oplus C$$
$$X_2(A,B,C)=\overline{A}BC+A\overline{B}C$$
$$X_3(A,B,C)=AB\overline{C}+(\overline{A}+\overline{B})C$$
$$X_4(A,B,C)=ABC$$

3.32　分别用双四选一数据选择器 74153 及 3 线-8 线译码器 74138 设计全加器。

3.33　A、B、C、D 是 4 位二进制数，试分别设计满足下述要求的判断电路。

（1）它们中间没有 1；

（2）它们中间有两个 1；

（3）它们中间有奇数个 1。

3.34　用与非门实现将余 3 BCD 码转换为 8421BCD 码的电路。

3.35　用与非门设计一个七段显示译码器，要求显示“Y”“E”“S”三个符号。

3.36　为使 74LS138 译码器的第 10 引脚输出为低电平，请标出各输入端应置的逻辑电平。

3.37　题 3.37 图所示组合电路是否存在冒险现象？属于哪一种冒险现象？

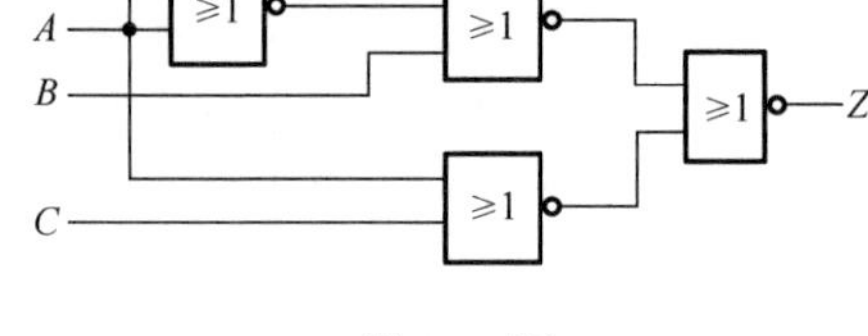

题 3.37 图

3.38　下列函数是否存在冒险现象：

$$Y_1=AB+\overline{A}C+\overline{B}C+\overline{A}\overline{B}\overline{C}$$

$$Y_2=(A+B)(\overline{B}+\overline{C})(\overline{A}+\overline{C})$$

3.39　判断下列逻辑函数中哪些函数无冒险现象。

（1）$F=\overline{B}\overline{C}+AC+\overline{A}B$

（2）$F=\overline{A}\overline{C}+BC+A\overline{B}$

（3）$F=\overline{A}\overline{C}+BC+A\overline{B}+\overline{A}B$

（4）$F=\overline{B}\overline{C}+AC+\overline{A}B+BC+A\overline{B}+\overline{A}\overline{C}$

（5）$F=\overline{B}\overline{C}+AC+\overline{A}B+A\overline{B}$

3.40　判断下列表达式是否存在冒险现象。属于哪一种冒险现象？试用修改设计的方法将冒险覆盖掉。

$$N_1(A,B,C)=A\overline{C}+BC$$
$$N_2(A,B,C)=(A+\overline{C})(B+C)$$

第 4 章　触发器

在数字电路中，不仅需要对二值信号进行算术运算或逻辑运算，而且需要经常将这些二值信号和运算结果保存起来。一般把能够存储一位二值信号的基本电路称为触发器（Flip-flop）。

触发器具有以下两个基本特点。

（1）有两个能自行保持的稳定状态。

（2）在外加输入信号的作用下，触发器可以从一种状态变到另一种状态，当输入信号消失后，新状态可以保持，即具有记忆功能。

基于以上电路（双稳态电路）特点，触发器可以用来存储一位二值信号：用两个稳定状态中的一个状态代表“1”，则另外一个状态代表“0”。例如，在时序逻辑电路中，触发器通常用来存储逻辑状态。

触发器的种类繁多，按触发方式分类有电平触发、脉冲触发、边沿触发；按逻辑功能分类主要有 RS 触发器、JK 触发器、D 触发器、T 触发器等；按电路结构分类主要有基本触发器、时钟（同步）触发器、主从触发器、维持阻塞触发器等。

本章在介绍触发器电路结构及触发方式的基础上，重点学习和掌握触发器基本性质、逻辑功能及其应用。

4.1　电平触发的触发器

4.1.1　基本 RS 触发器

基本 RS（Reset-Set）触发器（RS-Latch）是一种电平触发的触发器，其电路结构是各种触发器中最简单的一种，同时也是其他复杂触发器电路结构的一个组成部分。通常将这类简单结构的触发器称为锁存器（Latch）。

1．与非门构成的基本 RS 触发器

（1）电路结构。

由与非门构成的基本 RS 触发器如图 4.1(a)所示，假若在 G_1 的输入端 $\overline{S}$ 加入一个低电平信号，在 G_2 的输入端 $\overline{R}$ 加入一个高电平信号，则 G_1 的输出端 Q 是高电平输出，G_2 的输出端 $\overline{Q}$ 为低电平输出。如果 $\overline{S}$ 端的信号变成高电平，则 $\overline{Q}$ 端就不再输出低电平，也就是说，此电路对原来的信号没有“记住”。但是，若 $\overline{Q}$ 端引一条反馈线（如图中虚线所示）到 G_1 的另一个输入端形成正反馈，当 $\overline{S}$ 端输入低电平，$\overline{R}$ 端输入高电平时，Q 输出高电平，$\overline{Q}$ 输出低电平（它是由于 $\overline{S}$ 端输入低电平所致），如果 $\overline{S}$ 端的低电平信号消失了（变为高电平），由于 $\overline{Q}$

的反馈作用，电路仍能保持原来的输出状态，我们就说此电路具有了记忆功能。

将图4.1(a)改画成图4.1(b)的形式，就是基本RS触发器。$\overline{R}$ 和 $\overline{S}$ 是两个输入端，低电平有效，$\overline{R}$ 为复位端或置0端，$\overline{S}$ 为置位端或置1端，在合法输入组合下（基本RS触发器 $\overline{R}$ 和 $\overline{S}$ 不能同时为0），$\overline{R}$ 有效（低电平），则 Q 为0状态，$\overline{S}$ 有效（低电平），则 Q 为1状态；Q、$\overline{Q}$ 为两个互补输出端，并以 Q 端的状态作为触发器的状态。Q=1、$\overline{Q}$=0 时，表示触发器处于1状态，反之，Q=0、$\overline{Q}$=1 时，表示触发器处于0状态。它的逻辑符号如图4.1(c)所示，图中输入端的小圈表示输入信号为低电平有效，即在输入端为低电平时完成其逻辑功能（置1或置0），这里将输入信号 $\overline{R}$、$\overline{S}$ 作为整体看待，不视为原变量取反运算。

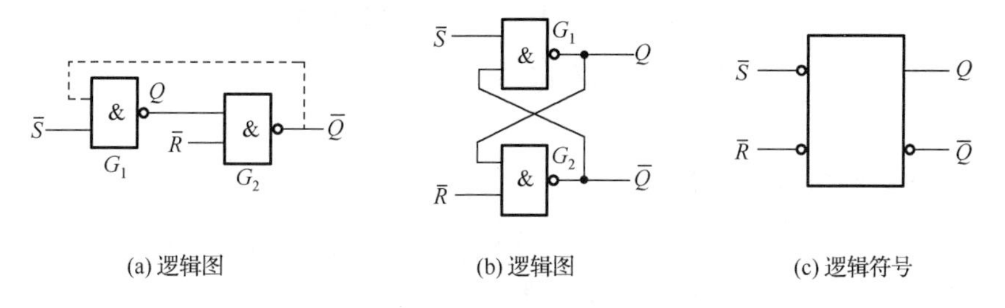

图4.1 用与非门构成的基本RS触发器

（2）工作原理。

图4.1(b)所示基本RS触发器具有两个稳定状态：Q=0，$\overline{Q}$=1；Q=1，$\overline{Q}$=0。

① 当 $\overline{R}=\overline{S}$=1 时，触发器状态保持不变，触发器具有保持功能。

若触发器为0状态，如果输入信号 $\overline{R}$、$\overline{S}$ 均为高电平，即 $\overline{R}=\overline{S}$=1，则由于 Q=0 反馈到门 G_2 的输入端，使 $\overline{Q}$=1，而 $\overline{Q}$=1 又保证 G_1 的输出 Q=0，两个与非门电路互相制约，使触发器的0状态维持不变。

同理，若触发器为1状态，当 $\overline{R}=\overline{S}$=1 时，同样由于门 G_1 和 G_2 的互相制约，使触发器的1状态维持不变。

由此可见，基本RS触发器有两个稳定状态，所以它具有记忆功能，能存储1位二进制信息。

② 当 $\overline{R}$=1、$\overline{S}$=0 时，$\overline{S}$ 低电平有效，则 Q=1、$\overline{Q}$=0，触发器置1。

若 $\overline{R}$=1、$\overline{S}$=0，则不管触发器原来为0状态或1状态，此时门 G_1 输出高电平，Q=1，门 G_2 因输入为高电平而输出低电平，$\overline{Q}$=0，即触发器新的状态为 Q=1、$\overline{Q}$=0，一旦 $\overline{S}$ 的低电平信号撤销，使 $\overline{S}=\overline{R}$=1，则触发器仍能保持1状态不变。

③ 当 $\overline{R}$=0、$\overline{S}$=1 时，$\overline{R}$ 低电平有效，则 Q=0、$\overline{Q}$=1，触发器置0。

若 $\overline{R}$=0、$\overline{S}$=1，则不管触发器原来为1状态或0状态，此时 G_2 输出高电平，$\overline{Q}$=1，G_1 因输入为高电平而输出低电平，Q=0，即触发器新的状态为 Q=0、$\overline{Q}$=1。一旦 $\overline{R}$ 的低电平信号撤销，使 $\overline{R}=\overline{S}$=1，则触发器仍能保持0状态不变。

④ 当 $\overline{R}$=0、$\overline{S}$=0 时，触发器状态由门 G_1 和 G_2 的延迟决定，是不确定状态。

若 $\overline{R}$=0、$\overline{S}$=0，门 G_1 和 G_2 都输出高电平，即 $Q=\overline{Q}$=1，这样就不符合触发器所规定的 Q 和 $\overline{Q}$ 互补的逻辑关系。而当 $\overline{R}$、$\overline{S}$ 同时由0跳变到1时，由于两个门延迟时间不同以及存在干扰等因素，触发器究竟是1状态还是0状态是随机的。

图4.2给出了基本RS触发器在输入$\overline{S}$、$\overline{R}$波形的作用下，输出Q、$\overline{Q}$的波形（这里忽略门电路的延迟时间t_{pd}）。从图4.2可以进一步看出RS触发器的工作过程（设初始状态$Q=0$，$\overline{Q}=1$）。

由于触发器的状态是不确定的，因此为了防止这种情况的发生，要求$\overline{R}$、$\overline{S}$输入应该满足条件：$\overline{R}+\overline{S}=1$，我们称它为基本RS触发器的约束条件。

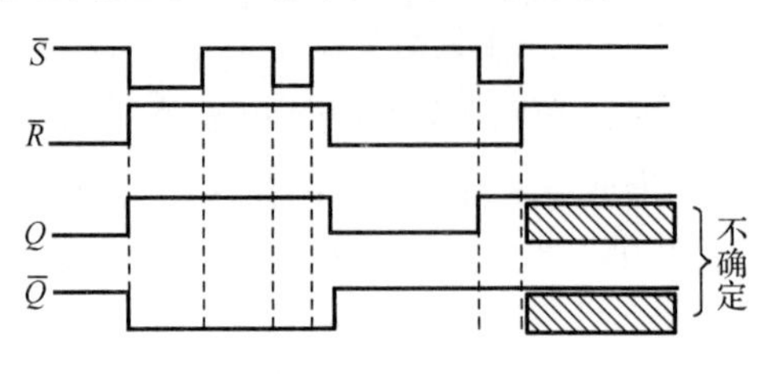

图4.2　基本RS触发器工作波形图

2．基本RS触发器的逻辑功能描述方法

触发器的逻辑功能是指电路的下一个稳定状态（次态）Q^{n+1}与触发器现在的稳定状态（现态）Q^n以及现在的输入信号（基本RS触发器为$\overline{R}$、$\overline{S}$）之间的逻辑关系，它可以用状态转移真值表（状态表）、状态方程（特征方程）、状态转移图和激励表、波形图（时序图）等几种方法来描述。这里介绍基本RS触发器的各种逻辑功能描述方法。

（1）状态转移真值表（状态表）。

在输入信号作用下，触发器的下一个稳定状态（次态）Q^{n+1}与触发器现在的稳定状态（现态）Q^n之间的逻辑关系，可以用基本RS触发器的真值表来描述，如表4.1所示。将Q^n作为变量化简得到的真值表如表4.2所示，从中可以更清楚地看到基本RS触发器的逻辑功能。

表4.1　与非门组成的基本RS触发器真值表

$\overline{R}$	$\overline{S}$	Q^n	Q^{n+1}
0	1	0	0
0	1	1	0
1	0	0	1
1	0	1	1
1	1	0	0
1	1	1	1
0	0	0	不确定
0	0	1	不确定

表4.2　与非门组成的基本RS触发器化简真值表

$\overline{R}$	$\overline{S}$	Q^{n+1}
0	1	0
1	0	1
1	1	Q^n
0	0	不确定

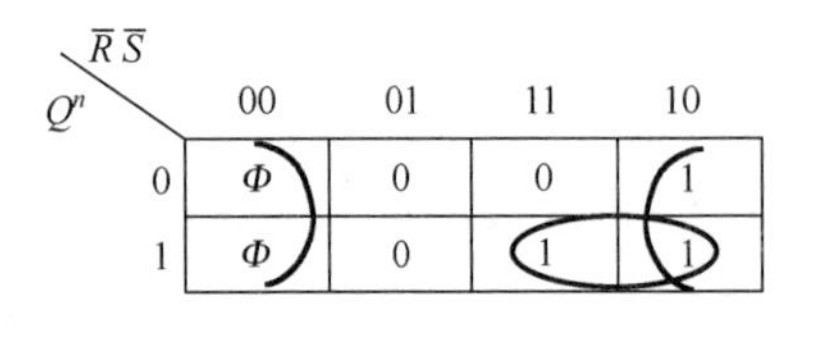

图4.3　基本RS触发器状态方程化简卡诺图

（2）状态方程（特征方程）。

描述触发器逻辑功能的函数表达式称为触发器的状态方程或特征方程。将表4.1通过图4.3的卡诺图化简，得到基本RS触发器的状态方程。因为把$\overline{R}$和$\overline{S}$看作整体输入信号（符号上面的横线表示低电平有效），所以方程中没有对$\overline{\overline{S}}$（最上面的横线表示非运算）化简成S。

$$\begin{cases} Q^{n+1} = \overline{\overline{S}} + \overline{R}Q^n \\ \overline{S} + \overline{R} = 1 \end{cases}$$

（3）状态转移图和激励表。

触发器状态转移图，就是以图形方式表示输出状态转换的条件和规律。用圆圈表示各状态，圈内注明状态名或取值，用箭头表示状态之间的转移，箭头指向次态 Q^{n+1}，线上注明状态转换的条件或输出，条件和输出都可以是多个。基本 RS 触发器的状态转移图如图 4.4 所示，图中无输出，只有转换条件，标注在线上。

列出已知状态转换和所需的输入条件的表称为激励表。激励表是以现态 Q^n 和次态 Q^{n+1} 为变量，以对应的输入 $\overline{R}$ 、$\overline{S}$ 为函数的关系表，即表示在什么样的激励下才能使现态 Q^n 转换到次态 Q^{n+1}，$Q^n \to Q^{n+1}$。表 4.3 给出了基本 RS 触发器的激励表。

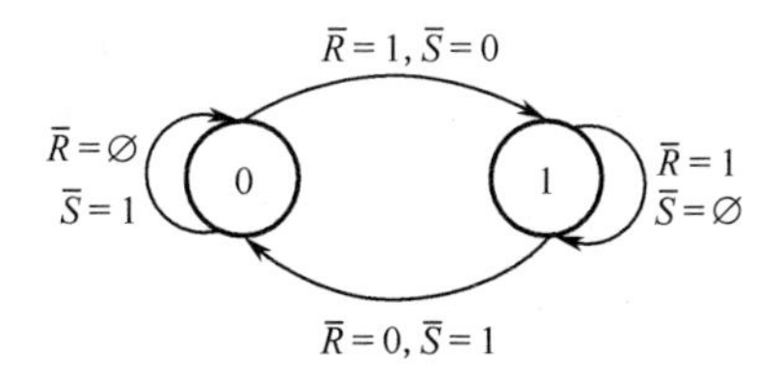

图 4.4　基本 RS 触发器状态转移图

表 4.3　基本 RS 触发器激励表

状态转移		激励输入	
Q^n →	Q^{n+1}	$\overline{R}$	$\overline{S}$
0	0	∅	1
0	1	1	0
1	0	0	1
1	1	1	∅

（4）波形图（时序图）。

触发器输入信号和触发器工作状态之间的对应关系可以采用波形图表示，称为时序图，它能够直观地说明触发器的特性。

【例 4.1】在图 4.5(a)的基本 RS 触发器中，在给定输入条件下的波形图如图 4.5(b)所示，画出 Q 和 $\overline{Q}$ 端对应的波形。

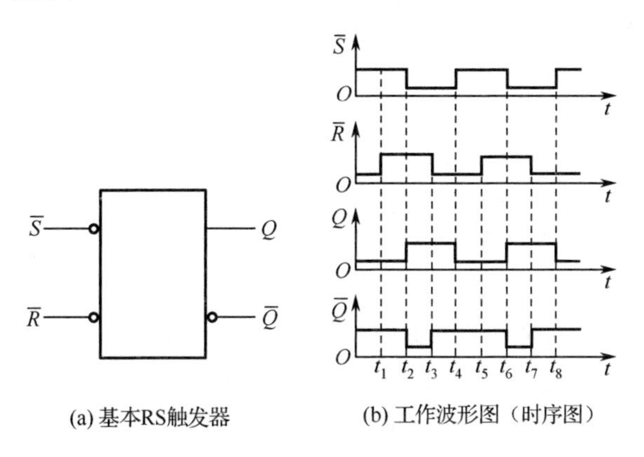

(a) 基本RS触发器　　(b) 工作波形图（时序图）

图 4.5　基本 RS 触发器工作波形图举例

解：根据每个时间区间里 $\overline{R}$ 、$\overline{S}$ 的输入查触发器的状态表，即可得到 Q 和 $\overline{Q}$ 的状态，并画出波形。从图中可以看出，虽然在 t_3～t_4 和 t_7～t_8 期间出现了 $\overline{R}=\overline{S}=0$ 的情况，但是由于 $\overline{S}$ 和 $\overline{R}$ 不是同时变为高电平，即 $\overline{S}$ 首先回到高电平，所以触发器的状态仍是可以确定的。

3. 或非门组成的基本 RS 触发器

用两个或非门组成的 RS 触发器如图 4.6 所示。它具有与图 4.1 所示电路同样的功能。由于用或非门代替了与非门，所以触发器输入端 R、S 需要用高电平触发，即高电平有效。其化简真值表如表 4.4 所示。

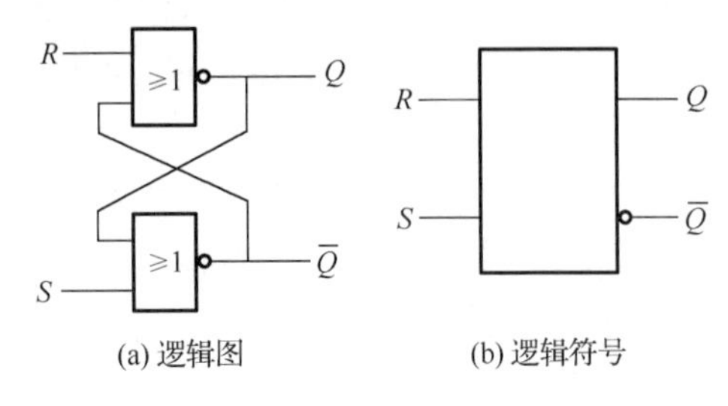

图 4.6 或非门构成的基本 RS 触发器

表 4.4 或非门组成的基本 RS 触发器化简真值表

S	R	Q^{n+1}
0	0	Q^n
0	1	0
1	0	1
1	1	不确定

由图 4.6(a)可看出，当 $R=S=1$ 时，触发器的 $Q=0$、$\overline{Q}=0$，这不是正常状态。而当 R、S 同时由 1 变到 0 状态时，触发器的状态是不确定的，所以要求 R、S 输入端应该满足约束条件 $RS=0$。这样，当 $R=0$、$S=1$ 时，$Q=1$；当 $R=1$、$S=0$ 时，$Q=0$。

4. 基本 RS 触发器的特点

基本RS触发器具有记忆功能，且结构简单，但它的输出状态仅直接响应 $R(\overline{R})$、$S(\overline{S})$ 的变化，不受外加信号的控制。

（1）在基本 RS 触发器中，输入信号直接加在输出门上，所以输入信号在全部作用时间里，都直接改变输出端 Q、$\overline{Q}$ 的状态。因此，也把 $\overline{R}$、$\overline{S}$ 称为直接复位端（置 0 端）和直接置位端（置 1 端）。

（2）基本 RS 触发器的状态转换时刻由 $\overline{R}$、$\overline{S}$ 确定，没有统一的控制信号（时钟脉冲，CLK）控制触发器的转换时刻，因此是异步时序电路。

（3）基本 RS 触发器由于有输入条件的限制，所以直接应用比较少，但它是组成各类触发器的基础。

4.1.2 时钟触发器

在数字系统中，经常要对各部分电路进行协调，以统一动作。为此需要有一个统一的脉冲信号（时钟脉冲，CLK）来控制，使电路在控制信号的作用下同时响应输入信号，发生状态变化，即同步工作，因此也称为同步触发器。由于基本 RS 触发器状态转换时刻由 $\overline{R}$、$\overline{S}$ 确定，没有统一的控制信号，不适用于同步时序逻辑电路。因此，在基本 RS 触发器的基础上，引入时钟脉冲 CLK 作为统一控制（Gated，门控）信号，时钟信号可以严格限制触发器状态发生改变的时间。时钟触发器（Gated-Latch）的状态 Q 只允许在时钟脉冲 CLK=1 时发生改变。从触发方式上，时钟触发器与基本 RS 触发器一样都属于电平触发的触发器（Level-triggered Latch）。以下介绍几种不同电路结构、不同逻辑功能的时钟触发器。

1. 时钟RS触发器

（1）电路结构。

为使触发器Q值改变的时刻与CLK同步，可如图4.7(a)所示，在基本RS触发器的基础上，适当地增加控制门（如门C和D），以保证CLK = 0时Q值不变；门A、B构成基本触发器，门C、D构成触发控制电路。以图4.7(a)为例，我们对其工原理进行分析。

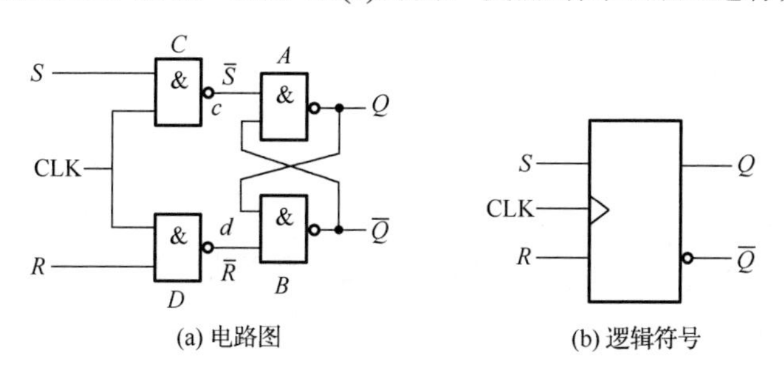

图4.7　时钟RS触发器

（2）工作原理。

在图4.7(a)中，当时钟脉冲CLK= 0时，无论输入端S和R取何值，门C和D都关闭，门C和D的输出始终为1，触发器状态不变。当时钟脉冲CLK=1时，R和S的信息通过门C和D反相后，作用到基本RS触发器的输入端，改变触发器状态。

① 当$S = R = 0$时，CLK=1，则$c = d =1$，触发器保持原态。

② 当$S = 1$、$R = 0$时，CLK=1，$c = 0$，$d =1$，使触发器的次态$Q =1$。

③ 当$S = 0$、$R = 1$时，CLK=1，$c =1$，$d = 0$，使触发器的次态$Q = 0$。

④ 当$S = R = 1$，并且CLK=1时，$c = d = 0$，触发器的两个输出端同时变为1，当S、R同时由1变为0时，两种状态都可能出现，这取决于门的延时时间差异。在实际应用中不允许这种现象出现。

（3）逻辑功能描述。

从时钟RS触发器的工作过程可知，在时钟信号CLK= 0期间，触发器状态保持不变；在CLK=1期间，触发器的次态Q^{n+1}由触发器的现态Q^n和输入信号S、R确定。时钟RS触发器是CLK=1的高电平触发方式。省略时钟信号时，化简的状态表如表4.5所示（也称为功能表）。

时钟RS触发器的特性方程和控制输入端的约束条件可以从图4.8中的卡诺图得到，即

$$\begin{cases} Q^{n+1} = S + \overline{R}Q^n \\ SR = 0 \end{cases}$$

表4.5　时钟RS触发器化简真值表（功能表）

S	R	Q^{n+1}	功　能
0	0	Q^n	保持
0	1	0	置0
1	0	1	置1
1	1	不确定	不允许

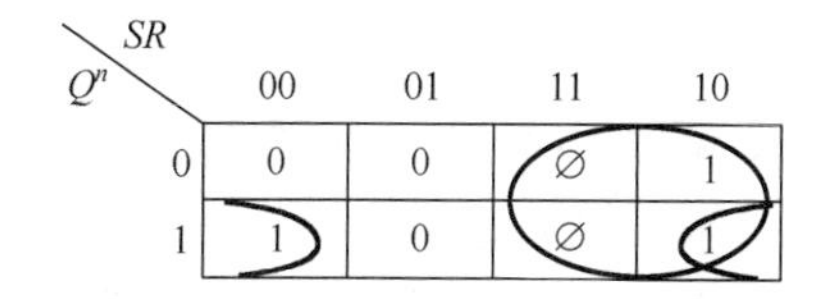

图4.8　时钟RS触发器状态方程化简卡诺图

同理，可以得到时钟RS触发器的状态转移图（见图4.9），激励表如表4.6所示。

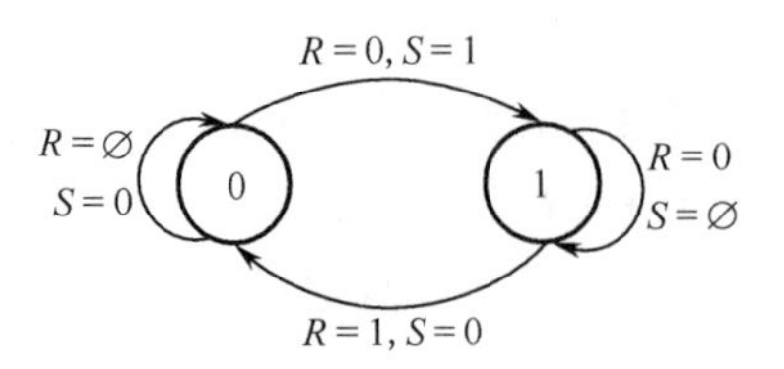

图4.9　时钟RS触发器状态转移图

表4.6　时钟RS触发器激励表

状态转移		激励输入	
Q^n→Q^{n+1}		S	R
0	0	0	∅
0	1	1	0
1	0	0	1
1	1	∅	0

【例4.2】 分析时钟RS触发器在图4.10所示的输入S、R下的输出波形。

解： 时钟RS触发器在CLK = 0期间，触发器状态保持不变；在CLK =1期间，S、R的变化引起触发器状态变化。

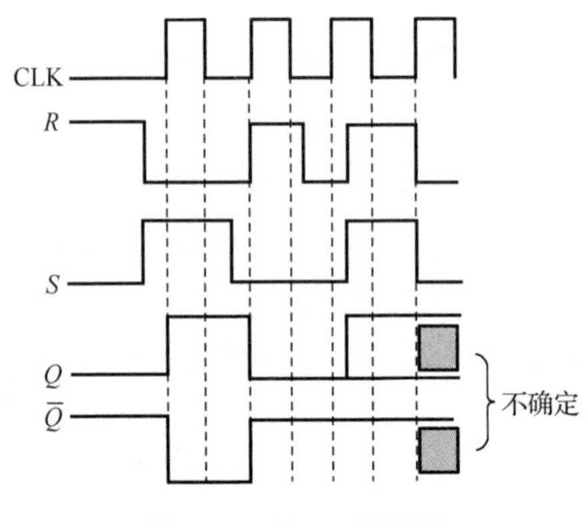

图4.10　例4.2波形图

2．时钟D触发器

时钟D触发器的电路图如图4.11所示。门A、B构成基本触发器，门E、F构成触发控制电路。

在图4.11所示电路中，在CLK= 0期间，基本触发器输入端$\overline{S}$=1、$\overline{R}$=1，由基本RS触发器功能可知触发器的状态保持不变，Q^{n+1}=Q^n；在CLK=1期间，基本触发器输入端$\overline{S}=\overline{D}$、$\overline{R}$=$D$，触发器的状态发生转移。

根据基本触发器的状态方程，在CLK=1期间，约束条件$\overline{S}+\overline{R}=\overline{D}+D=1$始终满足，将输入$\overline{S}=\overline{D}$和$\overline{R}$=$D$代入基本触发器的状态方程，得到时钟D触发器的状态方程为

$$Q^{n+1}=\overline{\overline{S}}+\overline{R}Q^n=\overline{\overline{D}}+DQ^n=D$$

同理，可以得到时钟D触发器的状态转移图如图4.12所示，真值表和激励表分别如表4.7和表4.8所示。由于D触发器的次态输出和输入变化一致，可以用D触发器构成锁存器。锁存器可以把出现时间很短的数据变成稳定输出的数据存储后使用。

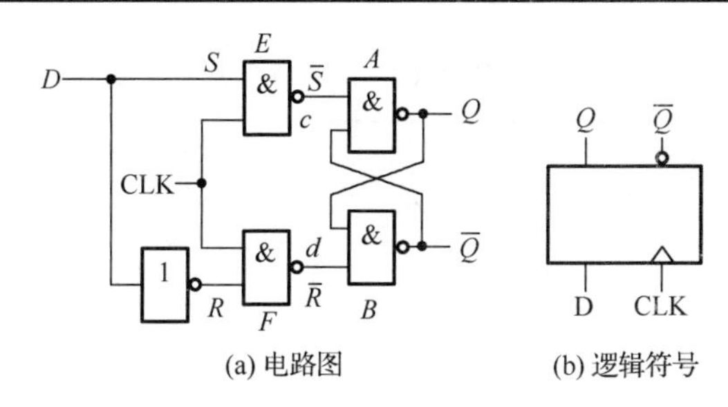

(a) 电路图　　(b) 逻辑符号

图 4.11　时钟 D 触发器

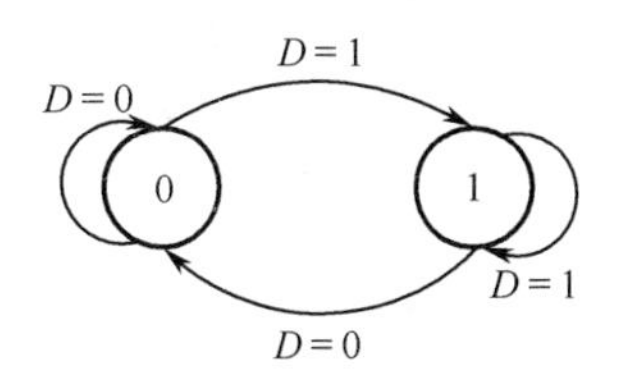

图 4.12　时钟 D 触发器状态转移图

表 4.7　时钟 D 触发器真值表

D	Q^{n+1}
0	0
1	1

表 4.8　时钟 D 触发器激励表

状态转移		激励输入
Q^n→	Q^{n+1}	D
0	0	0
0	1	1
1	0	0
1	1	1

3．时钟 JK 触发器

另外一种应用十分广泛的触发器是 JK 触发器，因为时钟 JK 触发器的两个输入端的取值不再受约束条件的限制，克服了时钟 RS 触发的 $RS=0$ 应用条件受限问题。

时钟 JK 触发器的电路图如图 4.13 中所示，它是由时钟 RS 触发器加上两条反馈线而构成的，即从 $\overline{Q}$ 反馈到原 S 信号输入与非门，从 Q 反馈到原 R 信号输入与非门，并把 S 输入端改为 J，R 输入端改为 K。这样，原时钟 RS 触发器中的 R 和 S 信号分别为

$$S=J\overline{Q^n}, \qquad R=KQ^n$$

把它们代入时钟 RS 触发器状态方程，得到时钟 JK 触发器的状态方程：

$$Q^{n+1}=S+\overline{R}Q^n=J\overline{Q^n}+\overline{KQ^n}\cdot Q^n=J\overline{Q^n}+\overline{K}Q^n$$

约束条件 $SR=J\overline{Q^n}\cdot KQ^n=0$ 永远满足，所以输入信号 J、K 可以取任意值组合。根据状态方程或电路分析可以得到时钟 JK 触发器的状态转移图如图 4.14 所示，真值表和激励表如表 4.9 和表 4.10 所示。

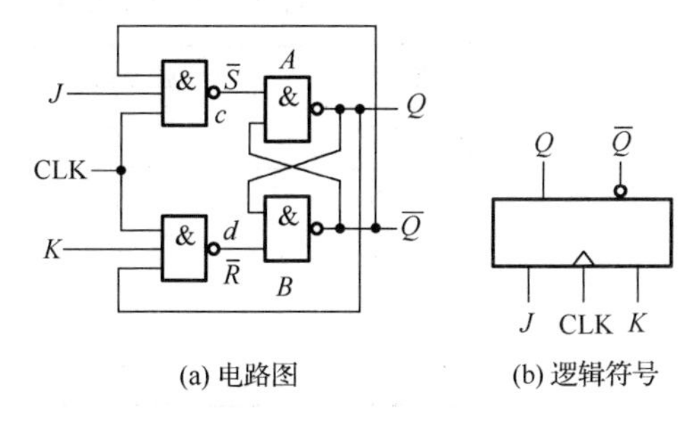

(a) 电路图　　(b) 逻辑符号

图 4.13　时钟 JK 触发器

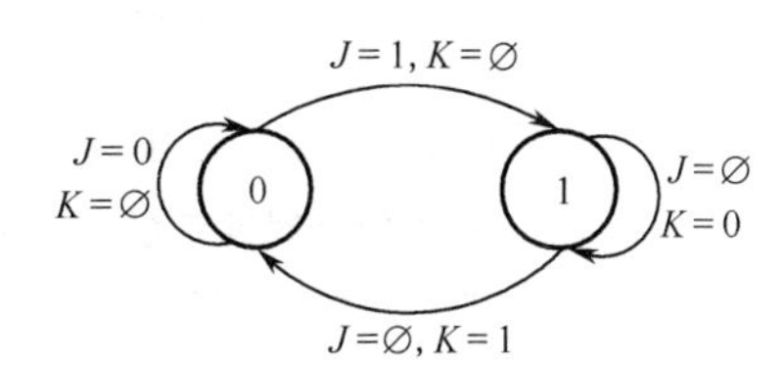

图 4.14　时钟 JK 触发器状态转移图

表 4.9　时钟 JK 触发器真值表

J	K	Q^{n+1}	功　能
0	0	Q^n	保持
0	1	0	置 0
1	0	1	置 1
1	1	$\overline{Q^n}$	反转

表 4.10　时钟 JK 触发器激励表

状态转移		激励输入	
$Q^n \to Q^{n+1}$		J	K
0	0	0	∅
0	1	1	∅
1	0	∅	1
1	1	∅	0

4．时钟 T 触发器

把 JK 触发器的两个输入端连接在一起，构成了只有一个输入端的时钟 T 触发器，电路图如图 4.15 中所示。

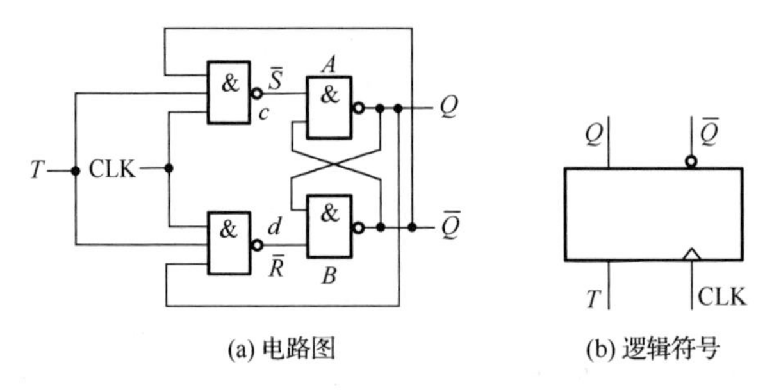

(a) 电路图　　(b) 逻辑符号

图 4.15　时钟 T 触发器

采用 JK 触发器类似的分析方法，利用时钟 JK 触发器的状态方程得

$$J=K=T$$

代入到 JK 触发器状态方程，得到 T 触发器的状态方程：

$$Q^{n+1}=J\overline{Q^n}+\overline{K}Q^n=T\overline{Q^n}+\overline{T}Q^n=T\oplus Q^n$$

也可以采用与 JK 触发器一样，利用时钟 RS 触发器的状态方程进行推导。

根据状态方程可以得到时钟 T 触发器的状态转移图如图 4.16 所示，真值表和激励表如表 4.11 和表 4.12 所示。

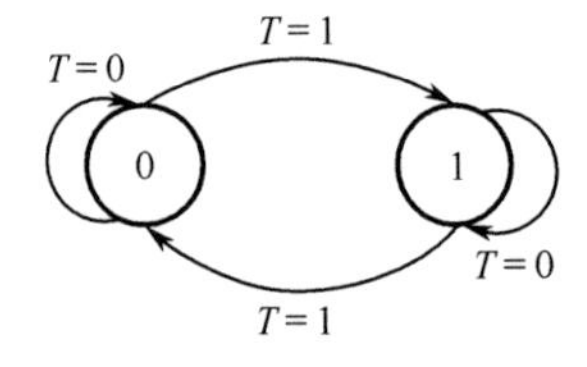

图 4.16　时钟 T 触发器状态转移图

表 4.11　时钟 T 触发器真值表

T	Q^{n+1}
0	Q^n
1	$\overline{Q^n}$

表 4.12　时钟 T 触发器激励表

状态转移		激励输入
$Q^n \to Q^{n+1}$		T
0	0	0
0	1	1
1	0	1
1	1	0

5．时钟触发器的特点

触发器由统一的时钟信号控制工作，所以时钟触发器是同步时序电路，也称为同步触发器。时钟触发器采用时钟脉冲信号的高电平完成触发控制电路的控制，因此在整个时钟信号高电平期间 CLK =1，输入信号都可以影响触发器的状态输出。所以，从触发方式上，时钟触发器也属于电平触发。在 CLK =1 期间，门 *C*、*D* 开启，如果 *R*、*S* 在 CLK =1 期间多次变化，*Q* 值也将随之多次变化。即输出状态不是严格地按照时钟节拍变化，会产生所谓的“空翻”现象（一个 CLK 期间，触发器 *Q* 端只许变化一次。触发器状态变化一次以上就是空翻）。对于电平触发的触发器，为了使触发器可靠工作，要求在 CLK =1 期间输入信号应保持不变。因此，限制了此类触发器的应用范围，同时触发器抗干扰能力较差。

4.2　脉冲触发的触发器

4.2.1　主从 RS 触发器

为了提高触发器工作的可靠性，希望它的状态在每个CLK 脉冲期间里只能变化一次。为此，在时钟 RS 触发器的基础上设计出了主从 RS 触发器（Master–slave RS Flip-flop）。从触发方式上，主从结构触发器通常也称为脉冲触发的触发器（Pulse-triggered Flip-flop），因为这类结构的触发器在正常工作时需要一个完整的脉冲周期：时钟信号从 0 到 1 转变及从 1 到 0 转变，才能完成状态转换。

1．电路组成

图 4.17(a)和图 4.17(b)分别示出了主从 RS 触发器的电路结构和逻辑符号。其中与非门 *A*、*B*、*C*、*D* 组成的同步 RS 触发器为从触发器。由与非门 *E*、*F*、*G*、*H* 组成的同步 RS 触发器为主触发器，主触发器的输出作为从触发器的 *S*、*R* 输入。门 *I* 使主触发器和从触发器得到互补的时钟脉冲控制信号。逻辑符号中时钟信号 CLK 的小圈表示在脉冲的下降沿（负边沿）触发器完成次态的转移。

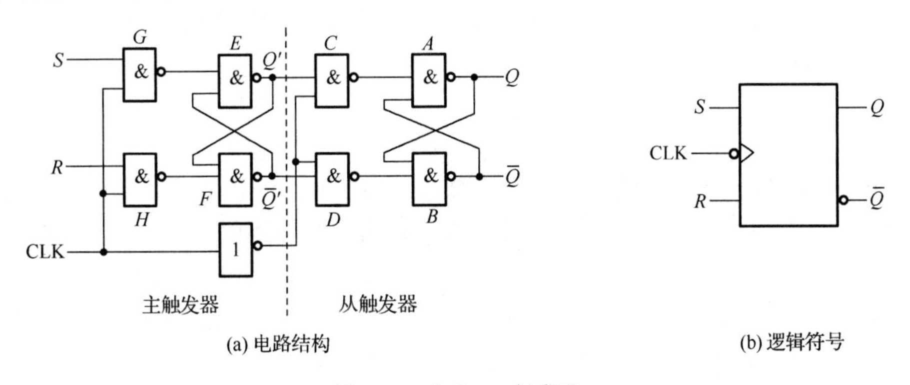

图 4.17　主从 RS 触发器

2．工作原理

当 CLK=1 时，门 *G*、*H* 被打开，$\overline{\mathrm{CLK}}=0$，门 *C*、*D* 被封锁，所以主触发器根据 *S* 和 *R*

变化，而从触发器保持原状态不变。

当 CLK= 0 时，门 G、H 被封锁，主触发器不变。与此同时，$\overline{\mathrm{CLK}}$ =1，门 C、D 被打开，从触发器按照主触发器在 CLK=1 期间最后的 S、R 决定的 Q 状态而变化。因此，只有在 CLK 从 1 变到 0 的瞬间 Q 改变状态，而 CLK= 0、$\overline{\mathrm{CLK}}$ =1 期间，因主触发器封锁，Q'、$\overline{Q}'$不再变化。这样，在 CLK 的一个变化周期内，触发器输出端的状态只可改变一次，从而解决了空翻问题。

主从 RS 触发器的特征方程、约束条件及真值表都与时钟 RS 触发器相同。主从 RS 触发器状态 Q 随输入信号 S、R 变化的波形图形可以参考图 4.18。

【例 4.3】 对于图 4.17 的主从 RS 触发器，若 R 和 S 的波形图如图 4.18 所示，画出触发器的输出波形图。设触发器的初态为 Q= 0。

解： 根据 CLK=1 期间 R 和 S 的状态可以得到 Q'、$\overline{Q}'$的波形。然后，根据 CLK 下降沿到达时 Q'、$\overline{Q}'$的状态可以画出 Q、$\overline{Q}$ 的波形。由图可见，在第 6 个 CLK=1 期间，Q'、$\overline{Q}'$的状态改变了两次，但是 Q、$\overline{Q}$ 的状态只改变了一次。

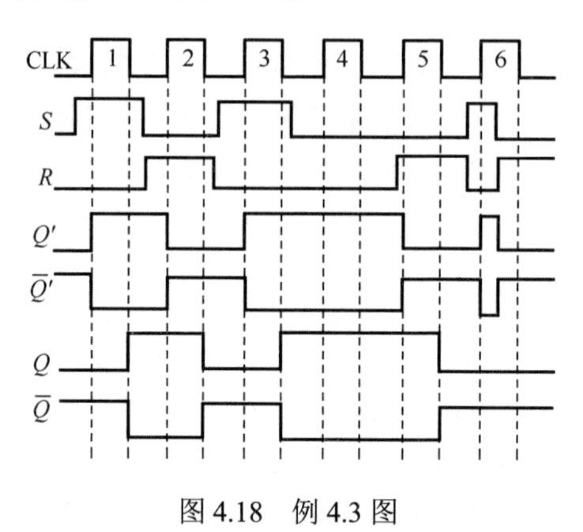

图 4.18 例 4.3 图

4.2.2 主从 JK 触发器

与时钟 JK 触发器一样，为了从根本上解决 RS 触发器两个输入端之间的约束条件问题，出现了主从 JK 触发器（Master-slave JK Flip-flop）。

1. 电路组成

主从 JK 触发器的逻辑图和逻辑符号分别如图 4.19(a)和图 4.19(b)所示。在结构上，它与主从 RS 触发器的区别有两点：一是将输出 Q 及 $\overline{Q}$ 端分别反馈到门 H、G 上，即增加两条反馈线；二是输入端 S 和 R 分别改名为 J 和 K。由于 Q 与 $\overline{Q}$ 总是互补的，即使 J、K 同时为 1，门 G、H 中也必然有一个门输出高电位，因此，由门 E、F 组成的 RS 触发器的两个输入端不可能同时为低电平，从而解决了输入端之间的约束条件问题。

2. 工作原理

主从 JK 触发器的工作原理与主从 RS 触发器基本相同。当 CLK= 0 时，主触发器保持。当 CLK=1 时，从触发器保持，主触发器接收输入端 J、K 的信号。当 CLK 由 1 变为 0 时，从触发器接收在 CLK 下降沿到来之前存入主触发器的信号。因此，主从 JK 触发器为 CLK 下降沿触发。

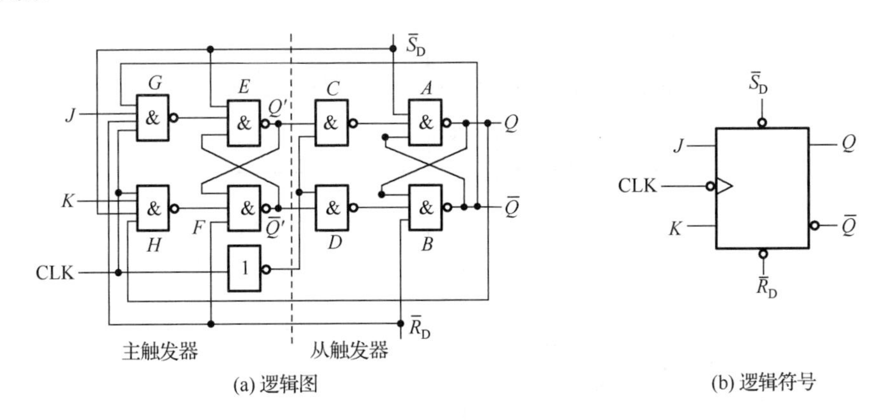

(a) 逻辑图　　(b) 逻辑符号

图 4.19　主从 JK 触发器

在图 4.19 的电路中，加入了直接置 1 端（置位端）$\overline{S_D}$ 和直接置 0 端（复位端）$\overline{R_D}$，$\overline{S_D}$ 和 $\overline{R_D}$ 为低电平有效。当 $\overline{S_D}$ =1、$\overline{R_D}$ = 0 时，无论 J、K、Q^n 为何值，触发器的状态 Q 端无条件为 0，即 Q^{n+1}= 0，而且与时钟 CLK 无关，也就是无须等待时钟 CLK 的下降沿；当 $\overline{S_D}$ = 0、$\overline{R_D}$ =1 时，无论 J、K、Q^n、CLK 为何值，Q 端无条件为 1，即 Q^{n+1}=1，而与时钟 CLK 无关，无需等待时钟 CLK 的下降沿。所以将 $\overline{S_D}$，$\overline{R_D}$ 称为直接置 1 端和直接置 0 端，也称为异步置 1 端（置位端）和直接置 0 端（复位端），即不受时钟信号 CLK 的控制。

经过对图 4.19 电路的分析，可得到主从 JK 触发器的真值表如表 4.13 所示。根据表 4.13，我们可以得出主从 JK 触发器的卡诺图如图 4.20 所示，其状态方程为

$$Q^{n+1} = J\overline{Q^n} + \overline{K}Q^n$$

表 4.13　主从 JK 触发器真值表

$\overline{R_D}$	$\overline{S_D}$	J	K	Q^n	Q^{n+1}
1	1	0	0	0	0
1	1	0	0	1	1
1	1	0	1	0	0
1	1	0	1	1	0
1	1	1	0	0	1
1	1	1	0	1	1
1	1	1	1	0	1
1	1	1	1	1	0
0	1	∅	∅	∅	0
1	0	∅	∅	∅	1

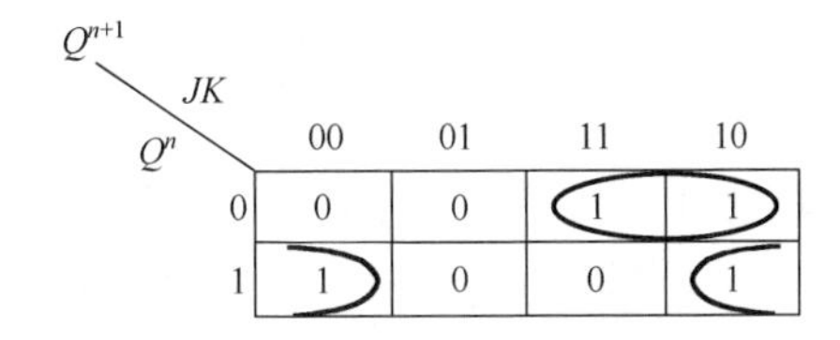

图 4.20　主从 JK 触发器卡诺图

【例 4.4】 对图 4.19 的主从 JK 触发器，若 J 和 K 的波形图如图 4.21 所示，画出触发器的输出波形图。设触发器的初态为 Q = 0。

解： 根据 CLK=1 期间 J 和 K 的状态可以得到 Q'、$\overline{Q}'$的波形。然后，根据 CLK 下降沿到达

时 Q'、$\overline{Q}'$的状态可以画出 Q、$\overline{Q}$ 的波形。这里直接画出了触发器在时钟信号 CLK 下降沿随 J 和 K 变化的波形。

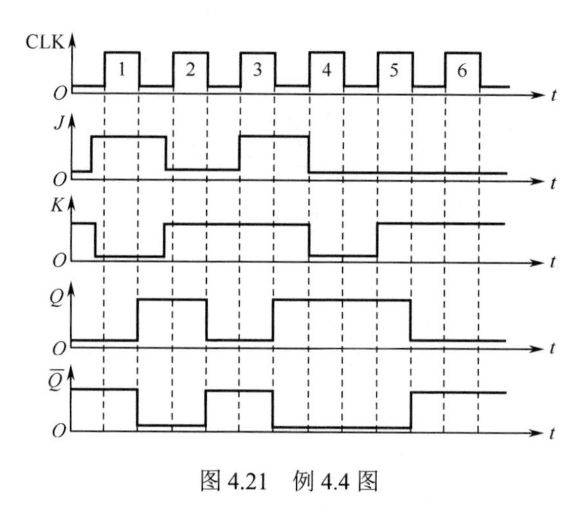

图 4.21 例 4.4 图

3．触发器的动态参数

（1）输入信号（J、K、D、T）的动态参数。

建立时间 t_{setup}：输入信号必须在时钟有效沿之前准备好的最小时间。

保持时间 t_{hold}：输入信号在时钟有效沿之后应保持稳定不变的时间。

（2）时钟信号 CLK 动态参数。

CLK 信号最高时钟频率 f_{max}，由信号的高、低电平宽度决定。

（3）传输延迟时间。

t_{pHL}：从时钟触发沿到输出高电平变为低电平所需的时间。

t_{pLH}：从时钟触发沿到输出低电平变为高电平所需的时间。

因此，在画触发器的时序波形图时，如果不考虑门的时间延迟，应注意：

- 异步置 1 端和异步置 0 端可以直接确定触发器的状态，与时钟信号无关。
- 在异步信号无效前提下，在时钟信号的有效沿按输入信号确定触发器状态。如果时钟有效沿与输入信号的变化同时发生，取时钟有效沿之前的瞬间输入信号确定触发器状态。
- 如果异步信号（置 0 信号或置 1 信号）从有效变为无效（如低电平有效，由 0 变为 1）的时刻刚好与时钟的有效沿（如主从 JK 触发器的下降沿）重合，则当前的时钟有效沿失效，不按照输入确定触发器状态，而是按之前的瞬间异步信号确定触发器的状态。

【例 4.5】 对图 4.19 的主从 JK 触发器，若 J、K、$\overline{R}_D$ 和 $\overline{S}_D$ 的波形图如图 4.22 所示，画出触发器的输出波形图。

解： 直接画出触发器在时钟信号 CLK 下降沿随 J 和 K 的变化波形如图 4.22 所示。

1）在第 1 个脉冲下降沿，J、K 信号取之前瞬时的电平，即取 $J=0$，K=1，所以 $Q=0$。

2）在第 2 个脉冲下降沿，取 $J=1$，$K=0$，触发器置 1，所以 Q=1，但是在此之后，由于异步置 0 信号有效，使得 $Q=0$。

3）在第 3 个脉冲下降沿，由于异步置 0 信号同时变为高电平，考虑输入信号的建立时间，这里将第 3 个脉冲下降沿视为无效，仍然由异步置 0 信号决定触发器状态，所以 $Q=0$。

4）在第 4 个脉冲下降沿，异步置 1 信号有效，所以 Q=1。

5）在第 5 个脉冲下降沿，$J=0$，$K=0$，触发器保持，所以 Q=1。

6）在第 6 个脉冲下降沿，J=1，$K=0$，所以 Q=1。

7）在第 7 个脉冲下降沿，J=1，K=1，触发器反转，所以 $Q=0$。

8）在第 8 个脉冲下降沿，J=1，K=1，触发器反转，所以 Q=1。

9）在第 9 个和第 10 个脉冲下降沿，$J=0$，K=1，所以 $Q=0$。

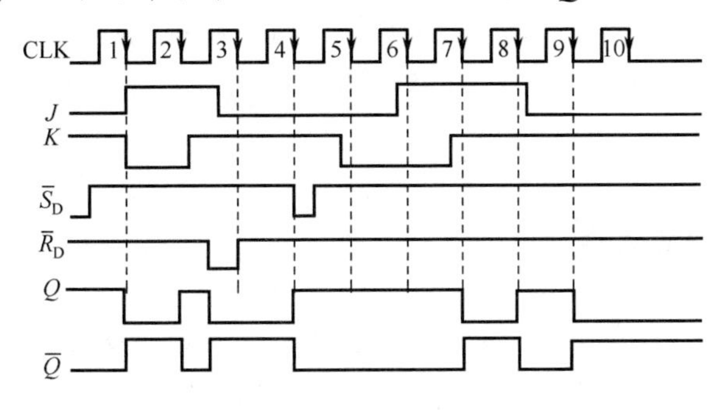

图 4.22　例 4.5 图

4．一次变化问题

主从 JK 触发器 CLK=1 期间，状态互补的 Q、$\overline{Q}$ 分别作用到门 H 和门 G，两者必有一个门被封锁，使输入信号 J 或 K 失去作用。

例如，当 $Q=0$，$\overline{Q}$=1 时，门 H 被封锁，输入信号 K 不起作用，主触发器的置 0 信号不能产生。输入信号 J 经门 G 作用到主触发器，见图 4.23。若 $J=0$，则主触发器保持 0。若 J 由 0 变为 1，则主触发器 Q'也由 0 变为 1。但是，J 由 1 再变为 0 时，则主触发器不会跟着由 1 变为 0。而且 J 随后的变化不再影响主触发器。如此，主触发器在 CLK=1 期间只变化一次，而不能随着 J 的变化发生第二次变化。

同理，参考图 4.24，当 Q=1、$\overline{Q}=0$ 时，主触发器在 CLK=1 期间仅变化一次，而不能随着 K 的变化发生第二次变化。所以主触发器在 CLK=1 期间最多仅能变化一次，我们称为一次变化问题。

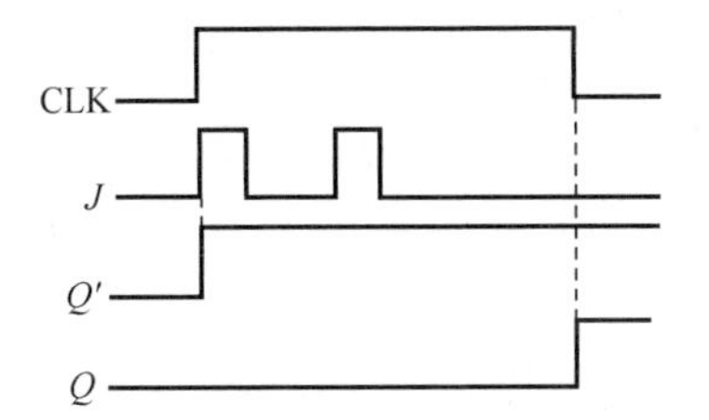

图 4.23　J 变化的影响（一次变化问题）

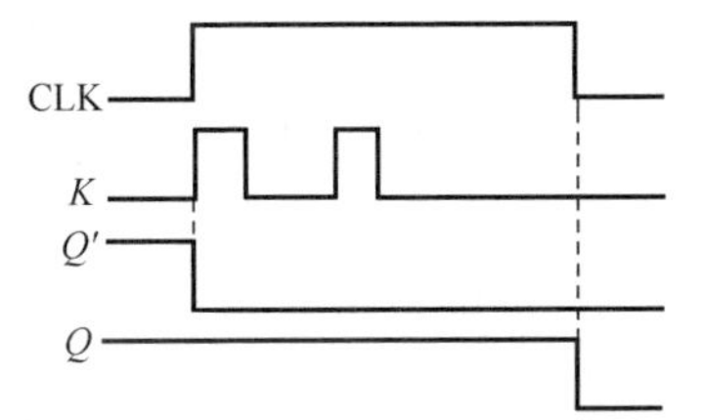

图 4.24　K 变化的影响（一次变化问题）

由于 JK 触发器存在一次变化问题。因此，如果在 CLK=1 期间，叠加在 J、K 信号上面的干扰信号达到一定的幅度时，就会引起主触发器变化一次，即使干扰信号迅速消失，主触发器也不能发生第二次变化，从而造成触发器的错误翻转。这说明一次变化问题降低了主从触发器的抗干扰能力。

由图4.23和图4.24的波形可以看出，在J、K信号上的负向干扰对主触发器不起作用，而在J、K信号上的正向干扰对主触发器可能起作用。也就是说，当触发器原态为0时，在CLK=1期间，K信号上的正向干扰不起作用，J信号上的正向干扰起作用，使主触发器置1；当触发器原态为1时，在CLK=1期间，J信号上的正向干扰不起作用，K信号上的正向干扰起作用，使主触发器置0。

由于出现了一次变化问题，使该触发器降低了抗干扰能力。为了克服这一缺点，出现了边沿触发器。因为主从触发器有一次变化问题，所以主从JK触发器只适合于CLK窄脉冲触发，即在CLK=1期间，只有输入信号J、K不发生变化，主从JK触发器才有前述表4.13所示的功能。

4.3 边沿触发的触发器

为了提高触发器的工作可靠性，增强抗干扰能力，希望触发器的次态仅取决于CLK的下降沿（或上升沿）到达前输入信号的状态，即触发器电路只对时钟脉冲上升沿或下降沿敏感，而在此之前和之后，输入信号的变化对触发器的状态没有影响。为实现这一设想，人们相继研制出了各种边沿触发的触发器（边沿触发器，Edge-triggered Flip-flop）。与脉冲触发的触发器不同，边沿触发的触发器不要求一个完整的脉冲周期就能实现状态转换。

目前，已经用于数字集成电路产品中的边沿触发器电路有维持阻塞触发器、利用CMOS传输门的边沿触发器、利用传输延迟时间的边沿触发器，以及利用二极管进行电平配置的边沿触发器等类型。

4.3.1 TTL边沿触发器

1. 维持阻塞结构D触发器

（1）电路组成。

维持阻塞D触发器的逻辑图和逻辑符号分别如图4.25中所示。它由6个与非门组成，G_1、G_2组成基本RS触发器，信号输入端为D。它利用反馈信号的维持阻塞作用来防止触发器产生空翻。

（2）工作原理。

当CLK=0时，电路维持原态不变，因为此时门G_3、G_4被封锁，使其输出为高电平（正常工作时，$\overline{R}_D=\overline{S}_D=1$），触发器状态不变；此时$G_3$、$G_4$输出高电平使门$G_5$、$G_6$打开，使$G_5=D$、$G_6=\overline{D}$，这样触发器就处于等待信号状态。

当CLK由0变到1时（上升沿），触发器按G_5、G_6的状态变化。

若$D=0$，则在CLK=0期间，$G_5=D=0$、$G_6=\overline{D}=1$。一旦CLK的上升沿到来时，G_3、G_4门被打开，使$G_3=1$、$G_4=0$，触发器置0，即$Q^{n+1}=0$；同时，$G_4=0$，可通过置0维持线②将门G_6封锁，保证$G_6=1$，并通过置1阻塞线④保持$G_5=0$，以保证$G_3=1$、$G_4=0$，从而使整个CLK=1期间，触发器的输出不随D的变化而变化，始终置0。

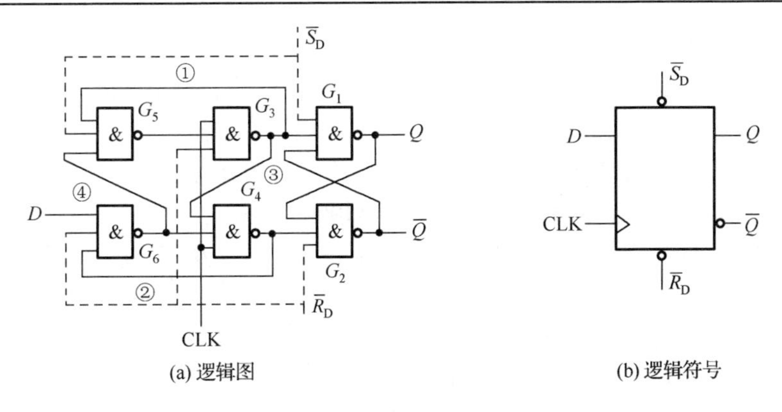

(a) 逻辑图　　(b) 逻辑符号

图 4.25　维持 D 触发器

若在 CLK=0 期间 D=1，则 $G_6=\overline{D}$=0、$G_5=D$=1。一旦 CLK 的上升沿到来时，G_3、G_4 门被打开，使 G_3=0、G_4=1，触发器置 1，即 Q^{n+1}=1；同时，G_3=0，一方面通过置 1 维持线①将门 G_5 封锁，保证 G_5=1，门 G_3 开启，另一面，由通过置 0 阻塞线③将门 G_3 的 0 态反馈到门 G_4 的输入端，将门 G_4 封锁，保证 G_4=1。从而使整个 CLK=1 期间，无论 D 如何变化，因门 G_5、G_6 的输出不变，保证了 G_3=0、G_4=1 的状态不变，使触发器可靠地置 1。

图 4.25 中增加了异步置 0 端 $\overline{R}_D$ 和异步置 1 端 $\overline{S}_D$。它们的关系是：当 $\overline{R}_D=\overline{S}_D$=1（或悬空）时，触发器的功能如上所述；当 $\overline{R}_D$=0、$\overline{S}_D$=1 时，触发器异步置 0；当 $\overline{R}_D$=1、$\overline{S}_D$=0 时，触发器异步置 1。

根据以上分析，维持阻塞 D 触发器真值表如表 4.14 所示。D 触发器的状态方程为

$$Q^{n+1}=D$$

D 触发器的状态换图与前面的时钟 D 触发器相同，输入输出波形图如图 4.26 所示（图中忽略了触发器的传输延迟时间）。从图 4.26 中，我们可以看到 TTL 维持阻塞 D 触发器是时钟脉冲的上升沿触发，而在其他时间，其输出不变，因为属于边沿触发方式，它的抗干扰能力较强。典型电路的例子包括双 D 触发器 7474 等。

表 4.14　D 触发器真值表

$\overline{R}_D$	$\overline{S}_D$	CLK	D	Q^n	Q^{n+1}
1	1	↑	0	0	0
1	1	↑	0	1	0
1	1	↑	1	0	1
1	1	↑	1	1	1
0	1	∅	∅	∅	0
1	0	∅	∅	∅	1

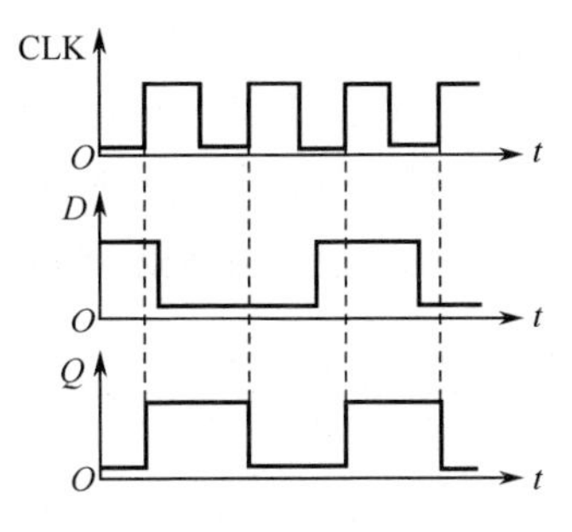

图 4.26　维持阻塞 D 触发器波形图

2. 下降沿触发的 JK 触发器

下降沿触发的 JK 触发器（下降沿 JK 触发器）如图 4.27 所示。它是利用触发器内部门电路的延迟时间来实现负边沿触发的。

图 4.27(a)中，G_1 和 G_2 是两个与或非门组成基本 RS 触发器，G_3 和 G_4 为两个输入控制门。G_3、G_4 的传输延迟时间大于基本 RS 触发器的翻转时间。以图 4.27(a)为例，我们讨论一下

负边沿 JK 触发器的工作过程，假设 $\overline{R}_D=\overline{S}_D=1$。

（1）在 CLK=0 期间，门 G_3、G_4、B 和 B'均被封锁，G_3、G_4都输出 1。门 A、A'打开，所以基本 RS 触发器经过 A、A'处于保持状态，不接收输入数据。

（2）在 CLK 上升沿到来时，由于 G_3和 G_4传输时间的延迟作用，门 B 和 B'的开启快于 G_3和 G_4开启，所以基本 RS 触发器通过 B、B'继续保持原来状态。

（3）在 CLK=1 期间，门 B、B'开启，基本 RS 触发器通过 B、B'处于保持状态。此时，J、K 输入经 G_3、G_4到达与门 A、A'的输入端，但是它无法进入基本触发器。比如，设触发器的初始状态为 $Q=0$、$\overline{Q}=1$。此时，$Q=0$ 封锁了 G_4和 A'，输入 J 经 G_3 到达了门 A 的输入端，但因为门 B 输出已经为 1，G_1 是与或非门，所以触发器输出不变，仍为 $Q=0$、$\overline{Q}=1$。

（4）当 CLK 的下降沿到来时，首先关闭 B、B'，从而破坏了基本 RS 触发器保持状态的条件。由于 G_3、G_4的传输延迟，G_3、G_4的输出电平不会改变，从而使已经进入门 A 和门 A'输入端的数据能进入基本 RS 触发器，基本 RS 触发器较快翻转。随后，CLK 负边沿封锁了 G_3、G_4，从而把门 A、A'打开，又使基本 RS 触发器通过门 A、A'处于保持状态。

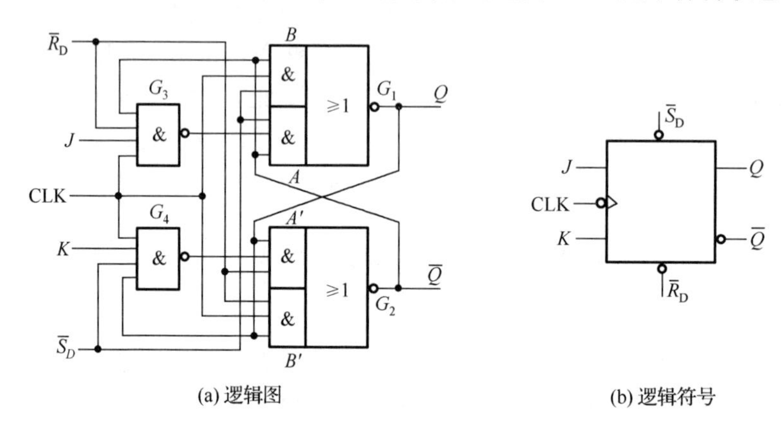

(a) 逻辑图　　　　(b) 逻辑符号

图 4.27　下降沿触发的 JK 触发器

从以上的分析发现，下降沿 JK 触发器仅在 CLK 的下降沿到来时接收输入数据，而在其他时间触发器都处于保持状态，这样不存在电平触发的空翻问题和主从触发器的一次性变化问题。因而负边沿 JK 触发器如同边沿 D 触发器一样具有良好的抗干扰性。其典型电路如双 JK 触发器 74112 等。其真值表如表 4.15 所示，波形图如图 4.28 所示。

表 4.15　下降沿 JK 触发器真值表

$\overline{S}_D$	$\overline{R}_D$	CLK	J	K	Q^{n+1}	$\overline{Q}^{n+1}$	功　能
0	0	∅	∅	∅	1	1	不许
0	1	∅	∅	∅	1	0	置 1
1	0	∅	∅	∅	0	1	置 0
1	1	↓	0	0	Q^n	$\overline{Q}^n$	保持
1	1	↓	0	1	0	1	0
1	1	↓	1	0	1	0	1
1	1	↓	1	1	$\overline{Q}^n$	Q^n	翻转

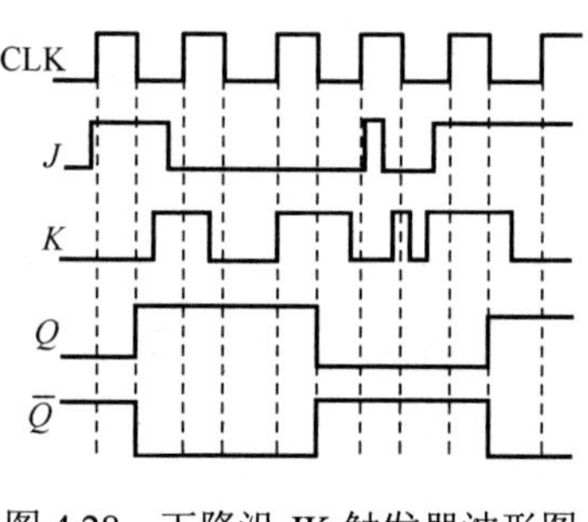

图 4.28　下降沿 JK 触发器波形图

4.3.2 CMOS 边沿触发器

CMOS 边沿触发器较多采用传输门作为信号控制开关。下面我们对 CD4013 双D触发器的内部工作结构进行分析，以了解 CMOS 边沿触发器的工作过程。

1. CMOS 边沿 D 触发器

（1）电路组成。

D 型触发器也称为延迟触发器，其输出状态依赖于时钟脉冲的触发作用，即在输入脉冲触发时，输入数据由数据端（*D* 端）传输至输出端（*Q* 端）。

CMOSD 触发器由时钟上升沿触发，置位和复位（异步端）的有效电平为高电平。主从D触发器内部分为主触发器和从触发器两部分，单元由传输门和反相器组成。图4.29为CD4013双 D 触发器逻辑图，其逻辑符号如图 4.30 所示。

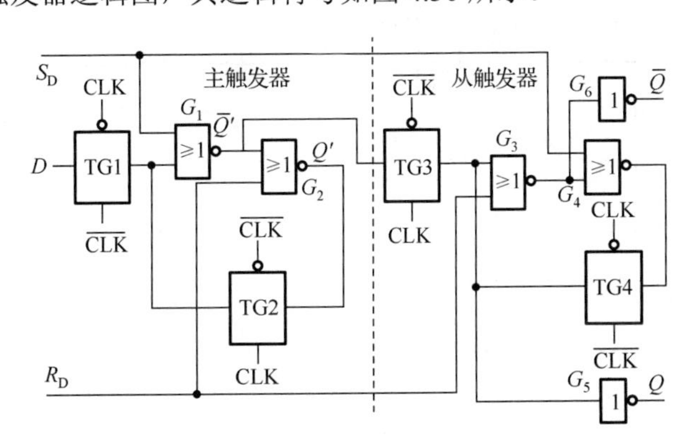

图 4.29　CD4013 双 D 触发器逻辑图

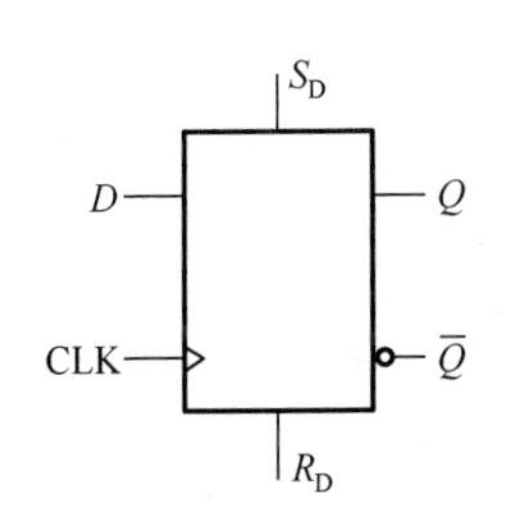

图 4.30　CD4013 逻辑符号

（2）工作原理。

从图 4.29 可以看出如下几点。

① 当 CLK=0、$\overline{CLK}$=1 时，主触发器中传输门TG1 导通，TG2 截止，因此输入信号 *D* 可通过传输门 TG1 传输，使 $Q'=D$、$\bar{Q}'=\bar{D}$。由于 TG2 截止，主触发器未形成反馈连接，不能自行保持，Q' 的状态随 *D* 端的状态而变化。此时，从触发器中 TG3 截止。使主、从两触发器被分离，不管 *D* 如何变化，对 *Q*、$\bar{Q}$ 均无影响。而 TG4 导通，形成反馈连接，所以，*Q*、$\bar{Q}$ 能自行保持状态不变。

② 当 CLK 由 0 变 1 时，$\overline{CLK}$ 由 1 变 0，TG1 截止，TG2 导通。由于门 G_1 的输入电容存储效应，输入端的电压不会立即消失，于是 Q' 在 TG1 截止前的状态被保存下来。同时，由于 TG3 导通、TG4 截止，主触发器的状态通过 TG3 和 G_3 送到输出端，为 $Q=Q'=D$（CLK 上跳到达时 *D* 的状态）。

③ 当 CLK 由 1 变 0 时，$\overline{CLK}$ 由 0 变 1，TG1 导通，TG2 截止，主触发器又可再次接收新的输入信号。此时，TG3 截止，TG4 导通，从触发器将已更新的状态存储起来。

由于触发器的输出是在 CLK 的上升沿到来时的输入状态，所以称为上升沿触发 CMOS 边沿 D 触发器。

（3）异步输入端的作用。

CMOS 边沿 D 触发器的异步输入端 S_D、R_D 的作用是：在需要时，对触发器可以直接进行置位或复位。

当 R_D=1、S_D=0 时，若 CLK=0，则 G_3=0、G_4=1，通过传输门 TG4，使 $Q=G_5=0$；若 CLK=1，则 G_2=0，通过传输门 TG2，使 G_1=1，再通过传输门 TG3，使 $Q=G_5=0$。此时无论 CLK、D 取何值，触发器输出始终为 0（复位）。同理，当 R_D=0、S_D=1 时无论 CLK、D 取何值，触发器输出始终为 1（置位）。

当 $R_D=S_D=0$ 时，完成边沿触发器的功能，即 CLK 的上升沿到来时，$Q^{n+1}=D$。当 $R_D=S_D=1$ 时，将出现不正常状态（即 $Q=\overline{Q}=1$），在实际应用中应避免这种状态出现。

CD4013 的真值表如表 4.16 所示。D 触发器的次状态方程是

$$Q^{n+1}=D$$

表 4.16　CD4013 真值表

输　入			输　出			功　能
CLK	D	R_D	S_D	Q	$\overline{Q}$	
↑	0	0	0	0	1	0
↑	1	0	0	1	0	1
↑	∅	0	0	Q	$\overline{Q}$	不变
∅	∅	1	0	0	1	置 0
∅	∅	0	1	1	0	置 1

2. CMOS 边沿 JK 触发器

JK 触发器具有计数功能，在时序电路中得到了广泛的应用。它具有以下特点：

- 按主从方式工作，内部逻辑结构分为主触发器和从触发器两个部分。
- 输出状态变化与时钟脉冲的上升沿同步，也就是由它的上升沿触发。
- 具备置位和复位功能，置位和复位时输出状态与脉冲无关。

下面我们以双 JK 触发器 CD4027 为例进行分析。

（1）电路组成。

我们已经知道 D 触发器的次态方程是 $Q^{n+1}=D$，而 JK 触发器的次态方程是 $Q^{n+1}=J\overline{Q^n}+\overline{K}Q^n$，将 D 触发器变换成 JK 触发器，令两个方程等效，就有 $D=J\overline{Q^n}+\overline{K}Q^n$。所以只要将图 4.29 所示的 D 触发器输入端接一个转换电路，便构成了 CMOS 边沿 JK 触发器。它的逻辑图如图 4.31 所示，逻辑符号如图 4.32 所示。

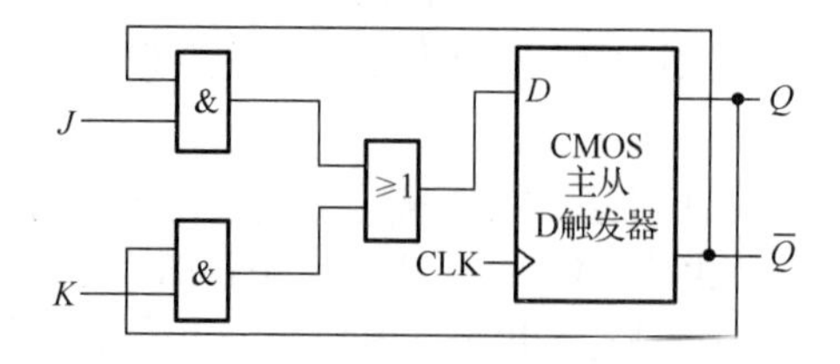

图 4.31　CMOS 边沿 JK 触发器逻辑图

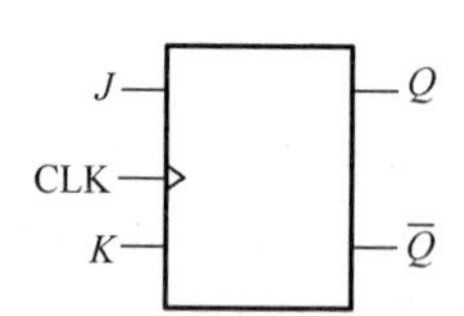

图 4.32　CMOS 边沿 JK 触发器逻辑符号

（2）工作原理。

最基本的 JK 触发器具有 J 和 K 两个输入端、时钟输入端（CLK）和输出端（Q 和 $\bar{Q}$ 端）。它的工作状态除了允许 J=K=1 输入外，其余都与 RS 触发器相同。当 J=K=1 时，触发器在时钟脉冲的作用下，输出状态翻转。

从 CMOS 触发器的逻辑图中，我们可以看到，它的结构与 D 触发器相似，只不过在 D 触发器基础上加了一个转换电路而已。所以，可以用分析 D 触发器的方法来分析 JK 触发器。

CD4027（JK 触发器）的真值表见表 4.17，其特性方程为

$$Q^{n+1}=J\overline{Q^n}+\bar{K}Q^n$$

表 4.17　CD4027 真值表

输入					输出		功能
S_D	R_D	CLK	J	K	Q^{n+1}	$\overline{Q^{n+1}}$	
1	0	∅	∅	∅	1	0	置 1
0	1	∅	∅	∅	0	1	置 0
0	0	↑	0	0	Q^n	$\overline{Q^n}$	保持
0	0	↑	0	1	0	1	0
0	0	↑	1	0	1	0	1
0	0	↑	1	1	$\overline{Q^n}$	Q^n	翻转

触发器 S_D 和 R_D 信号为时钟的异步输入信号，它们一旦出现有效的高电平，其他操作就被禁止，时钟脉冲也不起作用。当时钟为低电平时，输入数据被传送到主触发器，从触发器保持已存储的数据，输出的状态保持不变，而当时钟为高电平，且 J=K=1 时，输出状态发生改变，即得到 $Q^{n+1}=\overline{Q^n}$ 的逻辑关系。我们将 T=1 的触发器称为 T′触发器。

4.4　触发器的分类和区别

1．触发方式分类

从触发方式上，将触发器分为电平触发的（Level-triggered）、脉冲触发的（Pulse-triggered）、边沿触发的（Edge-triggered）三种。下面简单介绍三种不同触发方式触发器的主要区别。

电平触发的触发器，其电路结构是各种触发器中最简单的，通常将这类简单结构的触发器称为锁存器（Latch），例如，基本 RS 触发器（RS-Latch）、时钟触发器（Gated-Latch）。电平触发的触发器在电平为 1（或电平为 0）期间都处于触发状态，输出状态不是严格地按照时钟节拍变化，会产生所谓的“空翻”现象。对于电平触发的触发器，为了使触发器可靠工作，要求在 CLK=1 期间输入信号应保持不变。因此，此类触发器的应用范围受到限制，同时抗干扰能力较差。

为了提高触发器工作的可靠性，希望它的状态在 CLK 脉冲期间里只能变化一次。为此，在电平触发的触发器基础上，设计了脉冲触发的触发器（Pulse-triggered Flip-flop）。这样，在 CLK 的一个变化周期内，触发器输出端的状态只可改变一次，从而解决了空翻问题。

由于脉冲触发的触发器正常工作时，需要一个完整的脉冲周期：时钟信号从0到1转变及从1到0转变，才能完成状态转换。为了进一步提高触发器的工作可靠性，增强抗干扰能力，希望触发器的次态仅仅取决于CLK的下降沿（或上升沿）到达前输入信号的状态，即触发器电路只对时钟脉冲上升沿或下降沿敏感，而在此之前和之后输入信号变化对触发器的状态没有影响。为实现这一设想，人们相继研制出了各种边沿触发器（Edge-triggered Flip-flop）。

2. 逻辑功能分类

从逻辑功能上，将触发器分为RS触发器、JK触发器、D触发器、T触发器等。具有相同逻辑功能的触发器，其电路结构、触发方式可以是多种多样的。

以RS触发器为例，图4.33表示不同电路结构、触发方式的RS触发器。尽管不同电路结构、不同触发方式的RS触发器工作原理不同，RS触发器的逻辑功能是一致的，逻辑功能描述方法，例如状态方程或特征方程、状态转移真值表（状态表），也是一致的。

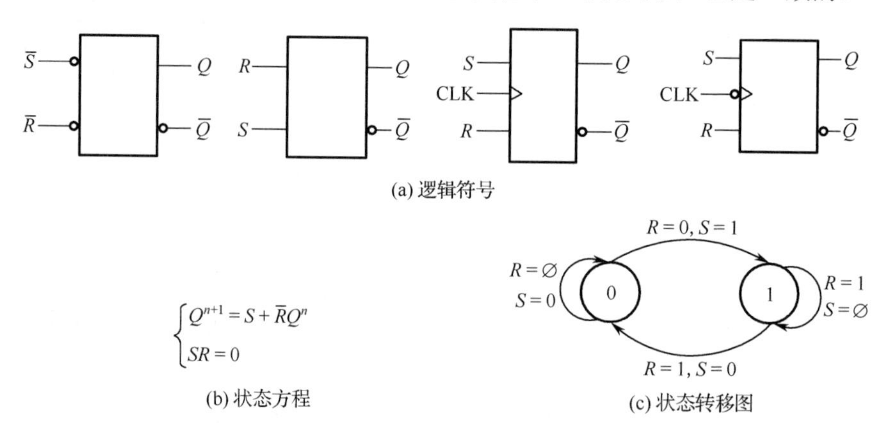

图4.33 不同电路结构、触发方式的RS触发器

以JK触发器为例，图4.34表示不同电路结构、触发方式的JK触发器。除触发方式、电路结构不同外，JK触发器的逻辑功能及逻辑功能描述方法都是一致的。

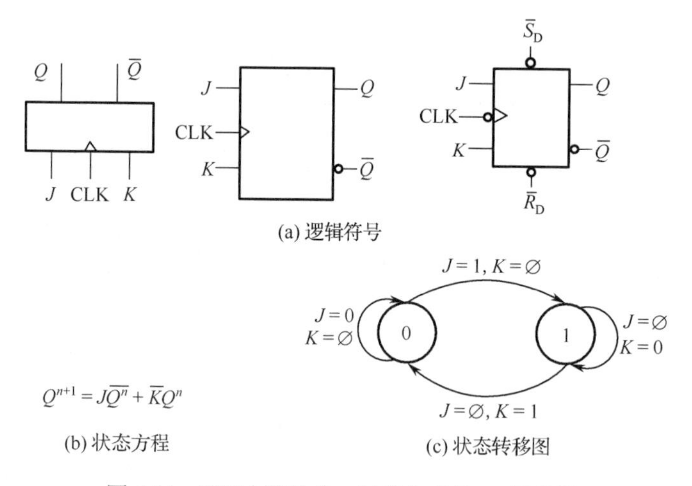

图4.34 不同电路结构、触发方式的JK触发器

3. 电路结构分类

从电路结构上，将触发器分为基本触发器、时钟（同步）触发器、主从结构触发器、维持阻塞触发器、利用 CMOS 传输门的边沿触发器等。触发器电路结构形式不同，导致触发方式及工作原理也不同。然而，触发器在结构上都是在基本 RS 触发器的基础上逐步演化来的。触发器结构不断演化的目的是使触发器由简单到复杂、由不可控到可控、由异步到同步，并且抗干扰能力逐步增强。

*4.5　触发器之间的转换

1. D 触发器转换成 JK 触发器

我们知道，JK 触发器的特性方程是 $Q^{n+1}=J\overline{Q^n}+\bar{K}Q^n$，所以应使 D 触发器的输入信号转换为 $D=J\overline{Q^n}+\bar{K}Q^n$，采用与非门，有 $D=\overline{\overline{J\overline{Q^n}}\cdot\overline{\bar{K}Q^n}}$。根据此转换方程画出其转换电路如图 4.35 所示。

2. D 触发器转换成 T 触发器

因为 T 触发器的特性方程是 $Q^{n+1}=T\overline{Q^n}+\bar{T}Q^n=T\oplus Q^n$，故转换电路的逻辑式为 $D=T\overline{Q^n}+\bar{T}Q^n$ 采用与非门，有 $D=\overline{\overline{T\overline{Q^n}+\bar{T}Q^n}}=\overline{\overline{T\overline{Q^n}}\cdot\overline{\bar{T}Q^n}}$。

据此画出它的转换电路如图 4.36 中所示。

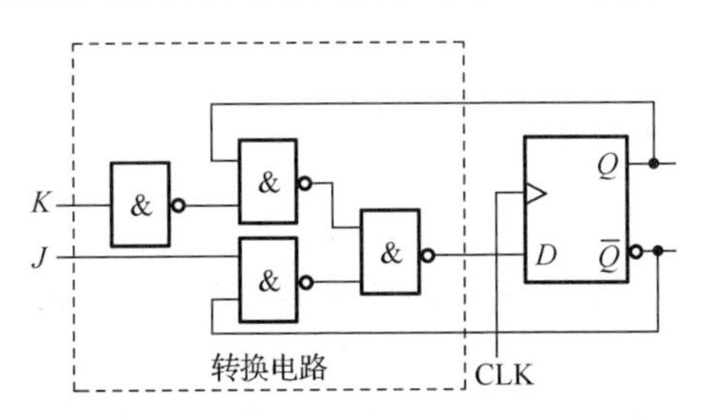

图 4.35　D 触发器转换成 JK 触发器电路图

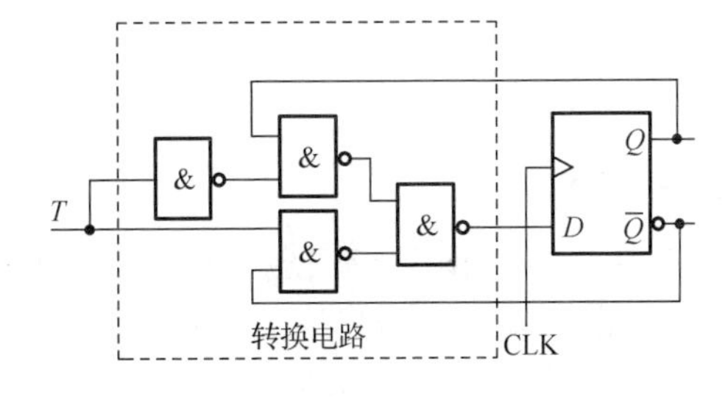

图 4.36　D 触发器转换成 T 触发器电路图

3. JK 触发器转换成 D 触发器

对 D 触发器的特性方程做一些变化：$Q^{n+1}=D=D(Q^n+\overline{Q^n})=DQ^n+D\overline{Q^n}$，将此式与 JK 触发器的特性方程进行比较，显然是取 $J=D$，$K=\bar{D}$，即可得到 D 触发器电路图如图 4.37 所示。

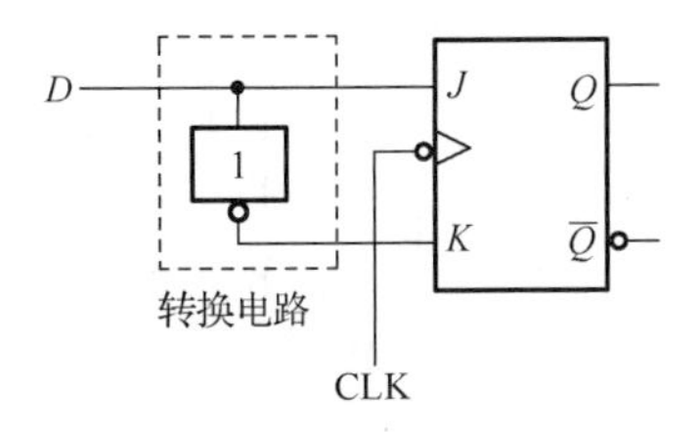

图 4.37　JK 触发器转换成 D 触发器电路图

4.6 触发器的典型应用

1．消除噪声电路

RS触发器常用于计算机和各种仪器中的置位和复位系统。当一个开关闭合时，在开关完全闭合之前几毫秒时间内，有时会发生金属接触点之间的碰撞和跳动，这样置位端将产生不正确的结果，导致机器的误动作。用一个简单的 RS 触发器即可解决这一个问题，如图 4.38(a)所示。开关跳动的波形如图4.38(b)所示，假设跳动的脉冲电压是一个理想的矩形波，跳动三次后，开关处于闭合状态。如果将这个信号输入系统，将导致不正确的结果。图4.38(a)表示 RS 触发器消除接触噪声，电阻 R 为上拉电阻，保证输入端不处于悬浮状态。当开关 K 第一次与 $\overline{S}$ 相接时，$\overline{S}=0$，$\overline{R}=1$，Q 输出为高电平；当开关跳开时，$\overline{S}=1$，$\overline{R}=1$，Q 输出不变。其输出波形如图 4.38(c)所示。

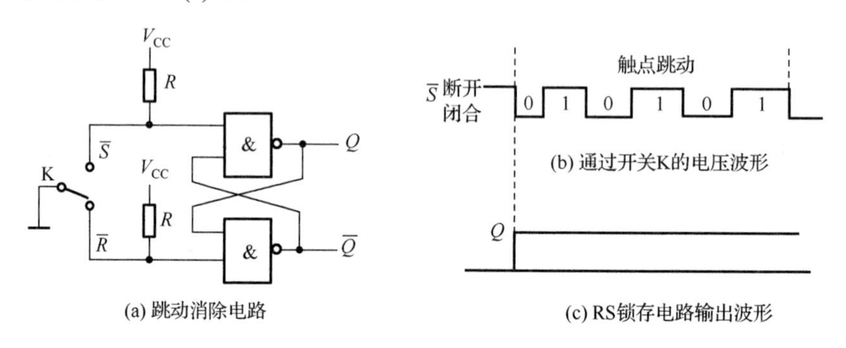

图 4.38　开关接触消除噪声电路

2．数据锁存器

图 4.39 示出了用两个双 D 触发器（CD4013）构成 4 位数据锁存器的连线图，我们把 D 端作为数据输入端，Q 端作为数据输出端。当时钟脉冲的上升沿到来时，数据 D 将被送入 Q 端。若不变更 D_0～D_3 的数据，不重新输入 CLK 的上升沿，触发器的输出端 Q 始终保持原状态不变。

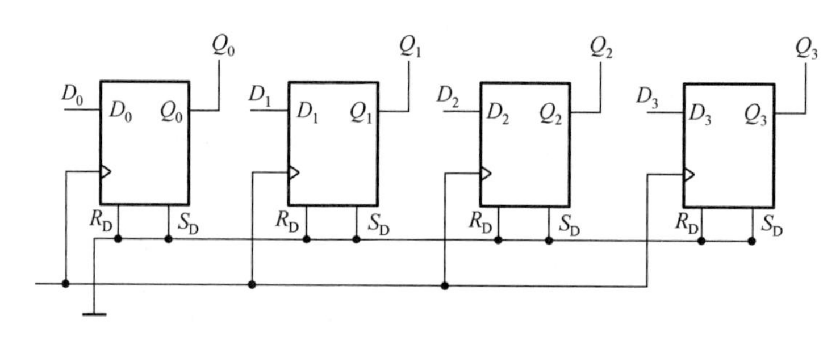

图 4.39　用 D 触发器构成的 4 位数据锁存器连线图

3．单脉冲发生器

单脉冲发生器常用于数字系统的调试，如图4.40(a)所示，它由两个具有异步端的JK 触发器和一个按钮开关 K 组成。当接通电源时，若开关 K 处于图 4.40(a)的位置，由于触发器 B 的异步端 $\bar{R}_{DB}$ 为 0，所以 B 触发器的输出 $\bar{Q}_B$=1。$\bar{R}_{DA}$=1，触发器 A 开放，但经过一个时钟脉冲作用后，Q_A=0（因为触发器 A 的控制输入端为 J_A= 0，K_A=1）。这时我们用手按下开关 K，则 J_A=K_A=1，触发器 A 成翻转触发器；而 $\bar{R}_{DA}$=1，且 J_B=K_B=1，所以触发器 B 也是翻转触发器。此时在按钮按下后的第一个时钟的下跳沿 Q_A 由 0 变 1，第二个时钟脉冲的下跳沿 Q_A 由 1 变 0；Q_A 由 1 变 0 的负边沿引起 B 触发器的翻转，$\bar{Q}_B$ 由 1 变 0。又 $\bar{Q}_B$ 与触发器 A 异步置 0 端相连，因此触发器 A 异步置 0。通过上述的过程一个脉冲就形成了。其形成的波形图如图 4.40(b)所示。这个单脉冲由 Q_A 端输出，它是一个正脉冲，其脉冲的宽度与时钟周期相等。

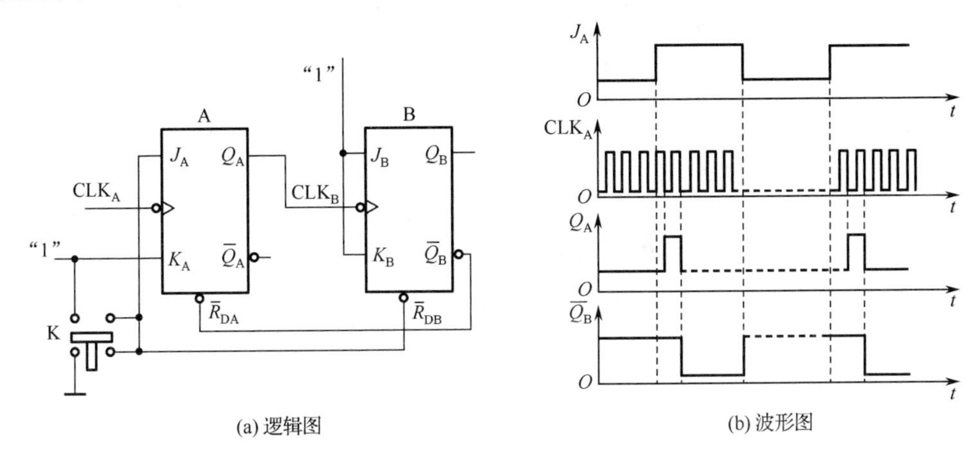

(a) 逻辑图　　(b) 波形图

图 4.40　单脉冲发生器

习题

4.1　画出如题 4.1 图所示的基本 RS 触发器输出端 Q、$\bar{Q}$ 的电压波形图。$\bar{S}$ 和 $\bar{R}$ 的电压波形如题 4.1 图(b)所示。

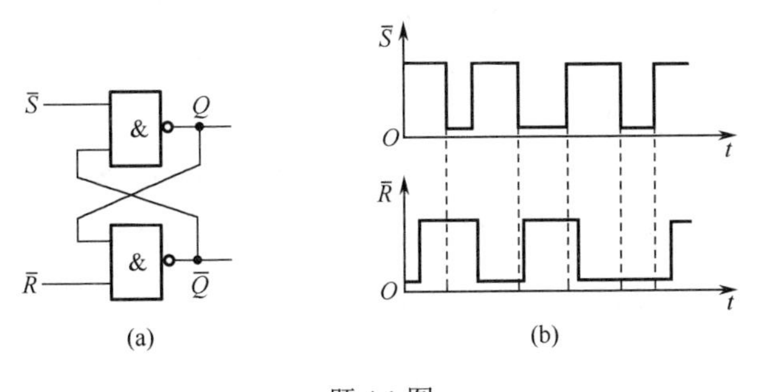

(a)　　(b)

题 4.1 图

4.2　或门组成的基本 RS 触发器电路如题 4.2 图(a)所示，已知 S 和 R 的波形如题 4.2 图(b)所示。试画出 Q、$\bar{Q}$ 的波形图。设触发器的初态 Q=0。

4.3　题图 4.3 所示为一个防抖动输出开关电路。当拨动开关 K 时，由于开关接通瞬间发生震颤，$\bar{R}$ 和 $\bar{S}$ 的波形如图中所示，请画出 Q 和 $\bar{Q}$ 端的对应波形。

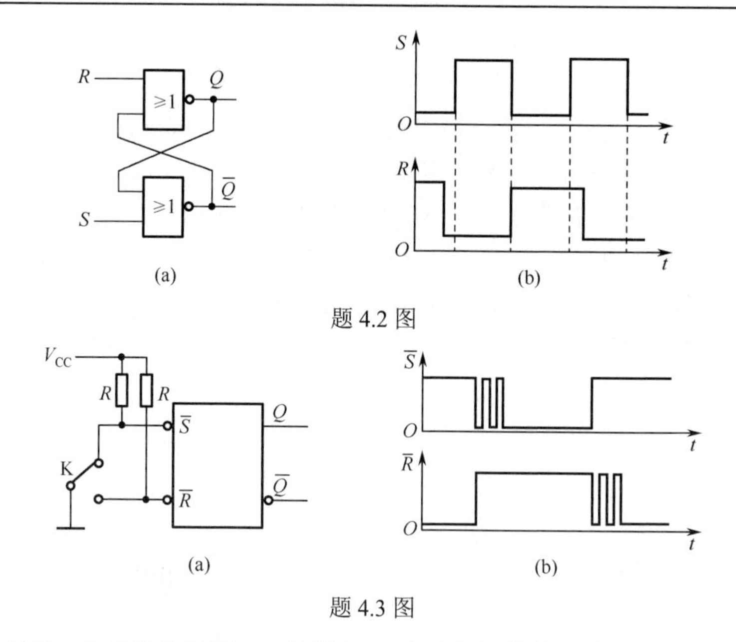

题 4.2 图

题 4.3 图

4.4 有一时钟 RS 触发器如题 4.4 图所示，试画出它的输出端 Q 的波形。初态 $Q=0$。

4.5 设具有异步端的下降沿触发的主从 JK 触发器的初始状态 $Q=0$，输入波形如题 4.5 图所示，试画出输出端 Q 的波形。

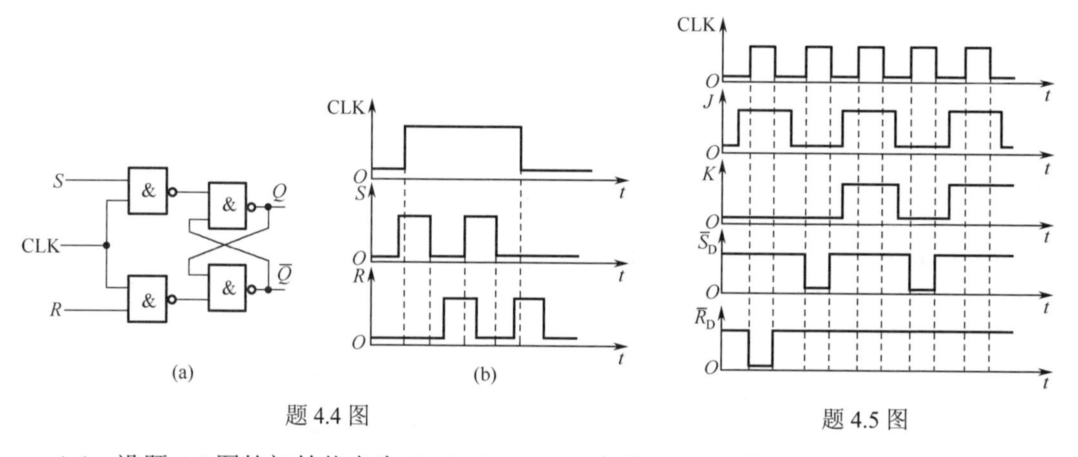

题 4.4 图　　　　题 4.5 图

4.6 设题 4.6 图的初始状态为 $Q_2\ Q_1\ Q_0=000$，在脉冲 CLK 作用下，画出 Q_0、Q_1、Q_2 的波形（所用器件都是 CD4013）。S_D、R_D 分别是 CD4013 高电平有效的异步置 1 端，置 0 端。

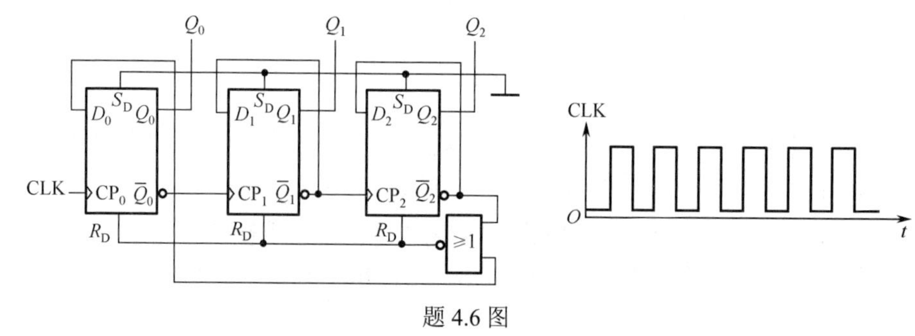

题 4.6 图

4.7　设题 4.7 图电路两触发器初态均为 0，试画出 Q_1 、 Q_2 的波形。

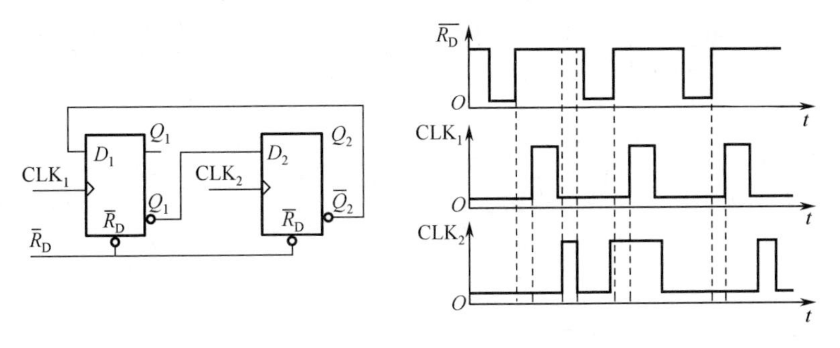

题 4.7 图

4.8　已知 CMOS 边沿触发结构 JK 触发器 CD4207 各输入端的波形如题 4.8 图所示，试画出 Q 、 $\overline{Q}$ 端的对应波形，设初态 $Q=0$。S_D 为高电平置 1 端，R_D 为高电平置 0 端，电路为 CLK 上升沿触发。

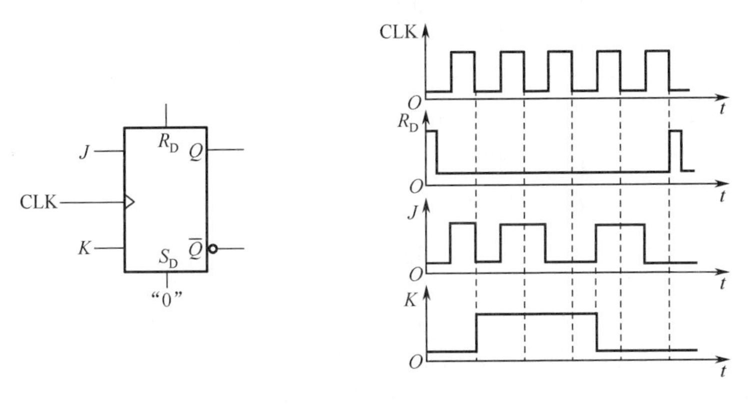

题 4.8 图

4.9　如题 4.9 图所示，利用 CMOS 边沿触发器和同或门组成的脉冲分频器。试分析它在一系列 CLK 脉冲作用下 Q_1 、 Q_2 和 Y 的波形（初始状态 $Q_1=Q_2=0$ ）。

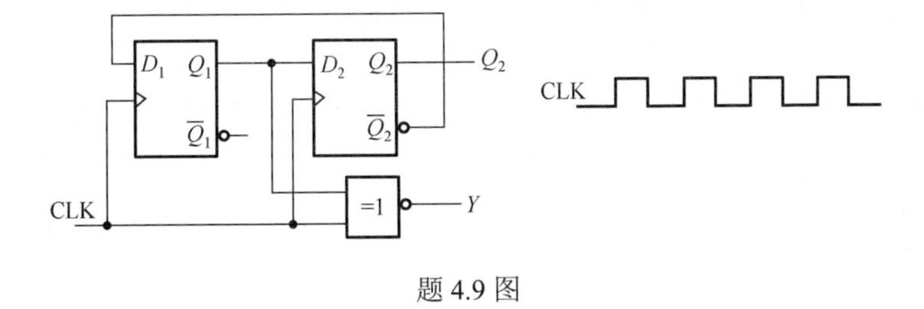

题 4.9 图

4.10　设题 4.10 图中各个触发器的初始状态皆为 $Q=0$，试画出每个触发器 Q 端的波形。

4.11　电路如题 4.11 图所示。试对应 CLK$_1$ 画出 CLK$_2$、Q_1 、 Q_2 和 Y 的波形（初态 $Q_1=Q_2=0$）。CLK$_1$ 为连续脉冲。

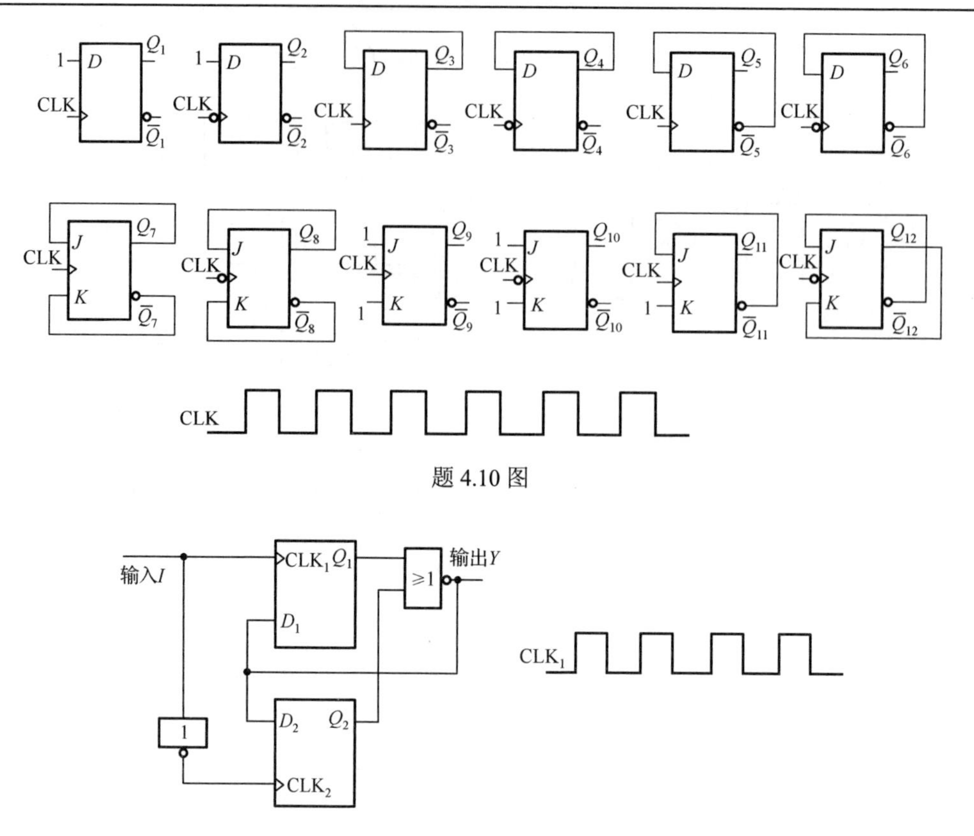

题 4.10 图

题 4.11 图

4.12 试将 T 触发器转换成 D 触发器和 JK 触发器。

4.13 设计一个 4 人抢答电路，要求如下：

（1）每个参加者控制一个按键，用其发出抢答信号。

（2）主持人有一个控制按键，用于将电路复位。

（3）开始后，先按动按钮者将其对应的发光二极管点亮，其他三人对该电路不起作用。

4.14 电路如题 4.14 图所示，初态 $Q_1=Q_2=0$，试根据 CLK、J_1 的波形画出 Q_1、Q_2 的波形。

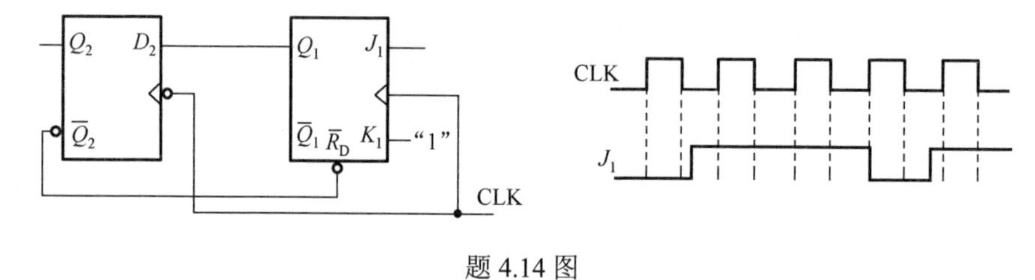

题 4.14 图

4.15 试画出 JK、D、T 三种触发器的状态图。

4.16 电路如题 4.16 图所示，试根据 CLK、$\overline{R}_D$、A、B 波形画出 Q 端的波形。

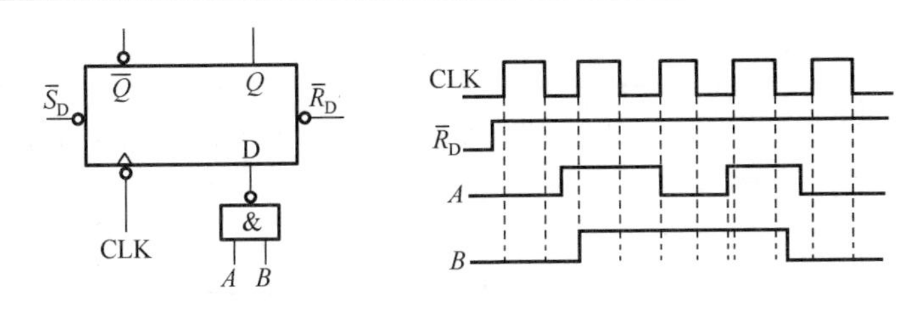

题 4.16 图

4.17　电路图如题 4.17 图所示，试根据 CLK、$\overline{R}_D$、A 端的波形画出 Q 端的波形。

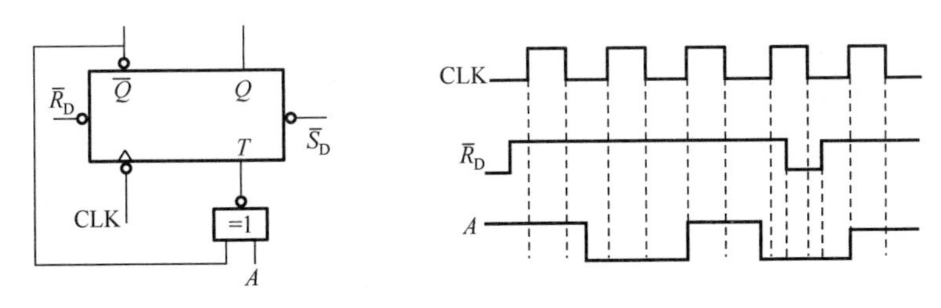

题 4.17 图

4.18　电路图如题 4.18 图所示，触发器的初态 $Q_1=Q_2=0$，试画出 CLK 信号下 Q_1、Q_2、V_o 的对应波形。

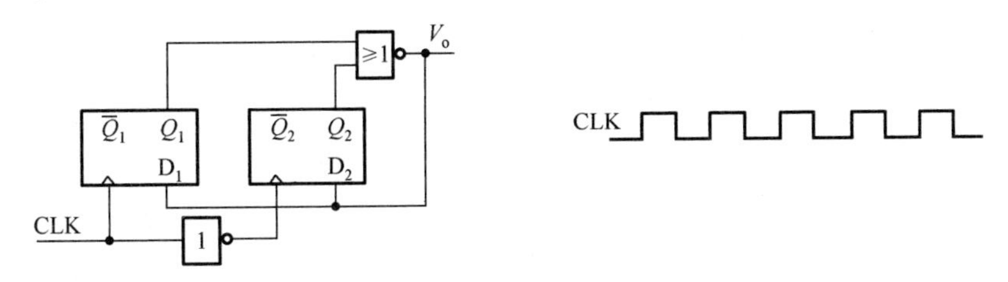

题 4.18 图

4.19　触发器组成题 4.19 图所示电路。图中 FF_1 为维持-阻塞 D 触发器，FF_2 分别为边沿 JK 触发器和主从 JK 触发器（图中未画出），试画出在时钟 CLK 作用下 Q_1、Q_2 的波形。

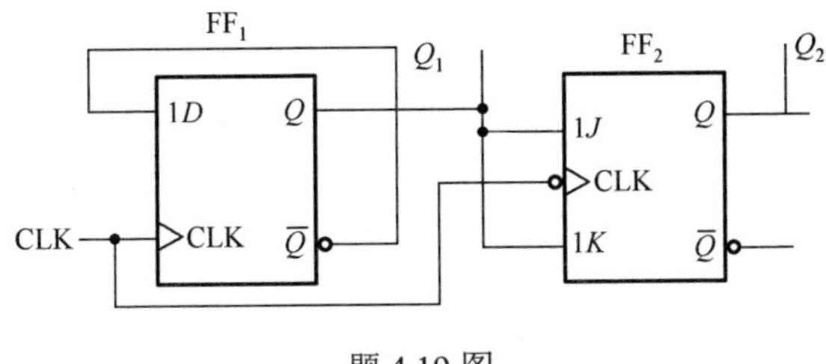

题 4.19 图

4.20　题 4.20 图(a)电路的输入波形如题 4.20 图(b)所示，试画输出 Q_1、Q_2 的波形。设初始状态均为 0。

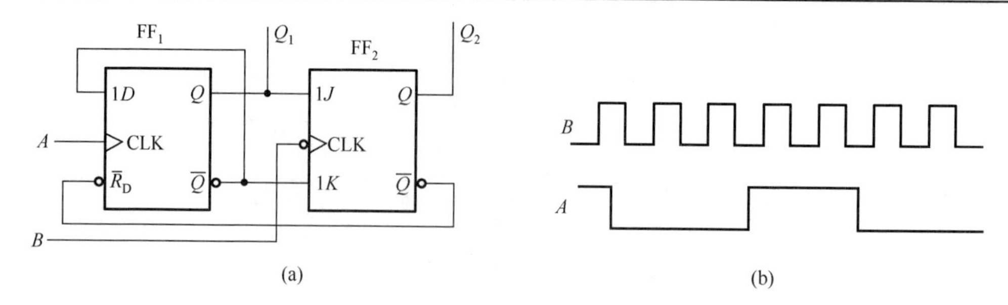

题 4.20 图

4.21 试画出JK 触发器转换成 AB 触发器的逻辑图。AB 触发器的状态转换真值表如题 4.21 表所示。要求写出设计过程。

题 4.21 表

A	B	Q^{n+1}
0	0	$\overline{Q^n}$
0	1	1
1	0	Q^n
1	1	0

4.22 若已知 XY 触发器的特性方程为 $Q^{n+1}=(\overline{X}+\overline{Y})\overline{Q^n}+(X+Y)Q^n$，试据其画出这个触发器的状态转换图。

第 5 章　时序逻辑电路

时序逻辑电路与组合逻辑电路是数字电路两大重要分支。本章将介绍时序逻辑电路的基本概念、特点及时序逻辑电路的一般分析方法，简要介绍同步时序逻辑电路的设计方法。还将重点讨论典型时序逻辑部件计数器和寄存器的工作原理、逻辑功能、集成芯片及其使用方法和典型应用。

5.1　时序逻辑电路的基本概念

5.1.1　时序逻辑电路的结构及特点

时序逻辑电路在任意时刻的输出状态，不仅取决于当时的输入信号，还与电路的原状态有关。

在组合逻辑电路中，任意时刻的输出信号只取决于当时的输入信号，这是组合电路在逻辑功能上的特点。在时序逻辑电路中，由于在结构上具有反馈和存储器件，所以信号不仅与当时的输入信号有关，还与以前的状态有关，也可以说，还与以前的输入或初始状态有关。具备这种逻辑功能的电路称为时序逻辑电路，简称时序电路。

时序电路通过存储器记忆了输入信号的过去状态，从而解决了组合逻辑电路无法解决的记忆问题。所以，时序电路中必须含有具有记忆能力的存储器件。存储器件的种类很多，如触发器、延迟线、磁性器件等，最常用的是触发器。

采用触发器作为存储器件的时序电路的基本结构框图如图 5.1 所示。一般来说，它由组合电路和触发器电路两部分组成。

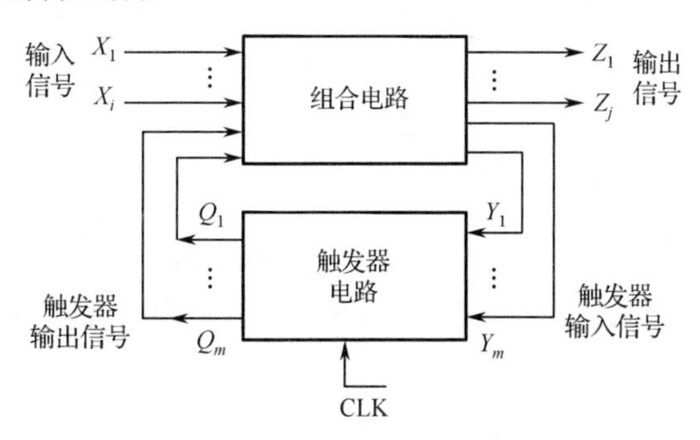

图 5.1　时序电路的基本结构框图

在图 5.1 中，X 为外部输入，Z 为外部输出，Q 为电路所处的状态，即现态，Y 为存储电路的激励输入，也是电路的内部输出。现态和次态不是一成不变的。电路一旦从现态变到次态，对于下一个时钟，这个次态就变成了现态。

时序电路在电路结构上有两个显著特点：

（1）时序电路通常包含组合电路和存储电路两个部分。存储电路的存在，使电路具备记忆功能。

（2）存储电路的输出状态通常反馈到组合电路的输入端，与输入信号共同决定组合逻辑电路的输出和触发器的下一个状态。

5.1.2　时序逻辑电路的分类

时序逻辑电路的重要概念就是时序，即时间上的先后顺序。在时序逻辑电路中，即使有相同的输入，也可能因为输入的时间不同而造成时序逻辑电路的输出不同。

按照时序电路中触发器触发方式的不同，时序电路可分为同步时序电路和异步时序电路两大类。

同步时序电路中的所有触发器共用一个时钟信号，即所有触发器的状态转换发生在同一时刻。异步时序电路则不同，没有统一的时钟脉冲，有些触发器的时钟输入端与时钟脉冲源相连，只有这些触发器的状态变化才与时钟脉冲同步，而其他触发器的状态变化并不与时钟脉冲同步。那些不与时钟脉冲同步的触发器的时钟信号可以用另外的触发器的输出构成，这就决定了触发器的时钟信号不一定发生在同一时刻。由此可见，同步时序逻辑电路的速度高于异步时序逻辑电路，但电路结构比后者复杂。

按照电路中输出变量是否与输入变量直接相关来分类，时序电路又分为米里（Mealy）型电路和莫尔（Moore）型电路。米里型电路的外部输出 Z 既与触发器的状态 Q^n 有关，又与外部输入 X 有关。莫尔型电路的外部输出 Z 仅与触发器的状态 Q^n 有关，而与外部输入 X 无关。

5.1.3　时序逻辑电路的表示方法

时序逻辑电路一般可用方程组、状态图和状态表以及时序图来描述。

1．方程组描述法

与组合电路只需一个输出方程即可描述电路功能不同，时序电路必须用以下三个方程组才能完全描述其功能。

（1）激励方程

$$Y_i = f_i(X_i, Q_i^n) \qquad (i = 0,1,\cdots,k-1)$$

式中，$X_0, X_1, \cdots, X_{k-1}$ 表示 k 个输入信号；$Q_0^n, Q_1^n, \cdots, Q_{k-1}^n$ 表示 k 个触发器的现状态（n 状态）。激励方程是触发器的输入方程，它是输入信号和 k 个触发器的现状态的函数。

（2）状态方程

$$Q_i^{n+1} = h_i(Y_i, Q_i^n) \qquad (i = 0,1,\cdots,k-1)$$

式中，Q_i^{n+1} 表示第 i 个触发器在现态和输入信号激励下的下一个状态（$n+1$ 状态）。

（3）输出方程

$$Z_i = g_i(X_i, Q_i^n) \qquad (i = 0,1,\cdots,k-1)$$

输出方程是输入信号和现状态的函数，是最后的输出结果。

2．状态图和状态表描述法

状态图是时序逻辑电路的状态转换图，它能够直观地描述时序逻辑电路的状态转换和输入、输出的关系，是分析和设计时序逻辑电路的一个重要工具。

电路所有的状态作为现态列在表的左边，对应的次态和输出填入表中，构成状态表。状态图和状态表可以相互转换。

值得注意的是，对于许多时序逻辑电路，三组逻辑方程还不能直观地看出时序逻辑电路的逻辑功能到底是什么。此外，在设计时序逻辑电路时，往往难以根据逻辑要求直接写出电路的驱动方程、状态方程和输出方程。

3．时序图描述法

时序图即时序电路的工作波形图，它能够直观地描述时序电路的输入信号、时钟信号、输出信号以及电路状态的转换在时间上的对应关系。

5.2　同步时序逻辑电路的一般分析方法

同步时序电路的分析就是根据所给的逻辑图找出电路完成的逻辑功能。由于从电路的状态表和状态图中能比较方便地看出在时钟作用下电路的输出随输入变化的规律，得出电路逻辑功能，所以同步时序电路的分析过程实际上主要是从逻辑图导出描述电路的状态表，进而得到状态图的过程。而导出状态表的关键是找出电路所有可能存在的状态，以及在每种状态下不同输入对应的输出值和次态值。输出值是电路状态和输入的组合逻辑函数，可由电路的组合逻辑部分得到。次态值取决于触发器类型和对其的激励，对触发器的激励可由电路的组合逻辑部分导出。

同步时序逻辑电路的一般分析方法如下。

（1）根据给定的时序电路图，通过分析，求出它的输出和转换规律，进而说明该时序逻辑电路的逻辑功能和工作特性，写出下列各逻辑方程。

- 各触发器的时钟方程；
- 时序电路的输出方程；
- 各触发器的驱动方程。

（2）将驱动方程代入相应触发器的特性方程，求得各触发器的次态方程，也就是时序逻辑电路的状态方程。

（3）根据状态方程和输出方程，列出该时序电路的状态表，画出状态图或时序图。

（4）根据电路的状态表或状态图说明给定时序逻辑电路的逻辑功能。

上述步骤不一定是固定不变的，根据实际情况，各个步骤可以有所取舍。下面举例说明时序逻辑电路的具体分析方法。

【例 5.1】 试分析如图 5.2 所示的时序逻辑电路。

解： 由于图 5.2 为同步时序逻辑电路，图中的两个触发器都接至同一个时钟脉冲源 CLK，所以各触发器的时钟方程可以不写。

1）写出输出方程：

$$Z=(X\oplus Q_1^n)\cdot\overline{Q_0^n}$$

2）写出驱动方程：

$$J_0=X\oplus\overline{Q_1^n} \qquad K_0=1$$

$$J_1=X\oplus Q_0^n \qquad K_1=1$$

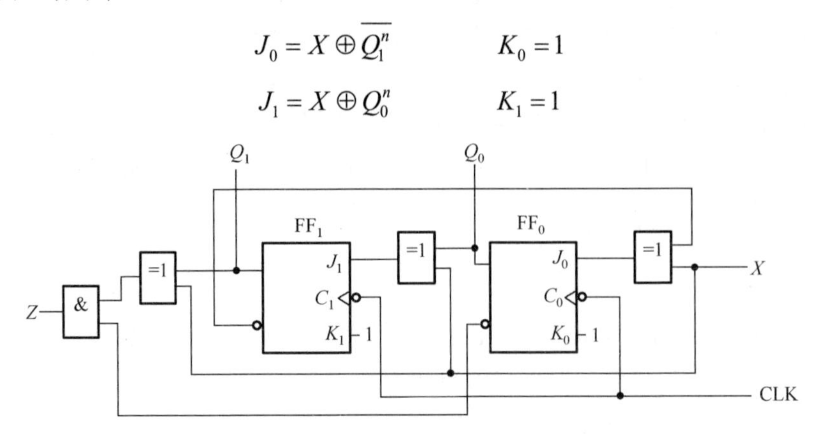

图 5.2　例 5.1 的逻辑电路图

3）写出 JK 触发器的特性方程 $Q^{n+1}=J\overline{Q^n}+\overline{K}Q^n$，然后将各驱动方程代入 JK 触发器的特性方程，得各触发器的次态方程

$$Q_0^{n+1}=J_0\overline{Q_0^n}+\overline{K_0}Q_0^n=(X\oplus\overline{Q_1^n})\cdot\overline{Q_0^n}$$

$$Q_1^{n+1}=J_1\overline{Q_1^n}+\overline{K_1}Q_1^n=(X\oplus Q_0^n)\cdot\overline{Q_1^n}$$

4）作状态转换表及状态图。依次代入上述触发器的次态方程和输出方程中进行计算，得到电路的状态转换表如表 5.1 所示。

根据表 5.1 所示的状态表，可得出状态图如图 5.3 所示。

表 5.1　例 5.1 状态表

输入现态			次　态		输　出
X	Q_1^n	Q_0^n	Q_1^{n+1}	Q_0^{n+1}	Z
0	0	0	0	1	0
0	0	1	1	0	0
0	1	0	0	0	1
0	1	1	0	0	0
1	0	0	1	0	1
1	1	0	0	1	0
1	0	1	0	0	0
1	1	1	0	0	0

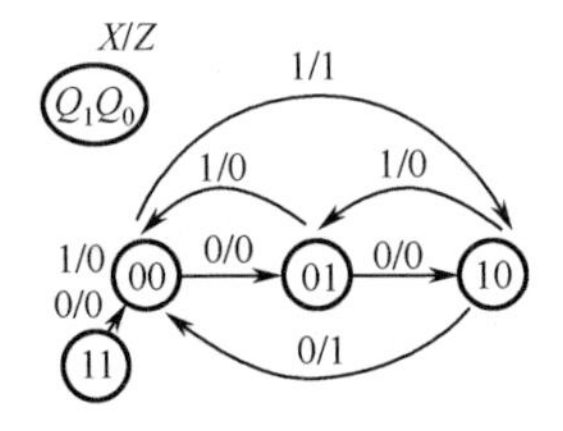

图 5.3　例 5.1 状态图

5）时序波形图。电路波形如图 5.4 所示。

6）功能分析。该电路共有三个状态 00、01、10。当 $X=0$ 时，按照加 1 规律从 00→01→10→00 循环变化，且每当转换为 10 状态（最大数）时，输出 $Z=1$；当 $X=1$ 时，按照减 1 规律按 10→01→00→10 的顺序循环变化，且每当转换为 00 状态（最小数）时，输出 $Z=1$。所以该电路是一个可控的三进制计数器。当 $X=0$ 时，做加法计数，Z 是进位信号；当 $X=1$ 时，做减法计数，Z 是借位信号。

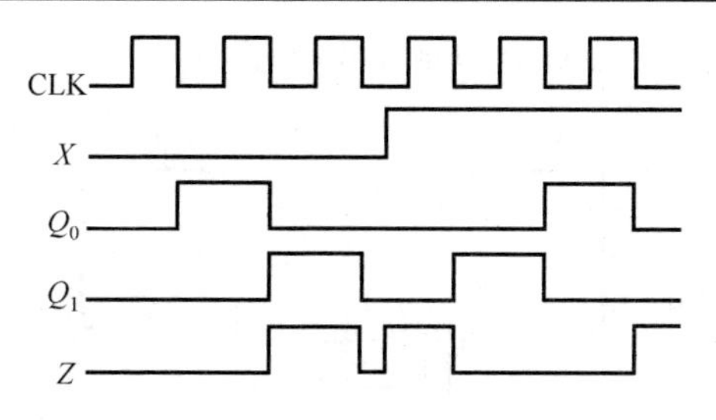

图 5.4　例 5.1 电路的时序波形图

【例 5.2】 分析图 5.5 所示的时序电路图。

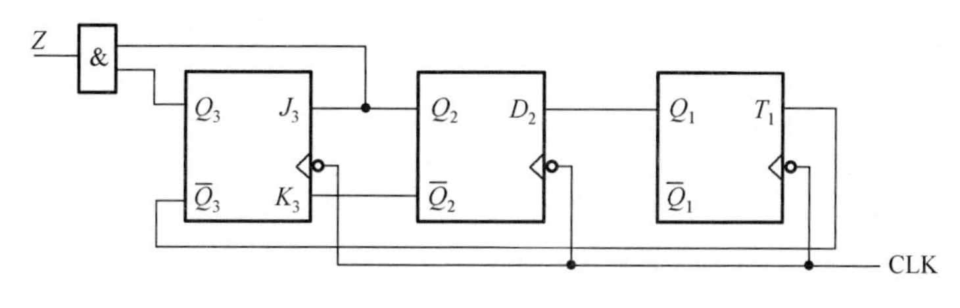

图 5.5　例 5.2 电路图

解： 1）各触发器控制输入方程、状态方程及输出方程为

$$T_1 = \overline{Q_3^n}, \quad D_2 = Q_1^n, \quad J_3 = Q_2^n, \quad K_3 = \overline{Q_2^n}$$

$$Q_3^{n+1} = J_3\overline{Q}_3^n + \overline{K}_3 Q_3^n = Q_2^n$$

$$Q_2^{n+1} = D_2 = Q_1^n$$

$$Q_1^{n+1} = T_1 \oplus Q_1^n = \overline{Q_3^n} \oplus Q_1^n$$

$$Z = Q_3^n \cdot Q_2^n$$

2）列状态表，如表 5.2 所示。

3）画状态图。

状态图如图5.6所示，从图中看出状态转换的规律，现态为 001 时，输出为 0，CLK 到来后，次态为 010；除 111 状态以外，其余 7 个状态组成一个主循环圈。电路正常工作后，其状态按主循环圈的顺序转换。电路一旦进入 111 状态将无法启动，111 为孤立状态。可以用设计自启动电路的方法来解决电路的自启动问题。

表 5.2　例 5.2 状态表

Q_3^n	Q_2^n	Q_1^n	Q_3^{n+1}	Q_2^{n+1}	Q_1^{n+1}	Z
0	0	0	0	0	1	0
0	0	1	0	1	0	0
0	1	0	1	0	1	0
0	1	1	1	1	0	0
1	0	0	0	0	0	0
1	0	1	0	1	1	0
1	1	0	1	0	0	1
1	1	1	1	1	1	1

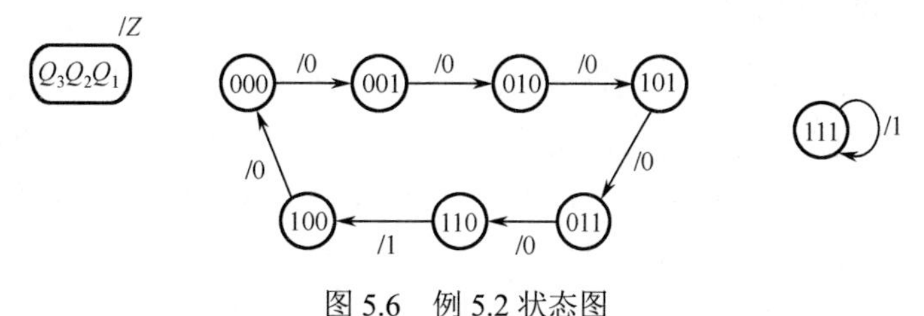

图 5.6　例 5.2 状态图

【例 5.3】试分析图 5.7 所示时序电路的逻辑功能。

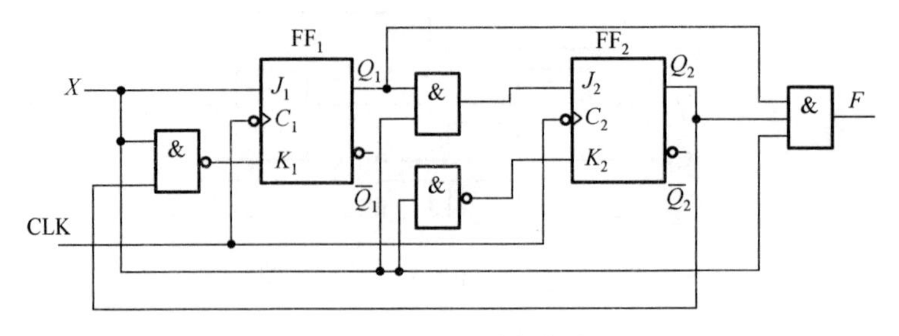

图 5.7　例 5.3 时序电路

解：根据图 5.7 写出驱动方程、状态方程及输出方程：

$$\begin{cases}J_1 = X \\ K_1 = \overline{XQ_2^n}\end{cases} \qquad \begin{cases}J_2 = XQ_1^n \\ K_2 = \overline{X}\end{cases}$$

$$Q_1^{n+1} = X\overline{Q_1^n} + XQ_2^nQ_1^n$$

$$Q_2^{n+1} = XQ_1^n\overline{Q_2^n} + XQ_2^n$$

$$F = XQ_1^nQ_2^n$$

将计算结果列入状态表中，如表 5.3 所示。再根据计算结果画出状态图，如图 5.8 所示。

由状态表和状态图看出，只要 $X=0$，无论电路原来处于何种状态，都将回到 00 状态，且 $F=0$。只有连续输入 4 个或 4 个以上的 1 时，才使 $F=1$。该电路的逻辑功能是对输入信号 X 进行检测，当连续输入 4 个或 4 个以上的 1 时，输出 $F=1$，否则 $F=0$。故该电路称为 1111 序列检测器。

表 5.3　例 5.3 状态表

X	Q_2^n	Q_1^n	Q_2^{n+1}	Q_1^{n+1}	F
0	0	0	0	0	0
0	0	1	0	0	0
0	1	0	0	0	0
0	1	1	0	0	0
1	0	0	0	1	0
1	0	1	1	0	0
1	1	0	1	1	0
1	1	1	1	1	1

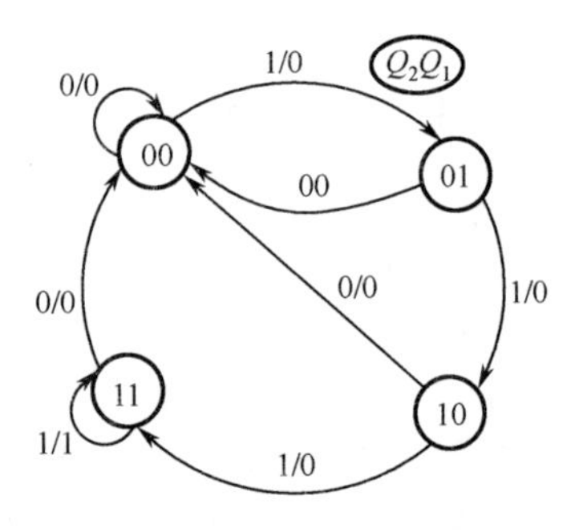

图 5.8　例 5.3 状态图

5.3　同步时序逻辑电路的设计

时序电路设计又称为时序电路综合，它是时序电路分析的逆过程，即根据给定的逻辑功能要求，选择适当的逻辑器件，设计出符合要求的时序逻辑电路。本节仅介绍用触发器及门电路设计同步、异步时序电路的方法。这种设计方法的基本指导思想是，用尽可能少的时钟触发器和门电路实现符合要求的时序电路。

同步时序逻辑电路的设计步骤如下。

Step1：根据设计要求，设定状态，导出对应状态图或状态表。

Step2：状态化简。原始状态图（表）通常不是最简的，往往可以消去一些多余状态。消去多余状态的过程称为状态化简。

Step3：状态分配，又称状态编码。

Step4：选择触发器的类型。触发器的类型选取合适，可以简化电路结构。触发器的个数由公式 $2^{n-1} < N \leqslant 2^n$ 确定，其中 N 为电路中包含的状态数。

Step5：根据编码状态表以及所采用的触发器的逻辑功能，导出待设计电路的输出方程和驱动方程。

Step6：根据输出方程和驱动方程画出逻辑图。

Step7：检查电路能否自启动。

【例 5.4】 设计一个同步五进制加法计数器。

解一： 五进制即模 5，从状态 0 开始，最大状态为 4，需要三位二进制数表示，还需要一个进位输出 Z。$Z=0$ 不进位，$Z=1$ 进位。由此可以画出状态图如图 5.9 所示。

由于状态变量为三位，所以需三个触发器。状态图中没有外输入的情况下可省去状态表而直接将状态图填入卡诺图。因三个触发器原状态和次态的关系如图 5.10 所示，故三个触发器原态为 000 时，次态为 001，可以在图 5.11 所示的 Q_3^{n+1}、Q_2^{n+1}、Q_1^{n+1} 三个卡诺图中的 000（即 m_0）位置上分别填其次态 0、0、1。同理，在三个卡诺图的 m_1 格内分别填 0、1、0。依次进行，直到按状态图填完各状态。状态图中没有出现的状态可按随意项处理。

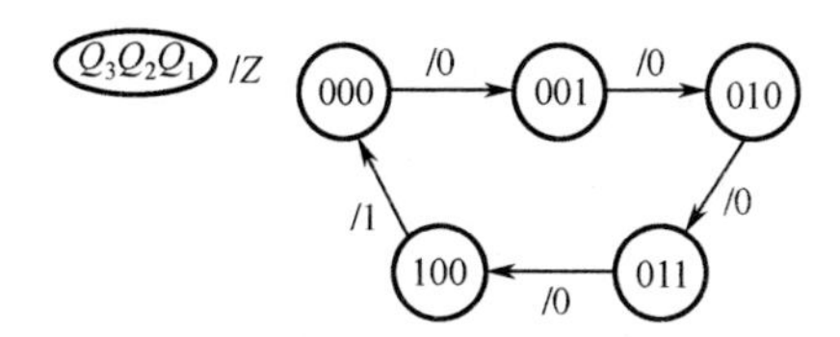

图 5.9　例 5.4 状态图

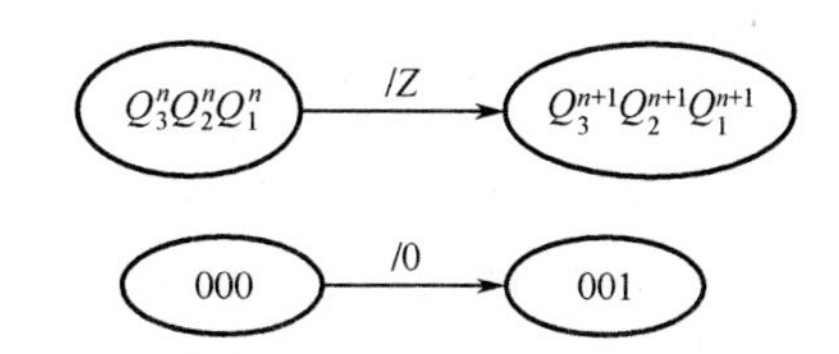

图 5.10　原态和次态关系图

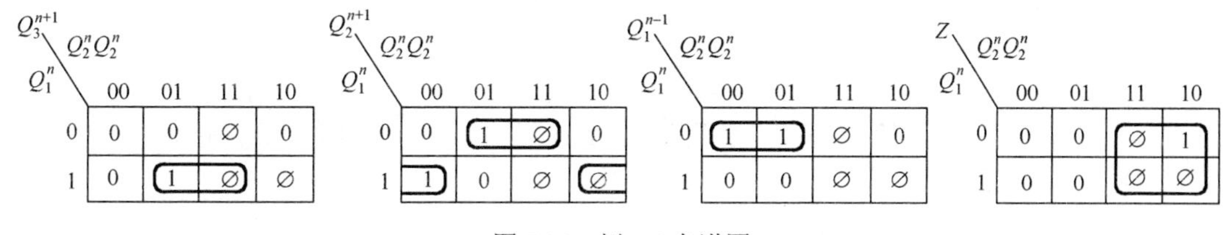

图 5.11　例 5.4 卡诺图

从 Q_3^{n+1} 卡诺图看出，$Q_3^{n+1}=Q_2^n \cdot Q_1^n$，只有一个与项，可用 D 触发器，$D_3=Q_2^n \cdot Q_1^n$；$Q_2^{n+1}=Q_1^n\overline{Q_2^n}+\overline{Q_1^n}Q_2^n=Q_1^n \oplus Q_2^n$，所以 2 号触发器可以用 T 触发器，$T_2=Q_1^n$；$Q_1^{n+1}=\overline{Q_3^n} \cdot \overline{Q_1^n}$，可以用 D 触发器，$D_1=\overline{Q_3^n} \cdot \overline{Q_1^n}$；也可以用 JK 触发器，$J_1=\overline{Q_3^n}$，$K_1=1$；输出 $Z=Q_3^n$。画出逻辑电路图如图 5.12 所示。

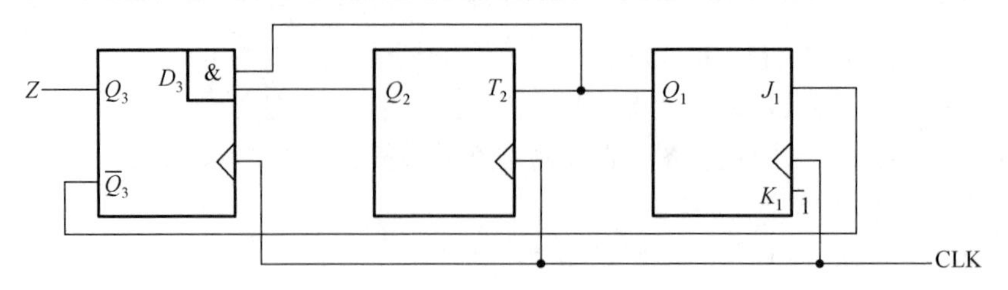

图 5.12　例 5.4 逻辑电路图

解二：设计步骤如下。

1）根据设计要求，设定状态，画出状态转换图。由于是五进制计数器，所以应有 5 个不同的状态，分别用 S_0、S_1、…、S_4表示。在计数脉冲 CLK 作用下，5 个状态循环变化，在状态为 S_4时，进位输出 $Y=1$。状态图如图 5.13 所示。

2）状态化简。五进制计数器应有 5 个状态，无须化简。

3）状态分配，列状态转换编码表。由 $2^{n-1}<N\leqslant 2^n$ 可知，应采用 3 位二进制代码。该计数器选用 3 位自然二进制加法计数编码，即 $S_0=000$、$S_1=001$、…、$S_4=100$。由此可列出状态表如表 5.4 所示。

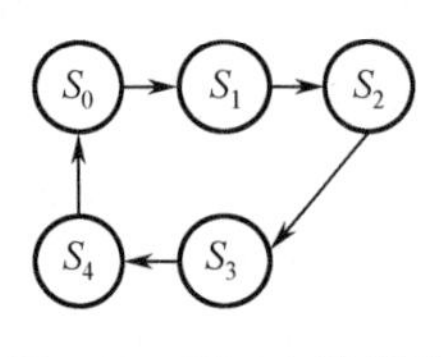

图 5.13　例 5.4 状态图

表 5.4　例 5.4 状态表

Q_3^n	Q_2^n	Q_1^n	Q_3^{n+1}	Q_2^{n+1}	Q_1^{n+1}	Y
0	0	0	0	0	1	0
0	0	1	0	1	0	0
0	1	0	0	1	1	0
0	1	1	1	0	0	0
1	0	0	0	0	0	1

4）选择触发器。本例选用功能比较灵活的 JK 触发器。

5）求各触发器的驱动方程和进位输出方程。

JK 触发器的驱动表如表 5.5 所示。画出电路的次态卡诺图如图 5.14 所示，3 个无效状态 101、110、111 作为随意项处理。根据次态卡诺图和 JK 触发器的驱动表可得各触发器的驱动卡诺图，如图 5.15 所示。

表 5.5　JK 触发器的驱动表

Q^n →	Q^{n+1}	J	K
0	0	0	×
0	1	1	×
1	0	×	1
1	1	×	0

Q_3^n \ $Q_2^nQ_1^n$	00	01	11	10
0	001	010	100	011
1	000	×	×	×

图 5.14　例 5.4 次态卡诺图

再画出输出卡诺图如图 5.16 所示，可得电路的输出方程 $Y=Q_3$。

将各驱动方程与输出方程归纳如下:

$$J_1=\overline{Q_3}\qquad K_1=1$$
$$J_2=Q_1\qquad K_2=Q_1$$
$$J_3=Q_1Q_2\qquad K_3=1$$
$$Y=Q_3$$

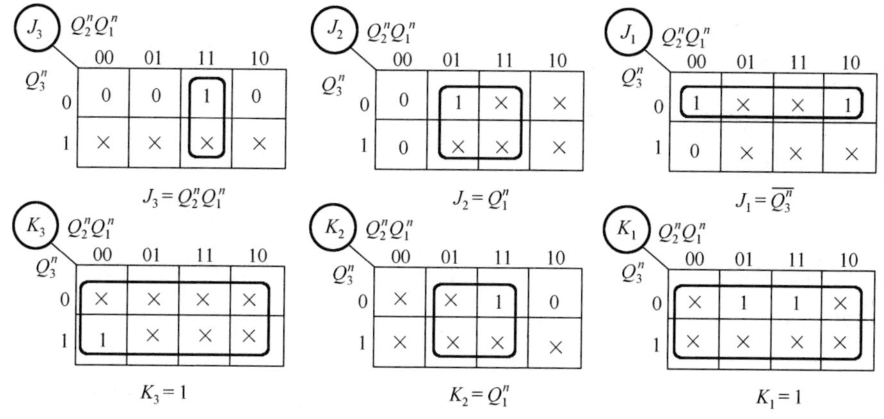

图 5.15　例 5.4 各触发器的驱动卡诺图

6）画逻辑图。根据驱动方程和输出方程，画出五进制计数器的逻辑图如图 5.17 所示。

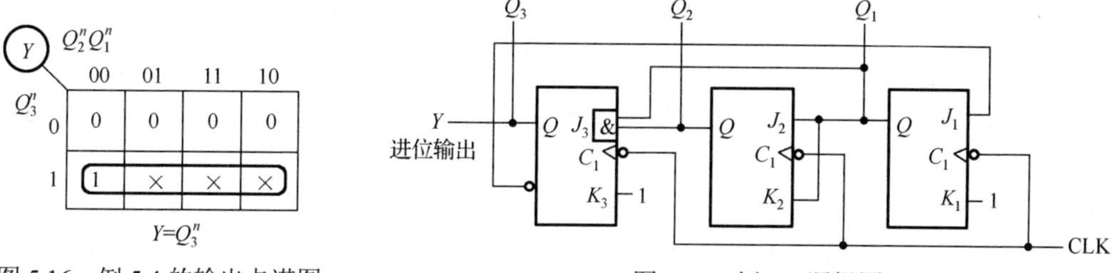

图 5.16　例 5.4 的输出卡诺图

图 5.17　例 5.4 逻辑图

7）检查能否自启动。利用逻辑分析的方法画出电路完整的状态图如图 5.18 所示。可见，如果电路进入无效状态 101、110、111，在 CLK 脉冲作用下，分别进入有效状态 010、010、000。所以，电路能够自启动。

在设计时序电路时，要考虑不使用的状态能否自动进入主循环圈。若能，则不需改动电路；若不能，则需加自启动电路。

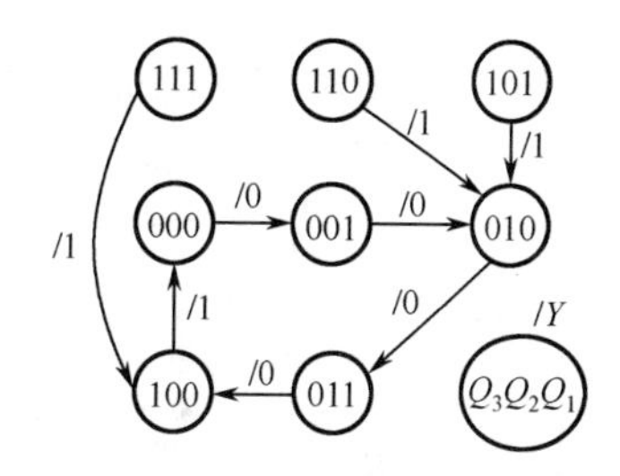

图 5.18　例 5.4 的完整状态图

【例 5.5】设计一个串行数据检测器。该检测器有一个输入端 X，它的功能是对输入信号进行检测。当连续输入 3 个 1（以及 3 个以上的 1）时，该电路输出 $Y=1$，否则输出 $Y=0$。

解： 1）根据设计要求，设定状态，画出状态图。

S_0——初始状态或没有收到 1 时的状态；

S_1——收到一个 1 后的状态；

S_2——连续收到两个 1 后的状态；

S_3——连续收到 3 个 1（以及 3 个以上的 1）后的状态。

根据题意可画出如图 5.19 所示的原始状态图。

2）状态化简。状态化简就是合并等效状态。所谓等效状态，就是那些在相同输入条件下，输出相同、次态也相同的状态。观察图 5.19 可知，S_2 和 S_3 是等效状态，所以将 S_2 和 S_3 合并，并用 S_2 表示，图 5.20 是经过化简之后的状态图。

3）状态分配，列状态转换编码表。本例取 $S_0=00$、$S_1=01$、$S_2=11$。图 5.21 是该例的编码形式的状态图。

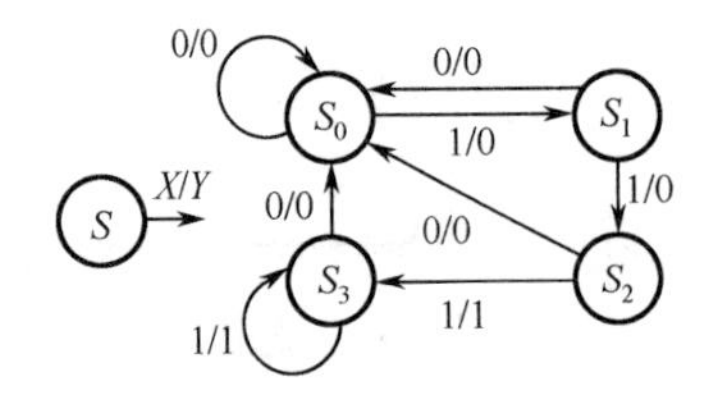

图 5.19 例 5.5 的原始状态图

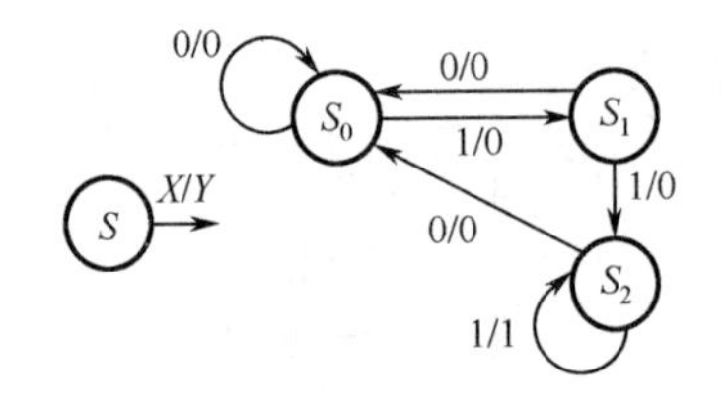

图 5.20 例 5.5 化简后的状态图

由图5.21可画出编码后的状态表，如表5.6所示，表中列出对应不同输入X及Q_1^n、Q_0^n情况下的次态及输出$Q_1^{n+1}Q_0^{n+1}/Y$。

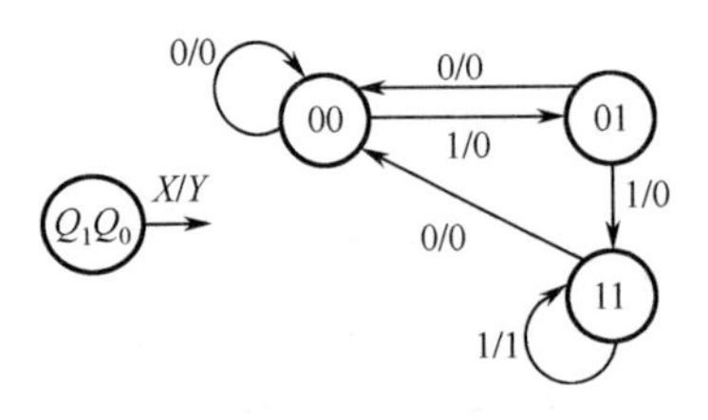

图 5.21 例 5.5 编码形式的状态图

表 5.6 例 5.5 编码后的状态表

Q_1^n Q_0^n	Q_1^{n+1} X=0	Q_1^{n+1} X=1
0 0	00/0	01/0
0 1	00/0	11/0
1 1	00/0	11/1

4）选择触发器，求出状态方程、驱动方程和输出方程。

本例选用两个D触发器，列出D触发器的驱动表如表5.7所示。画出电路的次态和输出卡诺图如图5.22所示。由输出卡诺图可得电路的输出方程：$Y = XQ_1^n$。

表 5.7 D触发器的驱动表

Q^n → Q^{n+1}		D
0	0	0
0	1	1
1	0	0
1	1	1

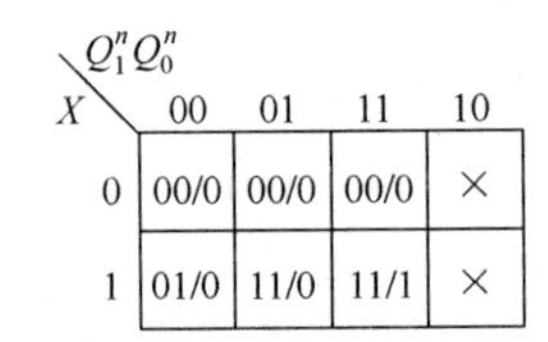

X \ $Q_1^nQ_0^n$	00	01	11	10
0	00/0	00/0	00/0	×
1	01/0	11/0	11/1	×

图 5.22 例 5.5 的次态和输出卡诺图

根据次态卡诺图和D触发器的驱动表可得各触发器的驱动卡诺图如图5.23所示。由各驱动卡诺图可得电路的驱动方程：

$$D_0 = X \qquad D_1 = XQ_0^n$$

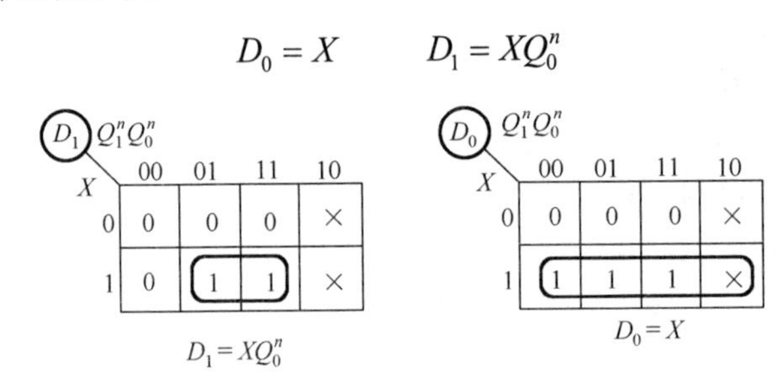

图 5.23 例 5.5 的驱动卡诺图

5）画逻辑图。根据驱动方程和输出方程，画出该串行数据检测器的逻辑图，见图5.24。

6）检查能否自启动。图5.25是图5.24电路的状态图，可见，电路能够自启动。

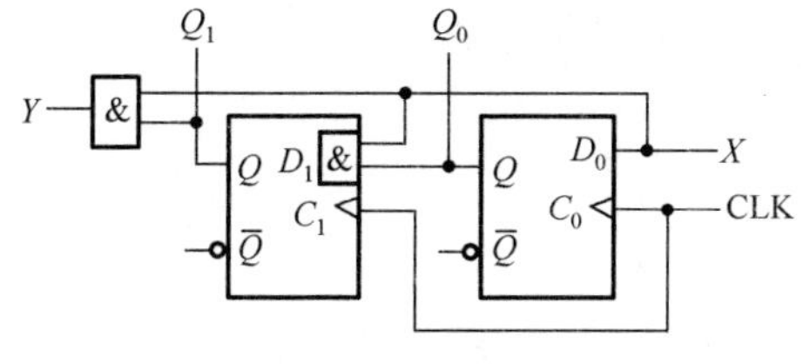

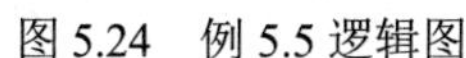
图 5.24　例 5.5 逻辑图

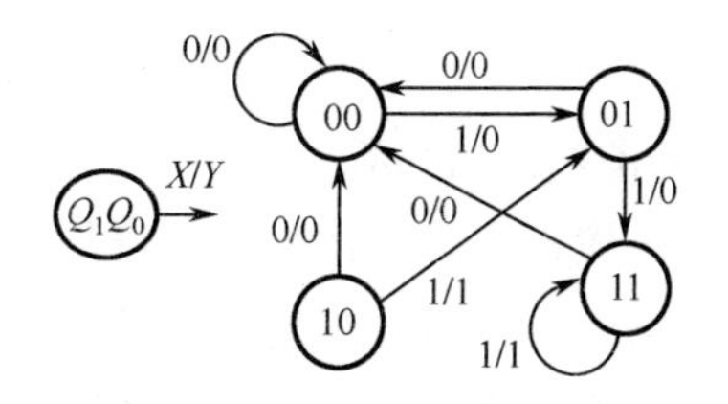

图 5.25　图 5.24 逻辑图的状态图

【例 5.6】 按照图 5.26 所示状态图设计同步时序电路。

解： 1）确定触发器数。由状态图可以看出，每个状态有两个变量 Q_2、Q_1，所以触发器的个数为 2。

2）列状态表。已知外输入 X 和原状态 $Q_2{}^n$、$Q_1{}^n$，待求量是触发器的次态 $Q_2{}^{n+1}$、$Q_1{}^{n+1}$ 和输出 Z，见表 5.8。

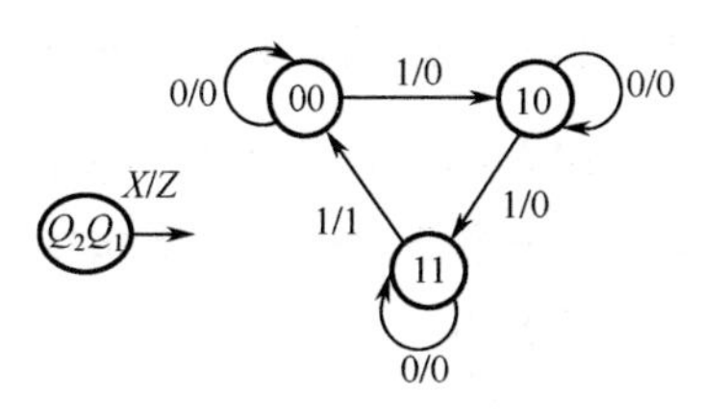

图 5.26　例 5.6 状态图

表 5.8　例 5.6 状态表

X	Q_2^n	Q_1^n	Q_2^{n+1}	Q_1^{n+1}	Z
0	0	0	0	0	0
0	0	1	∅	∅	∅
0	1	0	1	0	0
0	1	1	1	1	0
1	0	0	1	0	0
1	0	1	∅	∅	∅
1	1	0	1	1	0
1	1	1	0	0	1

3）触发器选型。将 Q_2^{n+1}、Q_1^{n+1} 填入卡诺图，如图 5.27 所示。

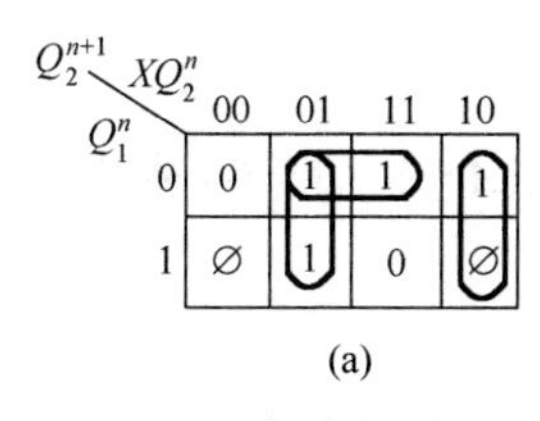

(a)

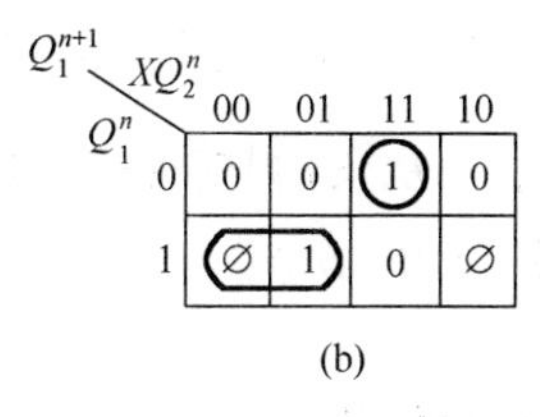

(b)

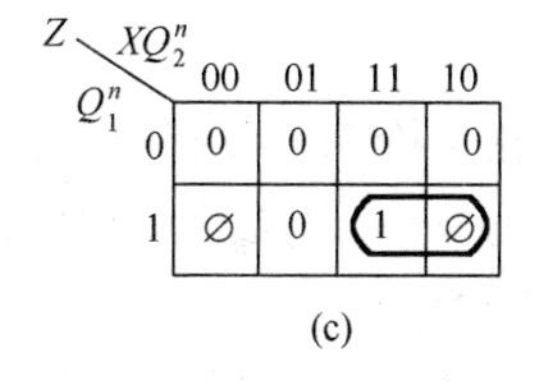

(c)

图 5.27　例 5.6 卡诺图

2 号触发器类型及其输入方程应该从 Q_2^{n+1} 的卡诺图及表达式中确定，见图 5.27(a)。按照一般的化简方法，$Q_2^{n+1} = X\overline{Q_1^n} + \overline{X}Q_2^n$。可以看出，圈图 5.27(a)中的"1"需要两个圈，即 Q_2^{n+1} 是一个两项的与或式，与 JK 触发器状态方程相似：$Q_2^{n+1} = J\overline{Q_2^n} + \overline{K}Q_2^n$。可见 2 号触发器用 JK 触发器合适，即用 JK 触发器可以不必在触发器外增加门（若用 D 触发器，需在触发器外增加一个或门和两个与门）。现在看确定 JK 触发器输入 J_2、K_2 方程的方法：按 JK 触发器特征方程的框架结构式 $Q_2^{n+1} = ?\overline{Q_2^n} + ?Q_2^n$（其中的"?"为待求项）来圈图 5.27(a)中的"1"，就可得到 $\overline{Q_2^n}$ 前面的最简系数（即 J_2）和 Q_2^n 前的最简系数（即 $\overline{K}_2$）。按这种方法得到

$$Q_2^{n+1} = X\overline{Q_2^n} + (\overline{X} + \overline{Q_1^n})Q_2^n = X\overline{Q_2^n} + \overline{XQ_1^n}Q_2^n$$

所以，$J_2 = X$，$K_2 = XQ_1^n$。

同理，1 号触发器也要用 JK 触发器。

$$Q_1^{n+1} = ?\overline{Q_1^n} + ?Q_1^n，\quad Q_1^{n+1} = XQ_2^n\overline{Q_1^n} + \overline{X}Q_1^n$$

所以 $J_1 = XQ_2^n$，$K_1 = X$。

4）求输出方程，化简图，得到 $Z = XQ_1^n$。

5）画出逻辑图，如图 5.28 所示。

6）讨论。本题 01 状态没有实现。在图 5.28 所示逻辑电路中，若 $Q_2Q_1 = 01$，当 $X = 0$ 和 $X = 1$ 时，有 $Z = 0$ 和 $Z = 1$，CLK 到后，次态分别为 01 和 10，如图 5.29 所示。

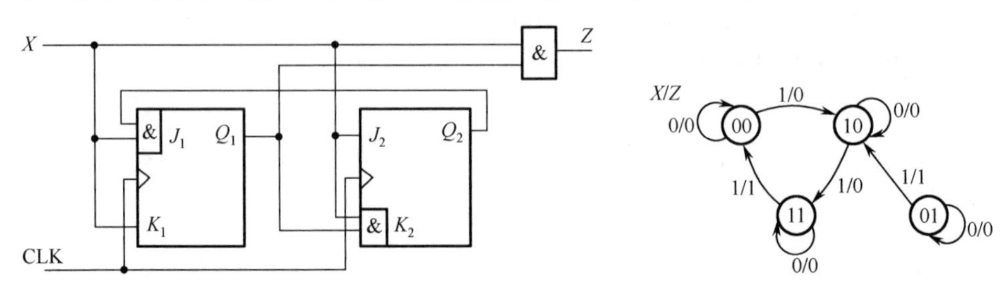

图 5.28　例 5.6 逻辑图　　　　图 5.29　例 5.6 带自启动的状态图

【例 5.7】 设计一个汽车组装线上使用的轮胎运送顺序检测逻辑电路。正常工作状态下，每 5 个轮胎一组装入一个车体，传送带上依次传递 4 个正常轮胎和一个备用轮胎。要求在传送带上的产品排序出现错误时，设计逻辑电路发出故障信号（见图 5.30）。

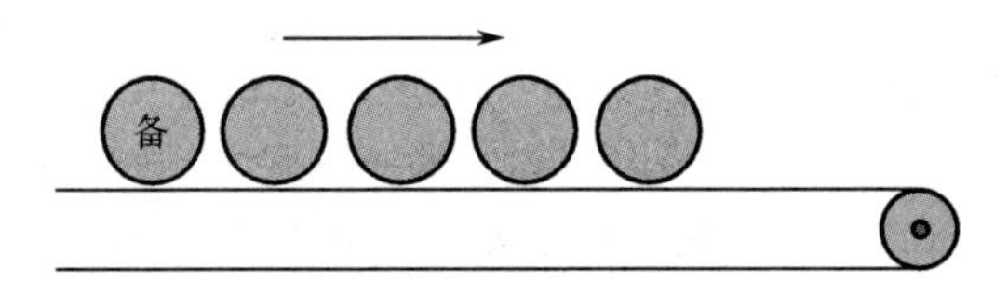

图 5.30　轮胎运输线上示意图

解： 假设轮胎检测装备有两个输出 A 与 B，检测到正常轮胎时 $A = 1$、$B = 0$，检测到备用轮胎时 $A = 0$、$B = 1$，没有检测到轮胎时 $A = 0$、$B = 0$。

1）设定条件。

变量设定：检测到不同尺寸轮胎的信号为输入变量，$A = 1$ 表示正常轮胎，$B = 1$ 表示备用轮胎。以故障为输出变量，用 Y 表示，正常时 $Y = 0$，故障时 $Y = 1$。

状态设定：初始状态为 S_0，输入一个 $A = 1$ 以后的状态为 S_1，连续输入两个 $A = 1$ 以后的状态为 S_2，连续输入三个 $A = 1$ 以后的状态为 S_3。如果进入了 S_3，无论 B 输出为 1 还是 0，电路都返回初始状态（见图 5.31）。

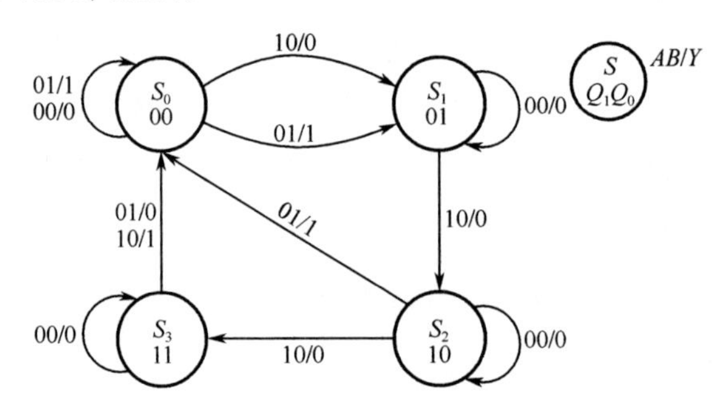

图 5.31　例 5.7 状态转移图

当电路处于初始状态 S_0 时，若 $AB=00$，则 $Y=0$，时钟信号到达时保持状态 S_0；若 $AB=01$，则 $Y=1$，时钟信号到达时保持状态 S_0；若 $AB=10$，则 $Y=0$，时钟信号到达时，状态从 S_0 转移到次态 S_1。

当电路处于 S_1 时，若 $AB=00$，则 $Y=1$，时钟到达时保持 S_1 不变；若 $AB=01$，则 $Y=1$，时钟到达时转移至次态 S_0；若 $AB=10$，则 $Y=0$，时钟到达时转移至次态 S_2。

当电路处于 S_2 时，若 $AB=00$，则 $Y=1$，时钟到达时保持 S_2 不变；若 $AB=01$，则 $Y=1$，时钟到达时转移至次态 S_0；若 $AB=10$，则 $Y=1$，时钟到达时转移至次态 S_3。

当电路处于 S_3 时，若 $AB=00$，则 $Y=1$，时钟到达时保持 S_3 不变；若 $AB=01$，则 $Y=0$，时钟到达时转移至次态 S_0；若 $AB=10$，则 $Y=1$，时钟到达时转移至次态 S_0。

2）状态简化。由状态转移图可以看出，不存在等价状态，所以不能化简。

3）状态分配与编码。为了得到 4 个状态，需要用两个触发器。设触发器的输出为 Q_1 与 Q_0，则 $Q_1Q_0=00$、$Q_1Q=01$、$Q_1Q=10$、$Q_1Q=11$ 分别分配给 S_0、S_1、S_2、S_3。

4）选择触发器。

根据图 5.31 状态转移表可以得到表 5.9 状态转移表以及图 5.32 卡诺图。我们选用 D 触发器组成时序电路，则 $Y = B\bar{Q}_1^n + AQ_1^nQ_0^n + BQ_1^n\bar{Q}_0^n$，$D_1 = A\bar{Q}_1Q_0 + AQ_1\bar{Q}_0 = A(Q_1 \oplus Q_2)$，$D_0 = AQ_0$。

表 5.9　例 5.7 状态转移表

A	B	Q_1^n	Q_0^n	Q_1^{n+1}	Q_0^{n+1}	Y
0	0	0	0	0	0	0
0	0	0	1	0	0	0
0	0	1	0	0	0	0
0	0	1	1	0	0	0
0	1	0	0	0	0	1
0	1	0	1	0	0	1
0	1	1	0	0	0	1
0	1	1	1	0	0	0
1	0	0	0	1	0	0
1	0	0	1	1	1	0
1	0	1	0	0	0	0
1	0	1	1	∅	∅	1
1	1	0	0	∅	∅	∅
1	1	0	1	∅	∅	∅
1	1	1	0	∅	∅	∅
1	1	1	1	∅	∅	∅

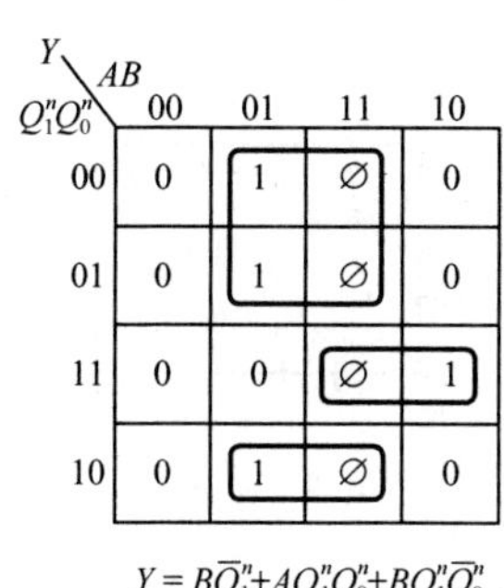

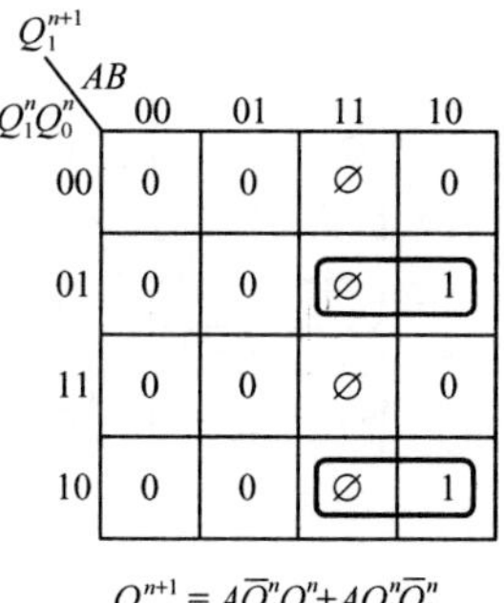

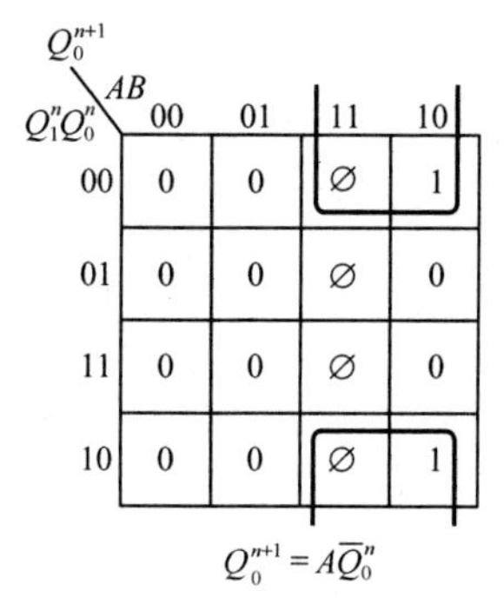

图 5.32　例 5.7 卡诺图

5）自启动检测。由于无自由状态，无须自启动检测。

6）电路（略）。

5.4 计数器

5.3 节介绍了用触发器和门电路构成同步计数器的方法，本节介绍中规模集成计数器。计数器是用于统计输入脉冲 CLK 个数的电路。按进制分类，计数器可分为二进制计数器和非二进制计数器，非二进制计数器中最典型的是十进制计数器；按数字的增减趋势分类，计数器可分为加法计数器、减法计数器和可逆计数器；按触发器翻转是否与计数脉冲同步分类，计数器可为同步计数器和异步计数器。

5.4.1 4 位二进制同步集成计数器 74161

74161 是二进制同步模 16 加法计数器，它具有异步清零的功能。图 5.33 是 74161 的逻辑图、引脚图、国际标准符号及惯用符号，表 5.10 为 74161 的功能表。

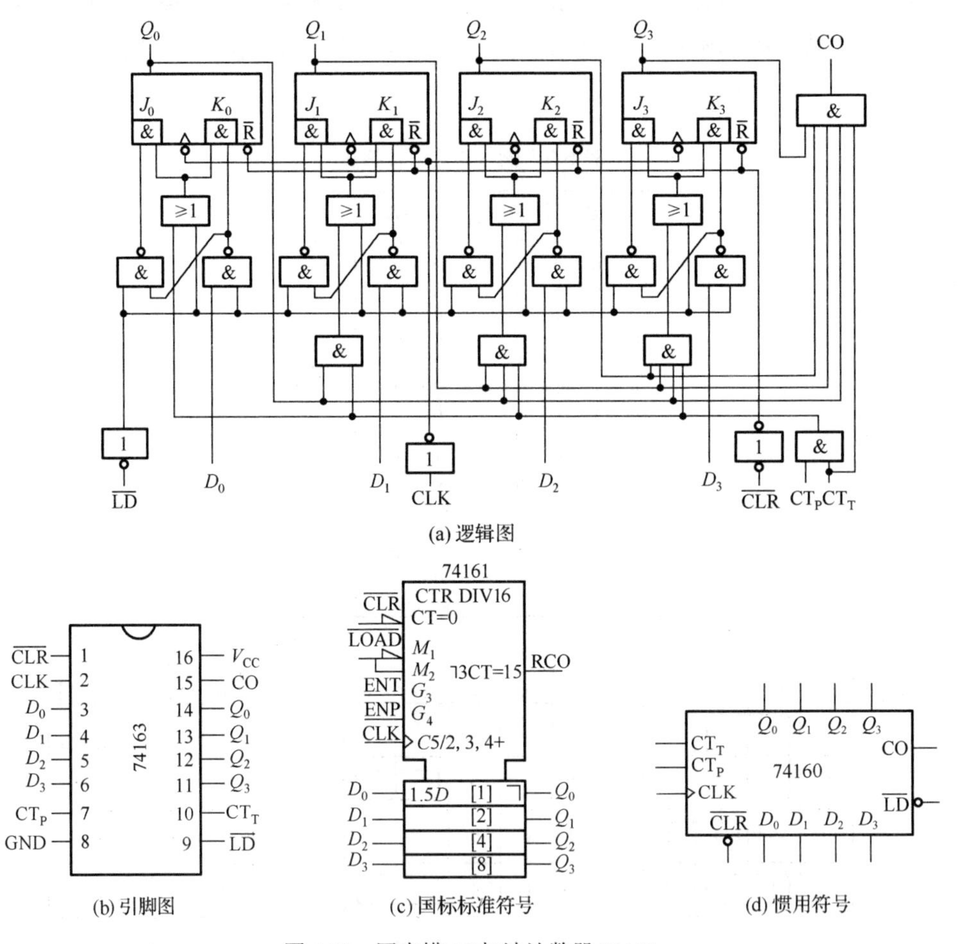

图 5.33 同步模 16 加法计数器 74161

由表 5.10 可知，74161 具有以下功能。

（1）异步清零。当 $\overline{CLR}=0$ 时，不管其他输入端的状态如何，不论有无时钟脉冲 CLK，计数器输出将被直接置零（$Q_3Q_2Q_1Q_0 = 0000$），称为异步清零。

表 5.10　74161 的功能表

$\overline{\text{CLR}}$	$\overline{\text{LOAD}}$	使能 ENP	使能 ENT	CLK	预置数据输入 D_3	D_2	D_1	D_0	输出 Q_3	Q_2	Q_1	Q_0	工作模式
0	×	×	×	×	×	×	×	×	0	0	0	0	异步清零
1	0	×	×	↑	d_3	d_2	d_1	d_0	d_3	d_2	d_1	d_0	同步置数
1	1	0	×	×	×	×	×	×	保持				数据保持
1	1	×	0	×	×	×	×	×	保持				数据保持
1	1	1	1	↑	×	×	×	×	计数				加法计数

（2）同步并行预置数。当$\overline{\text{CLR}}=1$、$\overline{\text{LD}}=0$时，在输入时钟脉冲 CLK 上升沿的作用下，并行输入端的数据 $d_3d_2d_1d_0$ 被置入计数器的输出端，即 $Q_3Q_2Q_1Q_0 = d_3d_2d_1d_0$。由于这个操作要与 CLK 上升沿同步，所以称为同步预置数。

（3）计数。当$\overline{\text{CLR}}=\overline{\text{LD}}=\text{ENP}=\text{ENT}=1$时，在 CLK 端输入计数脉冲，计数器进行二进制加法计数。

（4）保持。当$\overline{\text{CLR}}=\overline{\text{LD}}=1$，且 $\text{ENP}\cdot\text{ENT}=0$，即两个使能端中有 0 时，则计数器保持原来的状态不变。这时，如果 ENP = 0、ENT = 1，则进位输出信号 RCO 保持不变；如果 ENT = 0，则不管 ENP 状态如何，进位输出信号 RCO 为低电平 0。详见图 5.34。

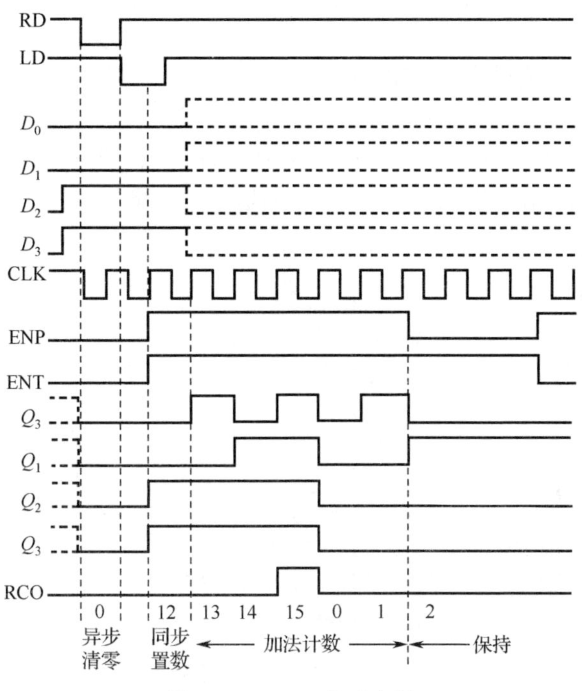

图 5.34　74161 的时序图

5.4.2　8421BCD 码同步加法计数器 74160

74160 是二进制同步模 10 加法计数器。其功能表如表 5.11 所示。图 5.35 为集成计数器 74160 的引脚图及符号。其中，进位输出端 RCO 的逻辑表达式为

$$\mathrm{RCO}=\mathrm{ET}\cdot Q_3\cdot Q_0$$

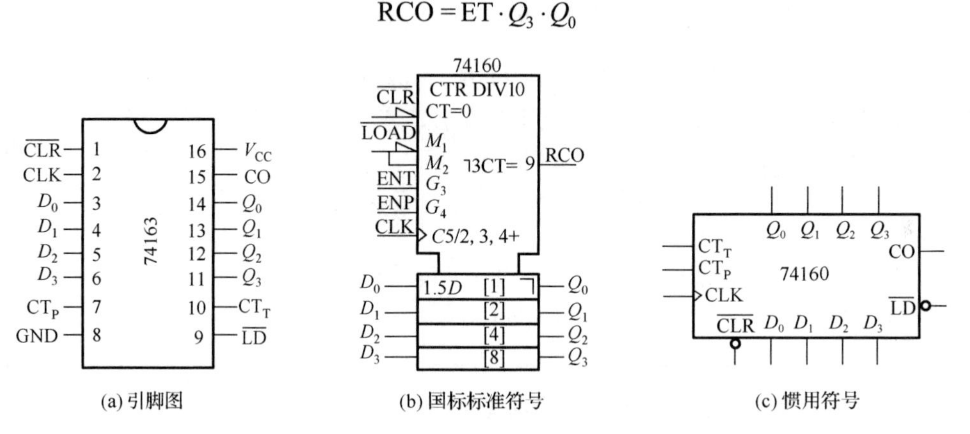

图 5.35　74160 的引脚图及符号

表 5.11　74160 的功能表

$\overline{\text{CLR}}$	$\overline{\text{LOAD}}$	使能		CLK	预置数据输入	输出	工作模式
		ENP	ENT		$D_3\ D_2\ D_1\ D_0$	$Q_3\ Q_2\ Q_1\ Q_0$	
0	×	×	×	×	× × × ×	0 0 0 0	异步清零
1	0	×	×	↑	$d_3\ d_2\ d_1\ d_0$	$d_3\ d_2\ d_1\ d_0$	同步置数
1	1	0	×	×	× × × ×	保　持	数据保持
1	1	×	0	×	× × × ×	保　持	数据保持
1	1	1	1	↑	× × × ×	十进制计数	加法计数

5.4.3　同步二进制加法计数器 74163

74163 是二进制具有同步清零功能的模 16 加法计数器。图 5.36 给出计数器 74163 的引脚图及符号。与 74161 不同的是，在 $\overline{\text{CLR}}=0$ 的情况下，输入一个 CLK 脉冲后，计数器才清零。

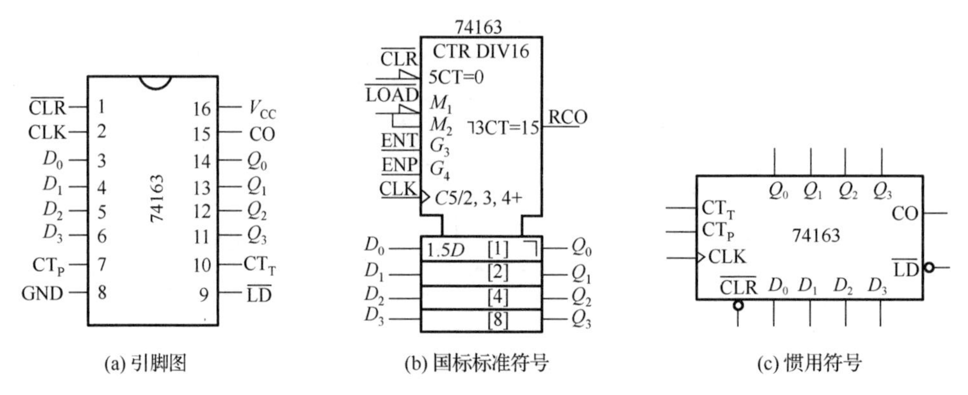

图 5.36　74163 的引脚图及符号

5.4.4　二-五-十进制异步加法计数器 74290

74290 的逻辑图如图 5.37(a)所示。它包含一个独立的 1 位二进制计数器和一个独立的异步五进制计数器。二进制计数器的时钟输入端为 CLK_A，输出端为 Q_0；五进制计数器的时钟

输入端为 CLK_B，输出端为 Q_1、Q_2、Q_3。如果将 Q_0 与 CLK_B 相连，CLK_A 作为时钟脉冲输入端，Q_0～Q_3 作为输出端，则为 8421BCD 码十进制计数器。表 5.12 是 74290 的功能表。

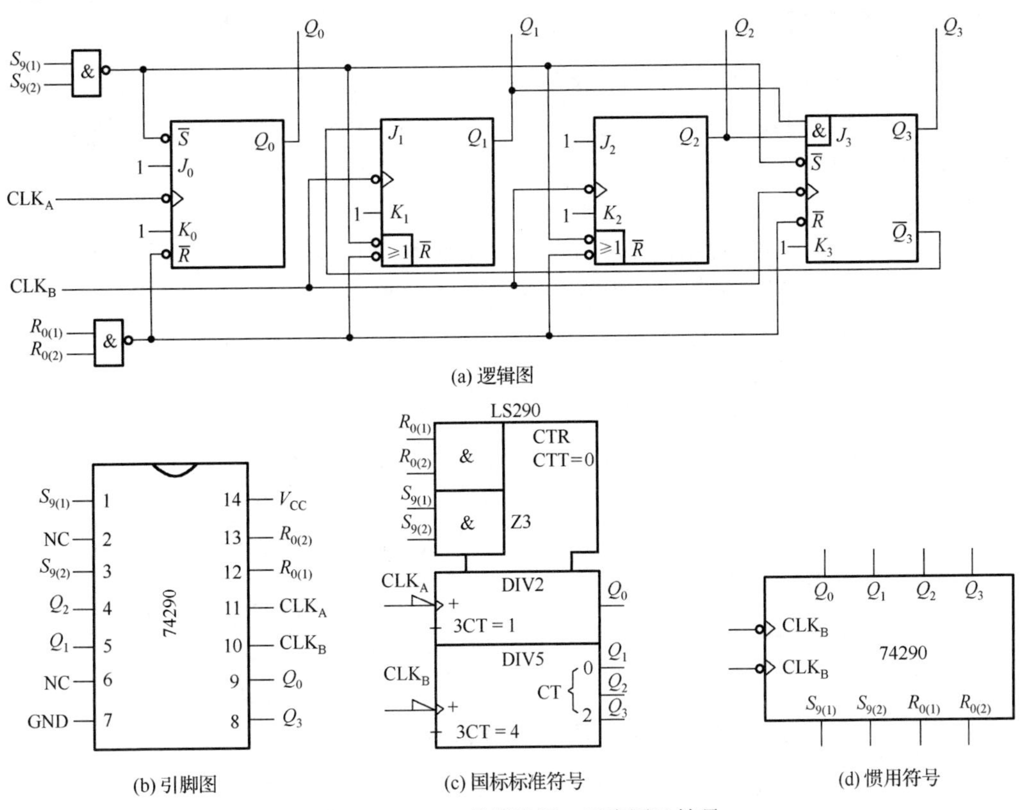

图 5.37　74290 的逻辑图、引脚图及符号

表 5.12　74290 的功能表

复位输入		置位输入		CLK	输出				工作模式
$R_{0(1)}$	$R_{0(2)}$	$S_{9(1)}$	$S_{9(2)}$		Q_3	Q_2	Q_1	Q_0	
1	1	0	×	×	0	0	0	0	异步清零
1	1	×	0	×	0	0	0	0	异步清零
×	×	1	1	×	1	0	0	1	异步置 9
0	×	0	×	↓	计		数		加法计数
0	×	×	0	↓	计		数		加法计数
×	0	0	×	↓	计		数		加法计数
×	0	×	0	↓	计		数		加法计数

由表 5.12 可知，74290 具有以下功能。

（1）异步清零。当复位输入端 $R_{0(1)} = R_{0(2)} = 1$，且置位输入 $S_{9(1)} \cdot S_{9(2)} = 0$ 时，无论有无时钟脉冲 CLK，计数器输出将被直接置零。

（2）异步置数。当置位输入 $S_{9(1)} = S_{9(2)} = 1$ 时，无论其他输入端状态如何，计数器输出将被直接置 9（即 $Q_3Q_2Q_1Q_0 = 1001$）。

（3）计数。当 $R_{0(1)} \cdot R_{0(2)} = 0$，且 $S_{9(1)} \cdot S_{9(2)} = 0$ 时，在计数脉冲（下降沿）作用下，进行二-五-十进制加法计数。即若在 CLK_A 端输入脉冲，则在 Q_0 端是模 2 计数；若在 CLK_B 端输入脉冲，则由 Q_3、Q_2、Q_1 构成的计数器实现模 5 计数。模 2 和模 5 可独立计数。

5.4.5 集成计数器的应用

1. 组成任意进制计数器

市售的集成计数器一般为二进制和 8421BCD 码十进制计数器，如果需要使用其他进制的计数器，可用现有的二进制或十进制计数器，利用其清零端或预置数端，外加适当的门电路连接而成。

（1）异步清零法。

本法适用于具有异步清零端的集成计数器。图5.38(a)所示是用集成计数器 74161 和与非门组成的六进制计数器的逻辑图。其状态图如图 5.38(b)所示。

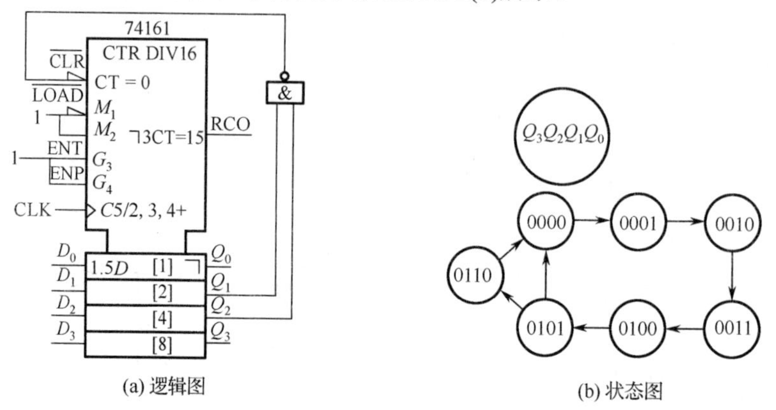

(a) 逻辑图 (b) 状态图

图 5.38 74161 异步清零法组成六进制计数器

对于 74290，利用异步清零功能或 $S_{9(1)}$和 $S_{9(2)}$的异步置 9 功能，可实现十进制以内任意进制计数。图 5.39(a)为 74290 芯片构成的模 10 计数器。利用异步清零端实现模 7 加法计数器的电路如图 5.39(b)所示，将 Q_0 与 CLK_B 相连构成 8421 模 10 加计数器，将 Q_2、Q_1、Q_0 相与后接 $R_{0(1)}$和 $R_{0(2)}$的连线端。从 0000 状态开始到第 7 个 CLK 到来，$Q_3Q_2Q_1Q_0$=0111，使 $R_{0(1)}=R_{0(2)}$，马上导致 $Q_3Q_2Q_1Q_0$ = 0000，主要的 7 个状态 0000～0110 为主循环状态，0111 出现后瞬间即消失。

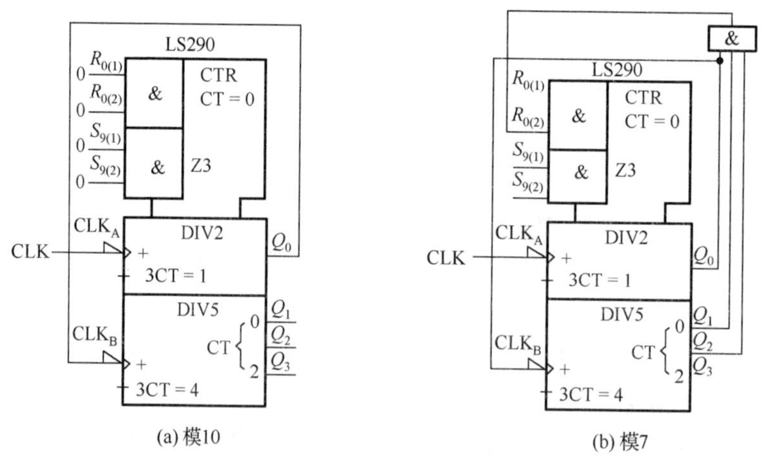

(a) 模10 (b) 模7

图 5.39 用 74290 实现计数器

（2）同步清零法。

本法适用于具有同步清零端的集成计数器。图5.40(a)所示是用集成计数器 74163 和与非门组成的六进制计数器逻辑图。图 5.40(b)为其状态图。

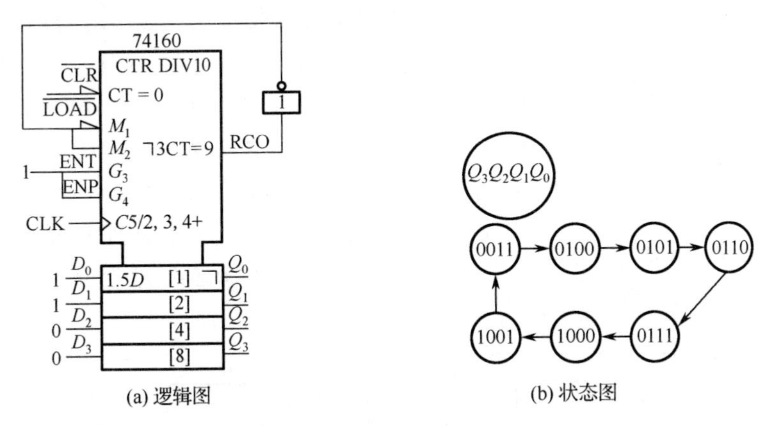

(a) 逻辑图　(b) 状态图

图 5.40　同步清零法组成六进制计数器

（3）同步预置数法。

本法适用于具有同步预置端的集成计数器。图5.41(a)所示是用集成计数器 74160 和与非门组成的七进制计数器逻辑图。图 5.41(b)为其状态图。

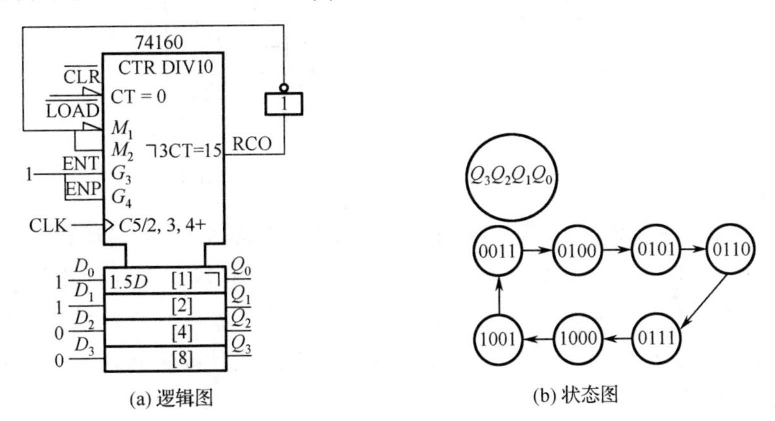

(a) 逻辑图　(b) 状态图

图 5.41　同步预置数法组成七进制计数器

（4）异步预置数法。

本法适用于具有异步预置端的集成计数器，例如集成计数器 74191 等，这里不做详细介绍。

综上所述，改变集成计数器的模可用清零法，也可用预置数法。清零法比较简单，但精确性差；预置数法比较灵活。不管用哪种方法，首先都应清楚所用集成组件的清零端或预置端是异步还是同步工作方式，根据不同的工作方式选择合适的清零信号或预置信号。

【例 5.8】 用 74161 实现模 11 加计数。

解： 74161 有三种连接方法实现加计数。

1）置数归零法。连接方法如图 5.42 所示。$D_3D_2D_1D_0 = 0000$，将计数器最大状态（1010）时输出为 1 的端接到与非门的输入端。这样，在 0～9 状态时，$\overline{\text{LOAD}} = 1$，满足计数条件。只有当模 11 的最大状态 10，即 $Q_3Q_2Q_1Q_0 = 1010$ 时，$\overline{\text{LOAD}} = 0$，在下一个 CLK（第 11 个

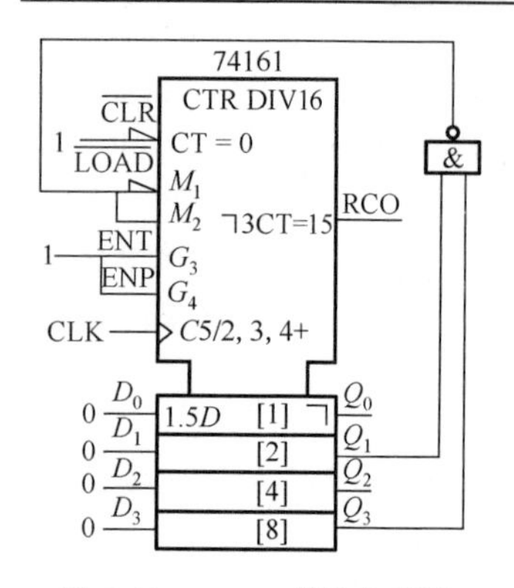

图 5.42　74161 置数归零法实现模 11 加法计数

CLK）上升沿到来后执行预置数功能，将 $D_3D_2D_1D_0$ 并入 $Q_3Q_2Q_1Q_0$，使计数器复位为 0000，实现模 11 加计数。

2）预置补数法。连接方式如图 5.43(a)所示。此电路的工作状态为 5～15，为模 11 计数器。预置端 $D_3D_2D_1D_0$=0101，输出端 $Q_3Q_2Q_1Q_0$= 1111（此时 CO = 1）。这样，计数器从 5 开始计数，到 15 后回到 5。再如图 5.43(b)所示，此电路的工作状态为 2～12，为模 11 计数器。预置端 $D_3D_2D_1D_0$ = 0010，输出端 $Q_3Q_2Q_1Q_0$= 1100。这样，计数器从 2 开始计数，到 12 后回到 2。由于 74161 为十六进制，对模 N 计数器可利用预置 16 – N 的方法实现。也可以利用 0～15 中任意段 11 个状态来实现模 11，如 4～14 等。

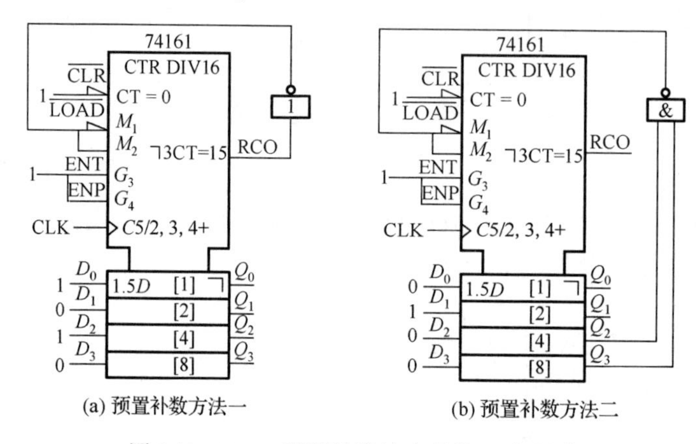

图 5.43　74161 预置补数法实现模 11 加计数

3）反馈归零法。连接方式如图 5.44(a)所示，用异步清零端 $\overline{\text{CLR}}$ 实现模 11 加计数。初始状态为 0000，从清零状态开始，前 10 个 CLK，74161 正常计数，当计数器计到 11 时，与非门输出为 0，$\overline{\text{CLR}}$ 为 0，$Q_3Q_2Q_1Q_0$ 被立即强制清零，使计数器从 0 开始重新计数。1011 状态是很短暂的一瞬间，出现后很快消失，如图 5.44(b)所示。这种接法的缺点是输出信号有“毛刺”，如图 5.44(c)所示。

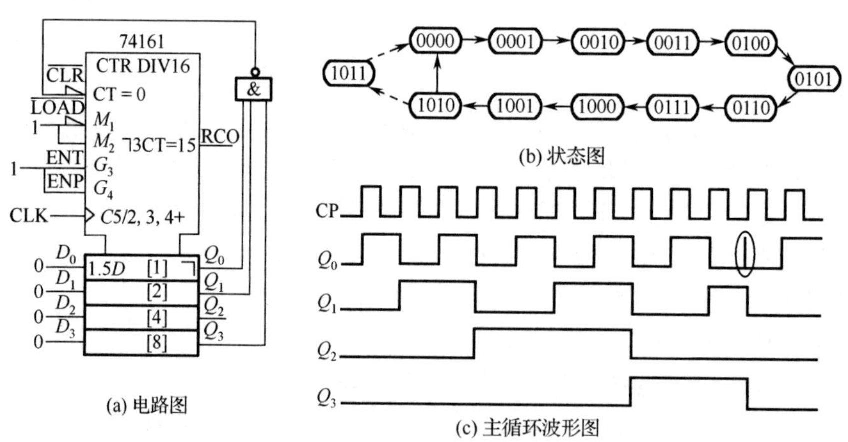

图 5.44　74161 反馈归零法实现模 11 加计数

2．计数器的级联

两个模 N 计数器级联，可实现 $N\times N$ 的计数器。

（1）同步级联。

【例 5.9】用 74161 构成模 166 加法计数器。

解：需两片 74161，连接方法如图 5.45 所示。两芯片的 CLK 端接在一起，接成同步状态。片 I 的进位输出 RCO 端接片 I 的 ENT、ENP，保证片 I$Q_3Q_2Q_1Q_0$ 由 1111 回到 0000 时，片 II 加 1。也就是说，片 I 每个 CLK 脉冲进行加一计数，片 II 每第 16 个 CLK 脉冲进行加一计数。最后，在输出片 II 的 $Q_3Q_2Q_1Q_0$ = 1010、片 I 的 $Q_3Q_2Q_1Q_0$= 0101 时，由两片的 $\overline{\text{LOAD}}$ 端回到 0，该计数器的状态从 0～165，为模 166。

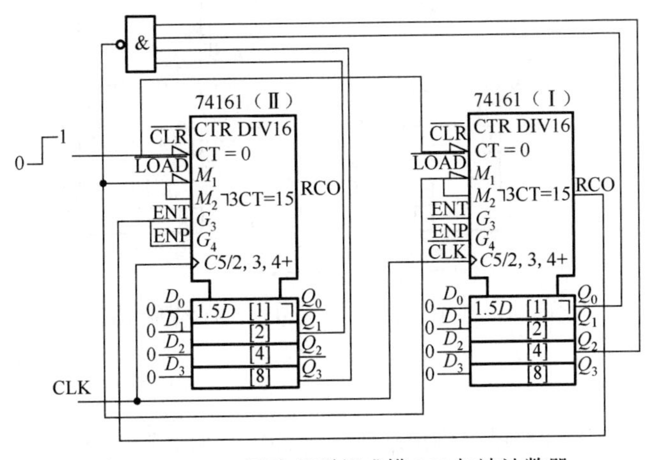

图 5.45　74161 同步级联组成模 166 加法计数器

（2）异步级联。

有的集成计数器没有进位/借位输出端，这时可根据具体情况，用计数器的输出信号 Q_3、Q_2、Q_1、Q_0 产生一个进位/借位。

【例 5.10】分别用两片集成计数器实现模 48 异步和同步加法计数器。

解一：用两片二-五-十进制异步加法计数器 74290 采用异步级联方式组成的加法计数器，如图 5.46 所示，模为 48。

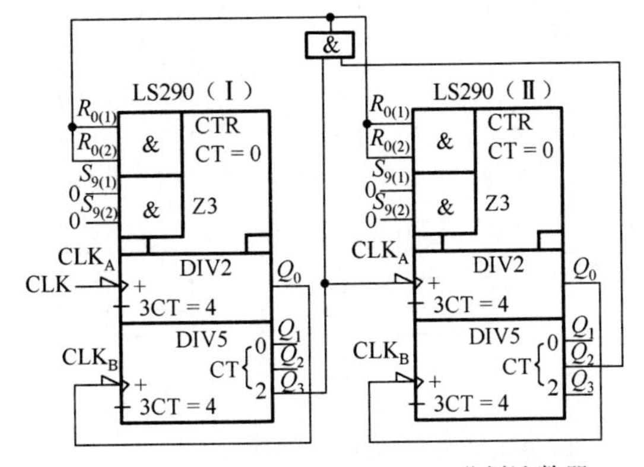

图 5.46　74290 异步级联组成 48 进制计数器

解二： 用 74160 组成 48 进制计数器。因为 $N=48$，而 74160 为模 10 计数器，所以要用两片 74160 构成此计数器。先将两芯片采用同步级联方式连接成 100 进制计数器，然后再借助 74160 异步清零功能，在输入第 48 个计数脉冲后，计数器输出状态为 01001000 时，高位片（Ⅰ）的 Q_2 和低位片（Ⅱ）的 Q_3 同时为 1，使与非门输出 0，加到两芯片异步清零端上，使计数器立即返回 00000000 状态，状态 01001000 仅在极短的瞬间出现，为过渡状态。这样，就组成了 48 进制计数器，其逻辑电路如图 5.47 所示。

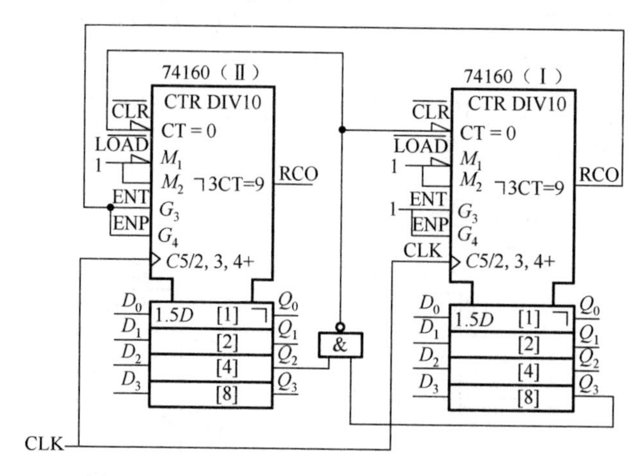

图 5.47　74160 组成同步模 48 计数器逻辑电路

3．组成分频器

前面曾提到，模 N 计数器进位输出端输出脉冲的频率是输入脉冲频率的 $1/N$，因此可用模 N 计数器组成 N 分频器。

【例 5.11】 某石英晶体振荡器输出脉冲信号的频率为 32768 Hz，用 74161 组成分频器，将其分频成频率为 1 Hz 的脉冲信号。

解： 因为 $32768=2^{15}$，经 15 级二分频，就可获得频率为 1 Hz 的脉冲信号。因此将 4 片 74161 级联，从高位片（Ⅳ）的 Q_2 输出即可，其逻辑电路如图 5.48 所示。

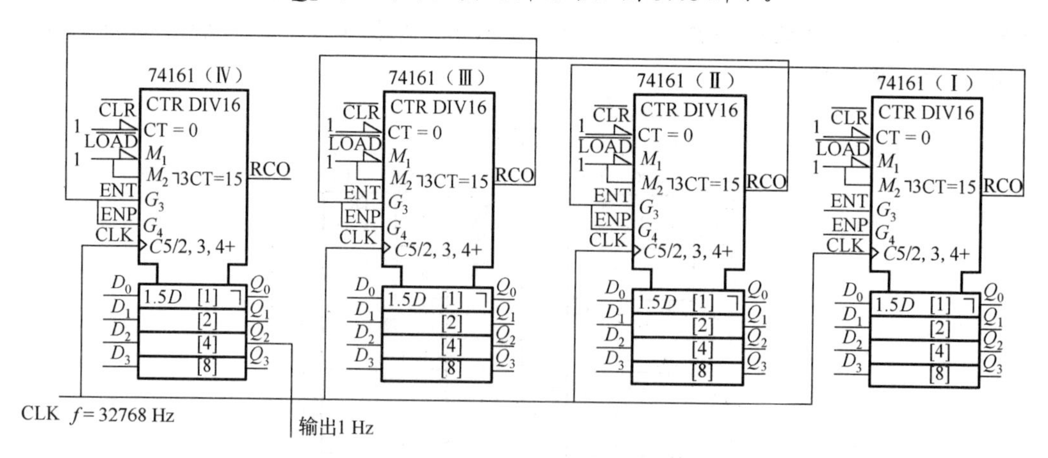

图 5.48　利用 74161 组成分频器的逻辑电路

5.5　寄存器

数码寄存器是存储二进制数码的时序电路组件，它具有接收和寄存二进制数码的逻辑功能。数码寄存器的主要组成部分是触发器。由于一个触发器能存储一位二进制代码，所以存储 n 位二进制代码的寄存器应由 n 个触发器构成。

5.5.1　寄存器 74175

图 5.49(a)所示是由 D 触发器组成的 4 位集成寄存器 74LS175 的逻辑图，其引脚图如图 5.49(b)所示，其中 R_D 是异步清零控制端，D_0～D_3 是并行数据输入端，CLK 为时钟脉冲端，Q_0～Q_3 是并行数据输出端，$\overline{Q_0}$～$\overline{Q_3}$ 是反码数据输出端。

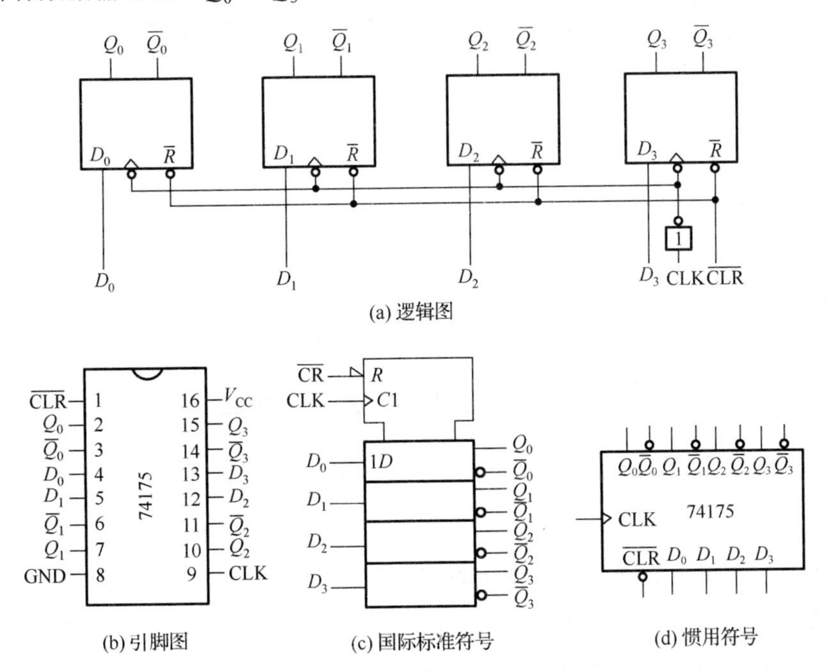

图 5.49　4 位集成寄存器 74LS175

该电路的数码接收过程为：将需要存储的 4 位二进制数码送到数据输入端 D_0～D_3，在 CLK 端送一个时钟脉冲，脉冲上升沿作用后，4 位数码并行地出现在 4 个触发器 Q 端。$\overline{CR}$ = 1，不处于 CLK 上升沿，各触发器保持原状态。所以 74175 具有清零、并入、保持、并行输出功能。74LS175 的功能见表 5.13。

表 5.13　74LS175 的功能表

CLR	CLK	输入 D_0 D_1 D_2 D_3	输出 Q_0 Q_1 Q_2 Q_3	工作模式
0	×	× × × ×	0 0 0 0	异步清零
1	↑	D_0 D_1 D_2 D_3	D_0 D_1 D_2 D_3	数码寄存
1	1	× × × ×	保持	数据保持
1	0	× × × ×	保持	数据保持

5.5.2 移位寄存器

移位寄存器不但可以寄存数码，而且在移位脉冲作用下，寄存器中的数码可根据需要向左或向右移动1位。移位寄存器也是数字系统和计算机中应用很广泛的基本逻辑部件。

1. 单向移位寄存器

（1）4位右移寄存器。

设移位寄存器的初始状态为0000，串行输入数码 D_I=1101，从高位到低位依次输入。在4个移位脉冲作用后，输入的4位串行数码1101全部存入寄存器中。电路的状态表如表5.14所示，电路图如图5.50所示。

表5.14 右移寄存器的状态表

移位脉冲 CLK	输入数码 D_I	输出			
		Q_0	Q_1	Q_2	Q_3
0		0	0	0	0
1	1	1	0	0	0
2	1	1	1	0	0
3	0	0	1	1	0
4	1	1	0	1	1

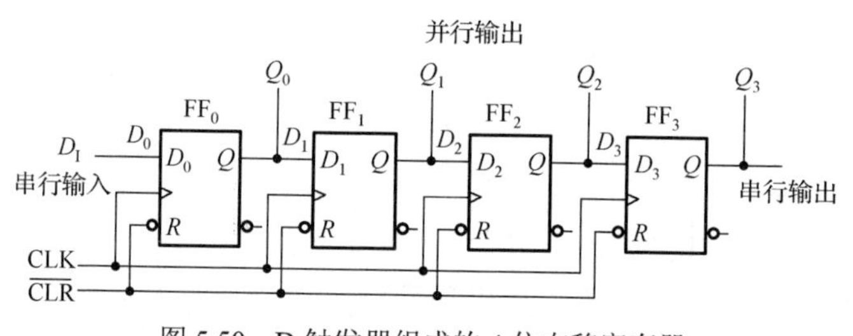

图5.50 D触发器组成的4位右移寄存器

移位寄存器中的数码可由 Q_3、Q_2、Q_1 和 Q_0 并行输出，也可从 Q_3 串行输出。串行输出时，要继续输入4个移位脉冲，才能将寄存器中存放的4位数码1101依次输出。图5.51中第5～8个CLK脉冲及所对应的 Q_3、Q_2、Q_1、Q_0 波形，也就是将4位数码1101串行输出的过程。所以，移位寄存器具有串行输入/并行输出、串行输入/串行输出两种工作方式。

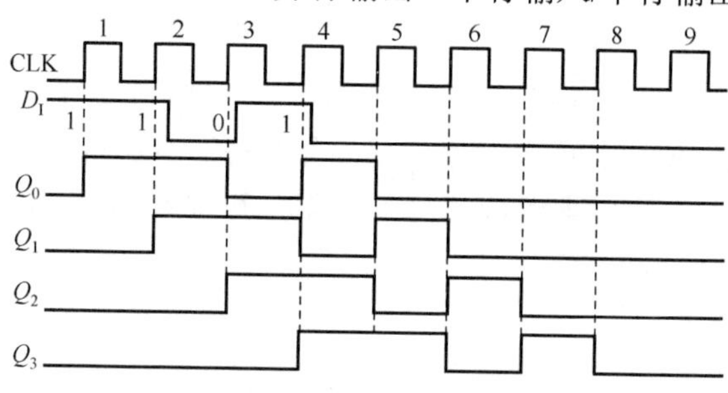

图5.51 图5.49电路的时序图

（2）左移寄存器。左移寄存器电路如图5.52所示。

2. 双向移位寄存器

将图5.50所示的右移寄存器和图5.52所示的左移寄存器组合起来，并引入控制端 S，便构成既可左移又可右移的双向移位寄存器，如图5.53所示。

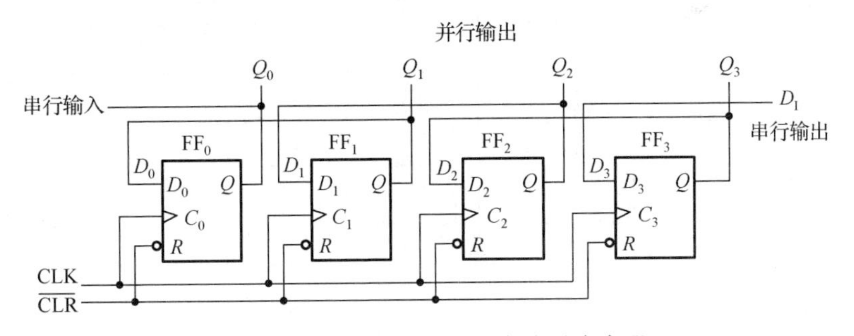

图 5.52　D 触发器组成的 4 位左移寄存器

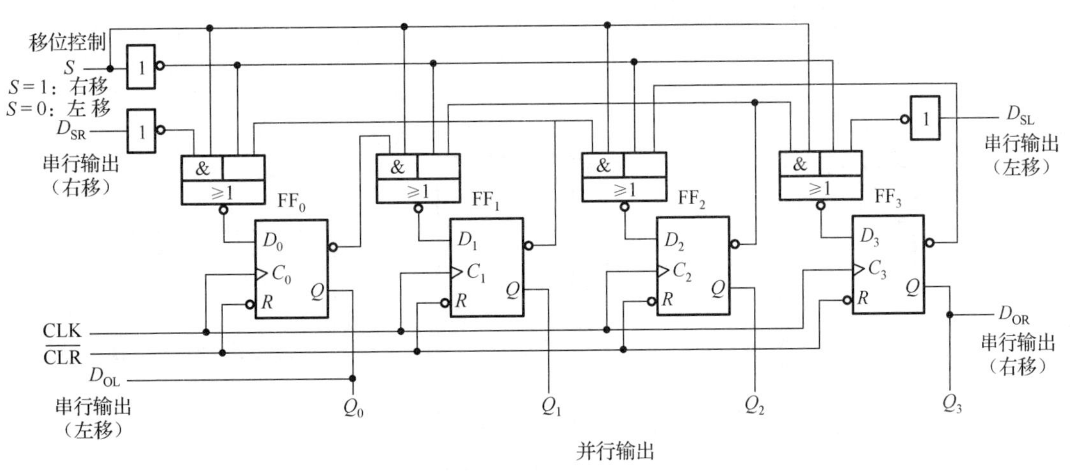

图 5.53　D 触发器组成的 4 位双向移位寄存器

由图可知，该电路的驱动方程为

$$D_0 = \overline{S\overline{D_{SR}} + \overline{S}\,\overline{Q_1}}$$

$$D_1 = \overline{S\overline{Q_0} + \overline{S}\,\overline{Q_2}}$$

$$D_2 = \overline{S\overline{Q_1} + \overline{S}\,\overline{Q_3}}$$

$$D_3 = \overline{S\overline{Q_2} + \overline{S}\,\overline{D_{SL}}}$$

其中，D_{SR}为右移串行输入端，D_{SL}为左移串行输入端。当$S=1$时，$D_0=D_{SR}$、$D_1=Q_0$、$D_2=Q_1$、$D_3=Q_2$，在 CLK 脉冲作用下，实现右移操作；当$S=0$时，$D_0=Q_1$、$D_1=Q_2$、$D_2=Q_3$、$D_3=D_{SL}$，在 CLK 脉冲作用下，实现左移操作。

5.5.3　集成移位寄存器 74194

SN74194 是由 4 个触发器组成的功能很强的 4 位移位寄存器，D_{SL}和D_{SR}分别是左移和右移串行输入。D_0、D_1、D_2和D_3是并行输入端。Q_0和Q_3分别是左移和右移时的串行输出端，Q_0、Q_1、Q_2和Q_3为并行输出端。SN74194 寄存器的引脚图及符号在图 5.54 中给出，其功能表见表 5.15。

由表 5.15 可以看出，SN74194 具有如下功能。

（1）异步清零。当$\overline{CLR}=0$时即刻清零，与其他输入状态及 CLK 无关。

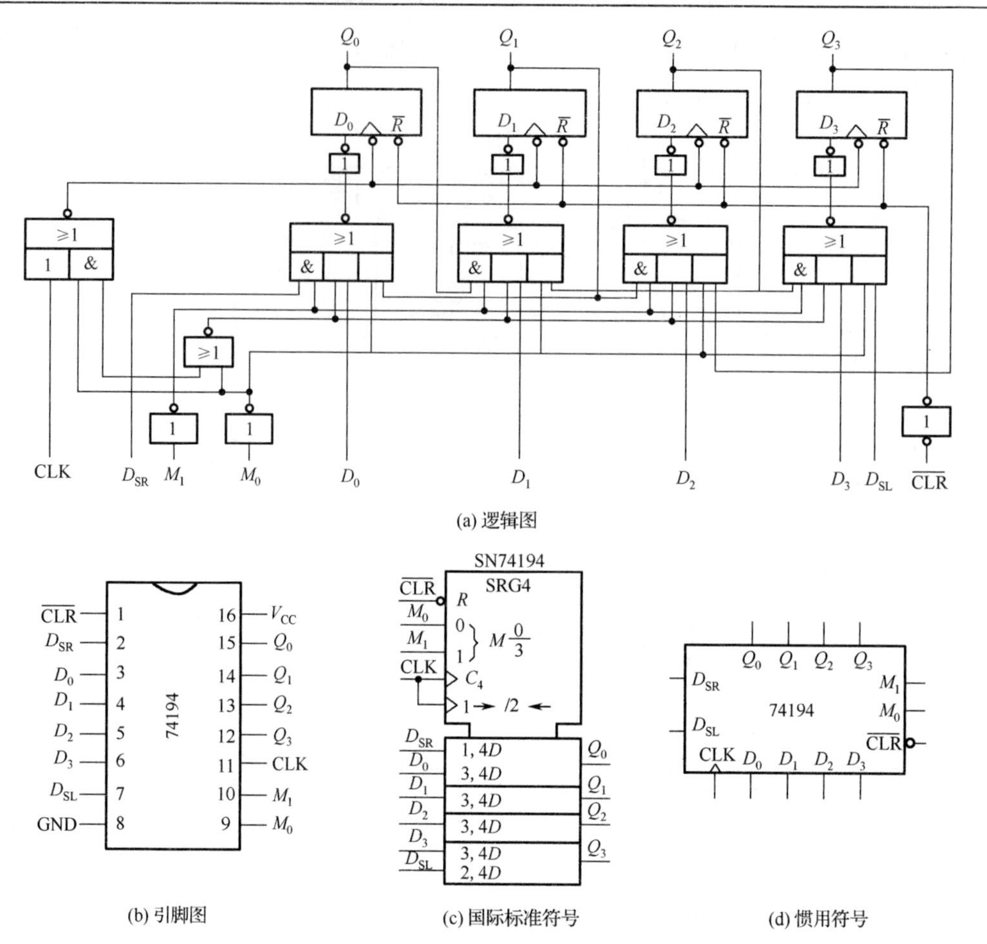

图 5.54 集成移位寄存器 SN74194

表 5.15 SN74194 的功能表

输入											输出				工作模式
清零	控制输入		串行输入		时钟	并行输入									
$\overline{CLR}$	M_1	M_0	D_{SL}	D_{SR}	CLK	D_0	D_1	D_2	D_3		Q_0	Q_1	Q_2	Q_3	
0	×	×	×	×	×	×	×	×	×		0	0	0	0	异步清零
1	0	0	×	×	×	×	×	×	×		Q_0^n	Q_1^n	Q_2^n	Q_3^n	保　持
1	0	1	×	1	↑	×	×	×	×		1	Q_0^n	Q_1^n	Q_2^n	右移，D_{SR}为串行输入，
1	0	1	×	0	↑	×	×	×	×		0	Q_0^n	Q_1^n	Q_2^n	Q_3为串行输出
1	1	0	1	×	↑	×	×	×	×		Q_1^n	Q_2^n	Q_3^n	1	左移，D_{SL}为串行输入，
1	1	0	0	×	↑	×	×	×	×		Q_1^n	Q_2^n	Q_3^n	0	Q_0为串行输出
1	1	1	×	×	↑	D_0	D_1	D_2	D_3		D_0	D_1	D_2	D_3	并行置数

（2）M_1、M_0是控制输入端。当$\overline{CLR}$ =1 时 SN74194 有如下 4 种工作方式。

① 当$M_1M_0 = 00$时，不论有无 CLK 到来，各触发器状态不变，为保持工作状态。

② 当$M_1M_0 = 01$时，在 CLK 的上升沿作用下，实现右移（上移）操作，流向是$D_{SR} \to Q_0 \to Q_1 \to Q_2 \to Q_3$。

③ 当$M_1M_0 = 10$时，在 CLK 的上升沿作用下，实现左移（下移）操作，流向是$D_{SL} \to Q_3 \to Q_2 \to Q_1 \to Q_0$。

④ 当 $M_1M_0=11$ 时，在 CLK 的上升沿作用下，实现置数操作：$D_0 \to Q_0$，$D_1 \to Q_1$，$D_2 \to Q_2$，$D_3 \to Q_3$。

图5.55 分别给出了 SN74194 实现左移、右移和并入置数的电路连接方法。

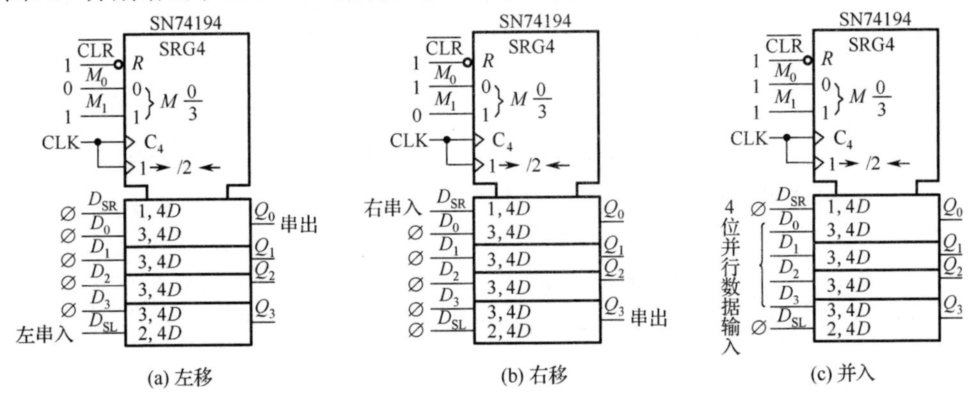

图 5.55　SN74194 的左移、右移和并入置数电路

5.5.4　移位寄存器构成的移位型计数器

1．环形计数器

寄存器 SN74194 接成环形或扭环电路，可以用于计数器。按照图 5.56(a)所示的连接方式，SN74194 构成环形左移移位寄存器。将 Q_0 接 D_{SL}，$\overline{CLR}=1$，取 $Q_0Q_1Q_2Q_3$ 中只有一个 1 的循环为主循环，即 $D_0D_1D_2D_3=0001$。取 $M_1=1$，M_0 先为 1，实现并入功能：$Q_0Q_1Q_2Q_3=D_0D_1D_2D_3=0001$，然后令 $M_0=0$，则随着 CLK 脉冲的输入，电路开始左移环形移位操作，其主循环状态图和波形图分别如图 5.56(b)和图 5.56(c)所示。

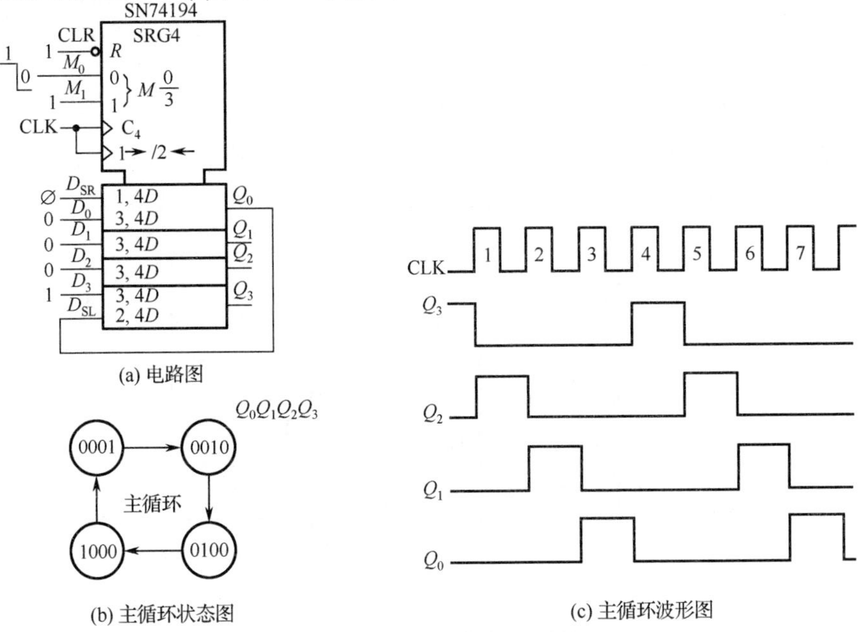

图 5.56　SN74194 构成环形计数器

从图 5.56(b)可以看出，4 个触发器可以形成 4 个状态，可以作为模 4 计数器。当环形计数器主循环有 n 个触发器时，模数为 n。从图 5.56(c)可以看出，在 Q_3～Q_0 输出端只有一个高电平1（也可以只有一个低电平0）依次输出，形成一种节拍脉冲波形，节拍的高电平宽度为一个 CLK 周期。这种电路也称为节拍发生器。

2. 扭环形计数器

环形计数器的电路十分简单，N 位移位寄存器可以计 N 个数，实现模 N 计数器，且状态为 1 的输出端的序号即代表收到的计数脉冲的个数，通常不需要任何译码电路。

SN74194 接成右移扭环形计数器的电路如图 5.57(a)所示，是把 Q_3 接非门后再接右移串入端 D_{SR}（若将 $\overline{Q}_0$ 接 D_{SL}，则构成左移扭环形计数器）。图 5.57(b)为右移扭环形计数器的状态图。从状态图可以看出，4 个触发器构成扭环形计数器时，主循环有 8 个状态，即 n 个触发器，扭环形计数器为模 $2n$。在触发器个数相同时，模数比环形计数器高 1 倍。

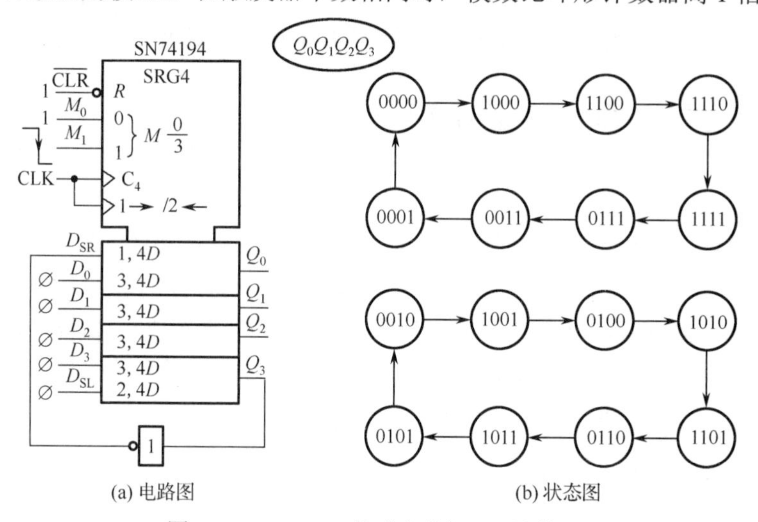

(a) 电路图　　(b) 状态图

图 5.57　SN74194 构成右移扭环形计数器

【例 5.12】 用寄存器 SN74194 构成模 12 右移扭环形计数器并画出状态图（初态为 0000）。

解： 需用 6 个触发器即两片 SN74194，电路连接法如图 5.58 所示，状态图如图 5.59 所示。

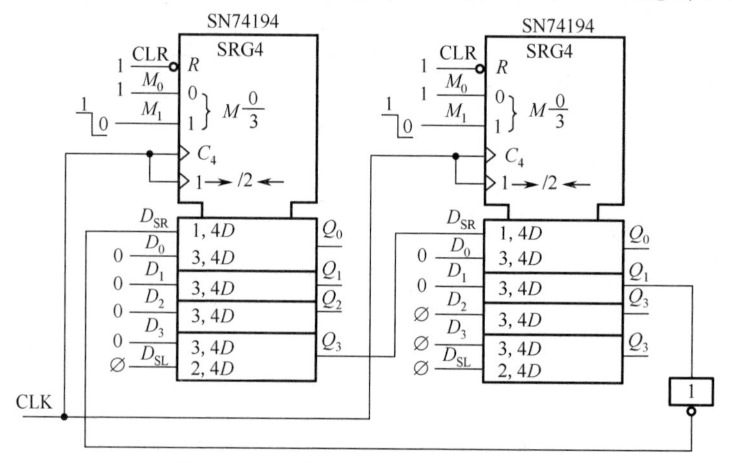

图 5.58　用 SN74194 构成模 12 右移扭环形计数器电路图

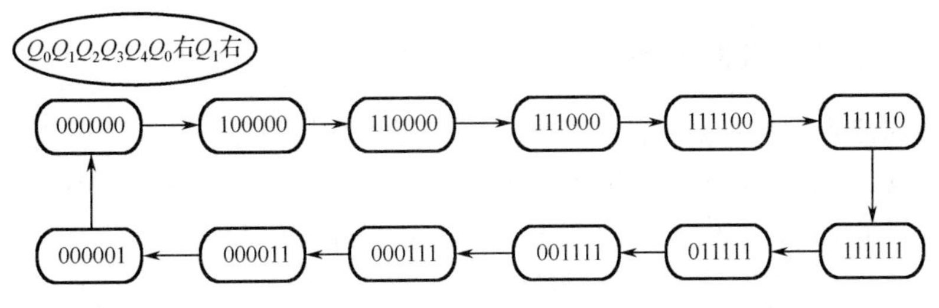

图 5.59　用 SN74194 构成模 12 右移扭环形计数器状态图

5.6　序列信号发生器

在数字系统中，有时需要用到一组特定的循环数字信号，称这种循环数字信号为序列信号。序列信号发生器就是能够循环产生一组序列信号的时序电路，它可以由计数器或移位寄存器构成。

5.6.1　计数型序列信号发生器

用计数器辅以数据选择器，可以方便地构成各种序列信号发生器，构成的方法如下。

第一步，构成一个模 P 计数器。第二步，选择适当的数据选择器，把欲产生的序列按规定的顺序加在数据选择器的数据输入端，把地址输入端与计数器的输出端适当地连接在一起。在用计数器产生序列信号时，触发器的数目 k 一定要符合 $2^{k-1} < M \leqslant 2^k$ 的关系，不过，用计数器构成的序列信号发生器的结构一般比用移位寄存器构成的序列信号发生器复杂。计数型序列信号发生器由计数器和组合网络两部分组成。例如，需要产生一个 7 位序列信号 0010111（时间顺序自左向右），可用一个七进制计数器和一个八选一数据选择器组成，如图 5.60 所示。

当 CLK 脉冲连续作用到计数器 74161 上时，输出 Q_2、Q_1、Q_0（即八选一数据选择器 74151 的地址 A_2、A_1、A_0）从 000 到 110 不断依次循环，见表 5.16。在 Y 端就可以得到 7 位循环序列脉冲信号 0010111。

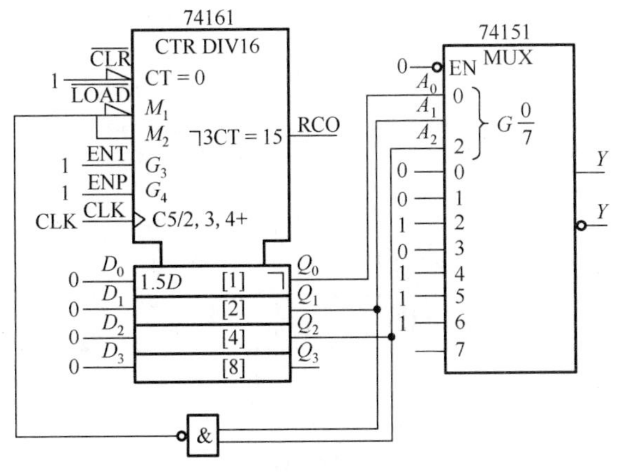

图 5.60　计数型序列信号发生器

表 5.16　图 5.60 电路状态转换表

CLK 顺序	Q_2 Q_1 Q_0 (A_2 A_1 A_0)	Y
0	0 0 0	D_0 0
1	0 0 1	D_1 0
2	0 1 0	D_2 1
3	0 1 1	D_3 0
4	1 0 0	D_4 1
5	1 0 1	D_5 1
6	1 1 0	D_6 1
7	0 0 0	D_0 0

5.6.2 移位型序列信号发生器

移位型序列信号发生器由移位寄存器和组合反馈网络组成。移位寄存器的结构是固定的，不需要再设计，需要设计的只是反馈电路。设计的依据就是要产生的序列信号。

对于计数器来说，计数模值 M 和触发器数目 k 之间一定满足关系

$$2^{k-1} < M \leqslant 2^k$$

如果序列信号的长度也用 M 表示，此时 M 和 k 的关系不一定满足上述关系。例如，要求序列信号的长度是 5，k 值取决于序列信号的具体形式，也许 3 个触发器就够了，也可能要 4 个触发器才能实现。

因此，序列信号发生器的设计步骤应该有所变化，具体如下。

Step1：根据给定序列信号的长度 M，确定所需的最小触发器数目 k。

Step2：验证并确定实际需要的触发器数目k。方法是对给定的序列信号，先取k 位为一组，第一组确定后，向前移一位，按 k 位再取一组，总共取 M 组。如果这 M 组数字都不重复，就可以使用已经选择的k；否则，就使 k 增加一位。重复以上过程，直到 M 组数字不再重复时，k 值就可以确定下来。

Step3：得到的 M 组数字，就是序列信号发生器的状态转移关系，将它们依次排列，就是这个序列信号发生器的状态转移表。不过，状态转移表的右边不是下一个状态，而是这个状态下的反馈信号值 D_0。在使用 D 触发器的情况下，这个反馈值就是 FF 触发器的下一状态 Q_0^{n+1}。

Step4：由状态转移表求反馈函数 D_0。

Step5：检查不使用状态的状态转移关系，检查自启动。

Step6：画逻辑图。

【例 5.13】 设计一个序列信号发生器，产生序列 10100,10100, …。

解： 1）序列长度是 5（10100），先设最小触发器数目是 3。

2）对序列信号每 3 位一组取信号，每取一组移一位，共取 5 组：

```
1010010100
101
 010
  100
   001
    010
```

5 组中出现了两次 010，说明 $k=3$ 不能满足设计要求。再取 $k=4$，重新按 4 位一组取信号，也取 5 组：1010、0100、1001、0010、0101，没有重复，于是确定 $k=4$。

表 5.17 例 5.13 状态转换表

Q_3	Q_2	Q_1	Q_0	D_0
1	0	1	0	0
0	1	0	0	1
1	0	0	1	0
0	0	1	0	1
0	1	0	1	0

3）列状态转移表，如表 5.17 所示。

4）画 D_0 的卡诺图，如图 5.61 所示。写出 D_0 的表达式 $D_0 = \overline{Q_3^n} \cdot \overline{Q_0^n}$。

5）检查自启动。在卡诺图中，没有被圈入任意项格的 D_0 值都是 0，从而可以确定不使用状态的下一个状态。如状态 1101 的下一个状态是最后一位后面添加一位0，即1010。确定所有状态的转移关系后，画出状态转移图，见图 5.62。电路可以自启动。

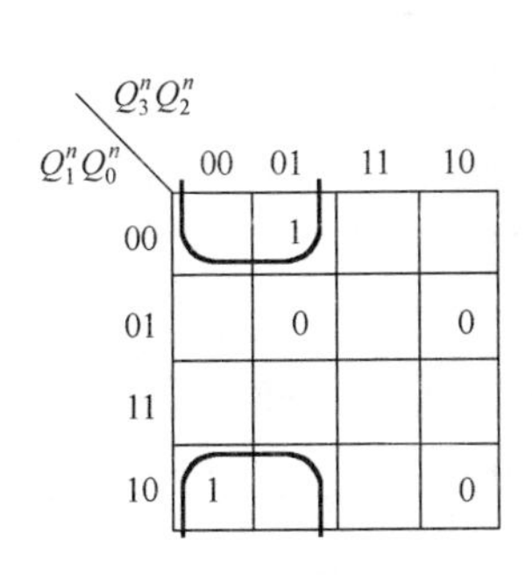

图 5.61　例 5.13 卡诺图

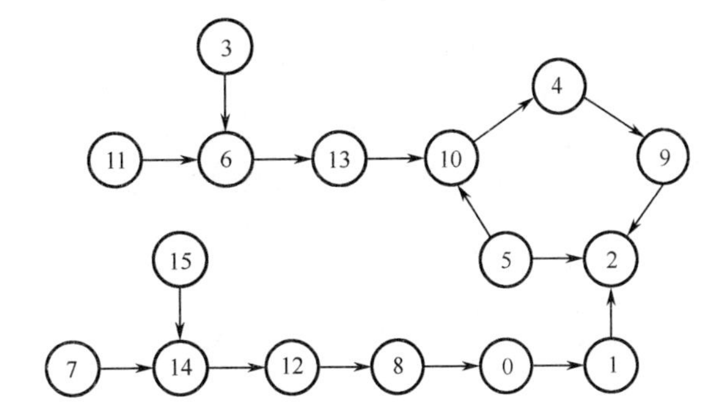

图 5.62　例 5.13 状态图

6）画出逻辑电路图，如图 5.63 所示。

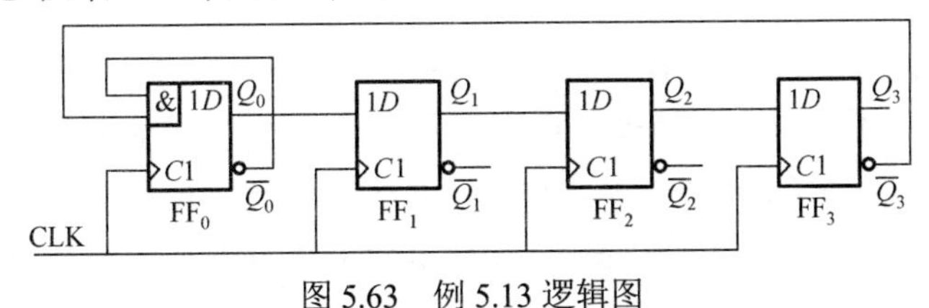

图 5.63　例 5.13 逻辑图

【例 5.14】 设计产生一个 7 位序列信号 0101000（顺序从左向右）的序列信号发生器。

解： 因为 $N=7$，故取 $k\geqslant 3$。

确定移位寄存器的 7 个状态：将序列码 0101000 按照移位规律每 3 位一组，分出 7 个状态为 010、101、010、100、000、000、001。其中状态 000 重复出现，遇到这种情况时需将寄存器位数 n 扩大，直到不出现重复状态为止。再选 $k=4$，7 个独立状态为 0101、1010、0100、1000、0000、0001、0010，其中没有重复，所以确定 $k=4$，可以选用移位寄存器 74194。

确定反馈函数 F 的表达式。由每个状态的移位输入即反馈输入信号，列出反馈函数表，见表 5.18，其中 F 的值等于下一个 CLK 到后 Q_3 的值。从表中看出，移位寄存器只需要左移即可，由此得到反馈函数 $F=D_{SL}$，就是反馈电路的输入函数。将 F 的值填入卡诺图（见图 5.64），化简得到

$$F=D_{SL}=\overline{Q}_0\cdot\overline{Q}_1\cdot\overline{Q}_3=\overline{Q_0+Q_1+Q_3}$$

表 5.18　例 5.14 反馈函数表

Q_0	Q_1	Q_2	Q_3	F
0	1	0	1	0
1	0	1	0	0
0	1	0	0	0
1	0	0	0	0
0	0	0	0	1
0	0	0	1	0
0	0	1	0	1

F　Q_2Q_3 \ Q_0Q_1	00	01	11	10
00	1	0	∅	0
01	0	0	∅	∅
11	∅	∅	∅	∅
10	1	∅	∅	0

图 5.64　例 5.14 反馈函数卡诺图

由以上结果画出此电路的完全状态图如图5.65 所示，电路可以自启动。由反馈函数画出逻辑电路，如图 5.66 所示，在输出端 Z（即 Q_0）可以得到循环序列信号 0101000。

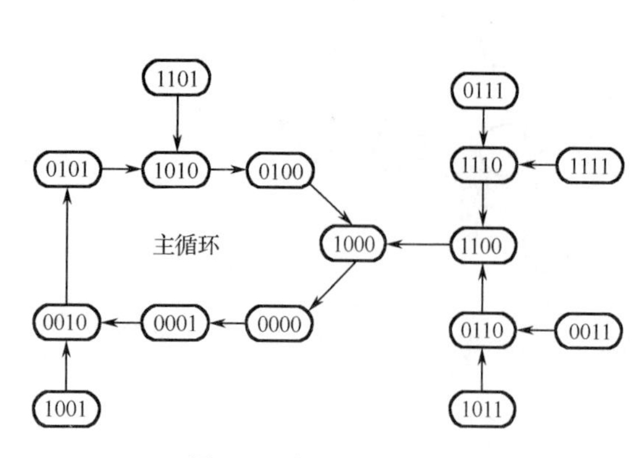

图 5.65 例 5.14 完全状态图

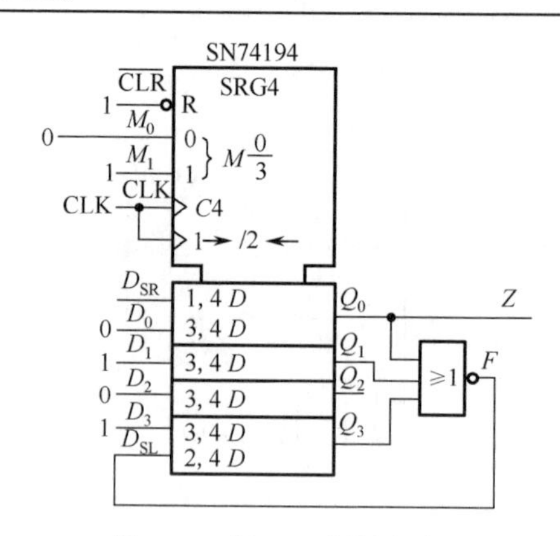

图 5.66 例 5.14 逻辑电路图

【例 5.15】 利用 74161 构成一个 01010 的序列信号发生器。

解： 图 5.67 是用 74161 及门电路构成的序列信号发生器。其中 74161 与 G_1 构成了一个模 5 计数器，且 $Z=Q_0\overline{Q_2}$。在 CLK 作用下，计数器的状态变化如表 5.18 所示。由于 $Z=Q_0\overline{Q_2}$，故不同状态下的输出如该表的右列所示。因此，这是一个 01010 序列信号发生器，序列长度 $P=5$。其状态表如表 5.19 所示。

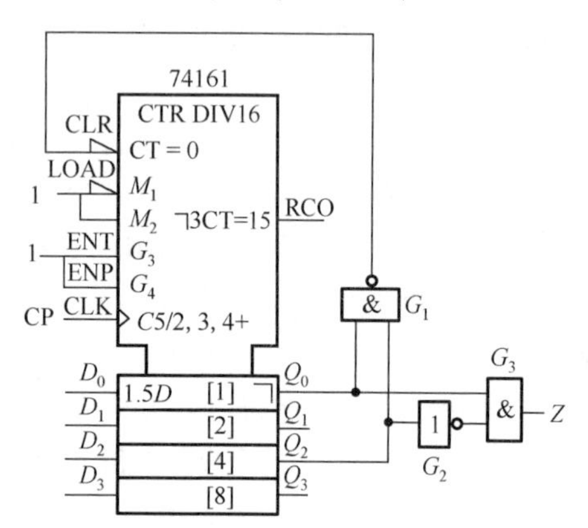

图 5.67 例 5.15 逻辑图

表 5.19 例 5.15 状态表

现态			次态			输出
Q_2^n	Q_1^n	Q_0^n	Q_2^{n+1}	Q_1^{n+1}	Q_0^{n+1}	Z
0	0	0	0	0	1	0
0	0	1	0	1	0	1
0	1	0	0	1	1	0
0	1	1	1	0	0	1
1	0	0	0	0	0	0

习题

5.1 时序逻辑电路由哪几部分组成？描述时序逻辑电路三组逻辑方程是什么？

5.2 时许逻辑电路分析包括哪几个步骤？时序逻辑电路设计包括哪几个步骤？

5.3 用 n 个触发器组成计数器，其最大模是多少？

5.4 n 级移位寄存器组成扭环形计数器，其最大模是多少？

5.5 分析题 5.5 图所示的同步时序电路，画出状态图。

5.6 分析题 5.6 图所示的同步时序电路，画出状态图。

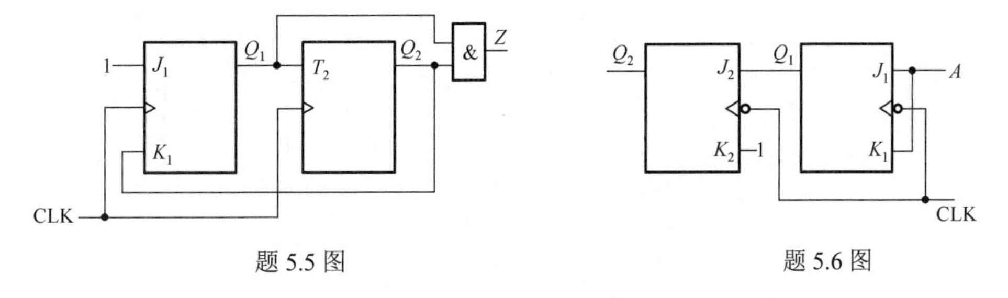

题 5.5 图　　题 5.6 图

5.7　分析题 5.7 图所示的同步时序电路，画出状态图和波形图。

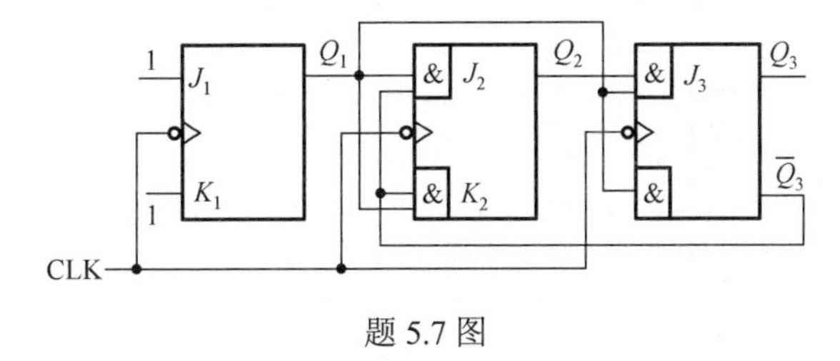

题 5.7 图

5.8　在题 5.8 图所示的电路中，已知寄存器的初始状态 $Q_1Q_2Q_3=111$。试问下一个时钟作用后寄存器所处的状态是什么？经过多少个CP 脉冲作用后数据循环一次？列出状态表。

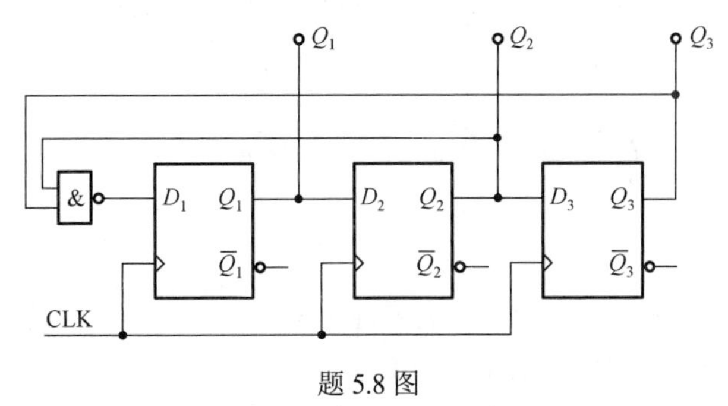

题 5.8 图

5.9　画出题 5.9 图所示的时序逻辑电路的状态转换表、状态转换图和时序图，并分析。

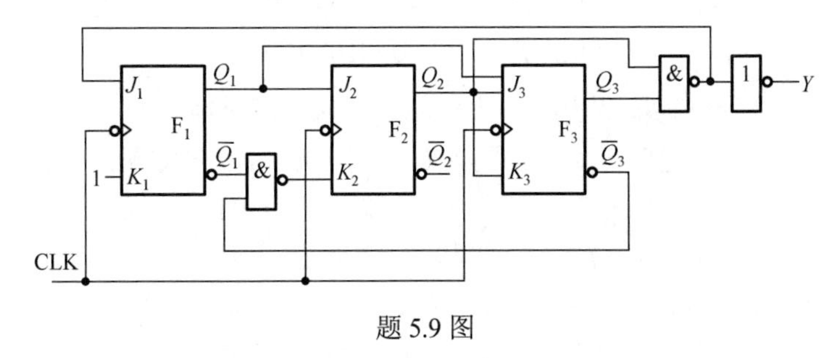

题 5.9 图

5.10　分析题 5.10 图所示的计数器逻辑图，并完成下列问题。

（1）判断是何种类型的计数器；

（2）画出此计数器的状态图；

（3）判断此计数器是否可以自启动。若是，进行自启动分析，并画出状态图。若不是，画出无效状态图，将电路改正为自启动的电路。

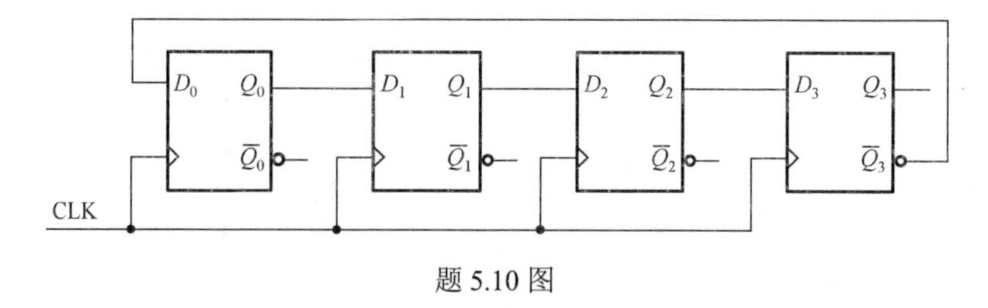

题 5.10 图

5.11 题 5.11 图所示电路为循环移位寄存器，设电路的初始状态为 $Q_0Q_1Q_2Q_3=0001$。列出该电路的状态表，并画出 Q_0、Q_1、Q_2 和 Q_3 的波形。

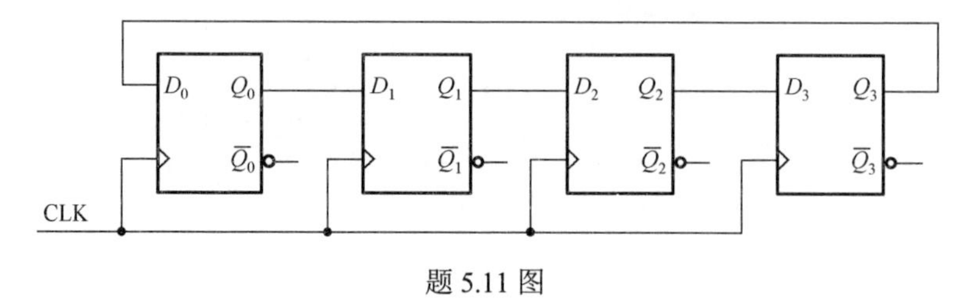

题 5.11 图

5.12 用 D 触发器与逻辑门设计一个同步时序电路，其状态如题 5.12 图所示。

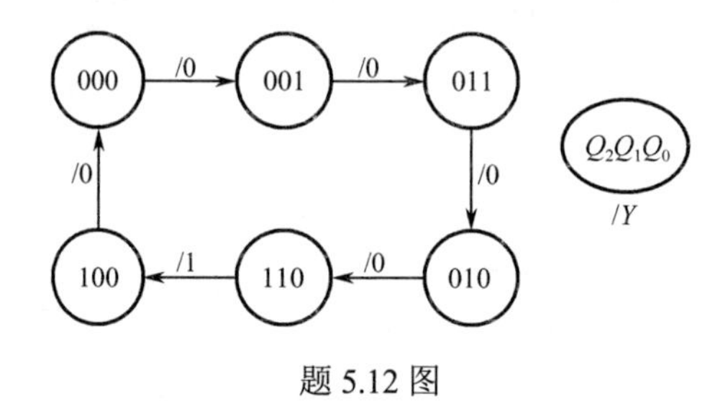

题 5.12 图

5.13 设计一个七进制的加法器，规则是逢七进一，并产生一个进位。

5.14 设计一个串行数据检测电路，当连续输入 3 个或 3 个以上的 1 时，电路的输出为 1，其他情况下输出为 0。例如，

输入 X 101100111011110

输出 Y 000000001000110

5.15 设计一个串行数码检测电路。当电路连续输入两个或者两个以上的 1 后，再输入 0 时，电路输出为高电平，否则为 0。使用 JK 触发器实现此电路。

5.16 用 T 触发器设计一个可变进制同步计数器。当 $X=0$ 时，该计数器为三进制加法计数器；当 $X=1$ 时，该计数器为四进制加法计数器。要求写出完整的设计过程。

5.17 试用 74LS161 分别用异步清零法和同步置数法实现模 12 加法计数器。

5.18 试用 74LS161 和 74LS152 等器件设计一个数字序列产生器，它可以周期性地产生如下序列：$(6ED)_H$。

5.19 请列出题 5.19 图所示的状态迁移关系，并写出输出 Z 的序列。

5.20 试分析题 5.20 图所示的电路，A 为 1 和 0 时电路的功能是什么？

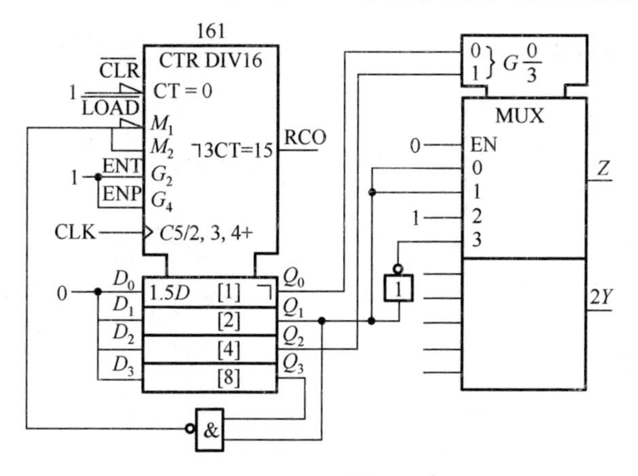

题 5.19 图

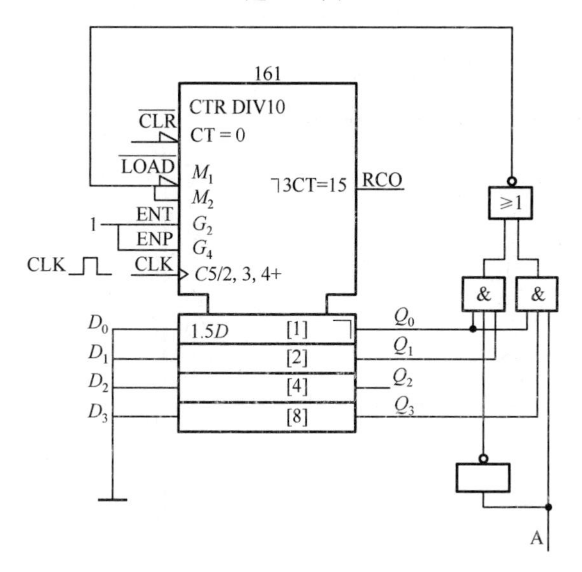

题 5.20 图

5.21　分析题 5.21 图所示的各芯片功能，分别画出状态图。

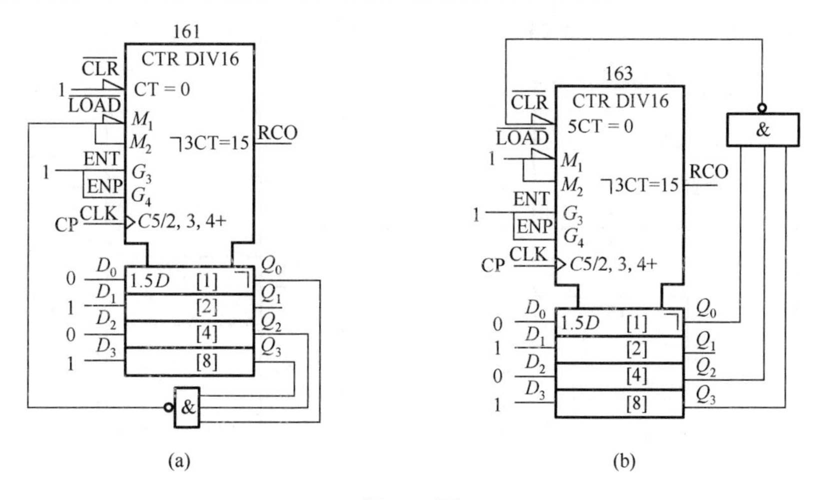

题 5.21 图

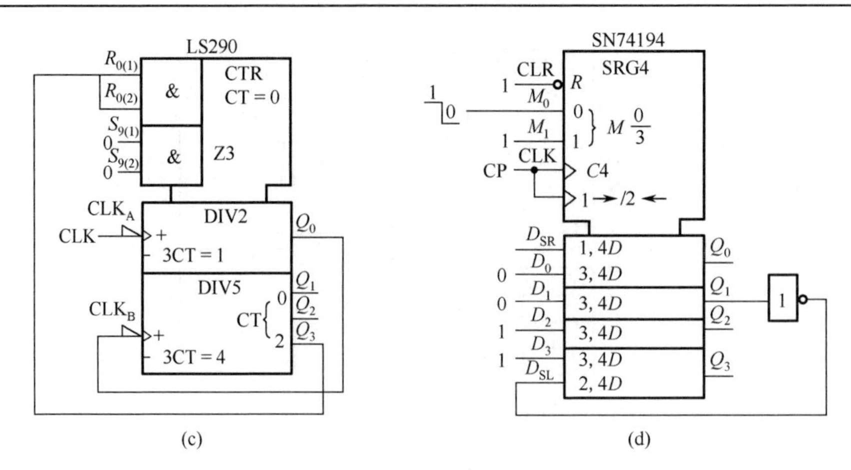

题 5.21 图（续）

5.22 分析题 5.22 图所示电路的功能。

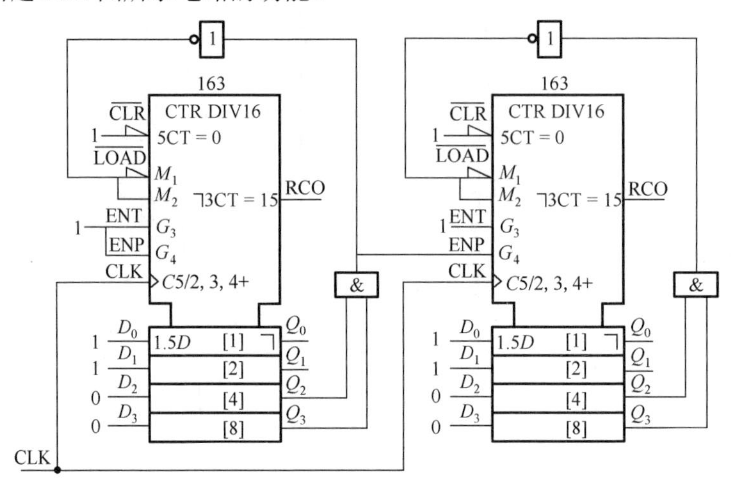

题 5.22 图

5.23 请用 74LS290 接成六进制和九进制计数器。不使用其他元件。

5.24 74LS290 的电路如题 5.24 图所示，请列出状态迁移关系，并指出其功能。

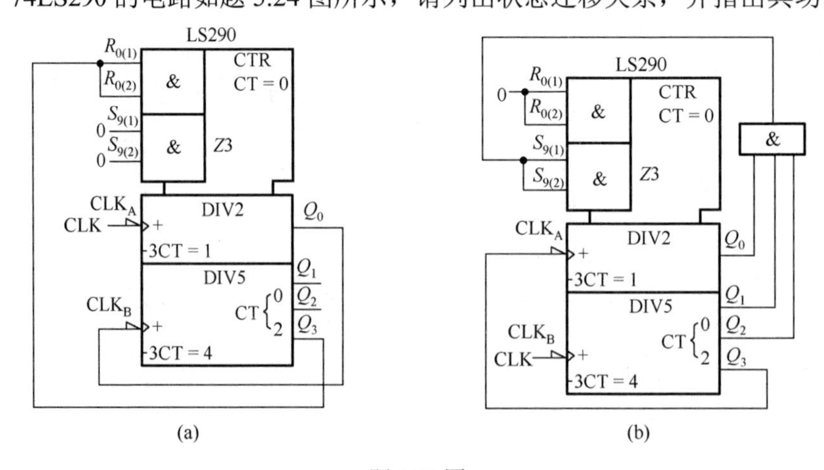

题 5.24 图

5.25　请指出 74LS290 如题 5.25 图所示电路图的模值为多少。

5.26　请画出题 5.26 图所示的状态图，并说明其功能。

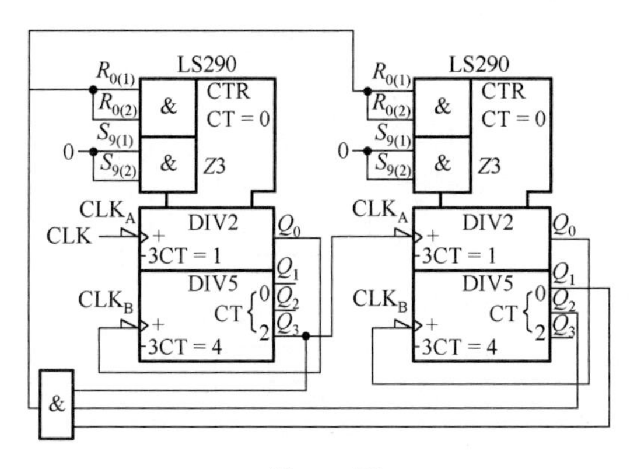

题 5.25 图

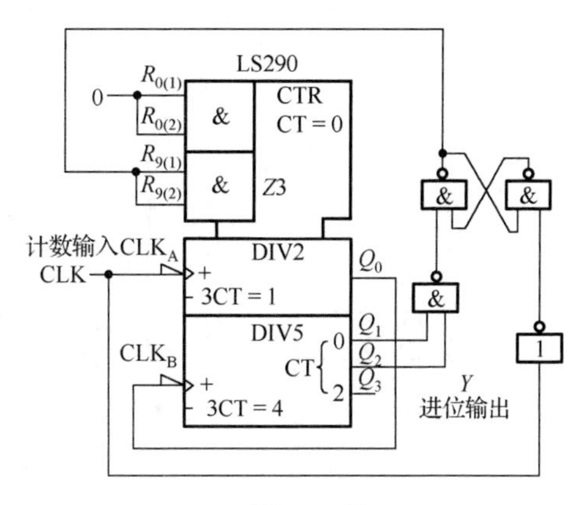

题 5.26 图

5.27　设计一个灯光控制逻辑电路，要求红、绿、黄三种颜色的灯在时钟信号下按题表 5.27 规定的顺序转换状态。表中的 1 表示灯亮，0 表示灯灭。要求电路能够自启动，并尽可能采用中规模集成电路芯片。

5.28　同步时序电路有一个输入、一个输出，输入是随机二进制序列，要求在检测到输入是 1101 时，输出为 1，然后重新开始检测。在其他状态下，输出都为 0。画出此时序电路的状态表，并化简。

5.29　SN74194 电路如题 5.29 图所示，请列出状态迁移关系。

题 5.27 表

CP 顺序	红	黄	绿
0	0	0	0
1	1	0	0
2	0	1	0
3	0	0	1
4	1	1	1
5	0	0	1
6	0	1	0
7	1	0	0
8	0	0	0

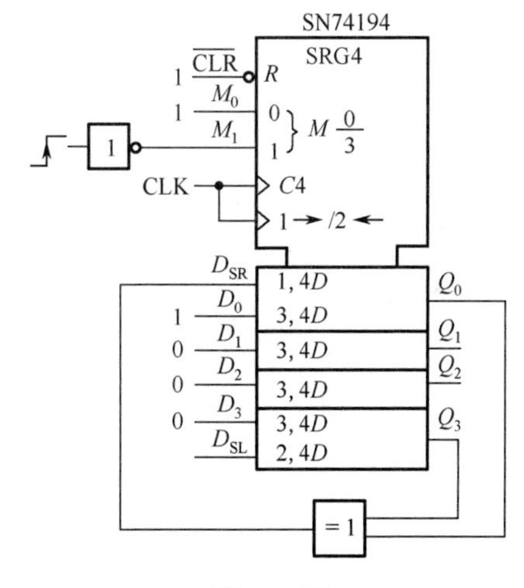

题 5.29 图

5.30　用 SN74194 设计一个移位型 00011101 周期序列产生器。

5.31　由移位寄存器 SN74194 和 3 线-8 线译码器组成的时序电路如题 5.31 图所示，分析该电路。

（1）列出该时序电路的状态转换表（设起始状态为 110）；

（2）列出该电路输出端产生什么序列。

5.32 如题 5.32 图所示，设 SN74194 的初始状态为 $Q_0Q_1Q_2Q_3=1111$，请列出在时钟 CLK 下的 M_1 和 $Q_0Q_1Q_2Q_3$ 的状态迁移表。

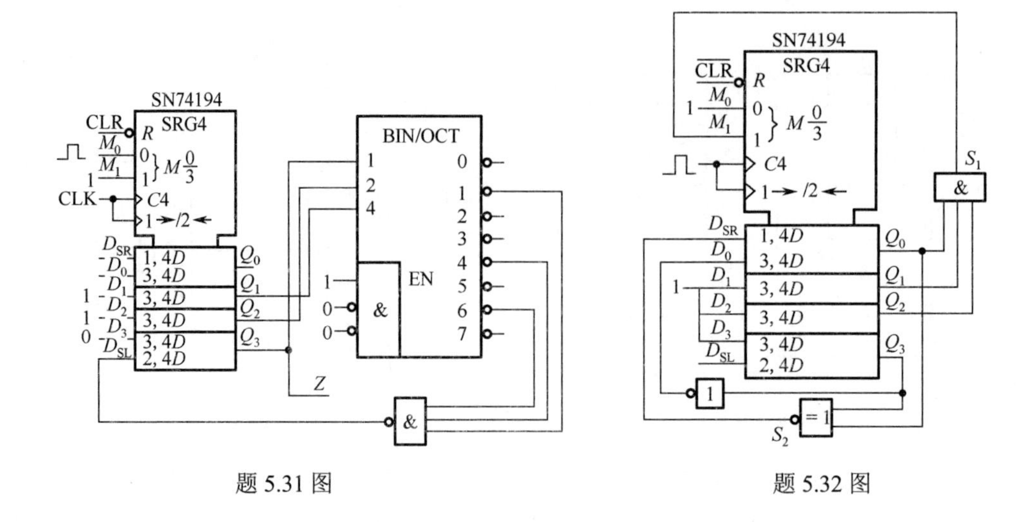

题 5.31 图　　题 5.32 图

第 6 章　脉冲波形的产生与变换

在数字电路与系统中，有时要用到一些脉冲信号，如时钟脉冲等。本章主要讨论几种脉冲波形的产生和变换电路，包括施密特触发器、单稳态触发器和多谐振荡器。首先介绍脉冲信号的基本特征。

6.1　矩形脉冲信号的基本参数

按照波形的不同，脉冲波形可分为矩形波、梯形波与锯齿波等。数字电路中使用的脉冲信号大多是按一定电压幅度与一定时间间隔（周期）产生的矩形波，其理想波形如图 6.1 所示。在同步时序电路中，作为时钟信号的矩形脉冲控制和协调整个系统的工作。因此，时钟脉冲的特性直接关系到系统能否正常工作。基于电压幅度与周期的矩形波脉冲信号的主要参数如下。

（1）幅度 V_m：脉冲电压的最大变化幅度；

（2）周期 T：周期性重复的脉冲序列中，相邻脉冲之间的时间间隔；

（3）频率 f：周期的倒数 $f=1/T$，用于描述周期性重复的速率；

（4）脉宽 T_w：从脉冲前沿上升到 $0.5V_m$ 处开始，到脉冲后沿下降到 $0.5V_m$ 为止的一段时间；

（5）占空比 q：脉冲脉宽与脉冲周期的比值，即 $q=T_w/T$。

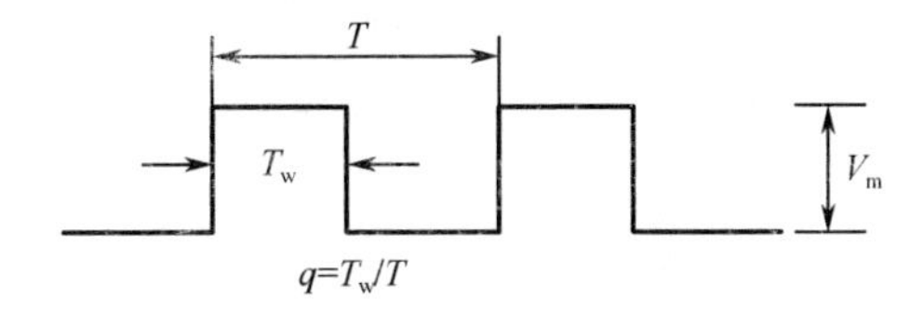

图 6.1　矩形脉冲波及基本参数

6.2　555 定时器

555 定时器应用极为广泛，是一种模拟、数字混合式中规模集成电路。该电路使用灵活方便，只要在 555 定时器芯片外部某些引脚处加上适当的电阻、电容等定时元件，就可以方便地构成施密特触发器、单稳态触发器、多谐振荡器等电路，从而组成脉冲波形的产生与变换电路。该器件的电压范围为 3～18 V，常用型号为 NE555、C7555 或 5G555，可提供与 TTL、CMOS 电路兼容的逻辑电平。

图 6.2 给出了 555 定时器的芯片内部电路图、引脚图及符号图。在图 6.2(a)中，三个阻值皆为 5 kΩ 的电阻 R 组成对电源 V_{CC} 的分压器，形成 $\frac{2}{3}V_{CC}$、$\frac{1}{3}V_{CC}$ 参考电压。C_1、C_2 是两个比较器，触发器是具有异步清零功能、由两个与非门组成的基本 RS 触发器。晶体管 T 为放

电管，G 为缓冲器。在不使用控制电压输入端 V_{CO}（⑤脚，即 V_{CO} 悬空或通过电容接地）时，V_{CC} 在三个 R 上分压，C_1 的比较电平为 $\frac{2}{3}V_{CC}$，另一端（⑥脚）是阈值输入（TH），C_2 的比较电平为 $\frac{1}{3}V_{CC}$，另一端（②脚）是触发输入端（$\overline{TR}$）。

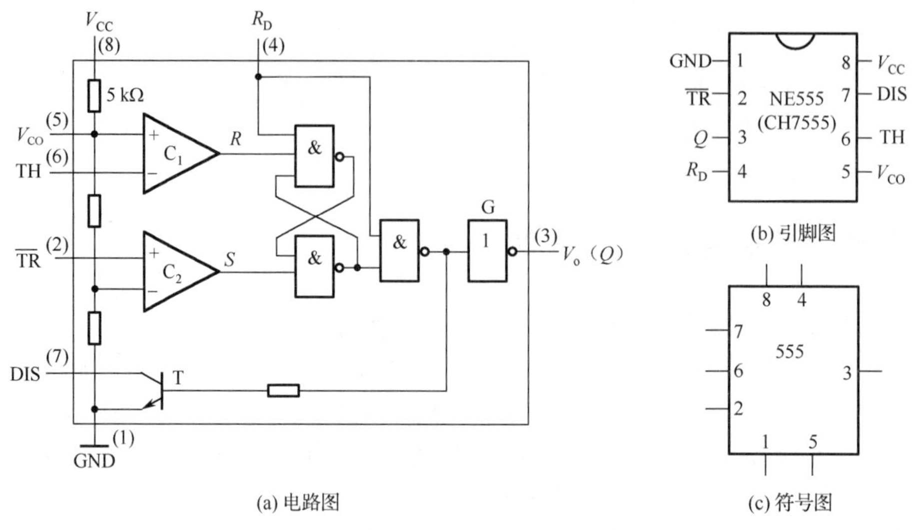

图 6.2 555 定时器

由图可知，当阈值端电压 $V_6<\frac{2}{3}V_{CC}$，触发端电压 $V_2<\frac{1}{3}V_{CC}$ 时，比较器 C_1=1，比较器 C_2=0，触发器置 1，T 截止；当 $V_6<\frac{2}{3}V_{CC}$，$V_2>\frac{1}{3}V_{CC}$ 时，$C_1=1$，$C_2=1$，触发器保持原状态；当 $V_6>\frac{2}{3}V_{CC}$，$V_2>\frac{1}{3}V_{CC}$ 时，$C_1=0$，$C_2=1$，触发器置 0，T 饱和导通。由此得到 555 定时器的功能表如表 6.1 所示。

表 6.1 555 定时器的功能表

输　入			输　出	
复位（R_D）	阈值输入（V_6）	触发输入（V_2）	输出（V_o）	放电管（T）
0	×	×	0	导通
1	$<\frac{2}{3}V_{CC}$	$<\frac{1}{3}V_{CC}$	1	截止
1	$>\frac{2}{3}V_{CC}$	$>\frac{1}{3}V_{CC}$	0	导通
1	$<\frac{2}{3}V_{CC}$	$>\frac{1}{3}V_{CC}$	保持	保持

如果使用控制电压输入端 V_{CO}，则比较器 C_1 和 C_2 的比较电平分别为 V_{CO} 和 $\frac{1}{2}V_{CO}$。

6.3 施密特触发器

施密特触发器（Schmitt Trigger）是脉冲波形变换中经常使用的一种电路，具有以下特点。

（1）具有两个稳定状态。

（2）电路的触发方式属于电平触发，对于缓慢变化的信号仍然适用。只要输入信号变化到某一电平，输出电平就会发生跳变，电路从一个稳定状态变到另一个稳定状态。

（3）具有回差电压ΔV。当输入信号增加和减少时，电路有不同的阈值电压，其电压传输特性和逻辑符号如图 6.3 所示。

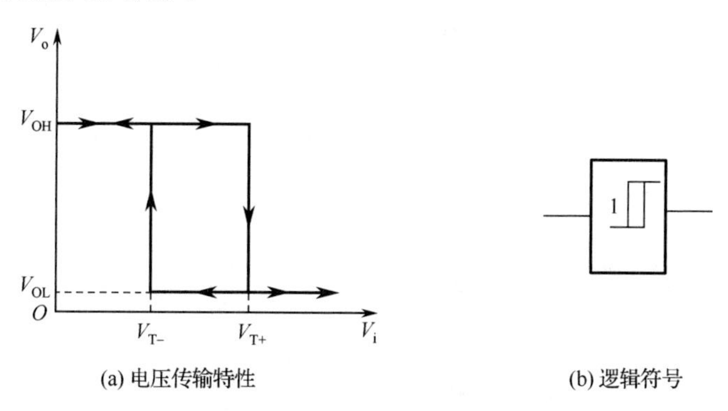

(a) 电压传输特性　　(b) 逻辑符号

图 6.3　施密特触发器电压传输特性和逻辑符号

6.3.1　555 定时器构成的施密特触发器

将 555 定时器的阈值输入端（⑥脚）和触发输入端（②脚）接在一起作为电路输入端，放电端（⑦脚）通过上拉电阻 R_L 接到电源 V_{DD}，V_{CO}（⑤脚）悬空，即可构成如图 6.4(a)所示的施密特触发器。当输入 V_i 加入如图 6.4(b)所示的三角波时，555 输出端 V_o 就会得到整形后的矩形脉冲波形。

下面分析电路的工作过程。当 $0<V_i<\frac{1}{3}V_{CC}$ 时，有 $V_2<\frac{1}{3}V_{CC}$，$V_6<\frac{2}{3}V_{CC}$，此时 $V_o=1$；当 V_i 增大到 $\frac{1}{3}V_{CC}<V_i<\frac{2}{3}V_{CC}$ 时，有 $V_2>\frac{1}{3}V_{CC}$，$V_6<\frac{2}{3}V_{CC}$，V_o 保持 1 不变；当 $V_i>\frac{2}{3}V_{CC}$ 时，有 $V_2>\frac{1}{3}V_{CC}$，$V_6>\frac{2}{3}V_{CC}$，此时 $V_o=0$。若 V_i 从三角波顶端下降，当 $\frac{1}{3}V_{CC}<V_i<\frac{2}{3}V_{CC}$ 时，有 $V_2>\frac{1}{3}V_{CC}$，$V_6<\frac{2}{3}V_{CC}$，V_o 保持 0 不变；当 $V_i<\frac{1}{3}V_{CC}$ 时，有 $V_2<\frac{1}{3}V_{CC}$，$V_6<\frac{2}{3}V_{CC}$，此时 $V_o=1$。

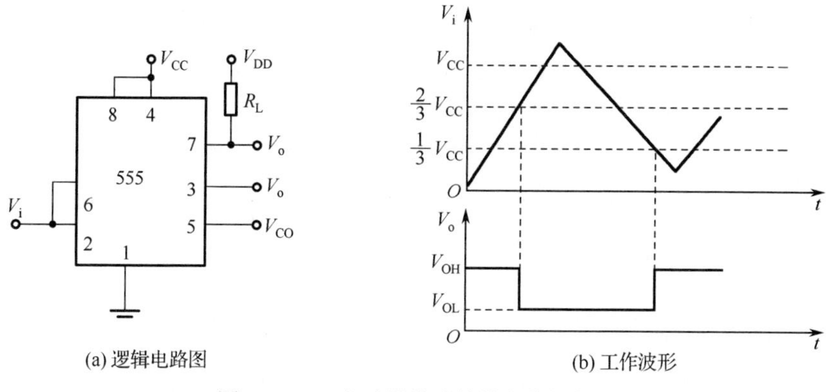

(a) 逻辑电路图　　(b) 工作波形

图 6.4　555 定时器构成的施密特触发器

从以上分析可知，555 定时器构成的施密特触发器上限阈值电压 $V_{T+}=\frac{2}{3}V_{CC}$，下限阈值电压 $V_{T-}=\frac{1}{3}V_{CC}$，该电路的回差电压为

$$\Delta V = V_{T+} - V_{T-} = \frac{2}{3}V_{CC} - \frac{1}{3}V_{CC} = \frac{1}{3}V_{CC} \tag{6.1}$$

若使用控制输入端 V_{CO}，则

$$V_{T+} = V_{CO}, \quad V_{T-} = \frac{1}{2}V_{CO} \tag{6.2}$$

6.3.2 门电路构成的施密特触发器

将两级CMOS 反相器 G_1、G_2 串接，同时通过分压电阻 R_1、R_2 把输出端的电压反馈到输入端，可以构成如图 6.5 所示的施密特触发器电路。

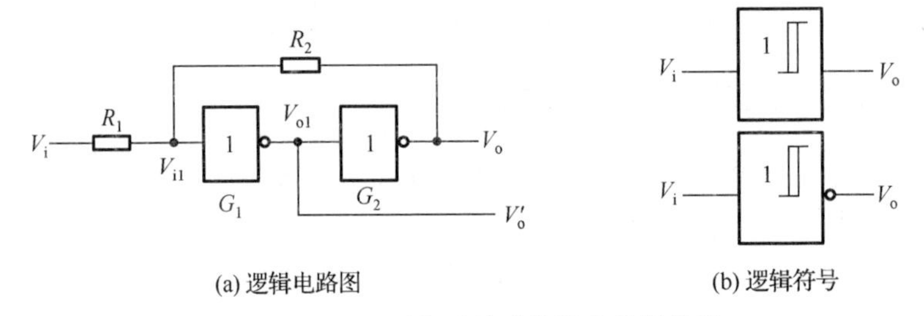

图 6.5　CMOS 反相器构成的施密特触发器

假定反相器 G_1 和 G_2 的阈值电压 V_{th} 为

$$V_{th} \approx \frac{1}{2}V_{DD} \tag{6.3}$$

且 $R_1 < R_2$，此时 G_1 门的输入电平 V_{i1} 为

$$V_{i1} = \frac{R_2}{R_1 + R_2} \cdot V_i + \frac{R_1}{R_1 + R_2} \cdot V_o$$

当 $V_i = 0$ 时，G_1 门截止，G_2 门导通，输出端 $V_o = 0$。此时 $V_{i1} \approx 0$。

当输入 V_i 从 0 逐渐升高到 $V_i = V_{th}$ 时，电路产生如下正反馈过程：

$$V_{i1}\uparrow \longrightarrow V_{o1}\downarrow \longrightarrow V_o\uparrow$$

于是电路的状态迅速转换为 $V_o \approx V_{DD}$。此时 V_i 的值即为施密特触发器在输入信号正向增加时的阈值电压，称为正向阈值电压 V_{T+}。此时

$$V_{i1} = V_{th} \approx \frac{R_2}{R_1 + R_2} \cdot V_{T+}$$

所以

$$V_{T+}=\left(1+\frac{R_1}{R_2}\right)V_{th} \tag{6.4}$$

当 V_i 从高电平 V_{DD} 逐渐下降并达到 $V_{i1}=V_{th}$ 时，电路产生一个正反馈过程，如下所示：

$$V_{i1}\downarrow \longrightarrow V_{o1}\uparrow \longrightarrow V_o\downarrow$$

使得电路迅速转换到 $V_o=0$ 的状态。此时 V_i 的值为输入信号减小时的阈值电压，称为下限阈值电压 V_{T-}。此时有

$$V_{i1}\approx V_{th}=\frac{R_2}{R_1+R_2}\cdot V_{T-}+\frac{R_1}{R_1+R_2}\cdot V_{DD}$$

将 $V_{DD}=2V_{th}$ 代入，得到

$$V_{T-}=\left(1-\frac{R_1}{R_2}\right)V_{th} \tag{6.5}$$

因此门电路构成的施密特触发器的回差电压为

$$\Delta V_T=V_{T+}-V_{T-}\approx 2\frac{R_1}{R_2}V_{th} \tag{6.6}$$

可以看出，该电路的回差电压与 R_1/R_2 成正比，可以通过改变 R_1/R_2 的比值来调节回差电压。图 6.6 为电路的工作波形及电压传输特性。

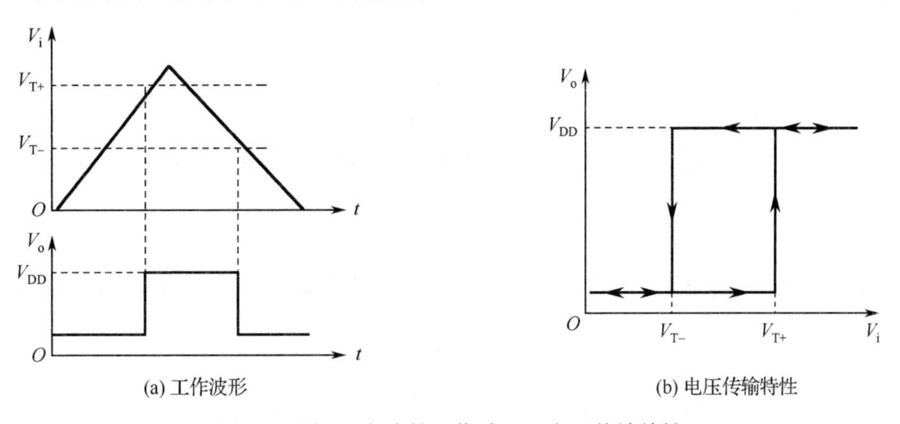

(a) 工作波形　　(b) 电压传输特性

图 6.6　图 6.5 电路的工作波形及电压传输特性

6.3.3　集成施密特触发器

TTL 集成施密特触发器 74LS132 是一种典型的集成施密特触发器，其内部包括 4 个相互独立的两输入施密特触发器与非门。图 6.7 为 TTL 集成施密特触发器 74LS132 的芯片引脚图、逻辑符号图和一个施密特与非门的电路图。电路由输入级、施密特电路级（中间级）和输出级三部分组成。输入级是两输入的二极管与门电路；中间级是具有回差特性的施密特触发器；输出级具有逻辑非的功能。

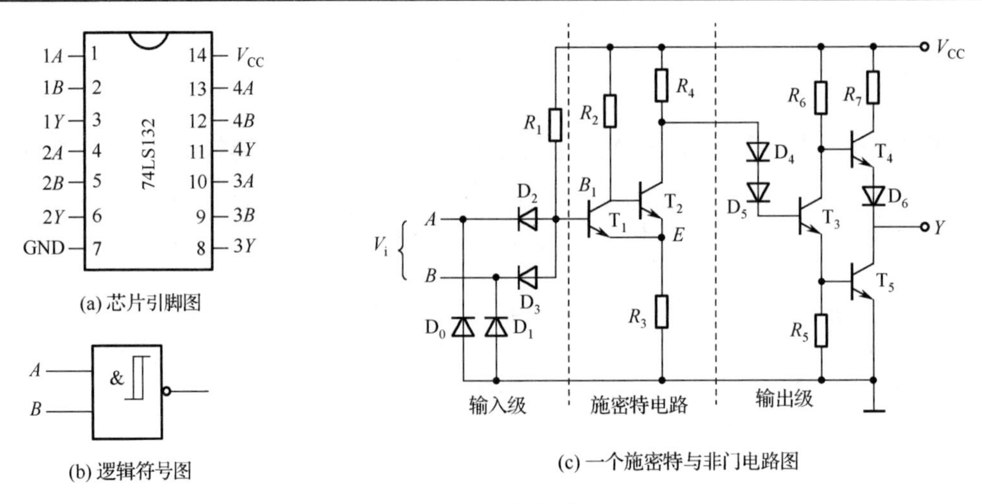

图 6.7 TTL 集成施密特触发器 74LS132

电路的逻辑功能为$Y=\overline{AB}$。输入 A、B 电平中只要有一个低于施密特触发器的下限阈值电压 V_{T-}时，$Y=1$；只有 A、B 电平皆高于上限阈值电压 V_{T+} 时，$Y=0$。该电路的上限阈值电压 $V_{T+}=1.5\sim2.0$ V，下限阈值电压 $V_{T-}=0.6\sim1.1$ V，典型的回差电压 ΔV 为 0.8 V。

6.3.4 施密特触发器的应用

利用施密特触发器的回差特性，可进行脉冲波形的整形、变换及幅度鉴别。

1. 脉冲波形整形

脉冲信号在传输过程中经常发生畸变，例如，会在上升沿或下降沿产生振荡而使上升沿、下降沿发生畸变。利用施密特触发器，可对畸变了的波形进行整形，得到有理想上升沿、下降沿的矩形波。图 6.8 为用施密特触发器对畸变的矩形波进行整形的效果。

2. 波形变换

利用施密特触发器的回差特性，可将正弦波等缓慢变化的波形变换成矩形脉冲，如图 6.9 所示。

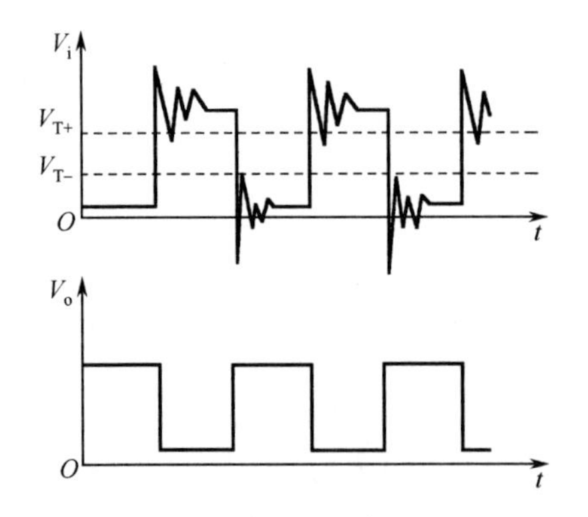

图 6.8 施密特触发器对畸变的矩形波进行整形

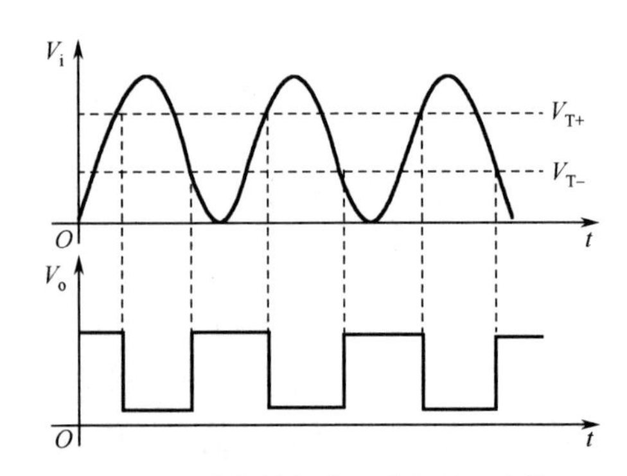

图 6.9 施密特触发器进行波形变换

3. 幅度鉴别

幅度鉴别是从一连串幅度不等的波形中，利用施密特触发器的回差特性，鉴别出幅度较大的波形来。图 6.10 示出的输入波形 V_i 为一串视频信号，视频信号在传输中，会有干扰信号（一般幅度较小）叠加在视频信号上，如图 6.10 中虚线部分所示。可适当选择施密特触发器的 V_{T-} 大于干扰信号幅度，V_{T+} 小于视频信号幅度，当视频信号通过施密特触发器后，即可得到矩形波形输出。

调整施密特触发器的回差电压，还可以消除电路的干扰信号。例如，要消除图 6.11(a)所示信号的顶部干扰，回差电压小于 $\Delta V_1=V_{T+}-V_{T-1}$ 时，顶部干扰信号没有消除，输出波形如图 6.11(b)所示；增大回差电压 $\Delta V_1=V_{T+}-V_{T-2}$，顶部干扰信号消除，输出波形如图 6.11(c)所示。

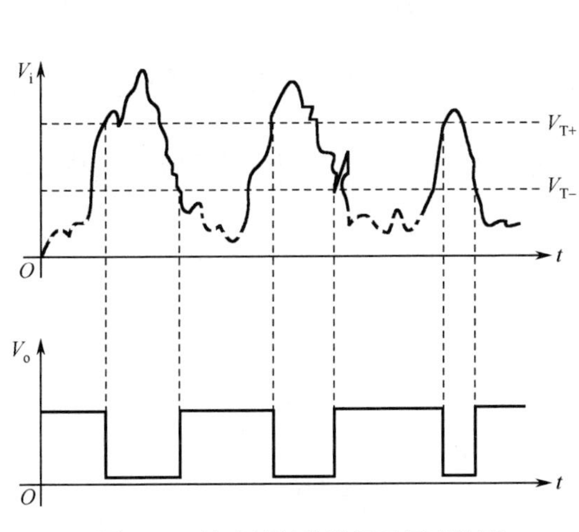

图 6.10　施密特触发器用于幅度鉴别

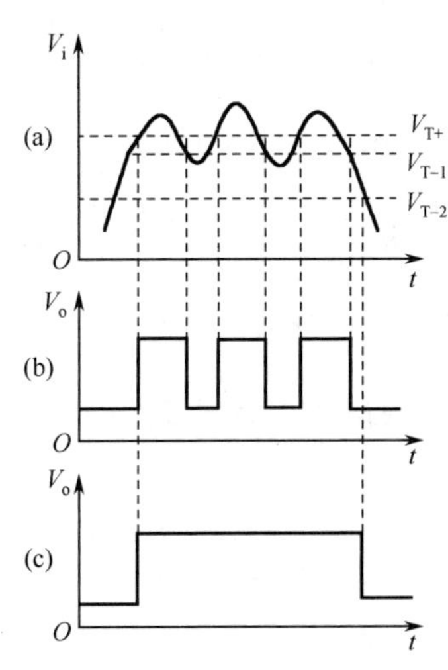

图 6.11　消除干扰信号

【例 6.1】 在 555 定时器构成的施密特触发器中，电源电压 $V_{CC}=12$ V，控制端 V_{CO} 悬空，输入 V_i 加入如图 6.12 所示的幅度为 16 V 的梯形波。试求：1）V_{T+}、V_{T-} 及 ΔV；2）对应 V_i 画出 V_o 的波形，并标明 V_i、V_o 波形各处的电压值；3）当控制端 $V_{CO}=10$ V 时，求 V_{T+}、V_{T-} 及 ΔV 的值。

解： 1）$V_{T+}=\dfrac{2}{3}V_{CC}=\dfrac{2}{3}\times 12\text{ V}=8\text{ V}$

$$V_{T-}=\frac{1}{3}V_{CC}=\frac{1}{3}\times 12\text{ V}=4\text{ V}$$

$$\Delta V=V_{T+}-V_{T-}=8\text{ V}-4\text{ V}=4\text{ V}$$

2）V_o（即 Q）的波形见图 6.12。

3）$V_{CO}=10$ V，$V_{T+}=V_{CO}=10$ V，$V_{T-}=\dfrac{1}{2}V_{CO}=5$ V

$$\Delta V=V_{T+}-V_{T-}=10\text{ V}-5\text{ V}=5\text{ V}$$

【例 6.2】 图 6.13 示出了 555 定时器构成的施密特触发器用作光控路灯开关的电路图，图中 R_T 为 2 MΩ 的可变电阻，R_i 为光敏电阻，白天有光照时，其阻值约为几十千欧，晚上无光照时，其阻值约为几十兆欧。H 为继电器，D 为续流二极管，H 中有电流时，开关 K 吸合，灯 L 亮，否则 L 不亮。

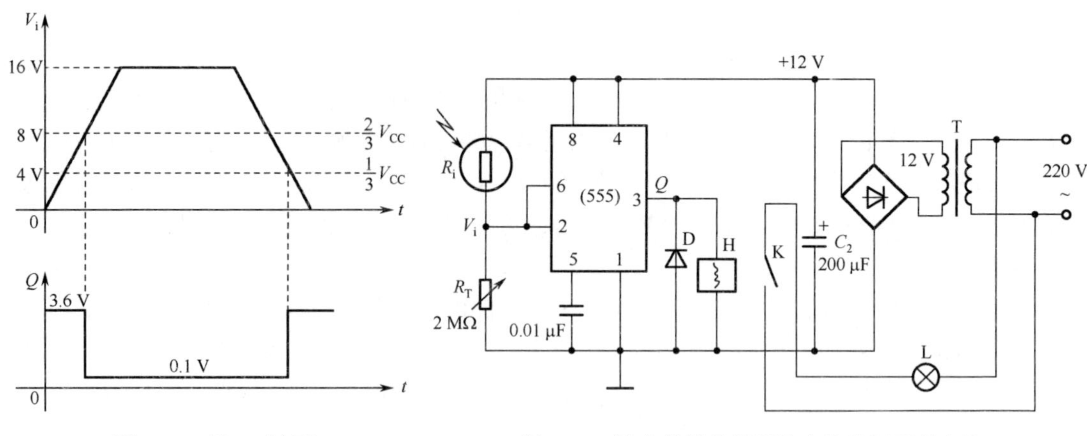

图 6.12　例 6.1 波形

图 6.13　施密特触发器用作光控路灯开关电路

解： 有光照时，$R_i < R_T$，$V_i > \frac{2}{3}V_{CC}$，$Q=0$，H 中无电流，开关 K 不吸合，灯 L 不亮；无光照时，$R_i > R_T$，$V_i < \frac{1}{3}V_{CC}$，$Q=1$，H 中有电流，开关 K 吸合，灯 L 亮。施密特触发器起到了光控路灯开关的作用。

6.4　单稳态触发器

单稳态触发器的特点如下。

（1）两个工作状态中，一个是稳态，一个是暂稳态。

（2）没有外来触发信号时，电路处于稳定状态。在外加触发信号作用下，单稳态触发器由稳态翻转到暂稳态。

（3）暂稳态持续一定时间 T_w 后自动回到稳态，持续时间由定时元件决定。

6.4.1　TTL 与非门组成的微分型单稳态触发器

图 6.14 示出了由 TTL 与非门及定时元件 R、C 构成的微分型单稳态触发器及工作波形。

1．工作原理

（1）$0 \sim t_1$ 时为稳定状态。输入端无触发信号，或者触发输入 V_i 为高电平。选取 R_d 使它大于等于 TTL 门的阈值电阻 $2\,\text{k}\Omega$，使 V_d 在输入端无触发信号时仍保持高电平以保证电路的稳定状态。选取 R 使它小于阈值电阻且能使 $V_R = 0.5\,\text{V}$，使得 V_o 为高电平。触发器处于稳定状态，V_{o1} 为低电平，V_o 为高电平。

（2）$t_1 \sim t_2$ 为暂稳态过程。当 $t = t_1$ 时，输入端 V_i 由高电平下跳至低电平，经 R_dC_d 微分输入电路后，V_d 产生一个负的尖峰脉冲信号，使得与非门 G_1 关闭，V_{o1} 由低电平上跳至高电平。电容 C 上的电压不能跳变，经 RC 产生一个正的尖峰脉冲信号，V_R 增加 3.5 V，即由 0.5 V 增至 4 V，而 G_2 门的输出 V_o 由高电平下跳变为低电平，单稳态触发器发生一次翻转，暂稳态开始。V_o 下跳变为低电平后，通过反馈线保持 G_1 继续关闭。此时，G_1 门的输出 V_{o1} 高电平将向电容 C 充电，充电路径为 $V_{o1} \rightarrow C \rightarrow R \rightarrow$ 地。随着电容 C 充电，V_R 电压呈指数下降。当 $t = t_2$ 时，V_R 下降至门槛电压 1.4 V，G_2 门的输出 V_o 上跳至高电平。由于与非门 G_1 输入端电阻大于阈值电阻，当 V_{o1} 为高电平时，单稳态触发器自动翻转一次，回到初始稳定状态。$T_w=t_2-t_1$ 称为暂稳态时间，其值取决于 V_R 在电容 C 充电过程中指数下降至阈值电压 1.4 V 的时间。

（3）t_2 后的恢复过程。t_2 时刻 V_{o1} 由高电平下跳至低电平，V_{o1} 下降 3.5 V，即由 3.6 V 降至 0.1 V。随着 V_{o1} 下跳，V_R 由 1.4 V 下降 3.5 V，即 $t=t_2$ 时，V_R = 1.4 V−3.5 V = −2.1 V。此后，电容 C 上电压不能跃变，开始放电，V_R 指数上升。到 $t=t_3$ 时，V_R 由−2.1 V 恢复到稳态时的 0.5 V，电路回到稳定状态。$T_R=t_3-t_2$ 称为恢复时间。

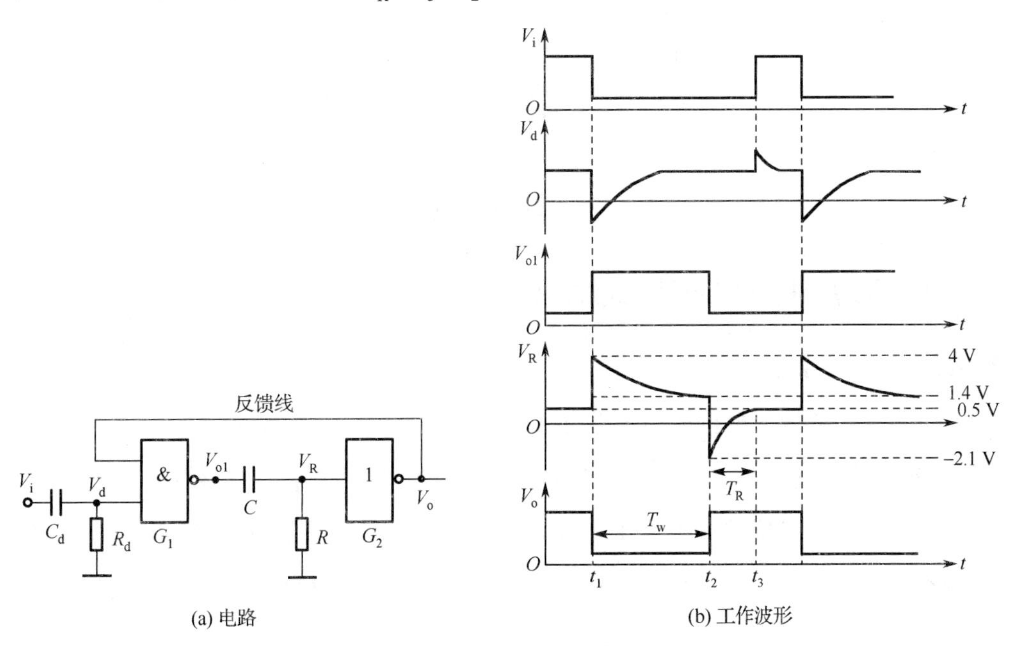

(a) 电路　　(b) 工作波形

图 6.14　TTL 与非门组成的微分型单稳态触发器及工作波形

2．参数计算

（1）暂稳态时间为

$$T_w=RC\ln\frac{V_R(\infty)-V_R(0^+)}{V_R(\infty)-V_R(T_w)} = RC\ln\frac{0-4}{0-1.4}\approx 1.1RC \tag{6.7}$$

（2）恢复时间为

$$T_R=(3\sim5)RC \tag{6.8}$$

单稳态触发器的暂稳态时间 T_w 和恢复时间 T_R 之和是保证单稳态触发器正常工作的最小触发时间间隔，称为分辨时间 T_{min}，即

$$T_{min} = T_w + T_R \tag{6.9}$$

（3）输入信号 V_i 的最高工作频率为

$$f_{imax} = \frac{1}{T_{min}} \tag{6.10}$$

3．增大可调范围的单稳态触发器

从以上分析可知，$T_w\approx1.1RC$，暂稳态时间 T_w 只取决于定时元件R 和 C。实际应用中，往

往要求 T_W 可调，一般选取电容 C 粗调，用电位器代替定时电阻 R 细调。处于稳态时，G_2 门关闭，$V_o=1$，$V_R<1.4\,V$，限制了 R 的可调范围。为了扩大 R 的可调范围，可在 G_2 与 R 之间加一级射极跟随器，如图6.15所示。此电路中，R 的可调范围达几百欧姆到几十千欧姆，大大提高了 T_W 的可调范围。

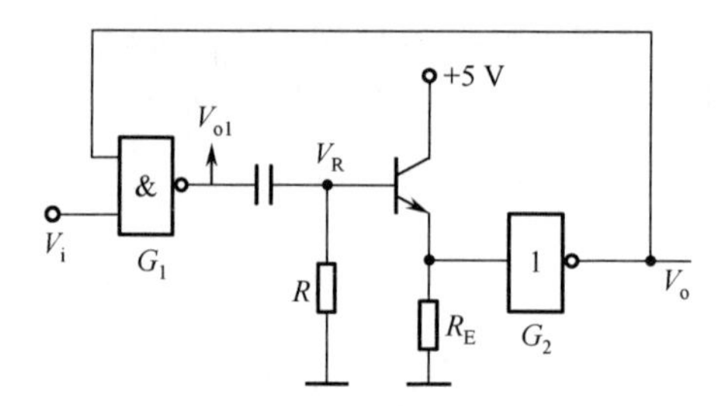

图6.15 增大可调范围的微分单稳态触发器电路

6.4.2 555定时器构成的单稳态触发器

1. 电路结构及工作原理

图6.16给出555定时器构成的单稳态触发器电路图和工作波形图。

首先找出该单稳态触发器的稳态：未触发前，输入信号 $V_i>\frac{1}{3}V_{CC}$。假设电路稳态 $Q(V_o)=1$，则 $\overline{Q}=0$，555定时器的放电管T截止，⑦脚悬空，此时 V_{CC} 向电容充电，充电路径为 $V_{CC}\to R\to C\to$ 地，电容的电压 V_C 指数上升。当 $V_C>\frac{2}{3}V_{CC}$ 时，555定时器 $Q=0$，$\overline{Q}=1$，T饱和，⑦脚接地，此时 C 放电。当 $V_C<\frac{2}{3}V_{CC}$ 时，因这时 $V_i>\frac{1}{3}V_{CC}$，故 Q 保持不变。可见，555定时器构成的单稳态触发器电路的稳态为 $Q=0$，即 $V_o=0$。

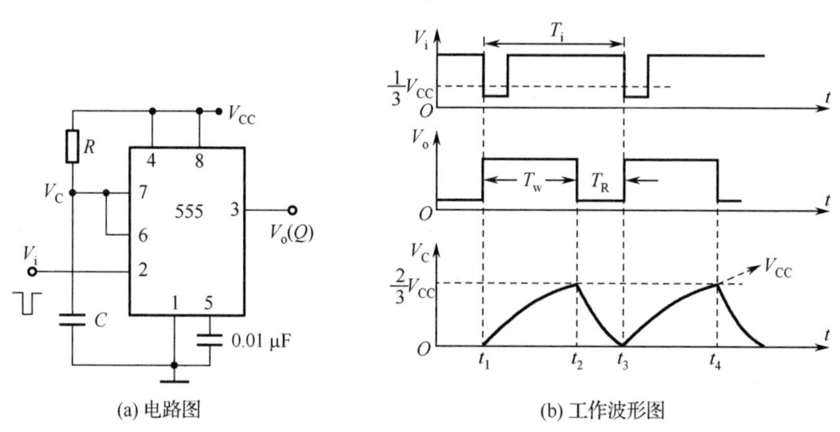

(a) 电路图　　(b) 工作波形图

图6.16 555定时器构成的单稳态触发器电路和工作波形图

在 $t=t_1$ 时，输入信号为下降沿（1→0），$V_i<\frac{1}{3}V_{CC}$，此时 $V_C=0$，故 Q 由0→1，进入暂稳态，T截止，⑦脚悬空，电容被充电，当 $V_C>\frac{2}{3}V_{CC}$ 时（$t=t_2$），V_i 已于 t_2 之前回到高电平，

即 $V_i > \frac{1}{3}V_{CC}$，故 Q 由 1→0，暂稳态结束，重新回到稳态。之后，电容 C 通过导通的 T 管内阻 R_{on} 放电，使 $V_C = 0$，这段时间称为恢复时间 T_R。

2．参数计算

（1）暂稳态时间为

$$T_w = (t_2 - t_1) = RC\ln\frac{V_C(\infty) - V_C(0^+)}{V_C(\infty) - V_C(T_w)} = RC\ln\frac{V_{CC} - 0}{V_{CC} - \frac{2}{3}V_{CC}} \approx 1.1RC \tag{6.11}$$

（2）恢复时间为

$$T_R = (3\sim5)R_{on}C \tag{6.12}$$

（3）分辨时间为

$$T_{min} = T_w + T_R \tag{6.13}$$

$$T_i \geqslant T_{min}$$

（4）输入信号 V_i 的最高工作频率为

$$f_{imax} = \frac{1}{T_{min}} = \frac{1}{T_w + T_R} \tag{6.14}$$

6.4.3　集成单稳态触发器

根据电路的工作状态，集成单稳态触发器可分为非重复触发和可重复触发两种。

1．非重复触发单稳态触发器 74121

非重复触发单稳态触发器，是指单稳态触发器在触发信号作用下进入暂稳态后，不再受新的触发信号的影响。74121 是一个具有施密特触发器输入的单稳态触发器，具有很强的抗干扰能力，对触发信号的沿要求不高。

图6.17示出了非重复触发单稳态触发器 74121 的国际标准符号、引脚图和惯用符号。图 6.18 为 74121 的工作波形图。74121 的功能表见表 6.2。

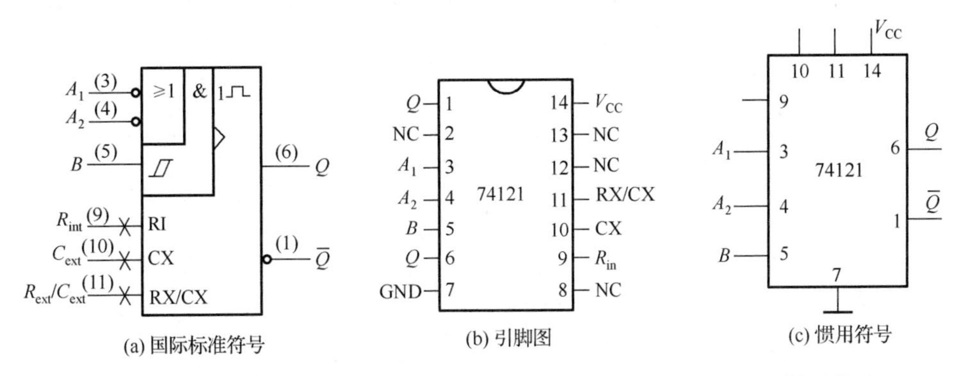

图 6.17　非重复触发单稳态触发器 74121 的国际标准符号、引脚图和惯用符号

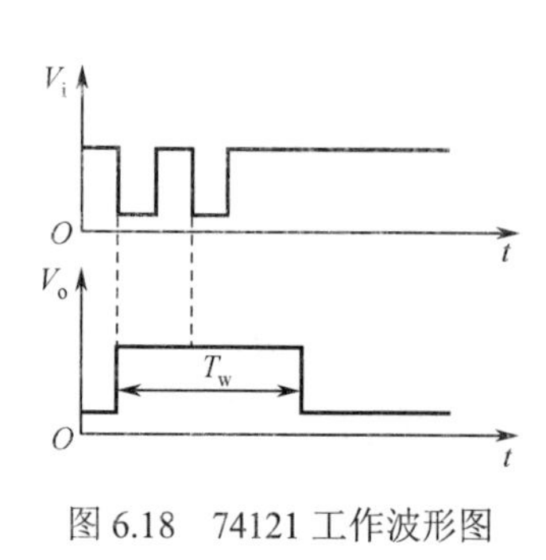

图 6.18　74121 工作波形图

表 6.2　非重复触发单稳态触发器 74121 的功能表

输　入			输 出	
A_1	A_2	B	Q	$\overline{Q}$
0	×	1	0	1
×	0	1	0	1
×	×	0	0	1
1	1	×	0	1
1	↓	1	⊓	⊔
↓	1	1	⊓	⊔
↓	↓	1	⊓	⊔
0	×	↑	⊓	⊔
×	0	↑	⊓	⊔

从表 6.2 可看出，电路的稳态为 $Q=0$，$\overline{Q}=1$。被触发后 Q 由 0 到 1，进入暂稳态，持续 T_W 时间重新回到稳态。触发方式有两种：

（1）A_1、A_2 中至少有一个低电平 0，B 由 0 到 1 正跳变；

（2）$B=1$，A_1、A_2 中至少有一个由 1 到 0 负跳变，另一端为高电平 1。

74121 暂稳态持续时间取决于定时元件 R、C，定时电阻 R 既可外接，又可利用其内阻 R_{int}，外接电阻 R 应接在芯片的⑪脚（RX/CX）和⑭脚（V_{CC}）之间，将⑨脚悬空，R 的阻值可在 1.4～40 kΩ 之间选择。若利用内部定时电阻 R_{int}（2 kΩ），需将芯片的⑨脚接至⑭脚。定时电容 C（无论用外接电阻 R 还是用内定时电阻 R_{int}）应接在⑩脚和⑪脚之间。电容 C 的值可在 10 pF～10 μF 之间选择。如需要较宽的脉冲，电容 C 应该用电解电容，其正极接在⑩脚，负极接在⑪脚上。

74121 的输出暂稳态脉冲宽度为

$$T_W \approx 0.7RC \tag{6.15}$$

2．可重复触发单稳态触发器 74122

可重复触发单稳态触发器，是指单稳态在触发信号作用下进入暂稳态后，仍能接收新的触发信号，重新开始暂稳态。图6.19 给出了可重复触发单稳态触发器74122 的国际标准符号、引脚图和惯用符号。图 6.20 为 74122 的工作波形图，表 6.3 为 74122 的功能表。

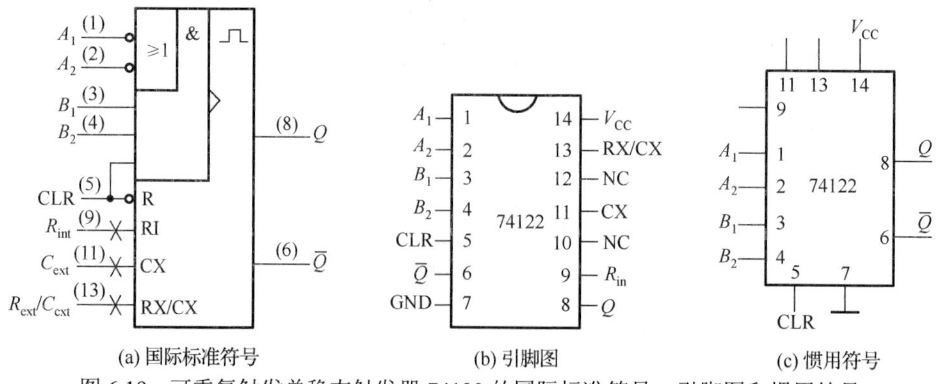

图 6.19　可重复触发单稳态触发器 74122 的国际标准符号、引脚图和惯用符号

表 6.3 可重复触发单稳态触发器 74122 的功能表

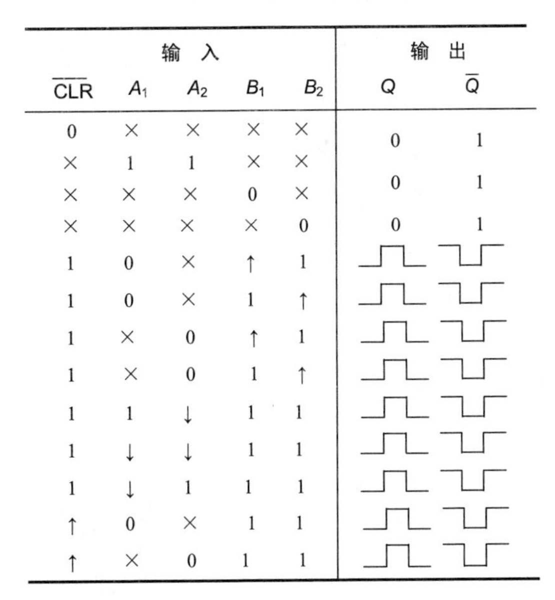

输入					输出	
$\overline{CLR}$	A_1	A_2	B_1	B_2	Q	$\overline{Q}$
0	×	×	×	×	0	1
×	1	1	×	×	0	1
×	×	×	0	×		
×	×	×	×	0	0	1
1	0	×	↑	1	⊓	⊔
1	0	×	1	↑	⊓	⊔
1	×	0	↑	1	⊓	⊔
1	×	0	1	↑	⊓	⊔
1	1	↓	1	1	⊓	⊔
1	↓	↓	1	1	⊓	⊔
1	↓	1	1	1	⊓	⊔
↑	0	×	1	1	⊓	⊔
↑	×	0	1	1	⊓	⊔

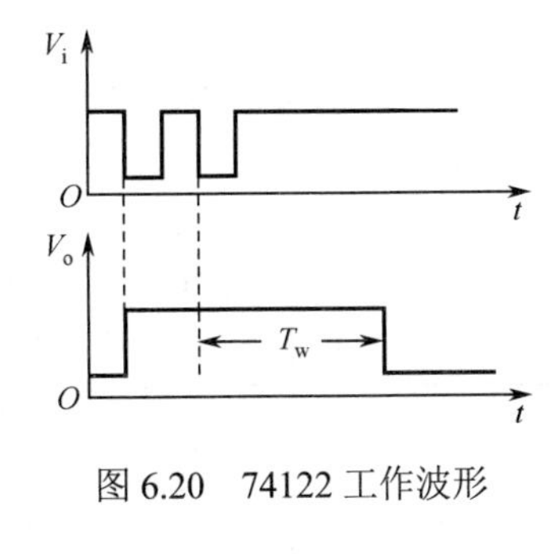

图 6.20 74122 工作波形

由表 6.3 可知，$\overline{CLR}=0$ 时，不论其他输入端如何，$Q=0$、$\overline{Q}=1$。若 $\overline{CLR}=1$，74122 在下列情况下不接收触发信号，保持稳态 $Q=0$，$\overline{Q}=1$ 不变。

（1）A_1 和 A_2 均是高电平 1；

（2）B_1 和 B_2 中至少有一个是低电平 0。

在下述情况下，74122 接收触发信号，由稳态进入暂稳态 $Q=1$、$\overline{Q}=0$：

（1）$\overline{CLR}=1$，A_1、A_2 中至少有一个为低电平 0，B_1、B_2 中有一个接正跳变，另一个接高电平 1；

（2）$\overline{CLR}=1$，B_1、B_2 均为高电平 1，A_1、A_2 原来都接高电平 1，其中至少有一个产生由 1 到 0 的负跳变；

（3）B_1、B_2 均为高电平 1，A_1、A_2 中至少有一个低电平 0，$\overline{CLR}$ 接正跳变。

74122 暂稳态持续时间同样仅取决于定时元件 RC，持续时间为

$$T_w \approx 0.7RC \tag{6.16}$$

定时电阻 R 既可外接，也可利用片内定时内阻 R_{int}，接法和 74121 相同。与 74121 不同的是，在暂稳态期间，若又有触发信号到来，那么从新的触发时刻起暂稳态时间将再延续 T_w 的时间。在暂稳态持续期间，通过复位端 $\overline{R}_D=0$ 可将暂稳态随时终止，回到 $Q=0$、$\overline{Q}=1$ 的稳定状态。

图6.21 为非重复触发单稳态触发器和可重复触发单稳态触发器的符号。非重复触发单稳态触发器包括74121、74221、74LS221等，可重复触发单稳态触发器有 74122、74LS122、74123、74LS123 等。

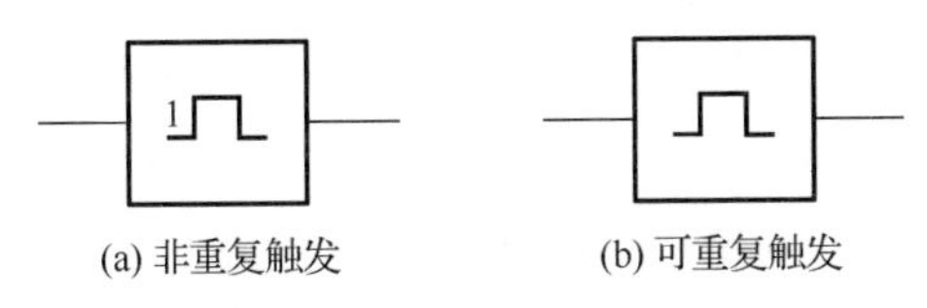

(a) 非重复触发 (b) 可重复触发

图 6.21 单稳态触发器逻辑符号

6.4.4 单稳态触发器的应用

利用单稳态触发器被触发后由稳态进入了暂稳态，暂稳态持续 T_W 时间后自动回到稳态的特性，在脉冲整形、定时或延时方面得到广泛应用。

1. 脉冲整形及变换

利用单稳态触发器可以将脉冲波形展宽，如图6.22(a)所示；也可以将脉冲波形变窄，如图 6.22(b)所示；还可以将不规则波形变成矩形脉冲，如图6.22(c)所示。

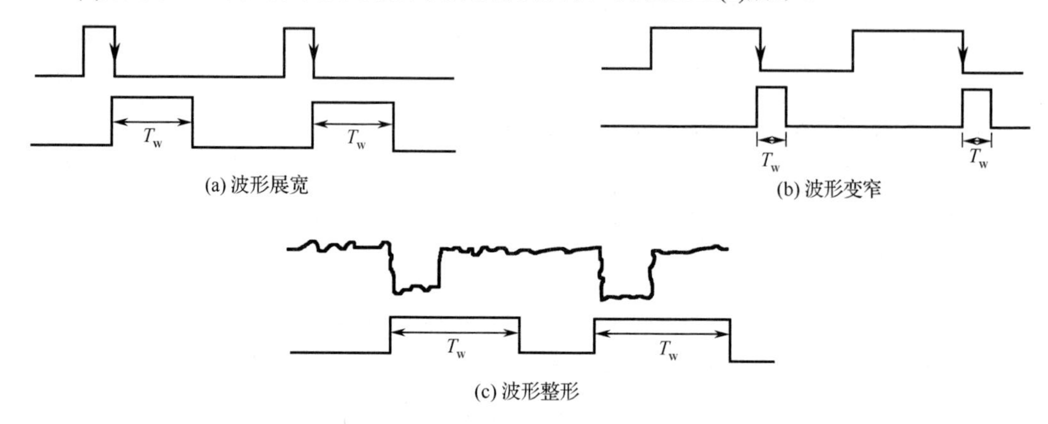

图 6.22 单稳态触发器波形整形作用

2. 定时

利用单稳态触发器可以产生一个宽度为 T_W 的矩形脉冲来实现定时作用。图 6.23 为一个定时应用的电路，若单稳态电路处于稳态，$V_o = 0$，则不允许与门另一信号 A 通过与门。当触发信号 V_i 由 1→0，$V_o = 1$，与门开，A 通过与门，$Q = A$。若 Q 端接一加法计数器，则可计算出在 T_W 时间内输出的脉冲个数，即输入 A 的脉冲信号频率。

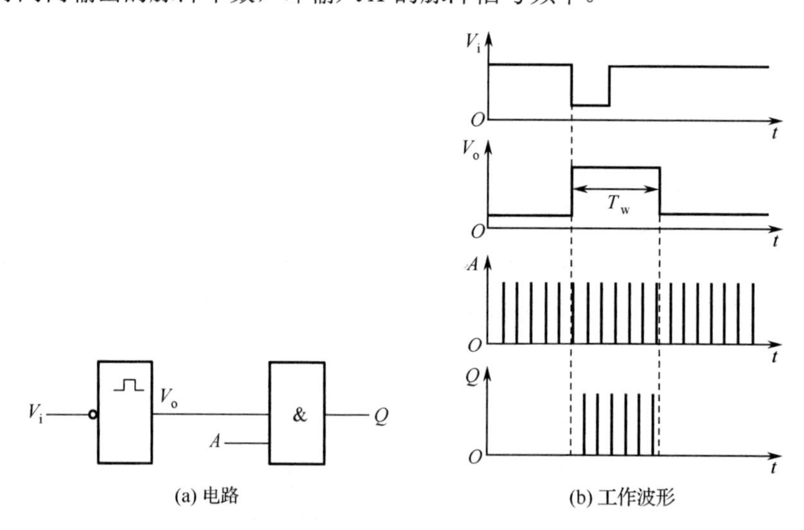

图 6.23 单稳态触发器的定时应用电路及工作波形

【例 6.3】 555 定时器构成的单稳态触发器组成的楼梯照明灯控制电路如图 6.24 所示。稳态时，输入信号 $V_i=1$，输出 $Q=0$、$\overline{Q}=1$、$V_E=0$，晶闸管 TH 不吸合，灯不亮；人上楼时，在楼下按开关 K 准备上楼，V_i 由 1 变到 0，电容充电：$V_{CC}\to R\to C\to$ 地，暂稳态开始，V_C 指数上升，$Q=1$，VT 饱和，TH 吸合，灯亮；V_C 上升至 $\frac{2}{3}V_{CC}$ 时，V_i 已提前回到高电平 1，即 $V_i>\frac{1}{3}V_{CC}$，Q 由 1 变到 0，暂稳态结束，VT 截止，TH 不吸合，灯灭。$Q=1$，灯亮时间 $T_w=1.1RC$，以人走过楼梯的时间来确定 R 和 C。

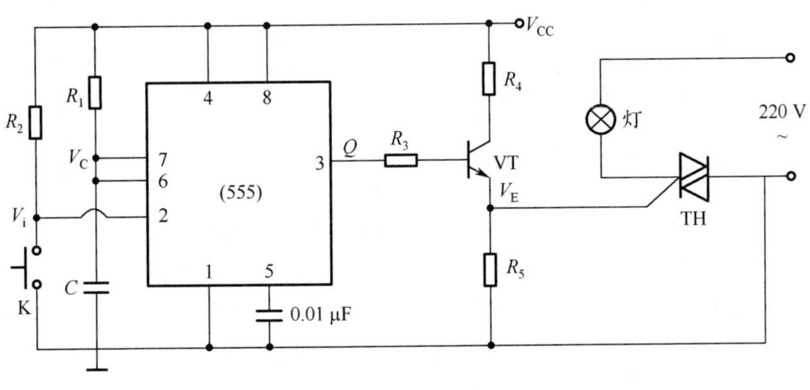

图 6.24 例 6.3 图

3. 延时

单稳态触发器还可以实现脉冲的延时作用，将输入脉冲延迟 T_w 后输出。两个74121单稳态触发器构成的延时电路及波形如图 6.25 所示。

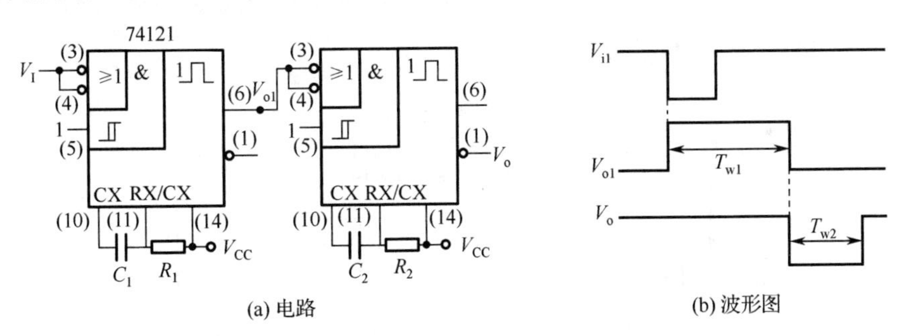

(a) 电路　　(b) 波形图

图 6.25 单稳态触发器的延时作用的电路和波形图

【例 6.4】 图 6.26 为由两个集成单稳态触发器 74121 组成的脉冲波形变换电路，外接电阻 $R_1=22\ \text{k}\Omega$，$R_2=11\ \text{k}\Omega$，电容 $C_1=C_2=0.13\ \mu\text{F}$，试根据图中给定的 V_i 波形，对应画出 Q_1、Q_2 的电压波形，并计算输出脉冲宽度 T_{w1} 和 T_{w2}。

解： $T_{w1}=0.7R_1C_1=0.7\times0.13\times10^{-6}\times22\times10^3\ \text{s}=2\ \text{ms}$

$T_{w2}=0.7R_2C_2=0.7\times0.13\times10^{-6}\times11\times10^3\ \text{s}=1\ \text{ms}$

Q_1、Q_2 对应 V_i 的波形如图 6.27 所示。

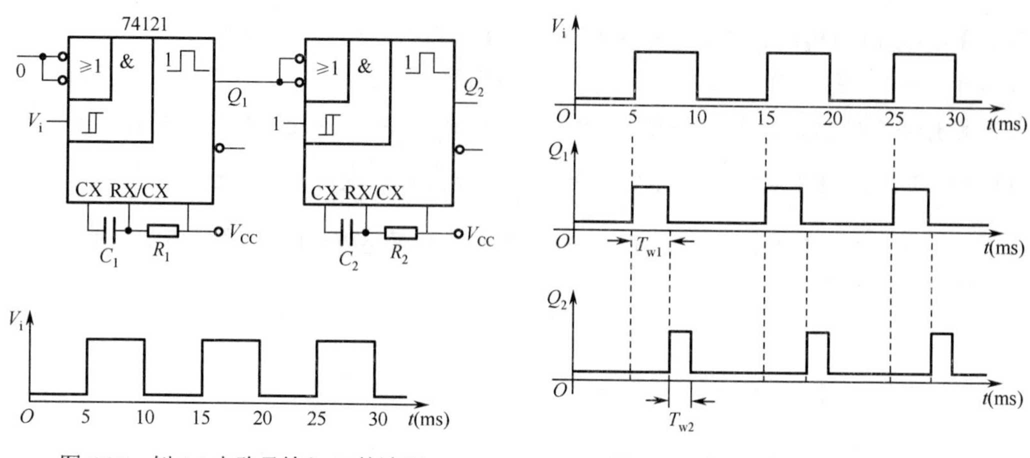

图 6.26　例 6.4 电路及输入 V_i 的波形　　　　图 6.27　例 6.4 的输入/输出波形

【例 6.5】用 555 定时器设计一个花房喷药控制电路。要求：每次连续喷洒两种农药，第一种药喷 3 s，第二种药喷 5 s。

解： 按照设计要求画出的触发开关 V_i 及喷两种药的电路输出波形 Q_1 和 Q_2 如图 6.28 所示。

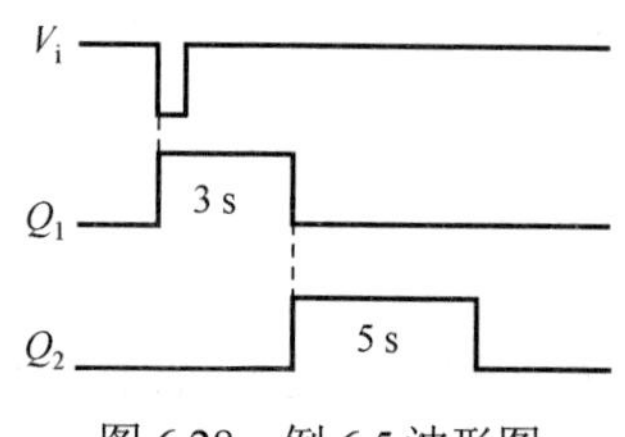

图 6.28　例 6.5 波形图

该电路应设计两个单稳态触发器，其中，$T_{w1}=3$ s，$T_{w2}=5$ s。由第一个触发器的下降沿触发第二个触发器。

若选 $R_1=R_2=1$ MΩ，代入 $T_w=1.1RC$，求出 C_1 和 C_2。

$$C_1=\frac{3}{1.1\times10^6}=2.73\ \mu\text{F}\qquad C_2=\frac{5}{1.1\times10^6}=4.55\ \mu\text{F}$$

设计的电路如图 6.29 所示。注意，因为 555 定时器构成的单稳态触发器需要负的窄脉冲触发，所以在两个 555 定时器之间需要加一个微分电路（C_3 和 R_3）。

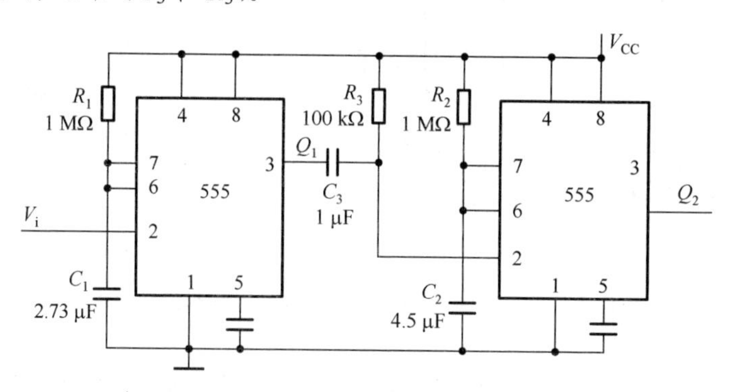

图 6.29　例 6.5 电路图

6.5　多谐振荡器

多谐振荡器是一种自激振荡电路，其特点如下。

- 多谐振荡器没有稳态，只有两个暂稳态。
- 多谐振荡器不需外加触发信号，接通电源后就能产生一定频率和幅值的矩形脉冲输出。

本节介绍 555 定时器构成的多谐振荡器、TTL 与非门构成的多谐振荡器、石英晶体振荡器以及用施密特触发器构成的多谐振荡器。多谐振荡器的符号图如图 6.30 所示。

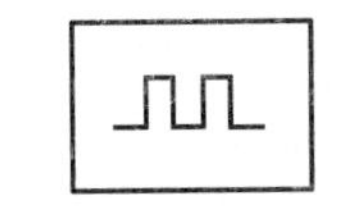

图 6.30　多谐振荡器符号图

6.5.1　555 定时器构成的多谐振荡器

1. 工作原理

555 定时器构成的多谐振荡器及工作波形分别如图 6.31(a)和图 6.31(b)所示。555 定时器阈值端（⑥脚）和触发端（②脚）接在一起，外接电阻 R_1、R_2 及电容 C。接通电源后，电容 C 被充电，充电回路为 $V_{CC}\to R_1\to R_2\to C\to$地，充电时间常数为 $\tau_{充}=(R_1+R_2)C$。随着充电的进行，电容上的电压 V_C 指数上升，当 $V_C>\frac{2}{3}V_{CC}$ 时，$Q=0$，$\overline{Q}=1$，放电管 T 导通，C 开始放电，放电回路为 $C\to R_2\to$地，放电时间常数为 $\tau_{放}=R_2C$，V_C 指数下降。当 $V_C<\frac{1}{3}V_{CC}$ 时，$Q=1$，$\overline{Q}=0$，电源又重新开始对电容 C 充电。如此循环下去，就得到了如图6.31(b)所示的矩形脉冲输出。

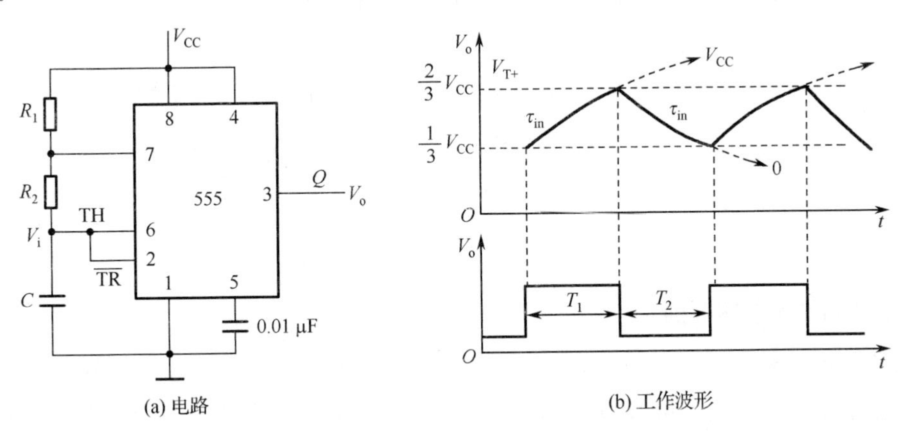

图 6.31　555 定时器构成的多谐振荡器电路和工作波形

2. 参数计算

高电平宽度为

$$\begin{aligned} T_1 &= (R_1+R_2)C\ln\frac{V_C(\infty)-V_C(0^+)}{V_C(\infty)-V_C(T_1)} \\ &= (R_1+R_2)C\ln\frac{V_{CC}-\frac{1}{3}V_{CC}}{V_{CC}-\frac{2}{3}V_{CC}} \\ &= 0.7(R_1+R_2)C \end{aligned} \tag{6.17}$$

低电平宽度为

$$T_2 = R_2 C \ln \frac{V_C(\infty) - V_C(0^+)}{V_C(\infty) - V_C(T_2)}$$

$$= R_2 C \ln \frac{0 - \frac{2}{3}V_{CC}}{0 - \frac{1}{3}V_{CC}}$$

$$= 0.7R_2 C \tag{6.18}$$

振荡周期为

$$T = T_1 + T_2 = 0.7(R_1 + 2R_2)C \tag{6.19}$$

振荡频率为

$$f = \frac{1}{T} \tag{6.20}$$

占空比为

$$q = \frac{T_1}{T} = \frac{R_1 + R_2}{R_1 + 2R_2} \tag{6.21}$$

由此可见，定时元件 R_1、R_2、C 决定了以上各参数值。调整定时元件，可改变 T、f、q 的大小。

此外，使用控制电压输入端 V_{CO}（⑤脚）也可控制高电平宽度。此时高电平宽度计算如下

$$T_1 = (R_1 + R_2)C \ln\left(\frac{V_{CC} - 0.5V_{CO}}{V_{CC} - V_{CO}}\right) = (R_1 + R_2)C \ln\left(1 + \frac{0.5V_{CO}}{V_{CC} - V_{CO}}\right)$$

可以看出 T_1 是关于 V_{CO} 的减函数，即 V_{CO} 变小时 T_1 增大，T 也增大。

3．占空比可调的多谐振荡器

占空比可调的多谐振荡器如图6.32 所示。与图6.31 的电路相比，多了一个电位器和两个二极管。移动电位器触头，可调整R_1、R_2 的电阻值。利用两个二极管的单向导电特性，使电容的充放电过程分开，构成占空比可调的多谐振荡器。

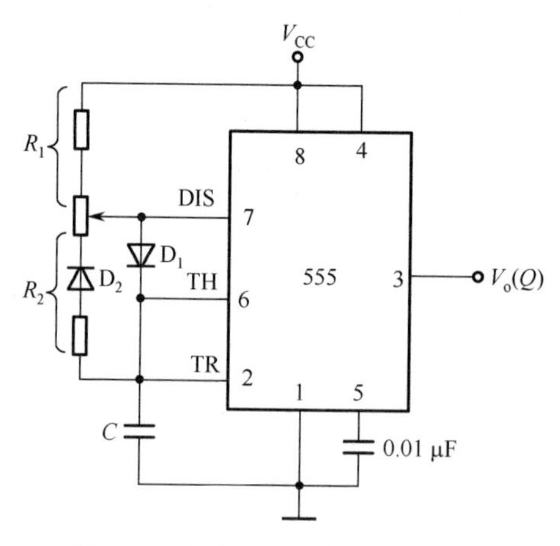

图 6.32 占空比可调的多谐振荡器

图 6.32 电路中 C 充电回路为 $V_{CC}\to R_1\to D_1\to C\to$ 地，时间常数为 $\tau_{充}=R_1C$；放电回路为 $C\to R_2\to D_2\to$ 地，时间常数为 $\tau_{放}=R_2C$。随着电容 C 充放电的交替进行，两个暂稳态 $Q=1$ 和 $Q=0$ 交替出现，输出端 $V_o(Q)$就得到占空比可调的矩形脉冲。

高电平宽度为

$$T_1=0.7R_1C \tag{6.22}$$

低电平宽度为

$$T_2=0.7R_2C \tag{6.23}$$

振荡周期为

$$T=T_1+T_2=0.7(R_1+R_2)C \tag{6.24}$$

振荡频率为

$$f=\frac{1}{T} \tag{6.25}$$

占空比为

$$q=\frac{T_1}{T}=\frac{R_1}{R_1+R_2} \tag{6.26}$$

当移动电位器触头使 $R_1=R_2$ 时，$q=\dfrac{1}{2}$，即 $T_1=T_2$（方波）。

6.5.2　TTL 与非门构成的多谐振荡器

TTL 与非门构成的多谐振荡器如图 6.33 所示，也称为对称式多谐振荡器。

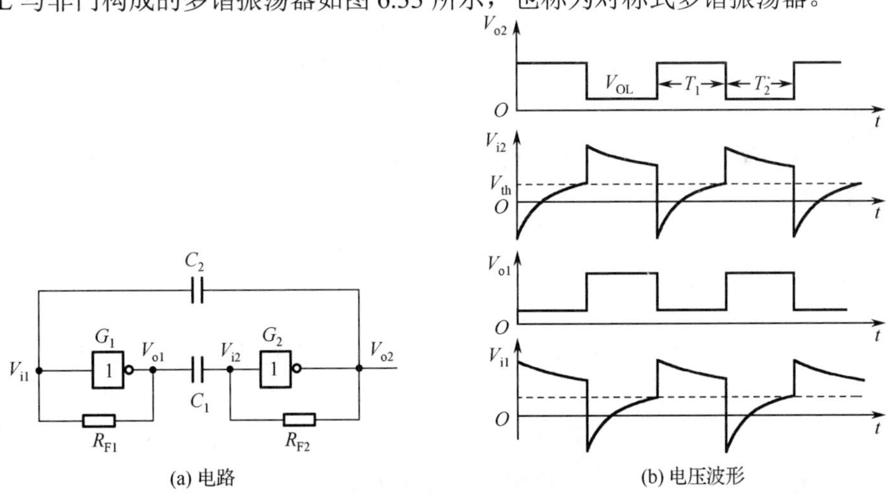

(a) 电路　　(b) 电压波形

图 6.33　TTL 与非门构成的多谐振荡器

下面结合TTL与非门构成的多谐振荡器的电压波形分析电路的工作原理：选取反馈电阻 R_{F1} 阻值为 1 kΩ 左右，使逻辑门工作在电压传输特性的转折点。接通电源后，假定由于某种原因，V_{i1} 有一个很小的正跳变，就会引起下列正反馈过程

$$V_{i1}\uparrow\to V_{o1}\downarrow\to V_{i2}\downarrow\to V_{o2}\uparrow$$

G_1 达到饱和导通时，$V_{o1}=0$，G_2 截止，$V_{o2}=1$，电路进入第一个暂稳态。这时电容 C_1 开始充电而电容 C_2 开始放电。C_2 放电的回路如图 6.34(a)所示。放电时间常数近似为 $\tau_2=R_{F1}C_2$。随着放电的进行，V_{i1} 指数下降。

同时，电容 C_1 经 G_2 的 R_1 和 R_{F2} 两条支路充电，C_1 充电回路如图 6.34(b)所示。充电时间常数近似为 $\tau_1=(R_1//R_{F2})\cdot C_1$。随着充电的进行，$V_{i2}$ 指数上升。

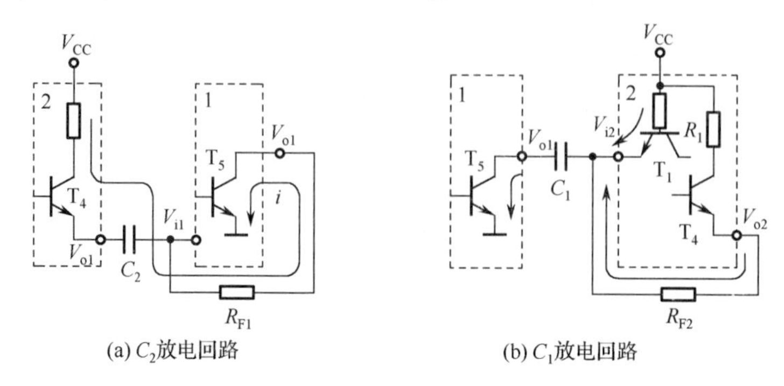

图 6.34　图 6.32 电路中电容的充、放电回路

由于 C_1 同时由两条支路充电，充电速度较快，经过时间 T_1，V_{i2} 首先上升到 G_2 的阈值电压，引起下列正反馈过程

$$V_{i2}\uparrow \rightarrow V_{o2}\downarrow \rightarrow V_{i1}\downarrow \rightarrow V_{o1}\uparrow$$

从而使 G_2 饱和导通，$V_{o1}=1$，G_1 截止，$V_{o2}=0$，电路进入第二个暂稳态。同时电容 C_2 开始充电而 C_1 开始放电。由于电路的对称性，这一过程与前面 C_1 充电、C_2 放电的过程完全对应。当 V_{i1} 上升到阈值电压时，电路迅速回到第一个暂稳态。电路中各点的电压波形如图 6.33(b)所示。

一般情况下，取 $C_1=C_2=C$，$R_{F1}=R_{F2}=R_F$，振荡器输出方波，振荡周期近似为

$$T\approx 1.3R_FC \tag{6.27}$$

6.5.3　石英晶体振荡器

在许多实际应用中，对多谐振荡器的振荡频率稳定性都有严格的要求。例如，把多谐振荡器作为计数器的脉冲源使用时，它的频率稳定性直接影响着计数器的准确性。在这种情况下，前面所述的几种多谐振荡器电路难以满足要求。因为在这些多谐振荡器中，振荡频率主要取决于门电路输入电压在充放电过程中达到转换电平所需的时间，所以频率稳定性不可能很高。一般振荡器存在下列问题：一是这些振荡器中门电路的阈值电压 V_{th} 本身就不够稳定，容易受电源电压和温度变化的影响；二是这些电路的工作方式容易受干扰，造成电路状态转换时间的提前或滞后；三是在电路状态临近转换时电容的充放电已经比较缓慢，在这种情况下，阈值电压微小的变化或轻微的干扰都会严重影响振荡周期。因此，在对频率稳定性有较高要求时，必须采取稳频措施。

目前普遍采用的一种稳频方法是在多谐振荡器电路中接入石英晶体，组成石英晶体多谐

振荡器。图6.35(a)和图6.35(b)分别示出了石英晶体的符号和电抗频率特性。把石英晶体与对称式多谐振荡器的耦合电容串联起来，就组成了如图6.36所示的石英晶体多谐振荡器电路。

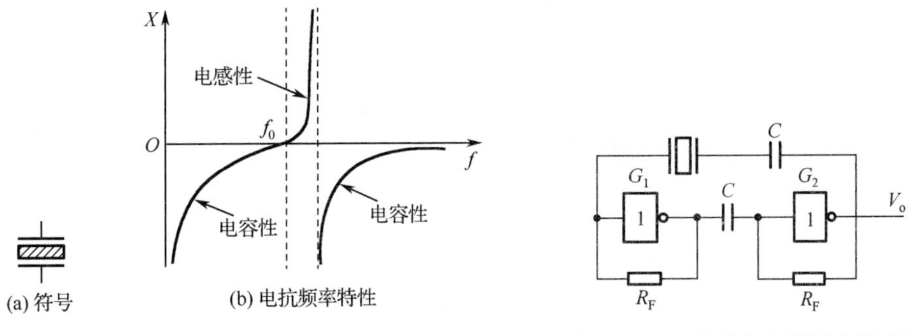

图 6.35　石英晶体　　图 6.36　石英晶体多谐振荡器电路

从石英晶体的电抗频率特性得知，当外加电压的频率为f_0时，它的阻抗最小，所以把它接入多谐振荡器的正反馈环路中以后，频率为f_0的电压信号最容易通过它，并在电路中形成正反馈，而其他频率信号经过石英晶体时被衰减。因此，振荡器的工作频率一定等于石英晶体的谐振频率f_0。由此可见，石英晶体多谐振荡器的振荡频率取决于石英晶体的固有谐振频率 f_0，而与外接电阻、电容无关。石英晶体的谐振频率由石英晶体的结晶方向和外形尺寸决定，具有极高的频率稳定性。它的频率稳定度（$\Delta f_0/f_0$）可达 10^{-11}～10^{-10}，足以满足大多数数字系统对频率稳定度的要求。具有各种多谐振荡频率的石英晶体已被制成标准化和系列化的产品出售。

在图 6.36 电路中，若取 TTL 电路 7404 作为两个反相器 G_1 和 G_2，$R_F = 1\ \text{k}\Omega$，$C = 0.05\ \mu\text{F}$，则其工作频率可达几十兆赫。

6.5.4　施密特触发器构成的多谐振荡器

施密特触发器最突出的特点是它的电压传输特性具有回差电压。由此我们想到，倘若能使触发器的输入电压在 V_{T+}与 V_{T-}之间往复变化，那么在输出端就可以得到矩形脉冲。

实现上述设想的方法很简单，只要将施密特触发器的反相输出端经 RC 积分电路接回输入端即可，如图 6.37(a)所示。

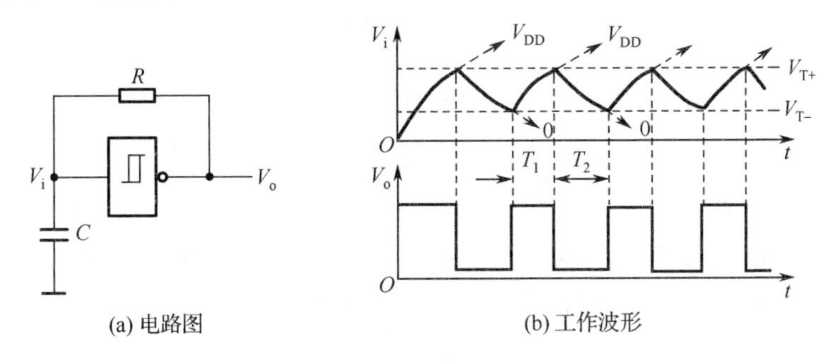

图 6.37　用施密特触发器构成的多谐振荡器电路图和工作波形

接通电源以后，因为电容上的初始电压为 0，所以输出为高电平，并开始经电阻 R 向电容 C 充电。当充到输入电压 $V_i = V_{T+}$时，输出跳变为低电平，电容 C 又经过电阻 R 开始放电。

当放电至 $V_i = V_{T-}$时，输出电位又跳变成高电平，电容 C 重新开始充电。如此周而复始，电路便不停地振荡。V_i 和 V_o 的电压波形如图 6.37(b)所示。其中高、低电平持续时间 T_1 和 T_2 分别为

$$T_1 = RC\ln\frac{V_{OH} - V_{T-}}{V_{OH} - V_{T+}} \qquad T_2 = RC\ln\frac{V_{OL} - V_{T+}}{V_{OL} - V_{T-}}$$

若使用的是 CMOS 施密特触发器，而且 $V_{OH} \approx V_{DD}$、$V_{OL} \approx 0$，则依据图6.37(b)的电压波形可得到振荡周期 T。

$$T = T_1 + T_2 = RC\ln\frac{V_{DD} - V_{T-}}{V_{DD} - V_{T+}} + RC\ln\frac{V_{T+}}{V_{T-}} = RC\ln\left(\frac{V_{DD} - V_{T-}}{V_{DD} - V_{T+}} \cdot \frac{V_{T+}}{V_{T-}}\right) \tag{6.28}$$

调节 R 和 C 的大小即可改变振荡周期。此外，在这个电路的基础上稍加修改，就能实现对输出脉冲占空比的调节，电路的接法如图6.38 所示。在这个电路中，因为电容的充电和放电分别经过两个电阻 R_1 和 R_2，所以只要改变 R_1 和 R_2 的比值，就可以改变占空比。

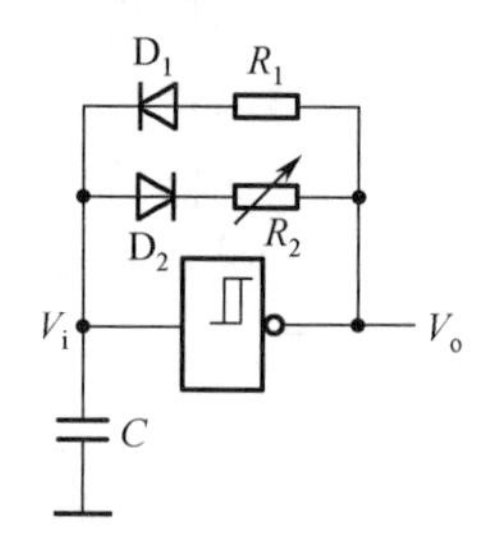

图 6.38　施密特触发器组成的占空比可调的多谐振荡器

该电路的高电平宽度 T_1、低电平宽度 T_2、周期 T 及占空比 q 分别为

$$T_1 = R_1C\ln\frac{V_{DD} - V_{T-}}{V_{DD} - V_{T+}} = R_1C\ln\frac{V_{DD} - \frac{1}{3}V_{DD}}{V_{DD} - \frac{2}{3}V_{DD}} = 0.7R_1C \tag{6.29}$$

$$T_2 = R_2C\ln\frac{V_{T+}}{V_{T-}} = R_2C\ln\frac{\frac{2}{3}V_{DD}}{\frac{1}{3}V_{DD}} = 0.7R_2C \tag{6.30}$$

$$T = T_1 + T_2 = 0.7(R_1 + R_2)C \tag{6.31}$$

$$q = \frac{T_1}{T} = \frac{R_1}{R_1 + R_2} \tag{6.32}$$

若使用TTL施密特触发器构成多谐振荡器，在计算振荡周期时应考虑施密特触发器输入电路对电容充放电的影响，因此得到的计算公式要比CMOS电路的计算公式复杂一些。

【例 6.6】 已知图 6.37(a)电路中的施密特触发器为 CMOS 电路 CC40106，$V_{DD} = 12$ V，$R = 20$ kΩ，$C = 0.01$ μF，试求该电路的振荡周期。

解： 从集成电路手册可查到 CC40106 的电压传输特性为：$V_{T+} = 6.3$ V，$V_{T-} = 2.7$ V。将 V_{T+}、

V_{T-}及给定的 V_{DD}、R、C 数值代入周期 T 的公式后得

$$T = RC\ln\left(\frac{V_{DD}-V_{T-}}{V_{DD}-V_{T+}}\cdot\frac{V_{T+}}{V_{T-}}\right) = 20\times10^{3}\times10^{-8}\times\ln\left(\frac{12-2.7}{12-6.3}\times\frac{6.3}{2.7}\right)\text{ s}$$
$$= 0.267\text{ ms} = 267\ \mu\text{s}$$

6.5.5 多谐振荡器的应用

【例 6.7】多谐振荡器可以为数字系统提供时钟信号，图 6.39 为一个两相时钟产生电路及其工作波形。

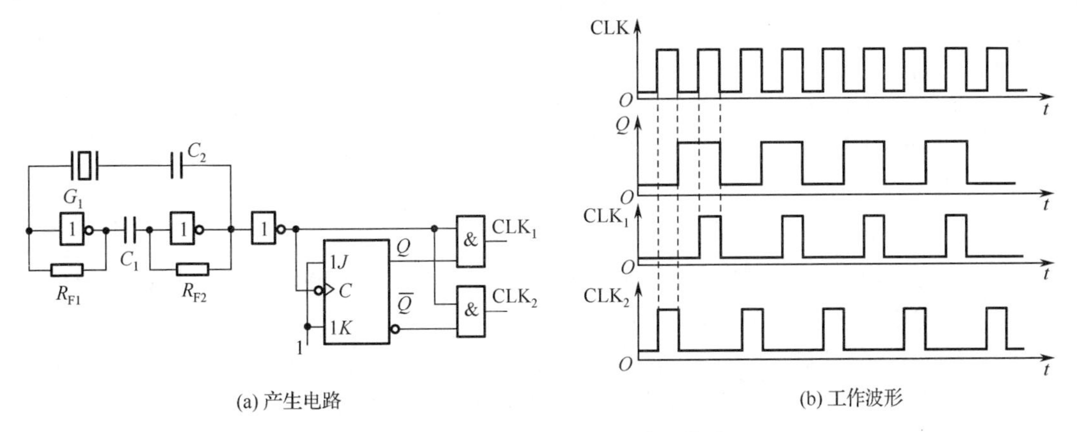

(a) 产生电路　　(b) 工作波形

图 6.39　两相时钟产生电路及其工作波形

【例 6.8】图 6.40 给出了两个多谐振荡器构成的警笛信号发生器。选择 R_1、R_2、C_1 和 R_3、R_4、C_2，使两振荡器处于满足警笛要求的频率。由于片 I 振荡器的输出端接在片 II 振荡器的控制端 V_{CO}（⑤脚）上，故片 II 受控于片 I 。当片 I 的 $Q_1 = 1$（3.6 V）时，片 II 的 $V_{T+} = 3.6$ V、$V_{T-} = 1.8$ V；当片 I 的 $Q_1 = 0$（0.3 V）时，片 II 的 $V_{T+} = 0.3$ V、$V_{T-} = 0.15$ V，C 充放电时间短、周期小、频率高，这样，就产生了频率时大时小的振荡信号，喇叭就发出高低不同的警笛声。

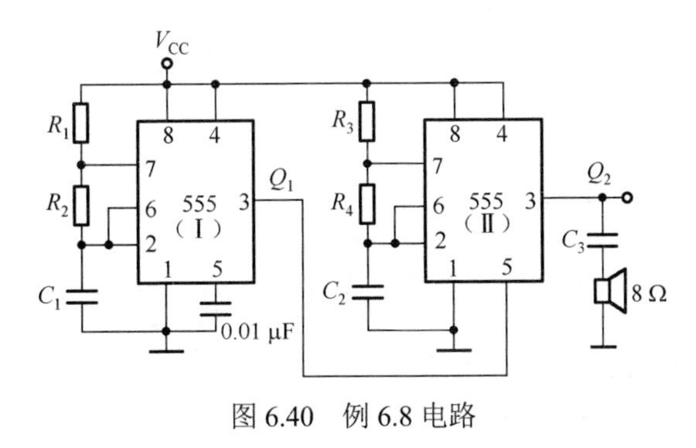

图 6.40　例 6.8 电路

习题

6.1　555 定时器构成的施密特触发器由哪几部分构成？各部分的功能是什么？

6.2 施密特触发器、单稳态触发器、多谐振荡器各有几个稳态与几个暂态？

6.3 在555定时器构成的施密特触发器电路中，当控制输入 V_{CO} 悬空，$V_{CC}=15\text{ V}$ 时，V_{T+}、V_{T-}、ΔV 分别等于多少？当 $V_{CO}=6\text{ V}$ 时，V_{T+}、V_{T-}、ΔV 分别等于多少？

6.4 555定时器构成的施密特触发器输入波形 V_i 如题6.4图所示，试对应 V_i 画出 Q 端波形。

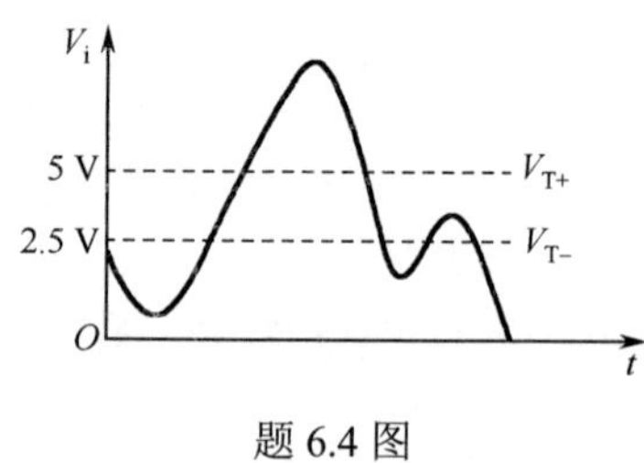

题6.4图

6.5 已知 CMOS 反相器构成的施密特触发器的输入波形如题6.5图所示，试对应画出触发器的输出波形。

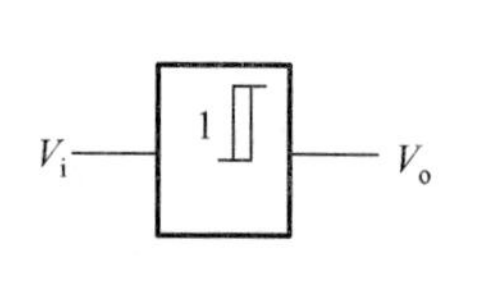

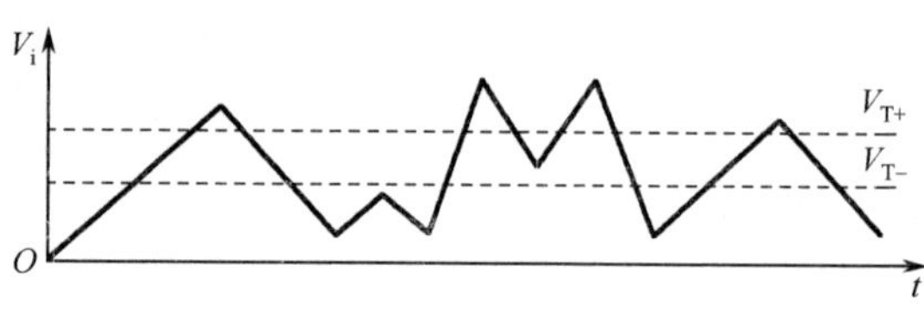

题6.5图

6.6 门电路构成的施密特触发器如图6.5(a)所示，若 $V_{DD}=10\text{ V}$，$R_1=3\text{ k}\Omega$，$R_2=6\text{ k}\Omega$，计算电路的 V_{T+}、V_{T-}和ΔV 值。

6.7 在图6.5(a)的施密特触发器电路中，已知 $V_{DD}=12\text{ V}$，若取 $R_1=5\text{ k}\Omega$，$R_2=8\text{ k}\Omega$，计算电路的 V_{T+}、V_{T-}和ΔV 值，并画出其电压传输特性曲线（V_o-V_i）。

6.8 试计算题6.8图微分型单稳态触发器的最高工作频率。

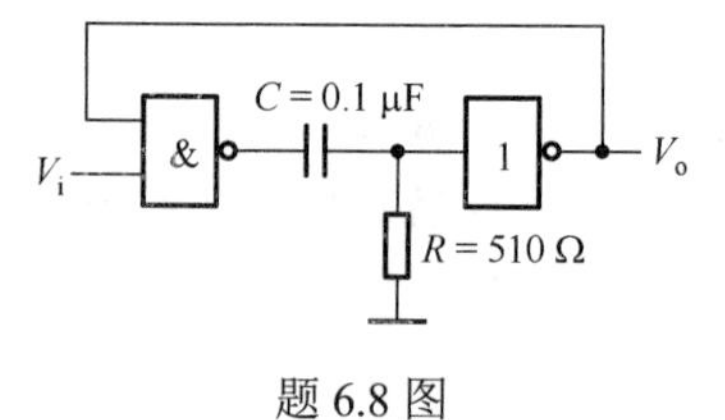

题6.8图

6.9 用555定时器组成的单稳态触发器对输入信号 V_i 的负脉冲宽度有何要求？为什么？若 V_i 的负脉冲宽度过大，应采取什么措施？

6.10 题6.10图是555定时器构成的单稳态触发器及输入 V_i 的波形，已知 $V_{CC}=10\text{ V}$，$R=33\text{ k}\Omega$，$C=0.1\ \mu\text{F}$，求：

（1）输出电压 V_o 的脉冲宽度 T_W；

（2）对应 V_i 画出 V_c、V_o 的波形，并标明波形幅度。

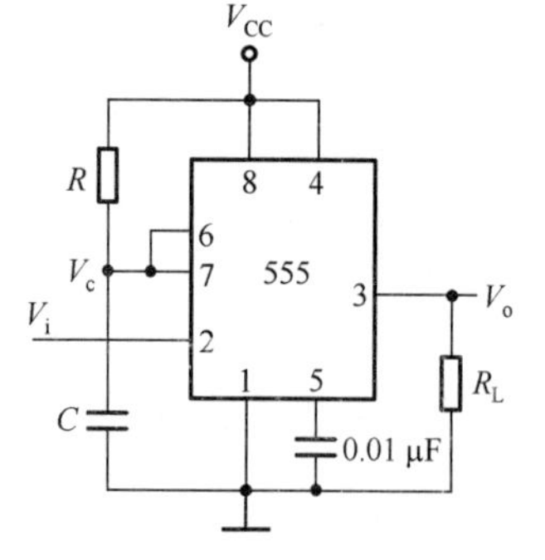

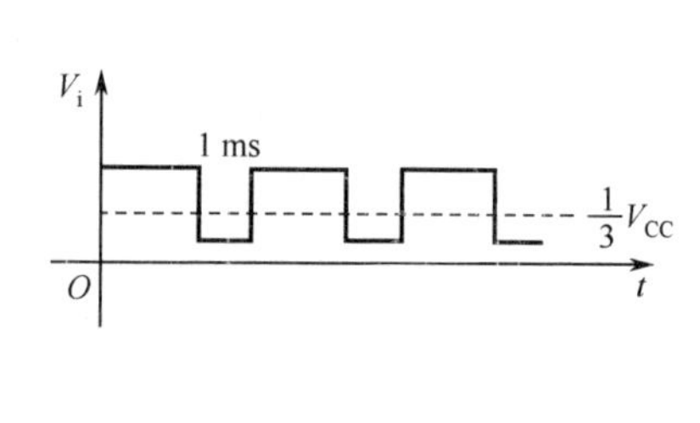

题6.10图

6.11 用555定时器设计一个单稳态触发器，要求输出脉冲宽度在1～10 s范围内连续可调（取定时电容 $C=8\ \mu\text{F}$）。

6.12　用 555 定时器设计一个输入 V_i 和输出 V_o 对应波形如题 6.12 图所示的电路（设定时电阻 $R = 500\ \Omega$）。

6.13　题 6.13 图是用 555 定时器组成的开机延时电路，$R = 90\ \text{k}\Omega$，$C = 20\ \mu\text{F}$，$V_{CC} = 6\ \text{V}$，试计算常闭开关K 断开后经过多长的延迟时间，输出端 Q 才由低电平到高电平跳变，实现开机。

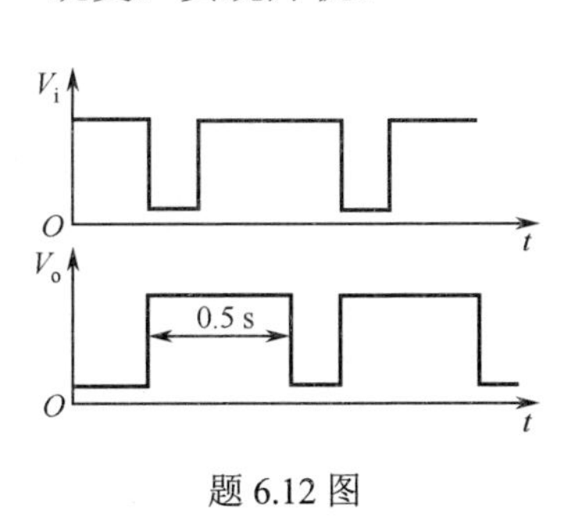

题 6.12 图

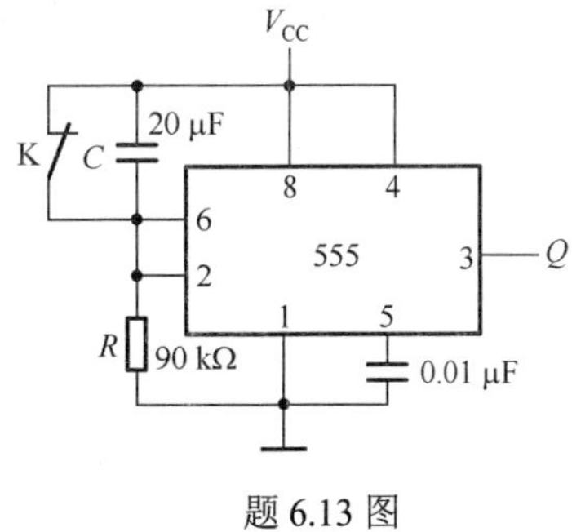

题 6.13 图

6.14　用 555 定时器构成单稳态触发器时［见图 6.16(a)］，对输入脉冲的宽度是否有限制？当输入脉冲的低电平持续时间过长时，电路应如何修改？

6.15　用集成单稳态触发器 74121 设计一个能产生脉冲宽度 4 ms 的脉冲信号，若使用内部电阻 R=2 kΩ，求外界电容 C 的大小，并画出电路连接图。

6.16　利用74121 设计脉冲电路，要求输入、输出波形的对应关系如题 6.16 图所示，画出所设计的电路，计算器件参数。设 $C_1 = 5000\ \text{pF}$，$C_2 = 2000\ \text{pF}$。

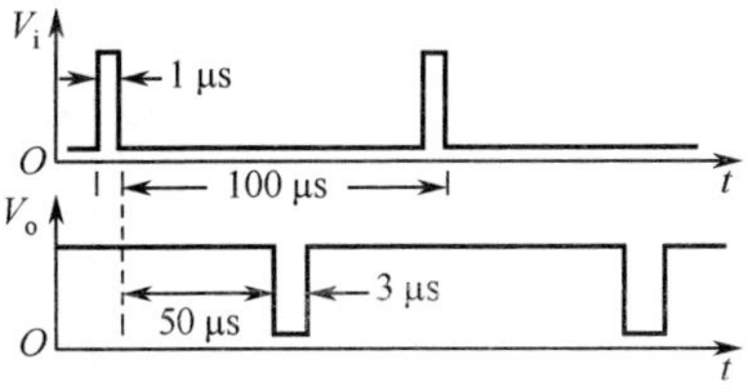

题 6.16 图

6.17　电路及输入波形 V_i 如题 6.17 图所示，对应 V_i 画出 Q_1、Q_2 波形，并计算 T_W。

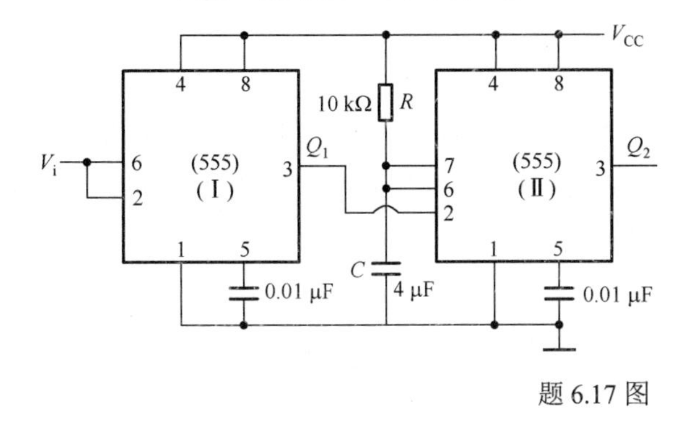

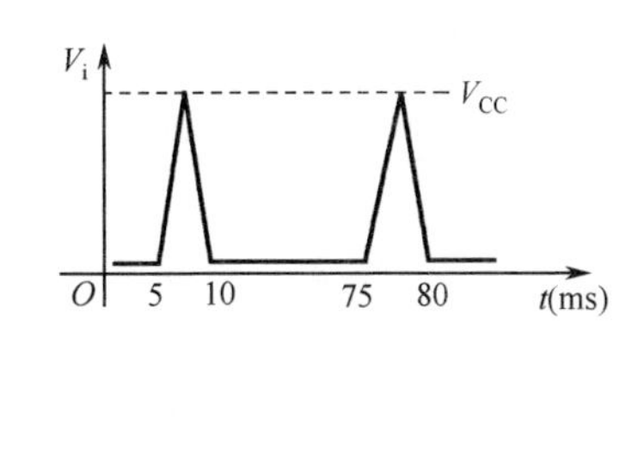

题 6.17 图

6.18　若需要使用振荡周期为 5 s、占空比为 $\frac{3}{4}$ 的 CLK 脉冲，试用 555 定时器设计满足需要的多谐振荡器。

6.19　用 555 定时器设计一脉冲电路，该电路振荡 0.2 s 停 0.1 s，如此循环，电路输出脉冲的振荡周期 $T = 8\ \text{ms}$，占空比 $q = \frac{1}{2}$，两级电容均取 $C = 1\ \mu\text{F}$，画出电路并计算电路各元件参数。

6.20 555 定时器组成的占空比可调的多谐振荡器如题 6.20 图所示，电位器 R' 滑动触点位于中心点时，$R_1=R_2=500\ \Omega$，求此时振荡输出波形的频率 f 以及占空比 q。当电位器 $R'=400\ \Omega$ 的滑动触点从上滑到下时，占空比 q 的变化范围是多少？

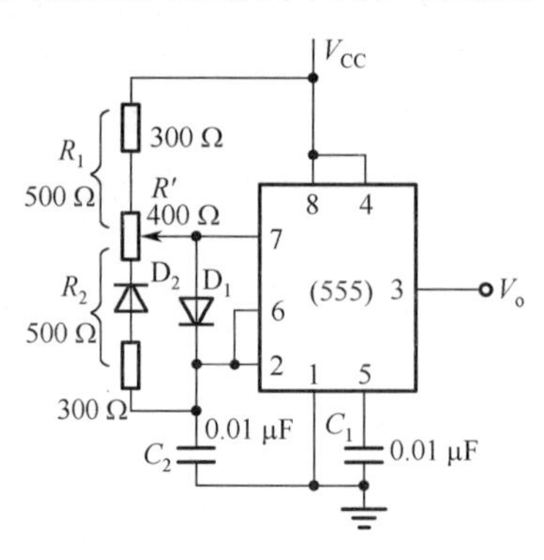

题 6.20 图

6.21 若要求题 6.21 图中扬声器 TH 在开关 K 瞬间按下后以 $f=0.2$ kHz 的频率响 3 s，试计算图中 R_1、R_2 的值。

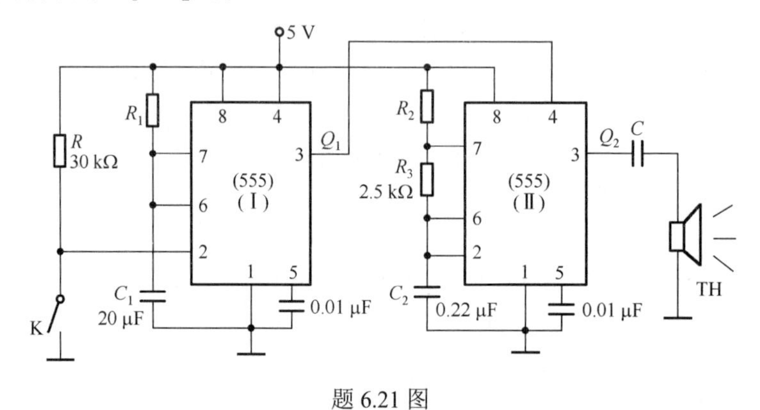

题 6.21 图

6.22 已知 555 定时器的⑥脚和②脚连在一起作为输入端 A，④脚作为输入端 B，③脚为输出端 F，如题 6.22 图(a)所示。A 和 B 输入波形如题 6.22 图(b)所示，对应画出输出端 F 的波形。

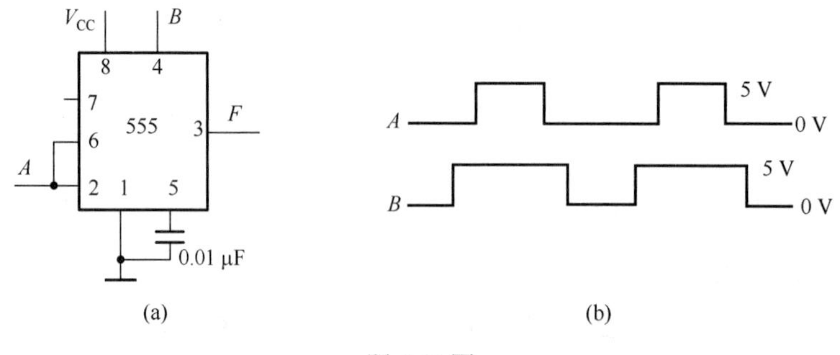

题 6.22 图

6.23　说明图6.32所示多谐振荡器电路的振荡频率 f 与哪些参量有关？

6.24　说明石英晶体振荡器电路的振荡频率 f 与哪些参量有关？电路的特点是什么？

6.25　题 6.25 图示出了由施密特触发器组成的占空比可调的振荡器。已知：$R_1 = 10\ \text{k}\Omega$，$R_2 = 6\ \text{k}\Omega$，$C = 10\ \text{pF}$，$V_{T+} = 6\ \text{V}$，$V_{T-} = 3\ \text{V}$，画出 V_C 和 Q 的对应波形，并计算振荡周期 T。

6.26　555 定时器和74LS14组成题6.26图所示电路。已知74LS14的 $V_{T+} = 1.7\ \text{V}$，$V_{T-} = 0.9\ \text{V}$，$V_{OH} = 3.6\ \text{V}$，$V_{OL} = 0.3\ \text{V}$。电路元件参数为 $R_1 = R_2 = 10\ \text{k}\Omega$，$C_1 = 0.2\ \mu\text{F}$，$C_2 = 0.1\ \mu\text{F}$，$V_R = 3.6\ \text{V}$。（1）74LS14 和 R_1、C_1 组成何种功能电路？并求其电路主要参数。（2）555 定时器组成何种功能电路？并求其电路主要参数。（3）说明电路中 V_R 和 R_d、C_d 的作用。

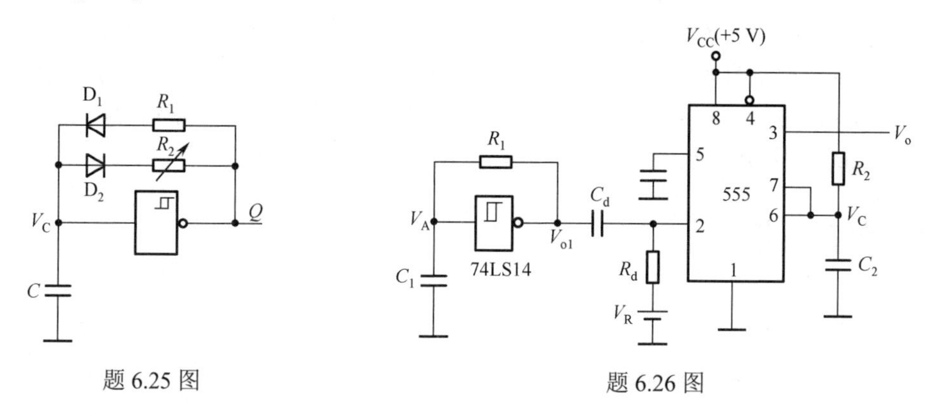

题 6.25 图　　　　题 6.26 图

第 7 章　数模转换与模数转换

数字信号比模拟信号具有更强的抗干扰能力，存储和处理也更方便。随着数字技术，特别是计算机技术的飞速发展与普及，在现代控制、通信及检测领域，为提高系统的性能指标，对信号的处理无不广泛地采用数字计算技术。由于系统的实际对象往往都是一些模拟信号（如温度、湿度、压力、高度、位移、图像等），要使计算机或数字仪表能识别、处理这些信号，必须首先将这些模拟信号转换成数字信号；而经计算机分析、处理后输出的数字量也往往需要转换为相应的模拟信号才能被执行机构接收。这样，就需要一种能在模拟信号与数字信号之间起接口作用的电路——数模转换电路（DAC 电路）和模数转换电路（DAC 电路）。DAC 和 ADC 已经成为现代数字仪表和自动控制技术中不可缺少的部分。

7.1　数模转换电路

7.1.1　数模转换关系

以三位数模转换为例，理想的 DAC 输入、输出转换关系如图7.1 所示，其输出、输入之间为正比例的对应关系。DAC 将输入的数字量转换为相应的离散模拟值。

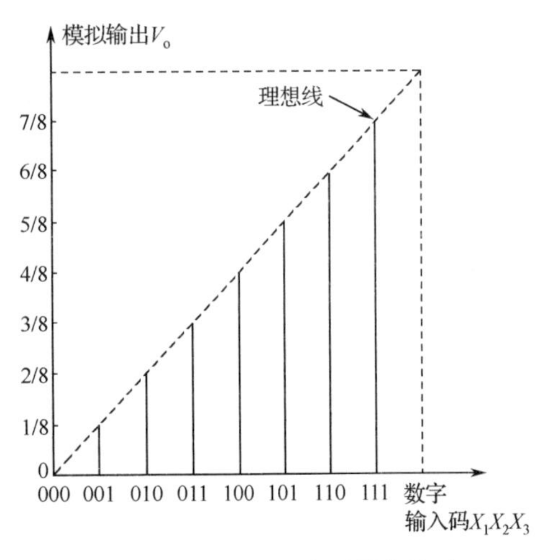

图 7.1　三位 DAC 电路转换关系

任何 DAC 的使用都是与其数字编码形式密切相关的。图7.1 中采用的是自然加权二进制码，是一种单极性码。在 DAC 中，通常将每个数字量表示为满刻度模拟值的一个分数值，称为归一化表示法。例如，在图 7.1 中，数字 111 经 DAC 转换为$\frac{7}{8}$FSR，其中，FSR 为 Full Scale Range（满刻度值）的缩写，数字 001 转换为$\frac{1}{8}$FSR。数字的最低有效位常用 LSB（Least Significant Bit）表示，其对应的模拟输出值为$\frac{1}{2^n}$FSR，n是数字量的位数。

转换器还常用双极性码。双极性码可表示模拟信号的幅值和极性，适于具有正负极性的模拟信号的转换。常用的双极性码有偏移码、补码和原码。偏移码因带符号的二进制码偏移一定量而得名。偏移码的构成是将补码的符号位取反，在转换器应用中，偏移码是最易实现的一种双极性码。表7.1给出了常用的双极性码以及对应的模拟输出。使用双极性码时，其满刻度值是单极性码满刻度值的二分之一。

表 7.1　三位 DAC 转换关系

原　码	补　码	偏 移 码	对应的十进制数	输出模拟电压	FSR
0 1 1	0 1 1	1 1 1	+3	$+3V_{ref}/8$	
0 1 0	0 1 0	1 1 0	+2	$+2V_{ref}/8$	
0 0 1	0 0 1	1 0 1	+1	$+1V_{ref}/8$	$+\frac{1}{2}$ FSR
0 0 0	0 0 0	1 0 0	+0	0	
1 0 0	(000)	(000)	–0	0	
1 0 1	1 1 1	0 1 1	–1	$-1V_{ref}/8$	
1 1 0	1 1 0	0 1 0	–2	$-2V_{ref}/8$	$-\frac{1}{2}$ FSR
1 1 1	1 0 1	0 0 1	–3	$-3V_{ref}/8$	
	1 0 0	0 0 0	–4	$-4V_{ref}/8$	

7.1.2　权电阻网络 DAC

三位二进制权电阻 DAC 电路如图 7.2 所示，图中 MSB（Maximum Significant Bit）为最高有效位。这是一种最简单、最直接的并行转换电路，V_{ref} 为参考电压，从高位到低位的数字量 X_1、X_2、X_3，分别控制模拟开关 S_1、S_2、S_3。数字量为 1 时，模拟开关接到“1”位置；数字量为0时，模拟开关接到“0”位置。X_1 单独作用时，$i_1=\frac{X_1}{R}V_{ref}$；X_2 单独作用时，$i_2=\frac{X_2}{2R}V_{ref}$；$X_3$ 单独作用时，$i_3=\frac{X_3}{4R}V_{ref}$。

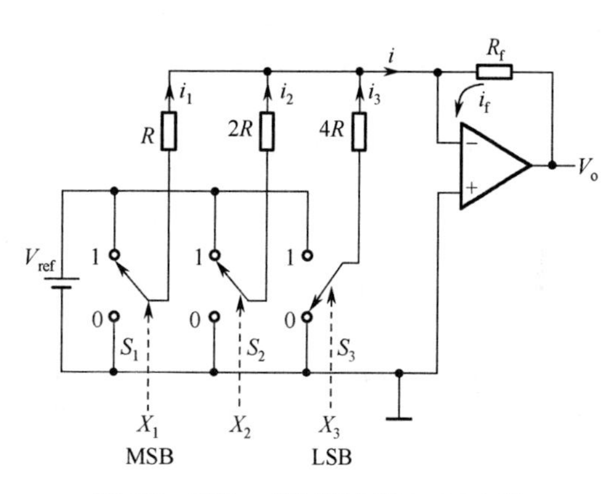

图 7.2　三位二进制权电阻 DAC 电路

总电流为

$$i=i_1+i_2+i_3=\frac{2}{R}V_{ref}(X_1 2^{-1}+X_2 2^{-2}+X_3 2^{-3}) \tag{7.1}$$

模拟输出电压 V_o 的表达式为

$$V_o=-iR_f=-\frac{2R_f}{R}V_{ref}\cdot\frac{(X_1 2^2+X_2 2^1+X_3 2^0)}{2^3} \tag{7.2}$$

式中，负号表示倒相，$\frac{2R_f}{R}V_{ref}$ 为满刻度值（FSR），分母 2^3 中的“3”为转换位数，分子括号中是输入的二进制数按权展开的十进制数。

【例 7.1】 4 位权电阻 DAC 电路中，若 $R_f=R/2$，$V_{ref}=5$ V，当输入数字量为 $X_1X_2X_3X_4=1010$ 时，求相应的模拟输出电压值 V_o。

解： 4 位权电阻 DAC 电路的模拟输出电压为

$$V_o=-\frac{2R_f}{R}V_{ref}\cdot\frac{(X_1 2^3+X_2 2^2+X_3 2^1+X_4 2^0)}{2^4}$$

代入 $R_f=R/2$，$V_{ref}=5\text{ V}$，$X_1X_2X_3X_4=1010$，得

$$V_o=-\frac{2R/2}{R}\times5\times\frac{(10)}{2^4}=-\frac{5}{16}\times10=-3.125\text{ V}$$

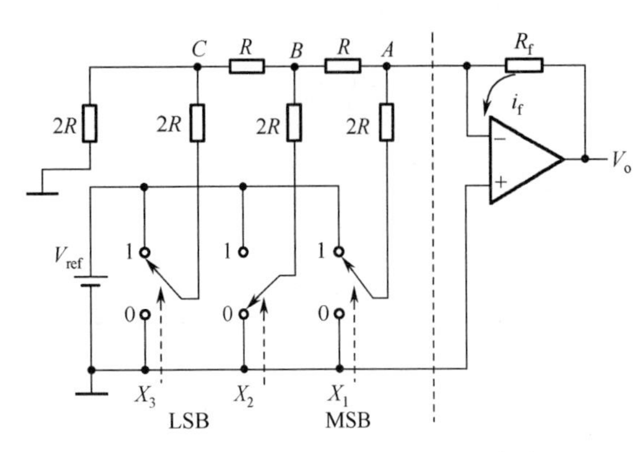

图 7.3　*R*-2*R* 梯形电阻网络 DAC 电路

7.1.3　*R*-2*R* 梯形电阻网络 DAC

三位 *R*-2*R* 梯形电阻网络 DAC 电路如图 7.3 所示，输入数字量为 $X_1X_2X_3$，输出模拟值为 V_o。此电路克服了二进制权 DAC 电路中电阻取值范围过大的缺点，仅用 *R*、2*R* 两种阻值。在图7.3所示电路中，各连接点（*A*、*B*、*C*）对地的等效电阻均为 *R*。

为了便于分析，我们利用戴维南定理，把各位数字量单独作用在*A*点的等效电路推导出来，然后叠加，即可得到输出电压 V_o 的表达式，各位数字量单独作用的等效电路分别如图 7.4(a)～(d)所示。

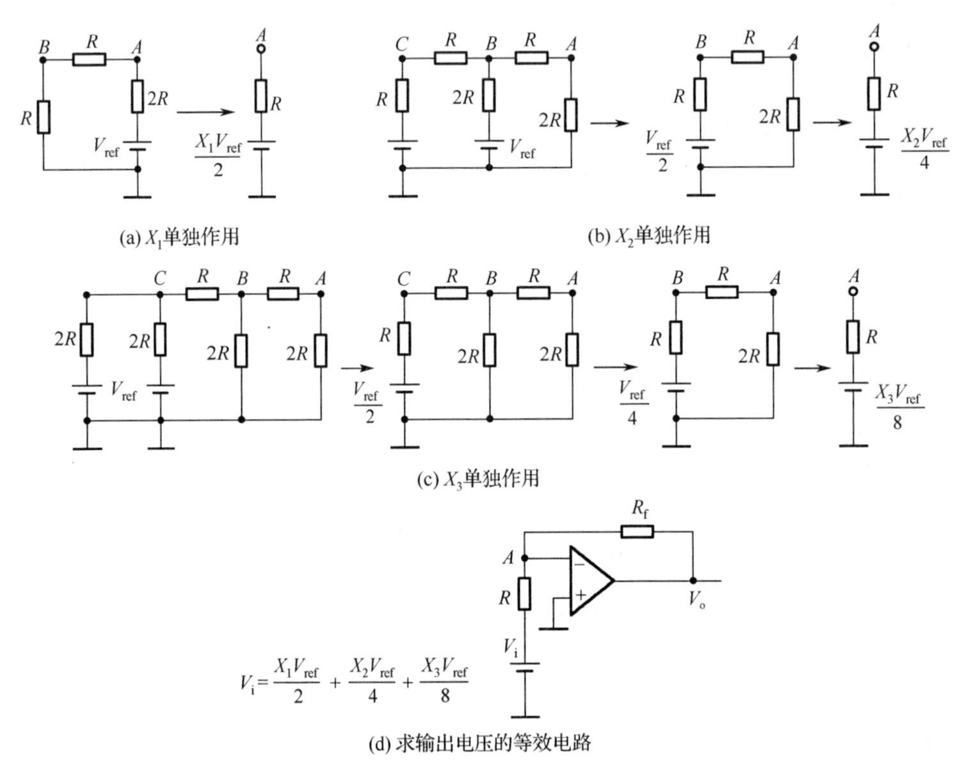

(a) X_1单独作用　(b) X_2单独作用

(c) X_3单独作用

(d) 求输出电压的等效电路

图 7.4　三位数字量单独作用时的等效电路

三位 *R*-2*R* 梯形电阻网络 DAC 电路的模拟输出电压为

$$V_o=-\frac{R_f}{R}V_{ref}\cdot\frac{(X_12^2+X_22^1+X_32^0)}{2^3}\tag{7.3}$$

式中，负号表示倒相，$\frac{R_f}{R}V_{ref}$ 为满刻度值 FSR，分母 2^3 中的“3”为转换位数，分子括号中是输入的二进制数按权展开的十进制数。

【例 7.2】一个 8 位 R-$2R$ 梯形电阻网络 DAC 的 $R_f=R$，$V_{ref}=10$ V，求该电路最小输出电压（最低位为 1 其余各位为 0）V_{omin} 和最大输出电压（各位全为 1）V_{omax}。

解：最小输出电压 V_{omin} 为

$$V_{omin}=-\frac{R_f}{R}V_{ref}\times\frac{1}{2^8}=-\frac{10}{256}=-0.039\text{ V}$$

最大输出电压 V_{omax} 为

$$V_{omax}=-\frac{R_f}{R}V_{ref}\times\frac{2^8-1}{2^8}=-\frac{2550}{256}=-9.961\text{ V}$$

7.1.4　*R*-2*R* 倒梯形电阻网络 DAC

将图 7.3 中的参考电压同输出电压部分的电路交换位置，就可得到如图7.5 所示的 R-$2R$ 倒梯形电阻网络 DAC 电路。在该电路中，模拟开关位于电阻网络“与”求和放大器之间，在求和放大器的虚地和地之间切换。当 $X_i=1$ 时，开关接虚地；当 $X_i=0$ 时，开关接地。

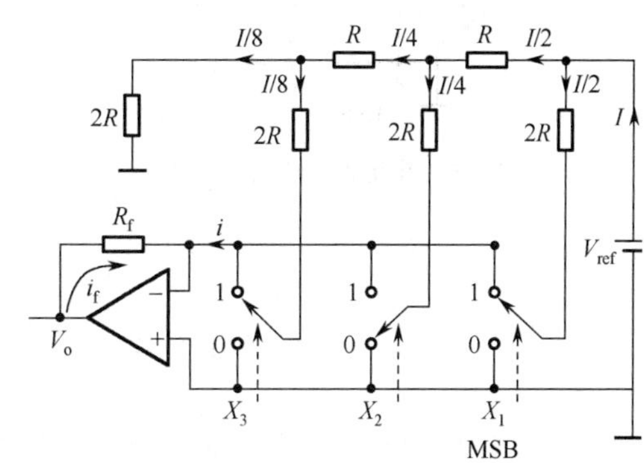

图 7.5　R-$2R$ 倒梯形电阻网络 DAC 电路

用与 7.1.3 节同样的办法可推导出与三位 R-$2R$ 倒梯形电阻网络 DAC 电路输出电压 V_o 的表达式为

$$V_o=-\frac{R_f}{R}V_{ref}\cdot\frac{(X_1 2^2+X_2 2^1+X_3 2^0)}{2^3} \tag{7.4}$$

可以看出，它与 R-$2R$ 梯形电阻网络 DAC 电路的模拟电压输出相同。与梯形电阻网络 DAC 电路相比，倒梯形电阻网络 DAC 电路的优点在于：无论输入信号如何变化，流过基准电压源、模拟开关以及各电阻支路的电流均保持恒定，电路中各节点的电压也保持不变，使 DAC 的转换速率得到提高。

【例 7.3】如图 7.5 所示的三位 R-$2R$ 倒梯形电阻网络 DAC 电路，$R_f=R$，$V_{ref}=12$ V。求：① 该电路的满刻度值 FSR；② 最小输出电压 V_{omin}；③ 电路分辨率 $S=|V_{omin}|$；④ 最大输出电压 V_{omax}；⑤ 输入数字量 $X_1X_2X_3=110$ 时的模拟输出值 V_o。

解：① $\text{FSR}=\frac{R_f}{R}V_{ref}=12\text{ V}$

② $V_{omin}=-\text{FSR}\frac{1}{2^3}=-12\times\frac{1}{8}=-1.5\text{ V}$

③ $S=|V_{omin}|=1.5\text{ V}$

④ $V_{omax}=-\text{FSR}\frac{2^3-1}{2^3}=-12\times\frac{8-1}{8}=-10.5\text{ V}$

⑤ $V_o = -\text{FSR}\dfrac{6}{2^3} = -12\times\dfrac{6}{8} = -9.0\ \text{V}$

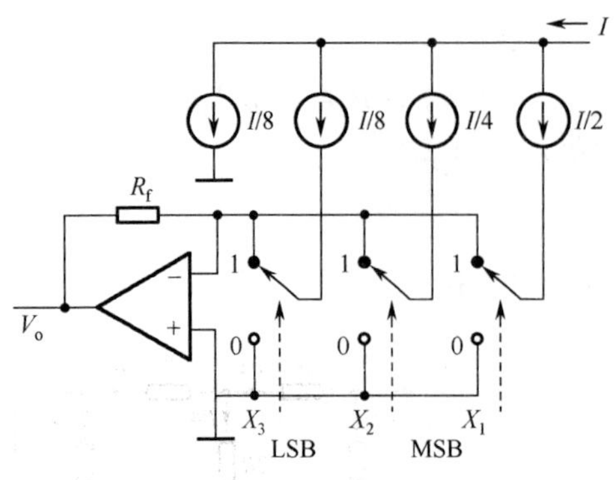

图 7.6 电流激励 DAC 电路

7.1.5 电流激励 DAC

在上面几种电阻网络DAC电路中，模拟开关都串接在电路中，不可避免地产生开关压降，引起转换误差，降低了转换精度。为克服这一缺点，引入电流激励DAC 电路，如图 7.6 所示。

由于使用与三位二进制数 $X_1X_2X_3$ 成正比"权"关系的恒流源取代了电阻网络，所以该电路也称为权电流 DAC。由于采用恒流源，模拟开关的导通将对转换精度无影响。根据图 7.6，可得到输出电压 V_o 的表达式为

$$V_o = -IR_f \cdot \frac{(X_1 2^2 + X_2 2^1 + X_3 2^0)}{2^3} \tag{7.5}$$

式中，负号表示倒相，$IR_f = V_{ref}$ 为满刻度值 FSR，分母 2^3 中的"3"为转换位数，分子括号中是输入的二进制数按权展开的十进制数。

【例 7.4】 如图 7.6 所示的电流激励 DAC 电路中，若 $I = 24$ mA，$R_f = 1$ kΩ，求：

（1）V_o 的有效值变化范围；

（2）满刻度值 FSR 的值；

（3）写出 n 位电流激励 DAC 电路的输出电压 V_o 和最大值 V_{omax} 的表达式。

解：（1）V_o 的有效值变化范围是 $V_{omin}\sim V_{omax}$

$$V_{omin} = -IR\frac{X_1 2^2 + X_2 2^1 + X_3 2^0}{2^3} = -24\times10^{-3}\times1\times10^3\times\frac{1}{8} = -3\ \text{V}$$

$$V_{omax} = -24\times10^{-3}\times1\times10^3\times\frac{7}{8} = -21\ \text{V}$$

（2）FSR= $IR_f = 24\times10^{-3}\times1\times10^3 = 24$ V

（3）$V_o = -IR\times\dfrac{X_1 2^{n-1} + X_2 2^{n-2} + \cdots + X_n 2^0}{2^n}$

$$V_{omax} = -IR\times\frac{2^{n-1}-1}{2^n}$$

从上面几种 DAC 电路看到，模拟输出电压 V_o 和 n 位输入数字量 $X_1\sim X_n$ 成正比关系，即 DAC 的转换是正比例转换。若不考虑倒相作用，转换关系可以统一写为

$$V_o = \text{FSR}\cdot\frac{X_1 2^{n-1} + X_2 2^{n-2} + \cdots + X_{n-1}2^1 + X_n 2^0}{2^n} \tag{7.6}$$

7.1.6 集成数模转换电路

随着半导体技术的发展，国内外市场上出现了各种形式的集成 DAC 芯片，转换方式种

类繁多，性能指标各异，在转换精度、转换速度、稳定性等方面，与用电阻和开关组成的 DAC 相比有不同程度的改善。下面介绍几种集成 DAC 芯片。

1．10 位 CMOS 集成 DAC 芯片——AD7533

AD7533 是和 AD7530、AD7520 完全兼容的集成电流输出的 DAC 芯片，由 10 个分支的、高稳定性能的倒梯形 R-$2R$ 电阻网络及 10 个 CMOS 模拟开关组成。这 10 个模拟开关受控于 10 位数字量 X_1～X_{10}。图 7.7(a)和图 7.7(b)分别为 AD7533 的电路结构和引脚图。

AD7533 具有两个互补的电流输出端 I_{OUT1} 和 I_{OUT2}，电流方向均由片内流出。当输入数字量 $X_i = 1$（$i = 1, \cdots, 10$）时，位电流切换到 I_{OUT1} 端，否则切换到 I_{OUT2} 端。由此，输出电流表达式为

$$I_{\mathrm{OUT1}} = I_{\mathrm{ref}}(X_1 2^{-1} + X_2 2^{-2} + \cdots + X_9 2^{-9} + X_{10} 2^{-10}) \tag{7.7}$$

$$I_{\mathrm{OUT2}} = I_{\mathrm{ref}}(\overline{X}_1 2^{-1} + \overline{X}_2 2^{-2} + \cdots + \overline{X}_9 2^{-9} + \overline{X}_{10} 2^{-10}) \tag{7.8}$$

$$I_{\mathrm{OUT1}} + I_{\mathrm{OUT2}} = \frac{1023}{1024} I_{\mathrm{ref}} \tag{7.9}$$

使用时需要外接参考电压 V_{ref} 和运算放大器，把电流输出转换为电压输出。CMOS 开关对输入信号无论是TTL 还是CMOS 逻辑电平都是兼容的。它是最简单的 DAC，在应用上有较大的灵活性。

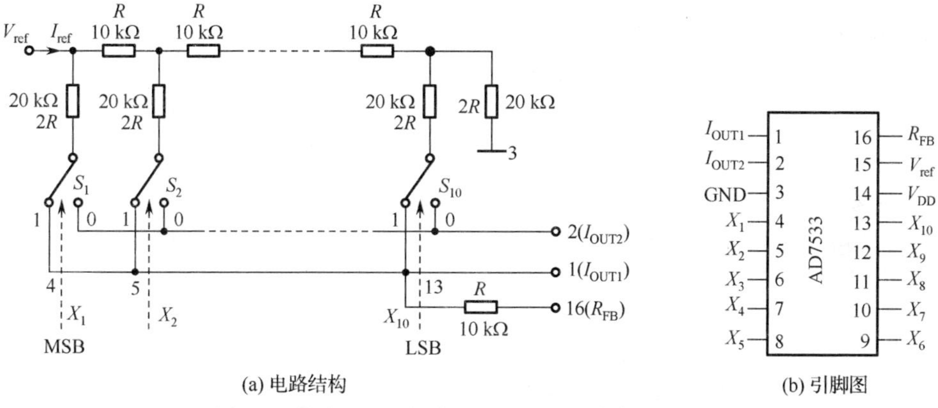

图 7.7　集成 DAC 芯片 AD7533 电路结构和引脚图

（1）AD7533 的单极性码应用。

AD7533 芯片只提供两个互补的模拟输出电流 I_{OUT1} 和 I_{OUT2}，使用时须在⑮脚接参考电压 V_{ref}。若想求得模拟输出电压，还必须加运算放大器，I_{OUT1}（①脚）接运算放大器的反相端，未用的另一电流输出端 I_{OUT2}（②脚）接地。运算放大器的反馈电阻可利用 AD7533 内部①脚到⑯脚之间的内阻 $R_{\mathrm{f}} = R = 10\ \mathrm{k\Omega}$，它与 R-$2R$ 电阻网络有良好的温度跟踪，可保证增益误差有较小的温度系数。AD7533 接收单极性码的电路如图 7.8 所示。10 位数字量 X_1～X_{10} 为单极性码（自然加权码），从高位到低位接至 AD7533 的④脚到⑬脚。

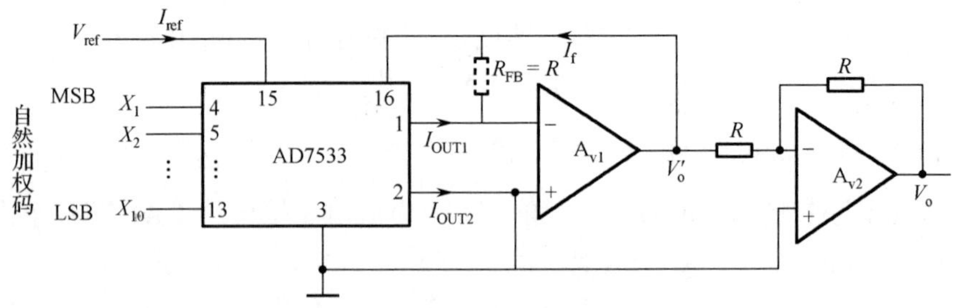

图 7.8 AD7533 接收单极性码的电路

从图 7.8 电路可得出输出模拟电压 V_o 的表达式为

$$V_o' = I_f R = -I_{OUT1}R$$

$$V_o = -V_o' = I_{OUT1}R = I_{ref}R\frac{(X_1 2^9 + X_2 2^8 + \cdots + X_{10} 2^0)}{2^{10}}$$

$$= V_{ref}\frac{(X_1 2^9 + X_2 2^8 + \cdots + X_{10} 2^0)}{2^{10}} \tag{7.10}$$

式中，$V_{ref} = I_{ref}R$ 为满刻度值 FSR。

（2）AD7533 的双极性码应用。

双极性码包括原码、反码、补码、偏移码等。双极性码的最高位为符号位，符号位后面才是数值位（见表 7.1）。不论使用哪种编码，只有原码的数值部分代表数字量的大小。因此，DAC 转换后的模拟输出电压也一定是原码的数值部分转换得到的。下面举例说明。

【例 7.5】 4 位 DAC 的满刻度值（FSR）输出为 8 V。当 4 位数字量 $X_1X_2X_3X_4 = 1011$ 时，使用下列几种编码，它们的归一化表示法的模拟输出电压 V_o 分别为多少？

（1）自然加权码;

（2）补码;

（3）偏移码。

解： n 位数字输入 $X_1 \sim X_n$ 与模拟输出电压 V_o 的关系为式（7.6）

$$V_o = \text{FSR}\cdot\frac{X_1 2^{n-1} + X_2 2^{n-2} + \cdots + X_{n-1} 2^1 + X_n 2^0}{2^n}$$

（1）当 $X_1X_2X_3X_4 = 1011$ 是自然加权码时，

$$V_o = \text{FSR}\cdot\frac{X_1 2^3 + X_2 2^2 + X_3 2^1 + X_4 2^0}{2^4} = 8\times\frac{11}{2^4} = 5.5\text{（V）}$$

（2）当 $X_1X_2X_3X_4 = 1011$ 是补码时，

$$V_o = \frac{1}{2}\text{FSR}\cdot\frac{-5}{2^3} = \frac{1}{2}\times 8\times\frac{-5}{2^3} = -2.5\text{（V）}$$

（3）当 $X_1X_2X_3X_4 = 1011$ 是偏移码时，

$$V_o = \frac{1}{2}\text{FSR}\cdot\frac{3}{2^3} = \frac{1}{2}\times 8\times\frac{3}{2^3} = 1.5\text{（V）}$$

注意，双极性码的满刻度值是单极性码满刻度值的二分之一（见表 7.1）。

① AD7533 接收偏移码。在图 7.8 电路中增加一偏移电路，可使 AD7533 接收偏移码，产生正、负双极性的模拟电压输出，如图 7.9 所示。偏移电路中负参考电压源$-V_{ref}$和电阻 $2R$=20 kΩ 形成与最高位权电流大小相等、方向相反的电流$\frac{1}{2}I_{ref}$，送入运算放大器求和点，于是，运算放大器 A_{vi}（$i=1,2$）产生的模拟输出电压为

$$V_o' = \left(\frac{1}{2}I_{ref} - I_{OUT1}\right)R = -\left(I_{OUT1} - \frac{1}{2}I_{ref}\right)R$$

$$V_o = -V_o' = V_{ref} \cdot \frac{(X_1 2^9 + X_2 2^8 + \cdots + X_{10} 2^0) - 2^9}{2^{10}} \tag{7.11}$$

式中 $V_{ref} = I_{ref}R$ 为满刻度值 FSR。

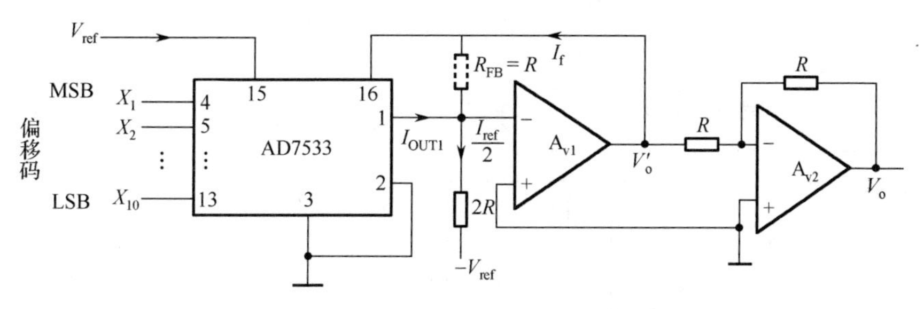

图 7.9　AD7533 接收偏移码的电路

② AD7533 接收补码。因为偏移码的符号位取反即可得到补码，因此，只需把图 7.9 接收偏移码的电路中符号位 X_1 通过一个非门再接到 AD7533 的④脚，就变成了 AD7533 接收补码的电路，其输出电压 V_o为

$$V_o = V_{ref} \cdot \frac{\overline{X}_1 2^9 + X_2 2^8 + \cdots + X_{10} 2^0 - 2^9}{2^{10}} \tag{7.12}$$

为便于理解，下面举例说明 AD7533 的应用。

【例 7.6】 AD7533 的 V_{ref} = 10 V，R = 10 kΩ，X_1～X_{10} = 1111111111。若 X_1～X_{10} 分别为

（1）自然加权码;

（2）补码;

（3）偏移码。

求其输出模拟电压 V_o是多少?

解:（1）当 X_1～X_{10} = 1111111111 为自然加权码时，应采用图 7.8 的电路求 V_o，

$$V_o = 10 \times \frac{2^{10}-1}{2^{10}} = 9.99\text{（V）}$$

（2）当 X_1～X_{10} = 1111111111 为补码时，

$$V_o = V_{ref} \cdot \frac{\overline{X}_1 2^9 + X_2 2^8 + \cdots + X_{10} 2^0 - 2^9}{2^{10}} = 10 \times \frac{2^9 - 1 - 2^9}{2^{10}} = -0.01\text{（V）}$$

（3）当 X_1～X_{10} = 1111111111 为偏移码时，应采用图 7.9 的电路求 V_o，

$$V_o = V_{ref} \cdot \frac{(X_1 2^9 + X_2 2^8 + \cdots + X_{10} 2^0) - 2^9}{2^{10}} = 10 \times \frac{2^{10} - 1 - 2^9}{2^{10}} = 4.99\text{（V）}$$

2．8位CMOS集成DAC芯片——DAC0832

DAC0832是芯片内部带有数据输入寄存器的8位CMOS集成DAC，其结构框图及引脚图如图7.10所示。由图可见，DAC0832有二级锁存器——第一级输入寄存器和第二级DAC寄存器，并由相关控制信号控制寄存数据。8位DAC采用T形解码网络，电路结构除输入数字为8位外，其他与AD7533完全相同，输出电流I_{OUT1}和I_{OUT2}与输入数字量的关系分别为

$$I_{OUT1} = \frac{V_{ref}}{R} \cdot \frac{X_1 2^7 + X_2 2^6 + \cdots + X_8 2^0}{2^8}$$

$$I_{OUT2} = \frac{V_{ref}}{R} \cdot \frac{\overline{X}_1 2^7 + \overline{X}_2 2^6 + \cdots + \overline{X}_8 2^0}{2^8}$$

式中，V_{ref}为外接参考电压；R为内部反馈电阻；$X_1 \sim X_8$为从高位到低位的8位输入数字量。

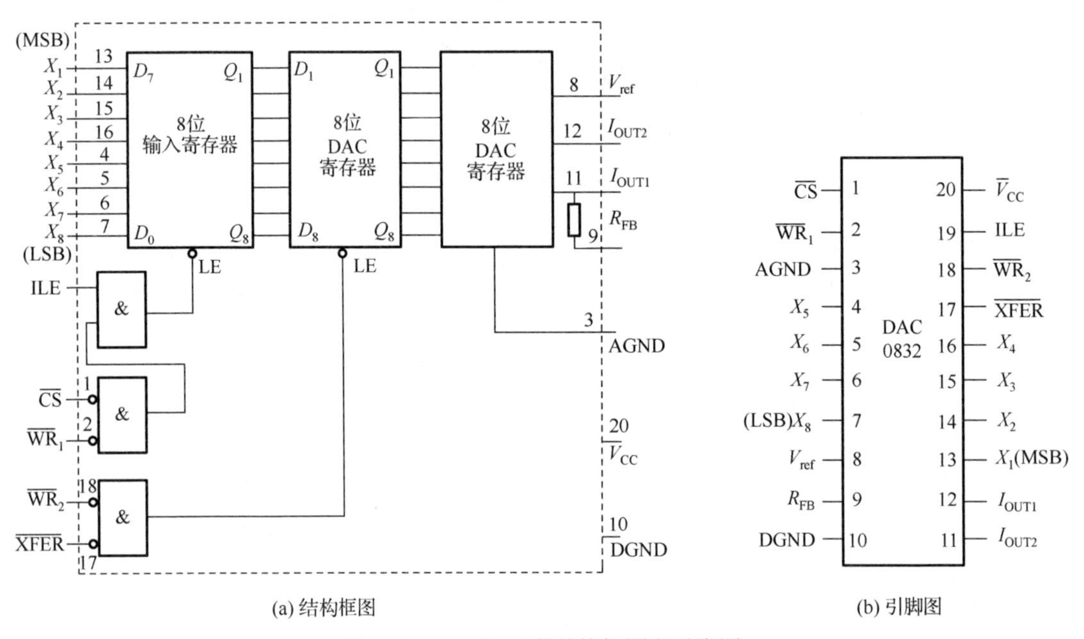

(a) 结构框图　　(b) 引脚图

图7.10　DAC0832的结构框图和引脚图

DAC0832的引脚说明及工作过程如下。

$\overline{CS}$——片选信号。与ILE、$\overline{WR_1}$共同控制输入寄存器的数据寄存，低电平有效。

ILE——允许锁存信号，高电平有效。

$\overline{WR_1}$——写信号1，低电平有效。当ILE = 1、$\overline{CS}$ = 0、$\overline{WR_1}$ = 0时，输入数字量$X_1 \sim X_8$存入寄存器中。

$\overline{WR_2}$——写信号2，低电平有效。

$\overline{XFER}$——传送控制信号，低电平有效。当$\overline{WR_2}$ = 0、$\overline{XFER}$ = 0时，输入寄存器数据存入DAC寄存器，而DAC寄存器数据送到DAC（即电阻解码网络），输出模拟信号。

$X_1 \sim X_8$——8位数据输入端，X_1为最高有效位，X_8为最低位。

I_{OUT1}——模拟电流输出端，一般该端接运算放大器反相输入端，转变为模拟电压输出。

I_{OUT2}——模拟电流输出端，一般接地。

R_{FB}——反馈电阻引出端。

V_{ref}——参考电压输入端，取值范围为–10～+10 V。

V_{CC}——电源电压，为 5～15 V，取 15 V 时工作状态最佳。

AGND——模拟地；

DGND——数字地。

电平与 TTL 兼容。电流建立时间为 1 μs。

【例 7.7】 给出 DAC0832 的两种典型应用方式。

解： DAC0832 是 8 位微机兼容 DAC，内有 8 位输入寄存器、8 位 DAC 寄存器，因此可进行二次缓存操作，可直接与微机总线相连而无须附加逻辑部件，所以 DAC0832 有两种典型应用方式：两级缓存型和一级缓存型，如图 7.11 所示。

当输入锁存控制信号ILE、片选信号 $\overline{CS}$ 和写控制信号 $\overline{WR}_1$ 同时有效时，数据总线上的数字信号被写入输入寄存器中，对输入数据进行第一次缓冲锁存；当传输控制信号 $\overline{XFER}$ 和写控制信号 $\overline{WR}_2$ 同时有效时，输入寄存器中的数据被送入 DAC 寄存器中，进行第二次缓冲锁存，同时开始数模转换，这就是两级缓存型应用方式，如图 7.11(a)所示。这种方式有利于多路同步数模转换。如果 $\overline{XFER}$ 和 $\overline{WR}_2$ 输入端始终有效（即始终接地），则只有一级缓存，电路如图7.11(b)所示。

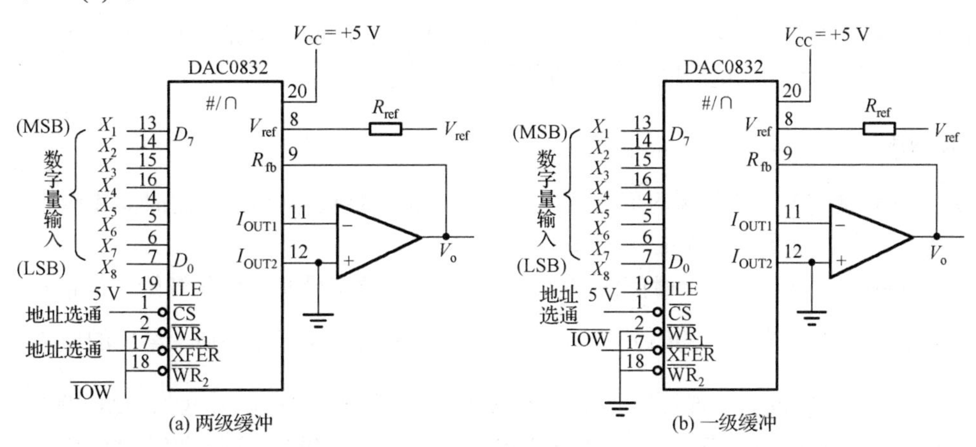

图 7.11　DAC0832 的两种应用方式

7.1.7　DAC 的主要技术指标

DAC 的性能主要用转换精度和转换速度两个参数来表征。

1. 转换精度

DAC 的转换精度有三种表达方法：分辨率、转换误差和线性误差。

（1）分辨率。分辨率 S 有下面几种表示方法。

① 最低有效位：$LSB = |V_{omin}|$。（7.13）

② 最低有效位（LSB）与最大输出（V_{omax}）之比，即：

$$S=\left|\frac{V_{omin}}{V_{omax}}\right|=\frac{1}{2^n-1} \tag{7.14}$$

例如，10位DAC的分辨率 $S=\frac{1}{2^{10}-1}=\frac{1}{1023}\approx 0.1\%$。

③ 直接用转换器的位数 n 表示分辨率，如AD7533的分辨率是10位。

（2）转换误差。转换误差是描述DAC输出模拟信号的理论值与实际值之间差值的一个综合指标。转换误差包括绝对误差和相对误差两种表达方法。

对于某个输入数字，实测输出值与理论输出值之差称为绝对误差。因为输出电压值随着基准电压 V_{ref} 的不同而不同，所以绝对误差常用LSB的倍数表示，例如，$\frac{1}{2}$LSB、2LSB等。

例如，绝对误差为1LSB，表示对于该输入数字，DAC产生的绝对误差，相当于输入数字最低位变化一个字所引起的理论输出值（即输入为00…01时的输出电压值）。

对于某个输入数字，实测输出值与理论输出值之差同满刻度值之比称为相对误差，也称为相对精度。例如，AD559K的满刻度相对误差为±0.19%。

（3）线性误差。理论上，DAC的输出与输入数字量成严格的线性关系，但实际上并非如此。手册上常用LSB的倍数表示线性误差，例如，用 $\pm\frac{1}{2}$LSB表示。有时也用满刻度值（FSR）的百分数表示，如0.05%FSR等。

DAC的转换误差，主要由基准电压 V_{ref} 的精度和不稳定度、运算放大器的零点漂移、模拟开关的导通电阻差异、电阻网络电阻值的偏差等引起。

2. 转换速度

DAC的转换速度也称转换时间或建立时间，主要由DAC网络的延迟时间和运算放大器的电压变化速率 S_R（单位是V/μs）决定。

DAC芯片的建立（转换）时间的定义如下：从输入数字量发生变化开始，到输出进入稳态值 $\pm\frac{1}{2}$LSB 范围之内所需的时间称为建立时间，常用 t_{set} 表示。手册上给出的通常是全0跳变到全1所需的时间。一般而言，不含运算放大器的集成DAC芯片（如DAC0808/0832、MC1408/3408L、AD7520/7533等）的 $t_{set}\leqslant 100$ ns，包含运算放大器的芯片（如DAC1200/1210等）的 $t_{set}\leqslant 1.5$ μs。其他参数不再详述。

【例7.8】 用DAC0808设计一个双极性DAC，要求电压输出范围为−5～+5 V。

解： 电路图如图7.12所示。DAC0808是权电流DAC，所以基准电源 V_{ref} 回路中必须串联电阻 R_{ref}，同时外接运算放大器 A_1。图中 V_s 和 R_s 用于设置偏移，以获得双极性输出（调节 V_s 或 R_s，使输入为序列10000000时，V_o 等于0 V）。

注意：去掉 V_s 和 R_s，可获得0～+10 V的单极性输出。图中DAC0808可用MC1048或3408L替换，只需将图中电阻由5 kΩ改为1 kΩ、补偿电容改为15 pF即可。

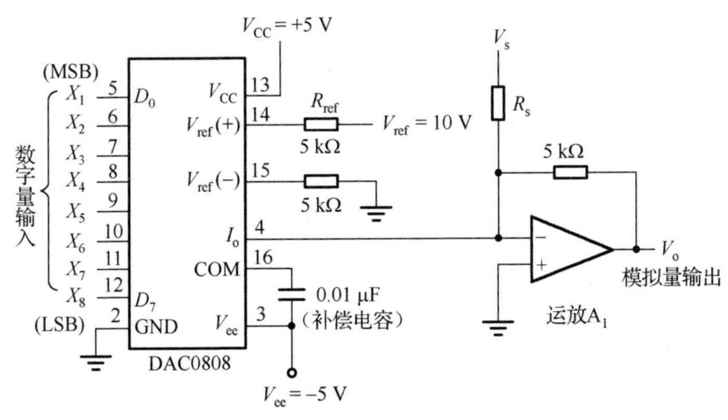

图 7.12　DAC0808 组成的双极性 DAC 电路

7.2　模数转换电路

为将时间连续、幅值也连续的模拟量转换为时间离散、幅值也离散的数字信号，模数转换一般要经过采样、保持、量化及编码 4 个过程。在实际电路中，这些过程有的是合并进行的。例如，采样与保持、量化与编码往往都是在转换过程中同时实现的。

7.2.1　ADC 的工作过程

1. 采样与保持

采样是将随时间连续变化的模拟量转换为时间离散的模拟量的过程。采样过程示意图如图 7.13 所示。图 7.13(a)中，传输门受采样信号 $X(t)$控制。在 $X(t)$的脉宽 τ 期间，传输门导通，输出信号 $V_o(t)$等于输入信号 $V_i(t)$，而在($T_s-\tau$)期间，传输门关闭，输出信号 $V_o(t)=0$。电路中各信号波形如图 7.13(b)所示。

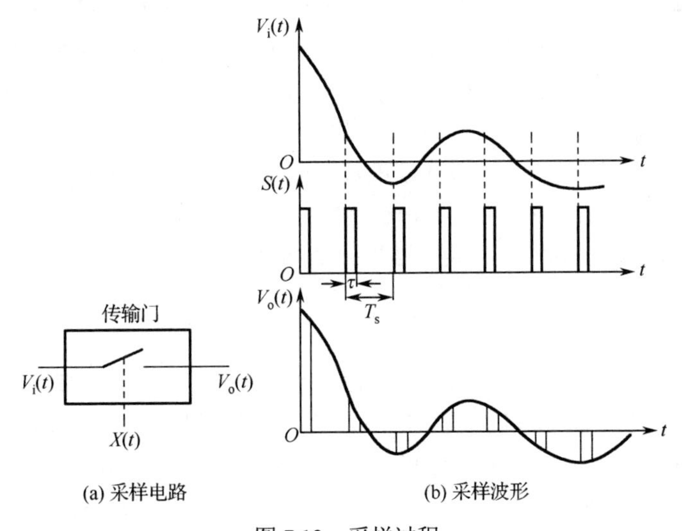

图 7.13　采样过程

通过分析可以看出，采样信号 $X(t)$的频率越高，所取得的信号经低通滤波器后越能真实地复现输入信号。合理的采样频率由采样定理确定。

采样定理：设采样信号 $X(t)$的频率为 f_s，输入模拟信号 $V_i(t)$的最高频率分量的频率为 f_{max}，则 f_x 与 f_{max} 必须满足关系

$$T_s \leqslant \frac{1}{2} T_{imax} \quad \text{或} \quad f_s \geqslant 2 f_{max}$$

一般取 $f_s > 2 f_{max}$。

将采样电路每次取得的模拟信号转换为数字信号都需要一定时间，为了给后续的量化编码过程一个稳定值，每次取得的模拟信号必须通过保持电路保持一段时间。

采样与保持过程往往是通过采样-保持电路同时完成的。采样-保持电路的原理图及输出波形如图7.14所示。

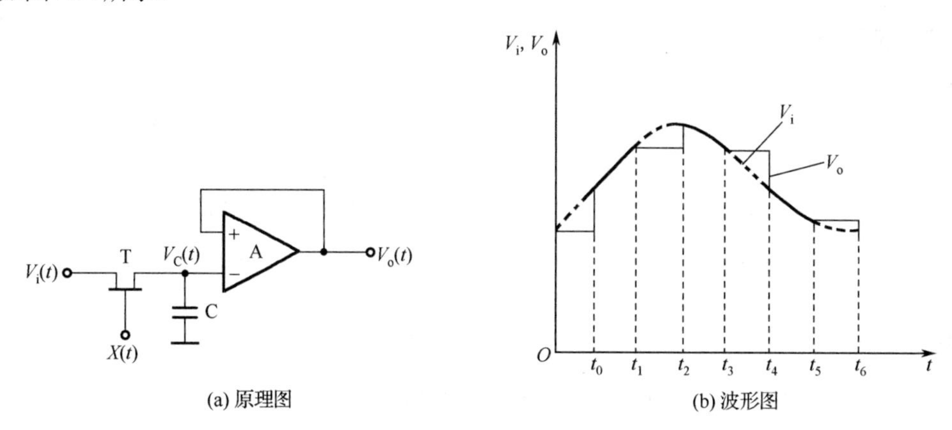

图 7.14　采样-保持电路

一般来说，常见的采样-保持电路包括存储输入信息的电容 C、采样开关 T 和缓冲放大器 A 几个主要部分。图 7.14(a)中场效应管 T 为采样开关，在采样脉冲 $X(t)$作用期间，即脉宽 τ 期间，T 接通，输入信号 $V_i(t)$通过 T 向 C 充电。假定 C 的充电时间常数远小于 τ，则电容 C 上的电压 $V_C(t)$在时间 τ 内能完全跟上 $V_i(t)$的变化，因此放大器的输出 $V_o(t)$也能跟踪 $V_i(t)$的变化。当采样脉冲 $X(t)$结束时，场效应管 T 截止，则电容上的电压 $V_C(t)$也将保持采样脉冲结束前 $V_i(t)$的数值。如果电容的漏电小，放大器的输入阻抗及场效应管的截止阻抗均足够大，这个电容上的电压能保持到下一个采样脉冲到来之前。当第二个脉冲到来时，T 重新导通，$V_C(t)$又能及时跟踪此时的 $V_i(t)$，更新原来的采样数据。图 7.14(b)给出了其波形。

2．量化与编码

数字信号不仅在时间上是离散的，而且在幅值上也是不连续的。任何一个数字量的大小只能是某个规定的最小数量单位的整数倍。为将模拟信号转换为数字量，在模数转换过程中，还必须将采样-保持电路的输出电压，按某种近似方式归化到与之相应的离散电平上，这一转化过程称为数值量化，简称量化。量化后的数值最后还须通过编码过程用一个代码表示出来。经编码得到的代码就是模数输出的数字量。

量化过程中所取的最小数量单位称为量化单位，也称为量化阶梯，用 s 表示，它是数字

信号最低位为 1 时所对应的模拟量，即 1 LSB。

在量化过程中，由于采样电压不一定能被 s 整除，所以量化前后不可避免地存在误差。此误差称为量化误差，用 ε 表示。量化误差属于原理误差，是无法消除的。ADC 的位数越多，各离散电平之间的差值越小，量化误差越小。

量化过程常采用两种近似量化方式：只舍不入量化方式和有舍有入（四舍五入）量化方式。以三位 ADC 为例，设输入信号 V_i 的变化范围为 0～8 V，采用只舍不入量化方式时，取量化单位 $s = 1$ V，量化中把不足量化单位部分舍弃，如数值在 0～1 V 之间的模拟电压都当作 $0s$ 对待，用二进制数 000 表示；数值在 1～2 V 之间的模拟电压都当作 $1s$，用二进制数 001 表示，等等。这种量化方式的最大误差为 $1s$。如果采用四舍五入量化方式，则取量化单位 $s=\frac{1}{7}$ V，量化过程将不足半个量化单位的部分舍弃，而将等于或大于半个量化单位的部分按一个量化单位处理。它将数值在 0～$\frac{1}{14}$ V 之间的模拟电压都当作 $0s$ 对待，用二进制数 000 表示；数值在 $\frac{1}{14}$～$\frac{3}{14}$ V 之间的模拟电压均当作 $1s$ 对待，用二进制数 001 表示，等等。不难看出，采用前一种只舍不入量化方式时的最大量化误差为 $|\varepsilon_{\max}| = 1$ LSB，而采用后一种四舍五入量化方式的最大量化误差为 $|\varepsilon_{\max}| = \frac{1}{2}$ LSB，后者量化误差比前者小，因此被大多数 ADC 所采用。图 7.15 给出了三位理想 ADC 的转换关系，其中图 7.15(a)和图 7.15(b)分别为有舍有入方法和只舍不入方法的转换关系。

有舍有入量化 ADC 的阶梯 s 为

$$s=\frac{V_{\text{ref}}}{2^n-1} \tag{7.15}$$

只舍不入量化 ADC 的阶梯 s 为

$$s=\frac{V_{\text{ref}}}{2^n} \tag{7.16}$$

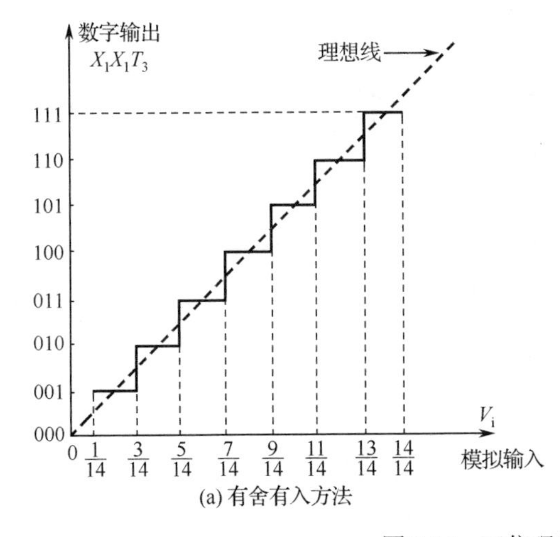

(a) 有舍有入方法

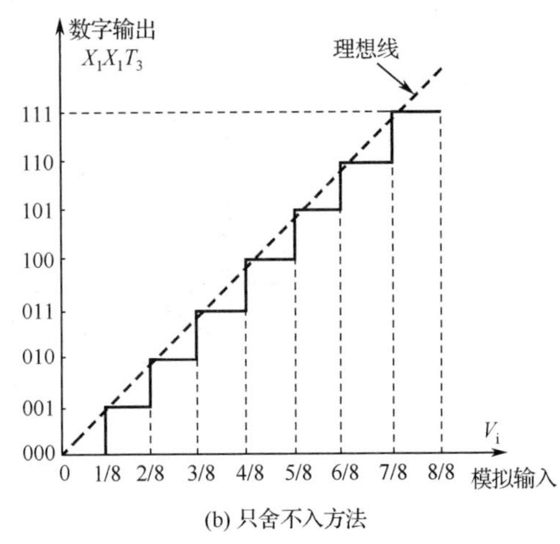

(b) 只舍不入方法

图 7.15　三位理想 ADC 转换关系

ADC 的种类很多，按其工作原理不同，可分为直接 ADC 和间接 ADC 两类。直接ADC可将模拟信号直接转换为数字信号，这类 ADC 具有较快的转换速度，其典型电路有并行比较型 ADC 和逐次逼近型 ADC。间接 ADC 则是先将模拟信号转换成某一中间变量（时间或频率），然后再将中间变量转换为数字输出。此类 ADC 的速度较慢，典型电路是双积分型 ADC 和电压频率转换型 ADC。下面介绍其中几种 ADC 的电路结构及工作原理。

7.2.2　并行比较型 ADC

1. 有舍有入并行比较型 ADC

图7.16给出了三位并行比较型 ADC 的电路。图中，参考电压 V_{ref} 被 8 个电阻分压（其中上、下两个电阻的阻值为 $\frac{1}{2}R$，中间 6 个电阻的阻值为 R），这些分压值称为量化刻度。把各电阻端点的量化刻度值（如 $\frac{1}{14}V_{\text{ref}}$、$\frac{3}{14}V_{\text{ref}}$ 等）分别送到 C_1～C_7 比较器中，与被转换的模拟输入电压 V_{in} 进行比较，从而确定 V_{in} 的量化高度，再经过 D-FF、异或门、或门产生三位数字量输出 $X_1X_2X_3$，就实现了模数转换。V_{in} 和三位数字量 $X_1X_2X_3$ 之间的模数转换关系见表 7.2。

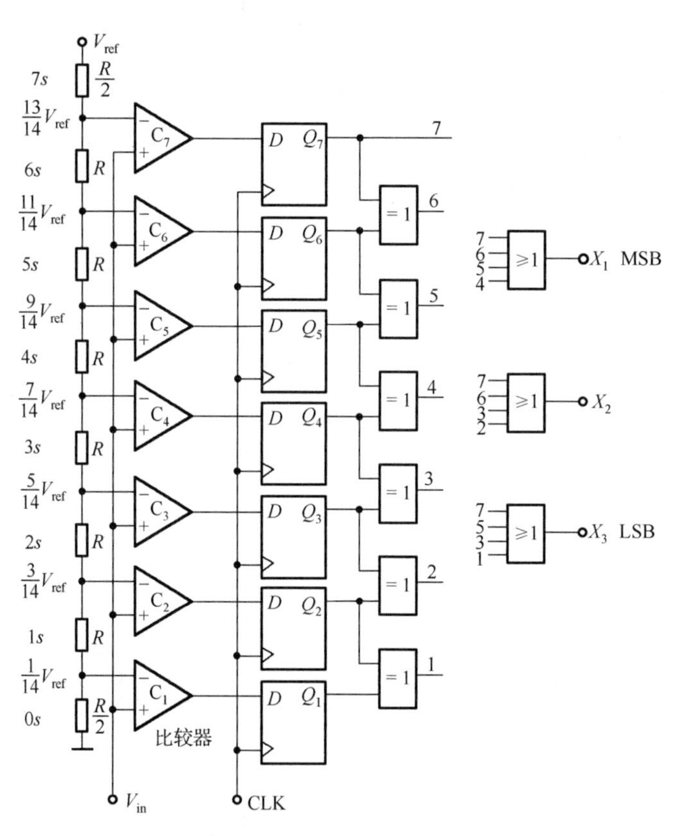

图 7.16　三位有舍有入并行比较型 ADC 的电路

表 7.2　三位有舍有入并行比较型 ADC 转换真值表

输入模拟信号 V_{in}	阶　梯	等效模拟输入 $\overline{V_{in}}$	比较器输出 $C_7\ C_6\ C_5\ C_4\ C_3\ C_2\ C_1$	输出为 1 的异或门	输出 $X_1\ X_2\ X_3$	量化误差
$0 \leqslant V_{in} < \frac{1}{14}V_{ref}$	$0s$	0	0 0 0 0 0 0 0	无	0 0 0	$+\frac{1}{14}V_{ref}$
$\frac{1}{14}V_{ref} \leqslant V_{in} < \frac{3}{14}V_{ref}$	$1s$	$\frac{1}{7}V_{ref}$	0 0 0 0 0 0 1	1	0 0 1	$\pm\frac{1}{14}V_{ref}$
$\frac{3}{14}V_{ref} \leqslant V_{in} < \frac{5}{14}V_{ref}$	$2s$	$\frac{2}{7}V_{ref}$	0 0 0 0 0 1 1	2	0 1 0	$\pm\frac{1}{14}V_{ref}$
$\frac{5}{14}V_{ref} \leqslant V_{in} < \frac{7}{14}V_{ref}$	$3s$	$\frac{3}{7}V_{ref}$	0 0 0 0 1 1 1	3	0 1 1	$\pm\frac{1}{14}V_{ref}$
$\frac{7}{14}V_{ref} \leqslant V_{in} < \frac{9}{14}V_{ref}$	$4s$	$\frac{4}{7}V_{ref}$	0 0 0 1 1 1 1	4	1 0 0	$\pm\frac{1}{14}V_{ref}$
$\frac{9}{14}V_{ref} \leqslant V_{in} < \frac{11}{14}V_{ref}$	$5s$	$\frac{5}{7}V_{ref}$	0 0 1 1 1 1 1	5	1 0 1	$\pm\frac{1}{14}V_{ref}$
$\frac{11}{14}V_{ref} \leqslant V_{in} < \frac{13}{14}V_{ref}$	$6s$	$\frac{6}{7}V_{ref}$	0 1 1 1 1 1 1	6	1 1 0	$\pm\frac{1}{14}V_{ref}$
$\frac{13}{14}V_{ref} \leqslant V_{in} < V_{ref}$	$7s$	V_{ref}	1 1 1 1 1 1 1	7	1 1 1	$-\frac{1}{14}V_{ref}$

【例 7.9】三位有舍有入并行比较型 ADC 电路如图 7.16 所示，V_{ref}= 8.90 V，R = 2 kΩ，当输入模拟电压 V_{in} 为 6.30 V 时，输出的数字量是多少？

解：阶梯

$$s = \frac{V_{ref}}{2^n - 1} = \frac{8.90}{2^3 - 1} = 1.27\text{（V）}$$

$$\frac{V_{in}}{s} = \frac{6.30}{1.27} = 4.96$$

4.96 四舍五入的结果为 5，对应的三位数字输出量为 $X_1X_2X_3 = 101$。

2．只舍不入并行比较型 ADC

只舍不入并行比较 ADC 型的电路与有舍有入并行比较型 ADC 的电路（图 7.16）基本相同，不同的是 8 个分压电阻的阻值均为 R。每个 R 两端得到相应的电压分别为 $\frac{1}{8}V_{ref}$、$\frac{2}{8}V_{ref}$、…、$\frac{7}{8}V_{ref}$。表 7.3 列出了它们的转换关系。

表 7.3　三位只舍不入并行比较型 ADC 转换真值表

输入模拟信号 V_{in}	阶　梯	等效模拟输入 $\overline{V_{in}}$	比较器输出 $C_7\ C_6\ C_5\ C_4\ C_3\ C_2\ C_1$	输出为 1 的异或门	输出 $X_1\ X_2\ X_3$	量化误差
$0 \leqslant V_{in} < \frac{1}{8}V_{ref}$	$0s$	0	0 0 0 0 0 0 0	无	0 0 0	$\frac{1}{8}V_{ref}$
$\frac{1}{8}V_{ref} \leqslant V_{in} < \frac{2}{8}V_{ref}$	$1s$	$\frac{1}{8}V_{ref}$	0 0 0 0 0 0 1	1	0 0 1	$\frac{1}{8}V_{ref}$
$\frac{2}{8}V_{ref} \leqslant V_{in} < \frac{3}{8}V_{ref}$	$2s$	$\frac{2}{8}V_{ref}$	0 0 0 0 0 1 1	2	0 1 0	$\frac{1}{8}V_{ref}$
$\frac{3}{8}V_{ref} \leqslant V_{in} < \frac{4}{8}V_{ref}$	$3s$	$\frac{3}{8}V_{ref}$	0 0 0 0 1 1 1	3	0 1 1	$\frac{1}{8}V_{ref}$
$\frac{4}{8}V_{ref} \leqslant V_{in} < \frac{5}{8}V_{ref}$	$4s$	$\frac{4}{8}V_{ref}$	0 0 0 1 1 1 1	4	1 0 0	$\frac{1}{8}V_{ref}$
$\frac{5}{8}V_{ref} \leqslant V_{in} < \frac{6}{8}V_{ref}$	$5s$	$\frac{5}{8}V_{ref}$	0 0 1 1 1 1 1	5	1 0 1	$\frac{1}{8}V_{ref}$

续表

输入模拟信号 V_{in}	阶 梯	等效模拟输入 $\overline{V_{in}}$	比较器输出 C_7 C_6 C_5 C_4 C_3 C_2 C_1	输出为1的异或门	输出 X_1 X_2 X_3	量化误差
$\frac{6}{8}V_{ref} \leqslant V_{in} < \frac{7}{8}V_{ref}$	$6s$	$\frac{6}{8}V_{ref}$	0 1 1 1 1 1 1	6	1 1 0	$\frac{1}{8}V_{ref}$
$\frac{7}{8}V_{ref} \leqslant V_{in} < V_{ref}$	$7s$	$\frac{7}{8}V_{ref}$	1 1 1 1 1 1 1	7	1 1 1	$\frac{1}{8}V_{ref}$

【例7.10】4位只舍不入并行比较型ADC电路中，V_{ref}= 24.50 V，R = 2 kΩ，当输入模拟电压 V_{in} 为 10.33 V时，输出的数字量是多少？

解：阶梯

$$s=\frac{V_{ref}}{2^n}=\frac{24.50}{2^4}=1.53\text{（V）}$$

$$\frac{V_{in}}{s}=\frac{10.33}{1.53}=6.75$$

6.75只舍不入的结果为6，对应的4位数字输出量为 $X_1X_2X_3X_4$= 0110。

7.2.3 并/串型ADC

并行比较型ADC属于直接ADC，由于是并行转换，所以转换速度快、精度高。但它也有严重的缺点，就是硬件电路庞大，数字量每增加一位，硬件电路就要扩大一倍。若输出数字量8位，就需要256个电阻、255个比较器和D-FF等。为克服这一缺点，采用并/串型ADC，如图7.17所示，将两个4位并行比较型ADC串接，只需2 × 16个电阻、2 × 15个比较器和D-FF等。电路硬件减少了，当然这是以牺牲速度换来的。

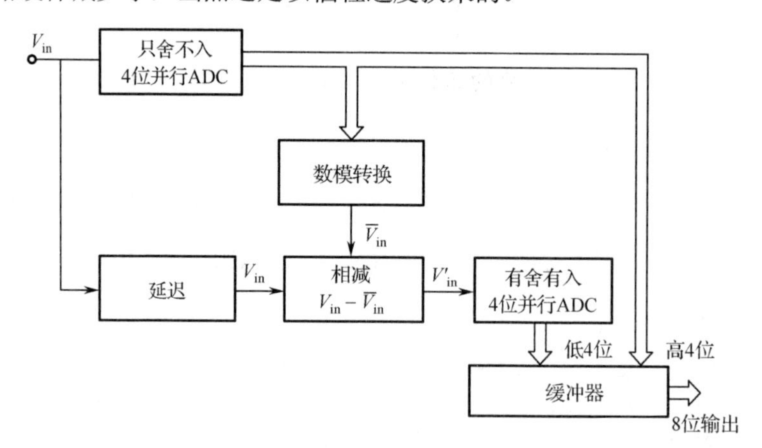

图7.17 并/串型ADC原理图

【例7.11】8位并/串型ADC电路如图7.17所示，输入 V_{in} 的电压变化范围为0～8.27 V，若 V_{in} = 5.58 V，求输出的8位二进制数 X_1～X_8 等于多少？各步运算小数点后保留两位。

解：高4位采用只舍不入ADC。

V_{in} 的变化范围为0～8.27 V，取 V_{ref} = 8.27 V；

高4位阶梯 $s_1=\frac{V_{ref}}{2^4}=\frac{8.27}{16}=0.52\text{（V）}$；

$\frac{V_{\text{in}}}{s_1}=\frac{5.58}{0.52}=10.73$，只舍不入，取 10；高 4 位数字量为 $X_1X_2X_3X_4$=1010；

1010 的等效模拟输入值为 $\overline{V}_{\text{in}}=s_1\times10=0.52\times10=5.20$（V），还未转换的模拟量 V'_{in} 为 $V'_{\text{in}}=5.58-5.20=0.38$ V，送入低 4 位 ADC 进行转换；

低 4 位采用有舍有入 ADC，此时的参考电压 V'_{ref} 取高 4 位的阶梯，即 $V'_{\text{ref}}=s_1$；

低 4 位阶梯　$s_2=\frac{V'_{\text{ref}}}{2^4-1}=\frac{0.52}{15}=0.03$（V）；

$\frac{V'_{\text{in}}}{s_2}=\frac{0.38}{0.03}=12.66$，四舍五入，取 13；低 4 位数字量为 $X_5X_6X_7X_8=1101$；

8 位数字量 $X_1X_2X_3X_4X_5X_6X_7X_8=10101101$。

7.2.4　逐次逼近型 ADC

逐次逼近型 ADC 又称为逐位比较型 ADC。逐次逼近转换过程与天平称物体质量的过程非常相似。在天平称重过程中，从最大的砝码开始试放，与被称物体进行比较。若物体质量大于砝码，则该砝码保留，否则移去。再加上第二个（次大）砝码，由物体的质量是否大于砝码的质量决定第二个砝码是留下还是移去。依此继续，一直加到最小一个砝码为止。将所有留下的砝码质量相加，就得到物体的质量。仿照这一思路，逐次逼近型 ADC 将输入模拟信号与不同的参考电压做多次比较，使转换所得的数字量在数值上逐次逼近输入模拟量对应值。

逐次逼近型 ADC 的工作原理可以用图 7.18 所示的框图来说明，主要包括电压比较器、逻辑控制电路、逐次逼近型寄存器、DAC 和数字输出等几个部分。

转换开始前，先将寄存器清零，所以加给 DAC 的数字量也是全 0。

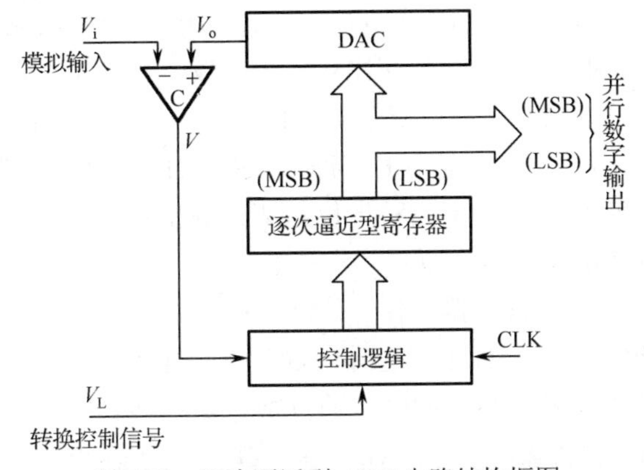

图 7.18　逐次逼近型 ADC 电路结构框图

第一个 CLK 信号将寄存器的最高位置为 1，使寄存器的输出为 10…0。这个数字量被 DAC 转换成相应的模拟电压 V_{o}，并送到比较器与输入信号 V_{i} 进行比较。如果 $V_{\text{o}}>V_{\text{i}}$，说明数字过大了，则这个 1 应去掉；如果 $V_{\text{o}}<V_{\text{i}}$，说明数字还不够大，这个 1 应予保留。然后，按同样的方法将次高位置为 1，并比较 V_{o} 与 V_{i} 的大小，以确定这一位的 1 是否应保留。这样逐位比较下去，直到最低位比较完为止。这时寄存器里所存的数码就是所求的输出数字量。

图 7.19 给出了三位逐次逼近型 ADC 的电路，图中的 C 为电压比较器。当 $V_{\text{i}}\geqslant V_{\text{o}}$ 时，比

较器的输出 $V=0$；当 $V_i<V_o$ 时，$V=1$。F_A、F_B、F_C 三个触发器组成三位数码寄存器，触发器 FF_1～FF_5 和门电路 G_1～G_9 组成控制逻辑电路。

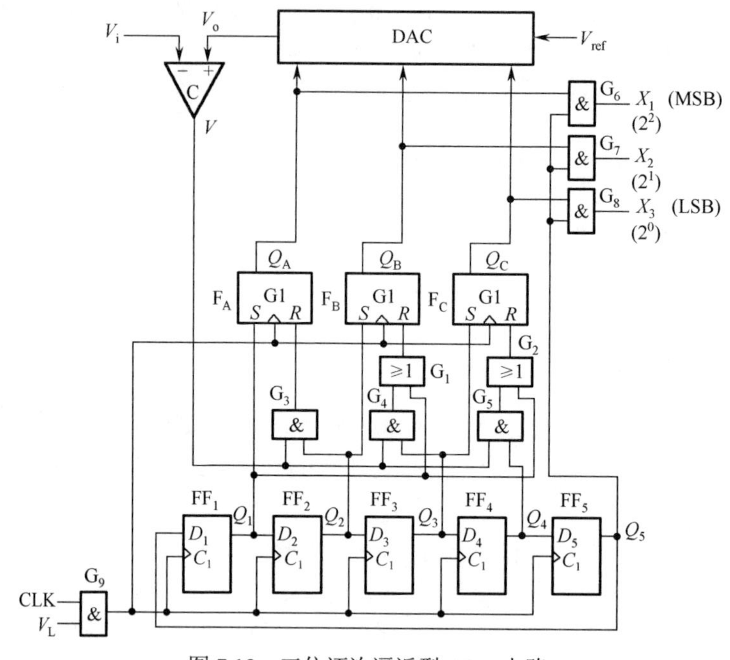

图 7.19 三位逐次逼近型 ADC 电路

转换开始前，先将 F_A、F_B、F_C 置为 0，同时将 FF_1～FF_5 组成的环形移位寄存器置成 $Q_1Q_2Q_3Q_4Q_5=10000$。

转换控制信号 V_L 变成高电平以后，转换开始。第一个 CLK 脉冲到达后，F_A 被置为 1，而 F_B、F_C 被置为 0。这时寄存器的状态 $Q_AQ_BQ_C=100$ 加到 DAC 的输入端上，并在 DAC 的输出端得到相应的模拟电压 V_o。V_o 和 V_i 在比较器中比较，其结果不外乎两种：若 $V_i \geqslant V_o$，则 $V=0$；若 $V_i<V_o$，则 $V=1$。同时，移位寄存器右移一位，使 $Q_1Q_2Q_3Q_4Q_5=01000$。

第二个 CLK 脉冲到达时，F_B 被置为 1。若原来的 $V=1$，则 F_A 被置为 0；若原来的 $V=0$，则 F_A 的 1 状态保留。同时移位寄存器右移一位，变为 00100 状态。

第三个 CLK 脉冲到达时，F_C 被置为 1。若原来的 $V=1$，则 F_B 被置为 0；若原来的 $V=0$，则 F_B 的 1 状态保留。同时移位寄存器右移一位，变成 00010 状态。

第四个 CLK 脉冲到达时，同样根据这时 V 的状态决定 F_C 的 1 是否应当保留。这时 F_A、F_B、F_C 的状态就是所要的转换结果。同时，移位寄存器右移一位，变为 00001 状态。由于 $Q_5=1$，于是 F_A、F_B、F_C 的状态便通过门 G_6、G_7、G_8 送到了输出端。

第五个 CLK 脉冲到达后，移位寄存器右移一位，使得 $Q_1Q_2Q_3Q_4Q_5=10000$，返回初始状态。同时，由于 $Q_5=0$，门 G_6、G_7、G_8 被封锁，转换输出信号随之消失。

n 个脉冲需进行 n 次比较。第 $n+1$ 个脉冲作用下，寄存器中的状态被送到输出端；第 $n+2$ 个脉冲作用下，电路清除输出端状态，恢复原状态。所以，完成一次转换所需时间为

$$t=(n+2)T_{CLK} \tag{7.17}$$

【例 7.12】在 8 位逐次逼近型 ADC 电路中，电路的 $V_{ref}=8.760\text{ V}$，时钟频率 $f=100\text{ kHz}$，当输

入模拟量 V_{in}=6.420 V 时，电路输出的 8 位数字量 $X=X_1X_2X_3X_4X_5X_6X_7X_8$ 是多少？转换时间为多少？

解： 8 位只舍不入电路的阶梯 s：$s=\dfrac{V_{ref}}{2^8}=\dfrac{8.760}{256}=0.034\text{（V）}$

$\dfrac{V_{in}}{s}=\dfrac{6.420}{0.034}=188.82\to 188$；$X=X_1X_2X_3X_4X_5X_6X_7X_8=(10111100)_2$

转换时间 $t=(n+2)T_{CLK}=(8+2)\dfrac{1}{f}=10\times\dfrac{1}{100\times 10^3}=10^{-4}\text{（s）}=100\text{（μs）}$

7.2.5　双积分型 ADC

双积分型 ADC 又称为双斜式积分 ADC。图 7.20 给出了双积分型 ADC 的电路及工作波形。图 7.20(a)中，V_{ref} 为参考电压，V_{in} 为被转换的模拟输入电压，A 为积分器，C 为比较器，T-FF 的 Q 端控制模拟开关 S_1，当 $Q=0$ 时，S_1 接 V_{in}；当 $Q=1$ 时，S_1 接 $-V_{ref}$，CLK' 脉冲周期为 T_C。

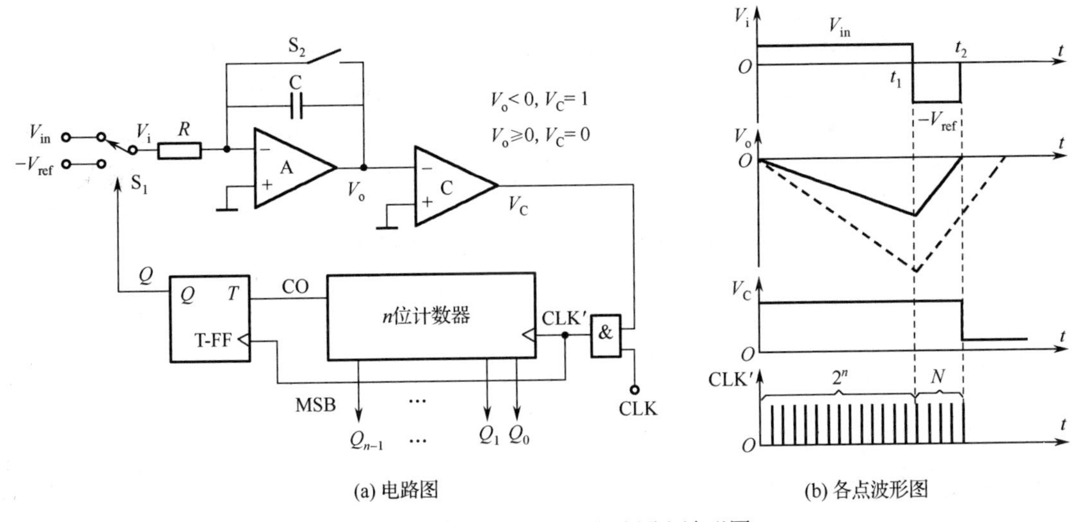

图 7.20　双积分型 ADC 电路图和波形图

1. 定时积分

工作之前，S_2 瞬间闭合后再打开，放掉积分电容 C 上的残余电荷，所有时序部件清零。因 $Q_n=0$，故 S_1 接 V_{in}，积分器开始对 V_i 积分（V_i 是采样保持的输出电平，在一次模数转换过程中，可以认为是恒定电压 $\overline{V}_i$），V_o 指数下降，V_C 为 1，即高电平，此时与门开，CLK= CLK′，计数器开始计数。当 $t=t_1$ 时，计数器收到（2^n-1）个 CLK，计数值 $Q_{n-1}\sim Q_0$ 由 n 个 0 到 n 个 1，$T=1$，第 2^n 个 CLK 到来，计数器复 0，Q 由 0→1，S_1 改接 $-V_{ref}$。积分器的输出电压 $V_o(t)$ 为

$$V_o(t)=\int_0^{t_1}-\frac{\overline{V}_i}{RC}\mathrm{d}t=-\frac{\overline{V}_i}{RC}\int_0^{t_1}\mathrm{d}t=-\frac{\overline{V}_i}{RC}2^nT_{CLK}$$

式中，$t_1-0=2^nT_{CLK}$，T_{CLK} 为时钟脉冲周期；$\dfrac{\overline{V}_i}{RC}2^nT_{CLK}$ 为采样点高度的绝对值。

2. 定压积分

从 t_1 开始，积分器对 $-V_{ref}$ 进行积分（定压积分），V_o 从最高采样点 $\dfrac{\overline{V}_i}{RC}2^nT_{CLK}$ 上升，这时

V_C仍为高电平，与门开，计数器从0开始第二次计数。当$t=t_2$时，积分器输出电压上升到0，比较器输出$V_C=0$，与门关闭，计数器停止计数。若在t_2-t_1时间内，计数器接到N个时钟脉冲，则

$$V_o(t)=-\frac{\overline{V}_i}{RC}2^nT_{CLK}-\int_{t_1}^{t_2}\frac{-V_{ref}}{RC}dt=0$$

$$\frac{\overline{V}_i}{RC}2^nT_{CLK}=\frac{V_{ref}}{RC}NT_{CLK}$$

$$N=\frac{\overline{V}_i}{V_{ref}}2^n \tag{7.18}$$

计数器第二次积分的脉冲数N（十进制数）与输入电压V_{in}成正比，实现了模数转换。

双积分型ADC电路的优点是转换精度高，对平均值为0的噪声有很强的抑制能力；缺点是转换速率较低。双积分ADC可用于低速、高精度的数字系统中。

【例7.13】在图7.20(a)所示电路中，计数器位数$n=10$，$V_{ref}=12$ V，时钟脉冲频率$f_{CLK}=10^3$ Hz，完成一次转换最长需要多少时间？若输入模拟电压$V_i=5$ V，试求输出的数字量X_9～X_0是多少？

解：双积分型ADC电路的第一次积分时间$T_1=t_1-0=2^nT_{CLK}$是固定的，第二次积分时间$T_2=t_2-t_1$与采样点的高度成正比，即与V_i成正比。当$T_2=T_1$时，完成转换的时间最长，即

$$T_{max}=T_1+T_2=2T_1=2\times2^{10}\times\frac{1}{10^3}=2.048\text{（s）}$$

当$V_i=5$ V时，输出的数字量为

$$N=\frac{\overline{V}_i}{V_{ref}}2^n=\frac{5}{12}\times2^{10}=426.67$$

$$426=(0110101010)_2$$

输出的数字量X_9～$X_0=0110101010$。

7.2.6 集成ADC

目前，集成ADC的产品型号很多，用于视频信号处理的模数转换单片集成电路大多采用并行比较型ADC或串/并型ADC，用于数字仪表的ADC较多采用双积分型ADC。下面介绍几种使用范围较广的ADC芯片。

1. ADC0816

ADC0816是一种带16路模拟开关的8位ADC，芯片引脚图如图7.21所示，图7.22给出了芯片的内部结构。从图7.22可以看出，ADC0816由两部分组成，一部分是16选1的模拟开关，一部分是一个完整的8位ADC。在模拟通道开关中含有4 bit地址选择信号，决定IN_0～IN_{15}中任意一路通过开关送到公共输出端。地址输入信号可以保存在地址锁存器，也可以进一步扩展更多通道的选择。

完整的8位ADC包括定时与控制单元、逐次逼近型寄存器SAR、电压比较器、256个电阻组成的网络（分256个电压等级）、模数转换的开关阵列、三态输出控制电路和其他控制电路。输入模拟信号从比较输入端输入。接收到启动信号后，定时与控制单元间的SAR和比较器发

出开始模数转换的信息，当最低位（LSB）比较结束时，定时控制端发出允许输出的EOC 信号，接收器收到 EOC 信息后，发出三态控制信号，数据就可以输出，完成一次模数转换的全过程。

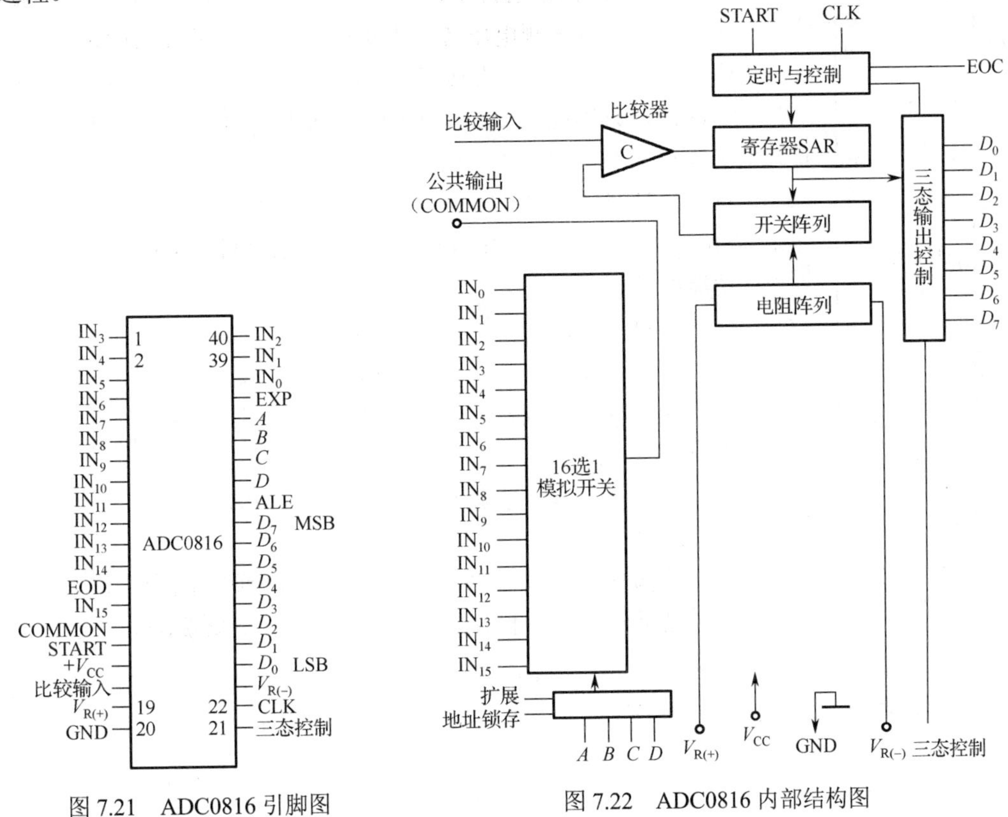

图 7.21　ADC0816 引脚图　　图 7.22　ADC0816 内部结构图

ADC0816 采用 40 脚双列直插式封装，下面说明各引脚的作用。

IN_0～IN_{15}——16 路模拟信号通道输入端。

A、*B*、*C*、*D*——4 位地址信号输入端，决定一路模拟信号经开关送入公共输出端。

地址锁存（ALE）——用该信号把 *A*、*B*、*C*、*D* 的输入地址信号锁存在 ADC0816 内部的地址寄存器内。在转换过程中，*A*、*B*、*C*、*D* 必须保持不变。高电平有效。

扩展（EXP）——输入控制信号，通道数可以增至 16 路以上。

公共输出（COMMON）——模拟通道输出。

比较输入——模拟信号输入端，通常与公共输出直接连接。

START——控制 ADC0816 开始执行 A/D 转换的输入信号。高电平有效。

EOD——模数转换结束时的输出信号，低电平表示正在转换，跳变为高电平表示转换结束。

D_0～D_7——数字信号输出。

三态控制——控制信号输入端。高电平有效。

$V_{R(+)}$、$V_{R(-)}$——基准电压输入。$V_{R(+)}$不应大于 V_{CC}，$V_{R(-)}$不应低于 0，若 $V_{R(+)}$低于 V_{CC}，$V_{R(-)}$高于 0 时，必须满足$(V_{R(+)} + V_{R(-)})/2 = V_{CC}/2$。这是 ADC0816 内部电路所要求的。

2. CC7106/CC7107

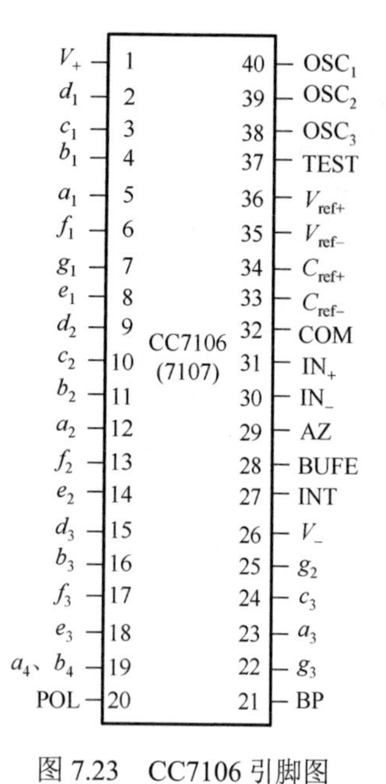

图 7.23 CC7106 引脚图

在集成 ADC 芯片中，CC7106 是一种 CMOS 双积分型 ADC。它能将输入的被测电压转换成 4 位 BCD 码并进行七段译码后以七段码的形式输出，可直接驱动液晶显示器。其工作电压为 5～9 V，功耗低，只需配备少量的外围元件即可构成数字电压表，因此使用简单方便，在数字仪表中得到广泛应用。与之类似的器件有 7116、7126、7136 等，与之类似但可直接配用 LED 显示器的有 7107、7117 等。CC7106 的 40 脚封装引脚排列见图 7.23，其引脚功能如下。

①脚——V_+，电源正极。

②～⑧脚——d_1、c_1、b_1、a_1、f_1、g_1、e_1，个位的七段码输出。

⑨～⑭、㉕脚——d_2、c_2、b_2、a_2、f_2、e_2、g_2，十位的七段码输出。

⑮～⑱、㉒～㉔脚——d_3、b_3、f_3、e_3、g_3、a_3、c_3，百位的七段码输出。

⑲脚——a_4、b_4，千位的 a 段码和 b 段码，因为千位只显示 1，所以显示器的 a 段和 b 段连接在一起，由⑲脚驱动。

⑳脚——POL，极性显示。

㉑脚——BP，液晶显示器背极板。

㉖脚——V_-，电源负极。

㉗脚——INT，积分器外接积分电容的输入端。

㉘脚——BUFE，缓冲器的输出端，外接积分电阻。

㉙脚——AZ，外接自动调零电容。

㉚脚——IN_-，模拟信号（被测信号）的负极输入端。

㉛脚——IN_+，模拟信号的正极输入端。

㉜脚——COM，模拟信号（参考电压、被测电压）的公共端。

㉝、㉞脚——C_{ref-}、C_{ref+}，外接基准电容。

㉟、㊱脚——V_{ref-}、V_{ref+}，基准电压的负极、正极输入端。

㊲脚——TEST，逻辑电路的共用地端，与其他电路配合使用时，外部逻辑电路的地接向此端。

㊳～㊵脚——OSC_3、OSC_2、OSC_1，外接振荡电阻和电容，采用的典型时钟频率值为 48 kHz。

【例 7.14】 用 CC7106 构成 $3\frac{1}{2}$ 位数字电压表，利用模数转换可以构成 n 位数字电压表。图7.24 是使用 CC7106 构成的三位半数字电压表，所显示的数字最大为 1999（实际上也就是内部计数器的最大计数值），因其最高位所能显示的最大数仅为 1，故称为 $3\frac{1}{2}$ 位（三位半）。

该电路的参考电压 V_{ref} 取输入电压最大值的 1/2，对于满量程 200 mV 的输入电压，取 $V_{ref} = 100$ mV；对于满量程为 2 V 的输入电压，取 $V_{ref} = 1$ V。

为了适应多种量程的需要，可以使用电阻分压器配合转换开关，把各种大于 2 V 的电压衰减为标准的 2 V，然后从图中的 V_i 输入端接入，则该电路就成为一个数字式多量程的直流电压表。

该电路也可以用于对其他物理量的测量。例如，对温度的测量，方法是使用温度传感器把温度转换为模拟电压量，再用放大器等适当的电路对模拟电压量进行放大处理，最终将量程内的温度值变换成与 0～2 V 对应的电压，由图 7.24 电路中的 V_i 端输入，便可形成一个数字式温度计。

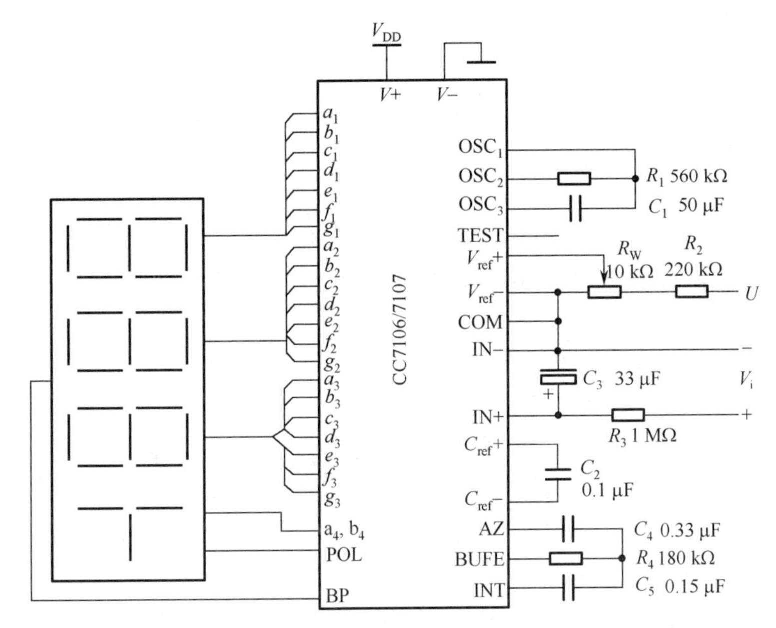

图 7.24　$3\frac{1}{2}$ 位数字电压表电路

7.2.7　ADC 的主要技术指标

ADC 的性能参数主要有转换精度和转换速度等，转换精度常用分辨率和转换误差表示。

（1）分辨率。

分辨率是ADC 能够分辨最小信号的能力，一般用输出的二进制位数来表示。如 ADC0816 的分辨率为 8 位，表明它能分辨满量程输入的 $1/2^8$。

（2）转换误差。

转换误差是转换结果相对于理论值的误差，常用LSB的倍数表示。如果给出的转换误差小于等于 $\frac{1}{2}$ LSB，则表示 ADC 实际值与理论值之间的差别最大不超过半个最低有效位。

ADC 的转换误差是由转换电路中各种元器件的非理想特性造成的，它是一个综合性指标，也包括比例系数误差、失调误差和非线性误差等多种类型误差，其成因与DAC 类似。

必须指出，由于转换误差的存在，一味地增加输出数字量的位数并不一定能提高ADC 的精度，必须根据转换误差小于等于量化误差这一关系，合理地选择数字量的位数。

（3）转换速度。

转换速度是完成一次模数转换所需的时间，故又称为转换时间，它是从模数转换启动时刻开始到输出数字信号稳定时刻止所经历的时间。

习题

7.1 数模转换有哪几种基本类型？各自的特点是什么？

7.2 有一理想指标的 5 位 DAC，满刻度模拟输出为12 V，若数字量为11001，采用下列编码方式时，其归一化表示法的 DAC 输出电压 V_o 分别为多少？

（1）自然加权码；

（2）原码；

（3）反码；

（4）补码；

（5）偏移码。

7.3 图 7.2 中，若 $V_{ref} = 8\text{ V}$，$R = 1\text{ k}\Omega$，$R_f = 1\text{ k}\Omega$，求：

（1）数字量 $X_1X_2X_3 = 010$ 和 100 时，V_o 分别为多少？

（2）分辨率$|V_{omin}|$等于多少？

（3）最大值 V_{omax} 等于多少？

（4）满刻度值 FSR 等于多少？

7.4 在 5 位 R-2R 梯形电阻网络 DAC 电路中，$V_{ref} = 20\text{ V}$，$R = R_f = 2\text{ k}\Omega$，当数字量 $X_1X_2X_3X_4X_5 = 10101$ 时，输出电压 V_o 为多少？FSR 等于多少？

7.5 在 10 位 R-2R 倒梯形电阻网络 DAC 电路中，$V_{ref} = 18\text{ V}$，$R = 2\text{ k}\Omega$，$R_f = 1\text{ k}\Omega$，求：

（1）输出电压 V_o 的变化范围；

（2）10 位数字量 $X_1 \sim X_{10} = 0001011010$ 时输出电压 V_o 的值。

7.6 在图 7.5 所示的三位 R-2R 倒梯形电阻网络 DAC 电路中，已知 $V_{ref} = 6\text{ V}$，$R = 20\text{ k}\Omega$，$X_1X_2X_3 = 110$，求当 $V_o = -1.5\text{ V}$ 时反馈电阻 R_f 的值。

7.7 在 4 位电流激励 DAC 电路中，若 $I = 3.2\text{ mA}$，当输入数字量为 $X_1X_2X_3X_4 = 1111$ 时，输出 V_o 最大，为 12.0 V。求：

（1）反馈电阻 R_f 的值；

（2）满刻度值 FSR 的值。

7.8 AD7533 接收单极性码的电路（见图 7.8）中，若 $V_{ref} = 20\text{ V}$，数字量 $X_1 \sim X_{10}$ 分别为下列各组值时，求输出电压 V_o 的值：

（1）1111111111

（2）0000000000

（3）0111111111

（4）1000000000

（5）0000010111

7.9 在 AD7533 接收偏移码的电路（见图 7.9）中，$V_{ref} = 15\text{ V}$，数字量 $X_1 \sim X_{10}$ 分别为下列各组值时，求输出电压 V_o 的值：

（1）1000001101

（2）0000000000

（3）0111111111

（4）1111111111

（5）1000000000

7.10　将图 7.9 改接成接收补码的电路，V_{ref} = 10 V，当数字量 X_1～X_{10} 分别为下列各组值时，求输出电压 V_o 的值：

（1）0000010110

（2）1111111111

（3）0000000000

（4）0111111111

（5）1000000000

7.11　有一个 DAC，它的最小分辨电压为 5 mV，满刻度电压为 10 V。试求该电路输入数字量应是多少位的？

7.12　在梯形电阻网络 DAC 电路中，$n = 10$，满刻度电压 FSR = V_{ref} = 5 V，要求输出电压 V_o = 4 V。试问输入的二进制数 N 是多少？若其他条件不变，只增加 DAC 的位数，是否可以获得 20 V 输出电压？为什么？

7.13　已知某 DAC 电路，输入三位数字量，参考电压 V_{ref} = 8 V，当输入数字量 $D_2D_1D_0$ 如题 7.13 图顺序变化时，求相应的模拟量的绝对值$|V_o|$，并对应时钟脉冲 CLK（上升沿）画出$|V_o|$的波形。

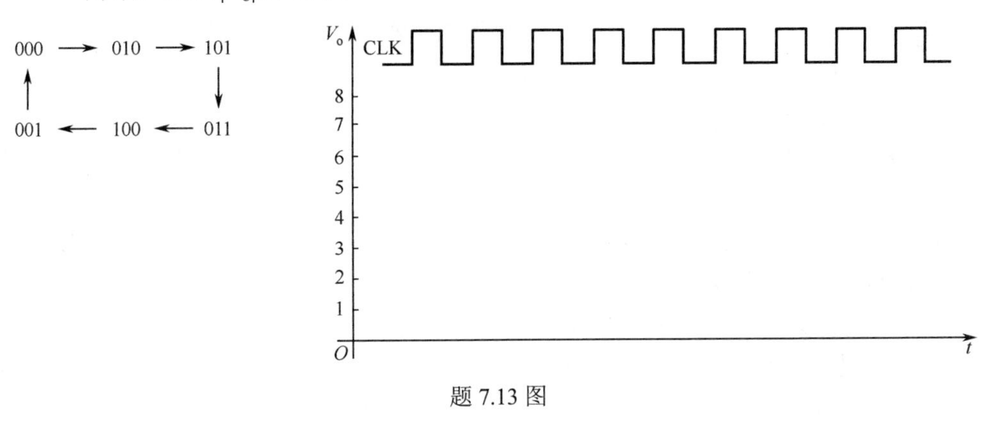

题 7.13 图

7.14　某 DAC，$n = 9$，最大输出为 5 V，$R = R_f$。试分别求最小分辨率电压 V_{omin}、分辨率和满刻度值。

7.15　已知某 R–$2R$ 梯形电阻网络 DAC，最小分辨率电压 V_{omin} = 5 mV，最大（满刻度）输出电压 V_{omax} = 10 V，$R = R_f$。试问此电路输入数字量的位数 n 应为多大？参考电压 V_{ref} 应为多大？

7.16　将模拟信号转换为数字信号，应选用（　　）。

A．DAC 电路；　　B．ADC 电路；

C．译码器；　　D．多路选择器。

7.17　ADC 的功能是（　　）。

A．把模拟信号转换成数字信号；　　B．把数字信号转换成模拟信号；

C．把二进制转换成十进制；　　D．把 BCD 码转换成二进制数。

7.18 图7.16所示的三位有舍有入并行比较型ADC电路中，若 $V_{ref}=7.7\ V$，$R=1\ k\Omega$。

（1）当输入电压 $V_i=5.27\ V$ 时，输出数字量 $X_1X_2X_3$ 等于多少？

（2）若已知数字量 $X_1X_2X_3=011$，求此时的 V_i。

7.19 有舍有入5位并行比较型ADC电路中，若 $V_{ref}=31\ V$，$R=1\ k\Omega$。

（1）当输入电压 $V_i=18.89\ V$ 时，输出数字量 $X_1 \sim X_5$ 等于多少？

（2）若已知5位数字量 $X_1 \sim X_5=11000$，此时的 V_i 的范围和等效模拟输入 $\overline{V}_i$ 分别为多少？

（3）已知等效输入 $\overline{V}_i=15\ V$，求此时的 V_i 及 $X_1 \sim X_5$ 的值。

7.20 只舍不入4位并行比较型ADC中，若 $V_{ref}=16\ V$，$R=2\ k\Omega$。

（1）当 $V_i=12.85\ V$ 时，求输出数字量 $X_1X_2X_3X_4$ 的值；

（2）若已知输出数字量 $X_1X_2X_3X_4=1001$，此时输入模拟电压 V_i 的范围和等效模拟输入 $\overline{V}_i$ 分别等于多少？

7.21 图7.17所示的8位并/串型ADC中，采样-保持后的输入电压变化范围为0～3.78 V，输入电压 $V_i=850\ mV$，求经过并/串型ADC后输出的8位二进制数 $X_1 \sim X_8$ 的值。每步计算保留三位小数。

7.22 6位并/串型ADC电路，高3位用只舍不入量化方法，低3位用有舍有入量化方法，若 $V_{ref}=5.42\ V$，$V_i=3.26\ V$，求输出的6位二进制数 $X_1 \sim X_6$ 的值。

7.23 在三位逐次逼近型ADC中，三位梯形电阻网络DAC中的 $V_{ref}=10\ V$，$V_i=8.26\ V$。求：（1）输出数字量 $X_1X_2X_3$；

（2）转换时间。

7.24 在图7.20所示的双积分型ADC中，输入电压 V_i 和参考电压 V_{ref} 在极性和数值上应满足什么要求？为什么？

7.25 在图7.20所示的双积分型ADC中，若计数器为10位二进制计数器，时钟频率 $f_{CLK}=1\ MHz$，试计算ADC的最大转换时间 T。

7.26 某双积分型ADC电路中，计数器为4位十进制计数，其最大计数值为$(3000)_{10}$，已知计数时钟频率 $f_{CLK}=30\ kHz$，积分器中 $R=100\ k\Omega$，$C=5\ \mu F$，输入电压 V_i 的变化范围为0～5 V。试求：

（1）第一次最大积分时间 t_1；

（2）积分器的最大输出电压 $|V_{omax}|$；

（3）若 $V_{ref}=10\ V$，第二次积分计数器计数值 $N=(1500)_{10}$ 时，输入电压 V_i 的平均值 $\overline{V}_i$ 等于多少？

7.27 D/A转换芯片AD7533和计数器74161组成题7.27图所示的电路。其中，$V_{ref}=12\ V$，AD7533的 $X_1X_2X_3X_4$ 分别接76161的 $Q_3Q_2Q_1Q_0$，低6位 $X_5X_6X_7X_8X_9X_{10}$ 均接地。初始状态 $Q_3Q_2Q_1Q_0=0000$。

（1）分析74161的计数模值，画出状态转换图；

（2）画出在CLK作用下输出电压 V_o 的波形，并标明各段波形的幅值。

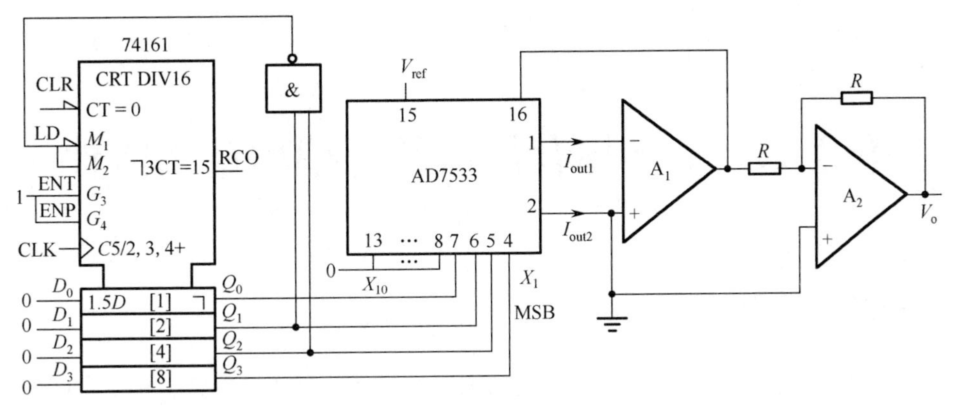
74161
CRT DIV16
CLR
CT = 0
LD
M1
M2
3CT=15
RCO
ENT
G3
1
ENP
G4
CLK
C5/2, 3, 4+
D0
1.5D
[1]
Q0
D1
[2]
Q1
D2
[4]
Q2
D3
[8]
Q3
0
&
Vref
15
16
AD7533
1
2
13
8 7 6 5 4
X10
X1
MSB
Iout1
Iout2
A1
A2
R
Vo

题 7.27 图

第8章　半导体存储器及可编程逻辑器件

8.1　半导体存储器概述

半导体存储器是一种能存储大量信息的器件，由许多存储单元组成。每个存储单元都有唯一的地址代码，能存储一位（或一组）二进制信息。半导体存储器便于以大规模集成电路的方式实现，具有集成度高、体积小、可靠性高、价格低、外围电路简单等特点。

半导体存储器广泛应用于各种数字电路系统中，用来存放程序、数据等，是数字电子系统不可缺少的重要组成部分。

8.1.1　半导体存储器的分类

半导体存储器可以按多种方式进行分类。这里介绍两种主要的分类方法。

1．按存取方式分类

半导体存储器有两种基本操作——读和写。读操作是指从存储器中读出信息而不破坏存储单元中的原有内容，所以读操作是非破坏性的操作。写操作是指把信息写入（存入）存储器，新写入的数据将覆盖原有内容，所以写操作是破坏性的。

从信息的存取方式来看，半导体存储器可分为顺序存储器、随机存储器和只读存储器。

顺序存储器（Sequential Access Memory，SAM）对信息的写或读操作是按顺序进行的，可以采用“先入先出”或“先入后出”的方式。

在正常工作状态下，随机存储器（Random Access Memory，RAM）随机地向存储器任意存储单元写入数据或从任意存储单元读出数据。在断电后，RAM 中的信息将丢失。

在正常工作时，只读存储器（Read Only Memory，ROM）中的数据只能读出、不能写入。在断电后，ROM 中的信息不会丢失。

2．按基本单元器件分类

从存储电路基本单元的器件构成情况来看，半导体存储器可分为双极型和 MOS 型两大类。双极型半导体存储器具有工作速度快、功耗大、价格较高的特点，以双极型触发器为基本存储单元，主要用于速度要求较高的场合，如数字电子计算机中的高速缓存。MOS 型存储器具有集成度高、功耗小、工艺简单、价格低的特点，以MOS触发器为基本存储单元，主要用于大容量存储系统，如数字电子计算机中的主存储器（内存）。

MOS 型随机存储器可分为静态存储器和动态存储器两种。ROM 根据制造工艺的不同也可分为多种。目前应用的主要存储器有：

- MROM——掩膜 ROM，内容由工厂预先置入、用户不能改写的只读存储器。
- PROM——可以一次编程的只读存储器。

- EPROM——可用紫外线擦除的、可改写的只读存储器。
- EEROM——电擦除的、可改写的只读存储器。
- SRAM——静态随机存储器。
- DRAM——动态随机存储器。
- 非易失性 RAM——由 SRAM 和 EEROM 组成，正常工作时用 SRAM 存取，当断电时，数据转移到 EEROM 中。
- 高速数据不挥发 SRAM——采用锂电池供电，数据可以保持 10 年以上。
- Flash Memory——闪速存储器，类似于 EEROM，但具有容量大、使用方便的优点。

只读存储器电路比较简单，集成度较高，成本较低，而且具有一个重要的优点，就是断电后信息不会丢失，是永久性的存储器。所以，在计算机中，尽可能把管理程序、监控程序等不需要修改的程序放在 ROM 中。

8.1.2　存储器的技术指标

存储容量、存取时间是存储器的两个主要技术指标。

1．存储容量

存储容量表示存储器能够存放二进制单元的数量，一般来说，存储容量就是存储单元的总数。一组二进制信息称为一个字，而一个字由若干位（bit，简写成 b）组成。若一个存储器由 N 个字组成，每个字为 M 位，则存储器的容量为 $N \times M$，单位是二进制的位。例如，一个存储单元有 1 K（$1\ \text{K} = 2^{10} = 1024$）个字，每个字的字长是 4 位，则该存储器的容量是 4096 位二进制单元，即 4096 bit。

存储容量越大越好，比较大的动态存储器容量已超过 10^9 位/片。

在表示存储器的容量时，通常以字节（Byte，简写成 B）为单位进行描述，1 Byte = 8 bit，所以存储器的容量是 4096 位（4096 bit），也就是 512 字节（512 B）。另外，对二进制数进行计量单位时，把 2^{10} 记为 K，所以 4096 bit 就是 4 Kbit；把 2^{20} 记为 M；把 2^{30} 记为 G。

2．存取时间

存储器的性能基本上取决于从存储器读出信息和把信息写入存储器的速率。

存储器的存取速度用存取时间或读写时间来表征，把连续两次读（写）操作间隔的最短时间称为存取时间。存取时间越短性能越好，目前高速随机存储器的存取时间达到了纳秒或亚纳秒级。

8.2　随机存储器（RAM）

随机存储器简称 RAM，也称为读/写存储器，它既能方便地读出所存数据，又能随时写入新的数据。RAM 的缺点是数据的易失性，即一旦断电，所保存的数据将全部丢失。

8.2.1　RAM 的基本结构

RAM的基本结构如图8.1所示，它由存储矩阵、地址译码器、读/写控制器等几部分组成。

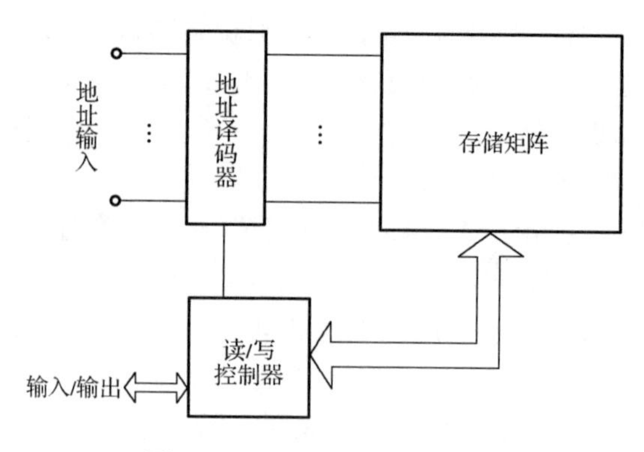

图 8.1　RAM 的结构示意框图

1. 存储矩阵

RAM 的核心部分是一个寄存器矩阵，用来存储信息，称为存储矩阵。

图 8.2 所示是 1024×1 位的存储矩阵和地址译码器，属于多字 1 位结构，1024 个字排列成 32×32 的矩阵，中间的每一个小方块代表一个存储单元。为了存取方便，给它们编上号，32 行编号为 X_0、X_1、…、X_{31}，32 列编号为 Y_0、Y_1、…、Y_{31}。这样，每个存储单元都有一个固定的编号（第 X_i 行、第 Y_j 列），称为地址。

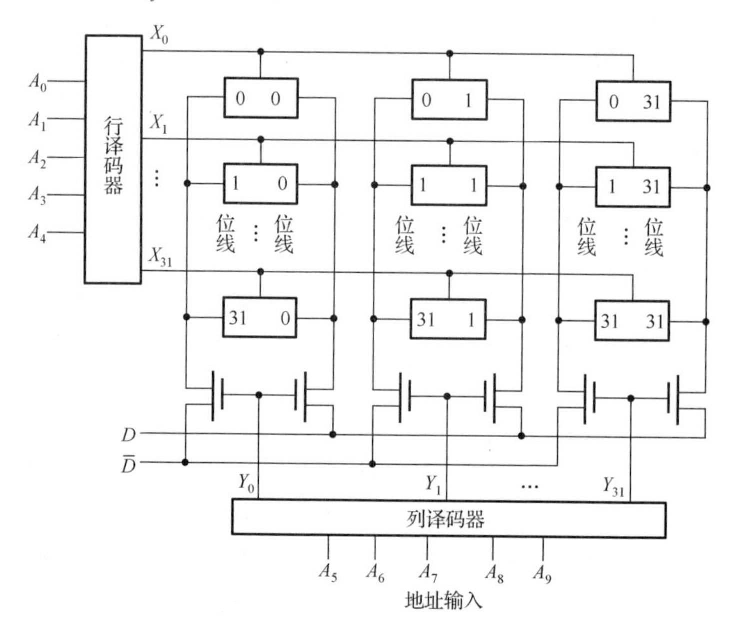

图 8.2　1024×1 位 RAM 的存储矩阵和地址译码器

2. 地址译码器

地址译码器的作用，是将寄存器地址对应的二进制数译成有效的行选信号和列选信号，从而选中该存储单元。

存储器中的地址译码器常用双译码结构。图 8.2 所示的例子中，行地址译码器用 5 输入 32 输出的译码器，地址线（译码器的输入）为 A_0、A_1、…、A_4，输出为 X_0、X_1、…、X_{31}；

列地址译码器也用 5 输入 32 输出的译码器，地址线（译码器的输入）为 A_5、A_6、…、A_9，输出为 Y_0、Y_1、…、Y_{31}，这样共有 10 条地址线。例如，输入地址码 $A_9A_8A_7A_6A_5A_4A_3A_2A_1A_0$ = 0000000001，则行选线 $X_1 = 1$、列选线 $Y_0 = 1$，选中第 X_1 行、第 Y_0 列的那个存储单元。从而对该寄存器进行数据的读出或写入。

3．输入/输出

RAM 通过输入/输出端与计算机的中央处理单元（CPU）交换数据，读出时它是输出端，写入时它是输入端，即一线二用，由读/写控制线控制。输入/输出端数据线的条数，与一个地址中所对应的寄存器位数相同，例如，在 1024×1 位的 RAM 中，每个地址中只有 1 个存储单元（1 位寄存器），因此只有 1 条输入/输出线；而在 256×4 位的 RAM 中，每个地址中有 4 个存储单元（4 位寄存器），所以有 4 条输入/输出线。也有的 RAM 输入线和输出线是分开的。RAM 的输出端一般都具有集电极开路或三态输出结构。

4．片选控制

受 RAM 的集成度限制，一台计算机的存储器系统往往是由许多片 RAM 组合而成的。CPU 访问存储器时，一次只能访问 RAM 中的某一片（或几片），即存储器中只有一片（或几片）RAM 中的一个地址接收外部访问，与其交换信息，而其他片 RAM 与外部不发生联系，片选就是用来实现这种控制的。通常一片 RAM 有一条或几条片选线，当某一片的片选线接入有效电平时，该片被选中，地址译码器的输出信号控制该片某个地址的寄存器与外部数据线接通；当片选线接入无效电平时，则该片与外部数据线之间处于断开状态。

5．RAM 的输入/输出控制电路

访问RAM 时，对被选中的寄存器，究竟是读还是写，通过读/写控制线进行控制。如果是读，则被选中单元存储的数据经数据线、输入/输出线传送给外部信号；如果是写，则将外部待写信号数据经过输入/输出线、数据线存入被选中单元。

一般RAM 的读/写控制线高电平为读，低电平为写；也有的RAM 读/写控制线是分开的，一条为读，另一条为写。

图 8.3 给出 RAM 芯片的读/写与片选控制电路及输入/输出控制电路。其中，I/O 为数据输入/输出端；$R/\overline{W}$ 为读/写控制端；$R/\overline{W} = 1$为读；$R/\overline{W} = 0$为写；$\overline{CS}$为片选端，低电平有效。D 和 $\overline{D}$ 分别与存储矩阵的两条位线相连。G_1、G_2、G_3 为三态门。

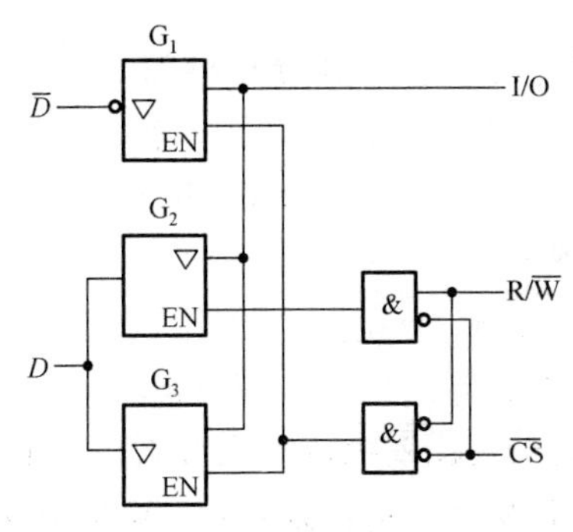

图 8.3　RAM 芯片控制电路

当$\overline{CS}=1$时，RAM 芯片呈高阻态，不进行任何操作。当$\overline{CS}=0$时，芯片被选通。若$R/\overline{W}=1$，则G_2导通，G_1和G_3呈高阻态截止。被选中的字的存储单元与数据输入/输出（I/O）端相通，进行读操作；若$R/\overline{W}=0$，则G_1、G_3打开，G_2呈高阻态，此时 I/O 端数据以互补形式出现在内部数据上，并被存入所选中的字的存储单元中，执行写操作。

6．RAM 的工作时序

为保证存储器准确无误地工作，加到存储器上的地址、数据和控制信号必须遵守几个时间边界条件。

图 8.4 示出了 RAM 读出过程的定时关系。读出操作过程如下：

（1）将欲读出单元的地址加到存储器的地址输入端；

（2）加入有效的片选信号$\overline{CS}$；

（3）在$R/\overline{W}$线上加高电平，经过一段延时后，所选择单元的内容出现在 I/O 端；

（4）使片选信号$\overline{CS}$无效，I/O 端呈高阻态，本次读出过程结束。

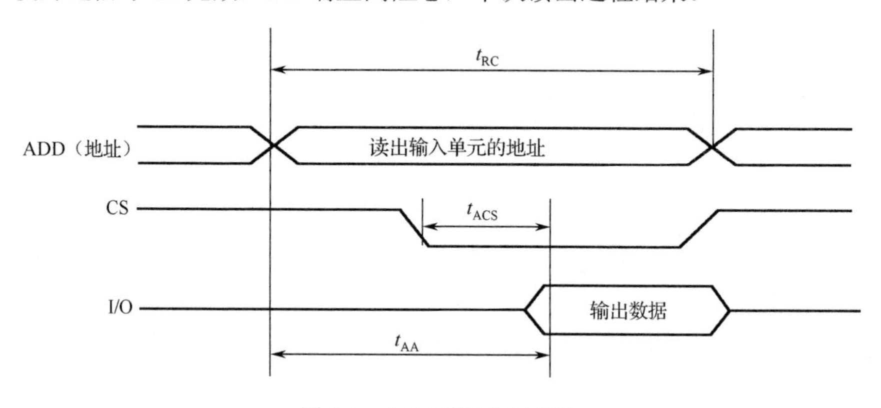

图 8.4 RAM 读操作时序图

由于地址缓冲器、译码器及输入/输出电路存在延时，在地址信号加到存储器上之后，必须等待一段时间t_{AA}，数据才能稳定地传输到数据输出端，这段时间称为地址存取时间。如果在 RAM 的地址输入端已经有稳定地址的条件下加入片选信号，从片选信号有效到数据稳定输出这段时间间隔记为t_{ACS}。显然，在进行存储器读操作时，只有在地址和片选信号加入，且分别等待t_{AA}和t_{ACS}以后，被读单元的内容才能稳定地出现在数据输出端，这两个条件必须同时满足。图中t_{RC}为读周期，表示该芯片连续进行两次读操作必需的时间间隔。

写操作的定时波形在图 8.5 中给出。写操作过程如下：

（1）将欲写入单元的地址加到存储器的地址输入端；

（2）在片选信号$\overline{CS}$端加上有效电平，使 RAM 选通；

（3）将待写入的数据加到数据输入端；

（4）在$R/\overline{W}$线上加入低电平，进入写工作状态；

（5）使片选信号$\overline{CS}$无效，数据输入线回到高阻态。

由于地址改变时，新地址的稳定需要经过一段时间，如果在这段时间内加入写控制信号（即$R/\overline{W}$变低），就可能将数据错误地写入其他单元。为防止这种情况出现，在写控制信号有效前，地址必须稳定一段时间 t_{AS}，这段时间称为地址建立时间。同时在写信号失效后，地址信号至少还要维持一段写恢复时间 t_{WR}。为了保证速度最慢的存储器芯片的写入，写信号有效的时间不得小于写脉冲宽度 t_{WP}。此外，对于写入的数据，应在写信号 t_{DW} 时间内保持稳定，且在写信号失效后继续保持 t_{DH} 时间。在时序图中还给出了写周期 t_{WC}，它反映了连续进行两次写操作所需要的最小时间间隔。对大多数静态半导体存储器来说，读周期和写周期是相等的，一般为十几纳秒到几十纳秒（ns）。

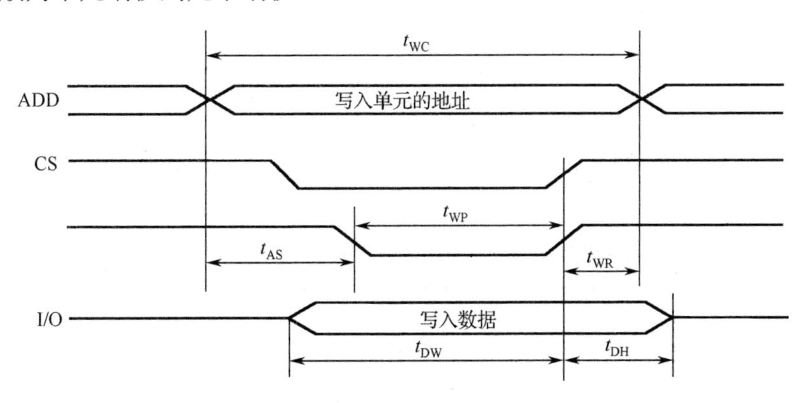

图 8.5　RAM 写操作时序图

8.2.2　RAM 芯片简介

2114 型 RAM 芯片的容量为 1024 字 × 4 位。地址码有 10 位，编号为 A_0～A_9，数据输入/输出线 4 条，编号为 I/O_1～I/O_4。2114 型 RAM 的符号图和引脚图如图 8.6 所示，其中 $\overline{CS}$ 为片选端，低电平有效；$R/\overline{W}$ 为读/写控制端。

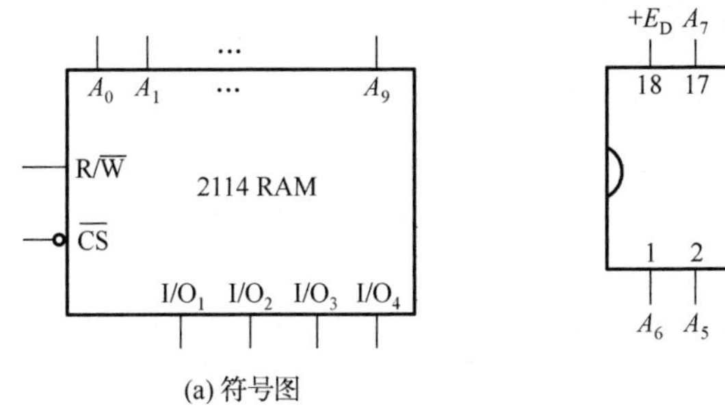

(a) 符号图

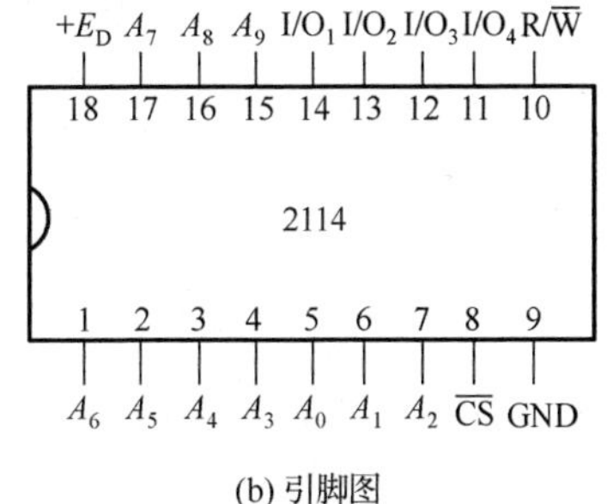

(b) 引脚图

图 8.6　2114 型 RAM 芯片

6116 型 RAM 芯片的符号图和引脚图如图 8.7 所示，图中 A_0～A_{10} 为地址线，D_0～D_7 为数据线，由此可见 6116 型 RAM 的字数为 $2^{11} = 2048$，其容量为 2048 字 × 8 位。图中 $\overline{OE}$ 为输出使能控制端，低电平有效；$\overline{CE}$ 为片选端，低电平有效；$\overline{WE}$ 为读/写控制端。

6116 型 RAM 有三种操作方式：写入、读出和低功耗维持。

（1）写入方式。条件：$\overline{CE} = 0$，$\overline{WE} = 0$，$\overline{OE} = 1$；

（2）读出方式。条件：$\overline{CE} = 0$，$\overline{WE} = 1$，$\overline{OE} = 0$；

（3）低功耗维持方式。条件：$\overline{CE} = 1$，此时器件电流仅 20 μA 左右，为系统断电时使用电源保持 RAM 内容提供了可能性。

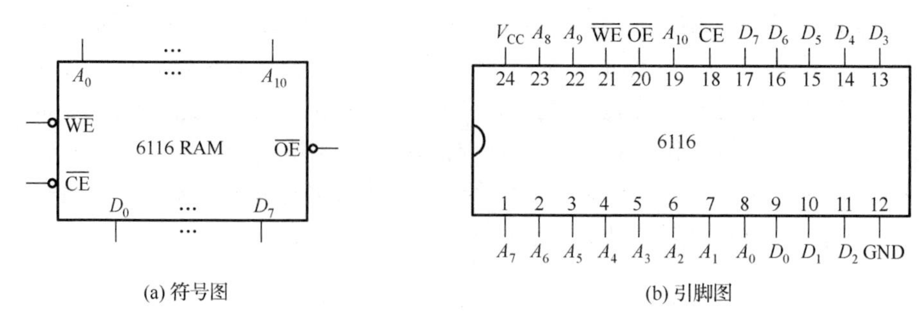

(a) 符号图　　(b) 引脚图

图 8.7　6116 型 RAM 芯片

表 8.1 所列是静态 RAM 6116 型工作方式与控制信号之间的关系，读出线和写入线是分开的，而且写入优先。

表 8.1　静态 RAM 6116 型工作方式与控制信号之间的关系

$\overline{CS}$	$\overline{OE}$	$\overline{WE}$	$A_0 \sim A_{10}$	$D_0 \sim D_7$	工作状态
1	×	×	×	高阻态	低功耗维持
0	0	1	稳定	输 出	读
0	×	0	稳定	输 入	写

对于各种 RAM 芯片，在使用时还要注意其读或写时的工作时序及时间参数。

8.2.3　RAM 的容量扩展

在实际应用中，经常需要使用大容量的RAM。在单片RAM芯片容量不能满足要求时，就要进行扩展，将多片 RAM 组合起来，构成存储器系统（也称为存储体）。

1．位扩展

位扩展时需把若干片位数相同的RAM芯片地址线共用，读/写端和片选端分别共用，并将各片的数据输入/输出端并行连接。

【例 8.1】 将 1K × 2 RAM 扩展成 1K × 6 RAM。

解： 需用的 1K × 2 RAM 片数为

$$N = \frac{\text{总存储容量}}{\text{1 片存储容量}} = \frac{1024 \times 6}{1024 \times 2} = 3\text{片}$$

连接方法如图 8.8 所示。

2．字扩展

当芯片的位数够用而容量不足时，就需要将多个芯片连接起来，进行字扩展以满足大容量存储器的需要。也就是说，用几片存储器芯片组合起来对存储空间进行扩展，称为字扩展。RAM 芯片字数需要扩展时说明地址线不够，需增加地址线。而各片的读/写控制端、数据输入/输出端共用。

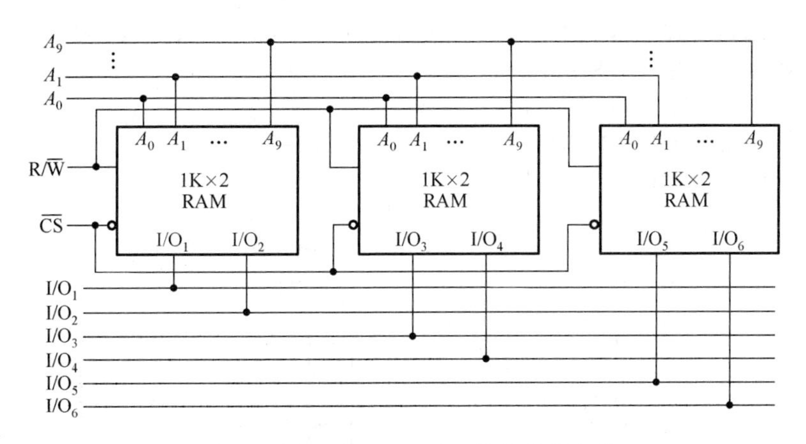

图 8.8　例 8.1 的 RAM 芯片位扩展连接图

存储器字扩展的一般方法：

（1）将各存储芯片片内地址线、数据线、读/写控制线并联，接到相应的总线上；

（2）将地址线的高位送地址译码器产生片选信号，接各存储芯片的片选 $\overline{CS}$ 端以选择芯片。

当只有两片进行扩展时，可以将高位地址线（只有一位）以原变量的形式和经过非门的反变量的形式，分别接两存储芯片的片选 $\overline{CS}$ 端。

【例 8.2】 把 256 × 4 RAM 扩展成 512 × 4 RAM。

解： 需用的 256 × 4 RAM 片数为

$$N=\frac{总存储容量}{1片存储容量}=\frac{512\times4}{256\times4}=2片$$

两片的4 条 I/O 线共用，R/$\overline{W}$ 线并联在一起，两片的原 8 位地址线 $A_7 \sim A_0$ 共用。因字数扩展一倍，故应扩展一位高位地址线 A_8，A_8 和 $\overline{A_8}$ 分别接 RAM(1)片的 $\overline{CS}$ 端和 RAM(2)片的 $\overline{CS}$ 端。于是 $A_8=0$ 时，RAM(1)片的 $\overline{CS}=0$，RAM(1)片工作，在地址范围 $A_8A_7 \sim A_0=000000000 \sim 011111111$ 内，RAM(1)片的 256 个字完成读或写操作，RAM(2)片 $\overline{CS}=\overline{A_8}=1$ 未选中而不工作；当 $A_8=1$ 时，RAM(1)片的 $\overline{CS}=A_8=1$ 未选中而不工作，RAM(2)的 $\overline{CS}=\overline{A_8}=0$ 被选中，在地址范围 $A_8A_7 \sim A_0=100000000 \sim 111111111$ 内，RAM(2)片的 256 个字完成读或写操作。电路连接图如图 8.9 所示。

3. 字位同时扩展

【例 8.3】 试把 256 × 2 RAM 扩展成 512 × 4 RAM，并说明各片地址范围。

解： 需用的 256 × 2 RAM 片数为

$$N=\frac{512\times4}{256\times2}=4片$$

对需进行字、位同时扩展的 RAM，最好先进行位扩展，再进行字扩展。先把 256 × 2 RAM 扩展成 256 × 4 RAM。因位数增加了 1 倍，故 256 × 4 RAM 需用两片 256 × 2 RAM 构成。字数由 256 扩展成 512，即字数扩展了 2 倍，故应增加一位地址线去连接 2 组 256 × 4 RAM 的片选端 $\overline{CS}$。电路连接图如图 8.10 所示。

各片地址范围如下:

（1）（2）：000000000～011111111

（3）（4）：100000000～111111111

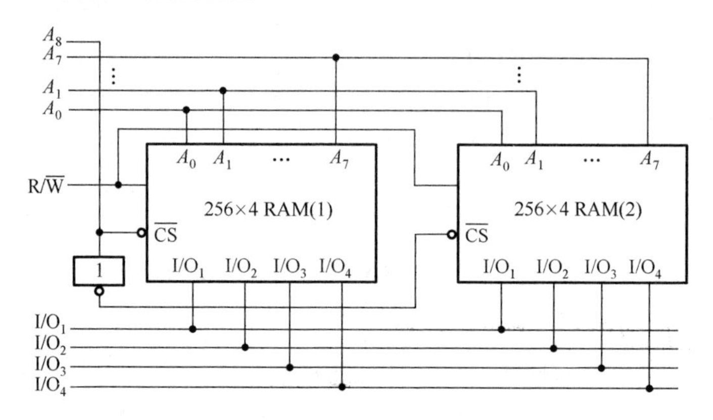

图 8.9 例 8.2 的 RAM 芯片字扩展连接图

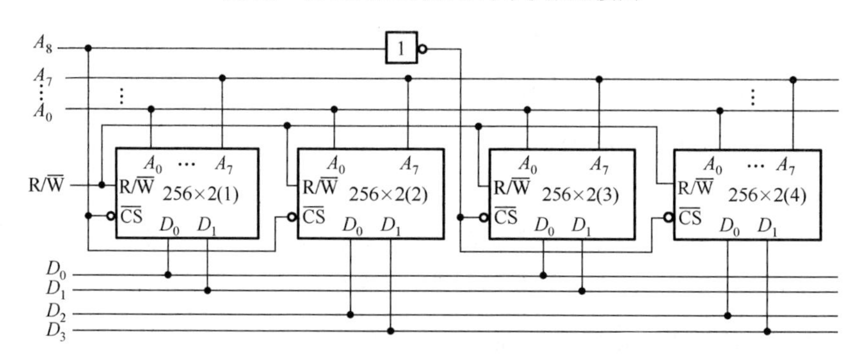

图 8.10 例 8.3 的 RAM 芯片字位扩展连接图

8.3 只读存储器（ROM）

随机存储器（RAM）具有易失性，掉电后所存数据会丢失。实际应用中，经常需要一种掉电后数据不丢失的存储器，只读存储器（ROM）具有这种性能。与RAM不同，ROM 一般由专用装置写入数据，数据一旦写入就不能随意改写，断电后数据也不会丢失。

8.3.1 ROM 的分类

按存储内容存入方式，只读存储器可分为固定 ROM 和可编程 ROM 两种。可编程 ROM 又可分为一次可编程存储器（PROM）、光可擦除可编程存储器（EPROM）和电可擦除可编程存储器（EEPROM）等。

（1）固定ROM。也称为掩膜 ROM，在制造这种 ROM 时，厂家利用掩膜技术直接把数据写入存储器中。ROM制成后，其存储的数据也就固定不变了，用户对这类芯片无法进行任何修改。

（2）一次可编程 ROM（PROM）。在出厂时，PROM 存储内容全为 1（或全为 0），用户可根据自己的需要，利用编程器将某些单元改写为 0（或 1）。PROM 一旦进行了一次编程，就不能再修改了。

（3）光可擦除可编程 ROM（EPROM）。EPROM 是采用浮栅技术生产的可编程存储器，它的存储单元多采用N 沟道叠栅 MOS 管，信息的存储是通过 MOS 管浮栅上的电荷分布来实现的，编程过程就是电荷注入过程。编程结束后，尽管撤除了电源，但由于绝缘层的包围，注入浮栅的电荷无法泄漏，因此电荷分布维持不变，EPROM 也就成为非易失性存储器件了。

当外部能源（如紫外线光源）加到EPROM上时，EPROM 内部的电荷分布会被破坏，此时聚集在 MOS 管浮栅上的电荷在紫外线照射下形成光电流被泄漏掉，使电路恢复到初始状态，从而擦除了所有写入的信息。这样，EPROM 又可以写入新的信息。

（4）电可擦除可编程 ROM（EEPROM）。EEPROM 也是采用浮栅技术生产的可编程 ROM，但是构成其存储单元的是隧道 MOS 管。隧道 MOS 管也是利用浮栅是否存有电荷来存储二值数据的，不同的是隧道 MOS 管是用电擦除的，并且擦除的速度快得多（一般为毫秒量级）。

EEPROM 的电擦除过程就是改写过程，它具有 ROM 的非易失性，又具备类似 RAM 的功能，可以随时改写（可重复擦写 1 万次以上）。目前，大多数 EEPROM 芯片内部都备有升压电路，因此只需提供单电源供电便可进行读/擦除/写操作，这为数字系统的设计和在线调试提供了极大的方便。

（5）快闪存储器（Flash Memory）。快闪存储器的存储单元也是采用浮栅型 MOS 管，存储器中数据的擦除和写入是分开进行的，数据写入方式与 EPROM 相同，需要输入一个较高的电压，因此要为芯片提供两组电源。一个字的写入时间约为 200 ms。

8.3.2　ROM 的结构与基本原理

在生产内容固定的 ROM 时，要根据 ROM 的存储内容设计相应的掩膜，所以也称为掩膜 ROM。这种按特制掩膜制作成的ROM，其存储内容不能改变。内容固定的ROM 适合于大批量的产品，如汉字库、函数表等。

典型的 ROM 电路结构包括三部分：地址译码器、存储矩阵及输出电路，与 RAM 结构类似。地址译码器是一个由与门构成的阵列，n 位地址码输入，译码器输出 2^n 条字线。图 8.15 是二极管 ROM 结构示意图。地址输入 A_1、A_0，地址译码器输出 4 条字线 W_0、W_1、W_2、W_3。这 4 条字线与 4 条数据线及相应位置上的二极管组成存储矩阵，有二极管将字线与数据线相连的交叉点为高电平 1（用交叉点上的圆点表示），没有二极管的交叉点为低电平 0。或门引出数据输出，D_3、D_2、D_1、D_0 为输出电路。

当 $A_1A_0 = 00$ 时，W_0 为唯一的高电平，接通相应的二极管，使输出端 $D_3D_2D_1D_0 = 1010$。按图 8.11 所示的接法，ROM 实现的函数为

$$D_3 = \overline{A_1}\,\overline{A_0} + A_1A_0 = \overline{A_1 \oplus A_0}$$

$$D_2 = \overline{A_1}A_0 + A_1\overline{A_0} + A_1A_0 = A_1 + A_0$$

$$D_1 = \overline{A_1}\,\overline{A_0} + \overline{A_1}A_0 = \overline{A_1}$$

$$D_0 = A_1A_0$$

显然，ROM 实现的是标准与或式。

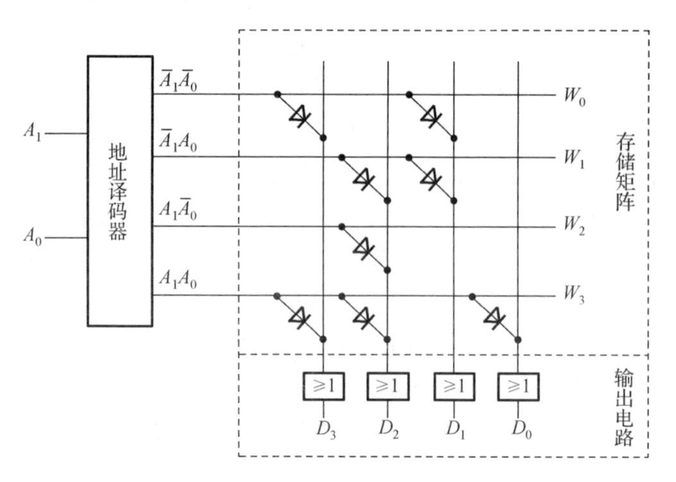

图 8.11　二极管 ROM 结构示意图

除了二极管，还有 MOS 管、双极型晶体管等构成的 ROM 电路。

PROM 可由双极型晶体管加熔丝构成。出厂时在存储矩阵的所有交叉点上都只做了存储单元，即所有存储单元都存入 1。用户根据需要将要存入 0 的单元上的熔丝熔断即可。

EPROM 是一种可擦除可编程的只读存储器。擦除时，用紫外线照射芯片上的窗口即可清除存储的内容。擦除后的芯片可以使用专门的编程写入器对其重新编程（写入新的内容）。存储在EPROM中的内容能够长期保存达几十年之久，而且掉电后内容不会丢失。EPROM 的存储单元可以用叠层栅MOS 管构成。叠层栅MOS 管有两个栅极，在紫外线或电的作用下，可使存储单元恢复高电平 1，从而可以重新编写数据。

由于采用电擦除技术，EEPROM 允许在线编程写入和擦除，而不必像 EPROM 芯片那样从系统中取下来，再用专门的编程写入器和专门的擦除器编程和擦除。从这一点讲，使用起来要比 EPROM 方便。另外，EPROM 虽可多次编程写入，但整个芯片只要有一位写错，就必须从电路板上取下来全部擦掉重写，这给实际使用带来很大不便。因为在实际使用中，多数情况下需要的是以字节为单位的擦除和重写，而 EEPROM 在这方面就具有很大的优越性。

8.3.3 ROM 应用

1. ROM 实现组合逻辑函数

ROM 除了用作存储器，还可以实现标准与或表达式构成的组合逻辑函数。从ROM的结构看出，地址译码器是全译码的与阵列，而存储矩阵是一个或阵列，可用或阵列编程。

【例 8.4】 用 PROM 实现下列逻辑函数：

$$F_1(A,B,C) = A \oplus B \oplus C$$
$$F_2(A,B,C) = AB + \overline{BC} + BC$$

$$F_3(A,B,C)=(\overline{A}+B+C)(A+\overline{B}+\overline{C})(A+\overline{C})$$

解：将 A、B、C 作为地址输入变量，将 F_1、F_2、F_3 化成标准与或表达式，作为输出变量填入真值表（见表 8.2）。

表 8.2　例 8.4 真值表

	A	B	C	F_1	F_2	F_3
W_0	0	0	0	0	1	0
W_1	0	0	1	1	0	1
W_2	0	1	0	1	0	0
W_3	0	1	1	0	1	0
W_4	1	0	0	1	1	0
W_5	1	0	1	0	0	1
W_6	1	1	0	0	1	1
W_7	1	1	1	1	1	1

$$F_1(A,B,C)=\Sigma(1,2,4,7)$$
$$F_2(A,B,C)=\Sigma(0,3,4,6,7)$$
$$F_3(A,B,C)=\Sigma(0,2,5,6,7)$$

按真值表对可编程的存储阵列（或阵列）进行编程，即烧断应存“0”的单元中的熔丝。例如，对 F_1 来说，m_1、m_2、m_4、m_7 为高电平，保留 F_1 与字线 W_1、W_2、W_4、W_7 交叉点上的熔丝“×”，烧断 F_1 与字线 W_0、W_3、W_5、W_6 交叉点上的熔丝。图 8.12 是用 PROM 实现函数 F_1、F_2、F_3 的编程图。

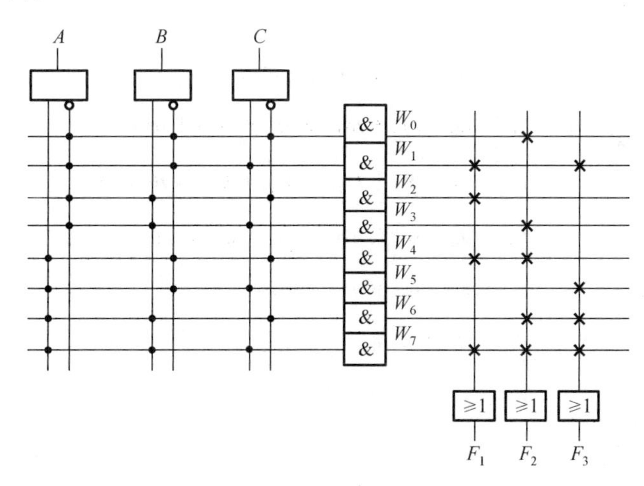

图 8.12　例 8.4 的 PROM 编程图

2．用于函数运算表电路

数学运算是数控装置和数字系统中要经常进行的操作，如果事先把要用到的基本函数变量在一定范围内的取值和相应的函数取值列成表格，写入只读存储器中，那么在需要时，只要给出规定“地址”就可以快速得到相应的函数值。这种 ROM 实际上已经成为函数运算表电路。

【例 8.5】 试用 ROM 构成能实现函数 $y=x^2$ 的运算表电路，x 的取值是 0～15 的正整数。

解：（1）分析要求、设定变量。

自变量 x 的取值是 0～15 的正整数，对应的 4 位二进制正整数用 $x = X_3X_2X_1X_0$ 表示。根据 $y=x^2$ 的运算关系，可求出 y 的最大值是 $15^2=225$，可以用 8 位二进制数 $y=Y_7Y_6Y_5Y_4Y_3Y_2Y_1Y_0$ 表示。

（2）列真值表——函数运算表，见表 8.3。

表 8.3 例 8.5 中 Y 的真值表

X_3	X_2	X_1	X_0	Y_7	Y_6	Y_5	Y_4	Y_3	Y_2	Y_1	Y_0	十进制数
0	0	0	0	0	0	0	0	0	0	0	0	0
0	0	0	1	0	0	0	0	0	0	0	1	1
0	0	1	0	0	0	0	0	0	1	0	0	4
0	0	1	1	0	0	0	0	1	0	0	1	9
0	1	0	0	0	0	0	1	0	0	0	0	16
0	1	0	1	0	0	0	1	1	0	0	1	25
0	1	1	0	0	0	1	0	0	1	0	0	36
0	1	1	1	0	0	1	1	0	0	0	1	49
1	0	0	0	0	1	0	0	0	0	0	0	64
1	0	0	1	0	1	0	1	0	0	0	1	81
1	0	1	0	0	1	1	0	0	1	0	0	100
1	0	1	1	0	1	1	1	1	0	0	1	121
1	1	0	0	1	0	0	1	0	0	0	0	144
1	1	0	1	1	0	1	0	1	0	0	1	169
1	1	1	0	1	1	0	0	0	1	0	0	196
1	1	1	1	1	1	1	0	0	0	0	1	225

（3）写标准与或表达式。

$$Y_7 = m_{12} + m_{13} + m_{14} + m_{15}$$

$$Y_6 = m_8 + m_9 + m_{10} + m_{11} + m_{14} + m_{15}$$

$$Y_5 = m_6 + m_7 + m_{10} + m_{11} + m_{13} + m_{15}$$

$$Y_4 = m_4 + m_5 + m_7 + m_9 + m_{11} + m_{12}$$

$$Y_3 = m_3 + m_5 + m_{11} + m_{13}$$

$$Y_2 = m_2 + m_6 + m_{10} + m_{14}$$

$$Y_1 = 0$$

$$Y_0 = m_1 + m_3 + m_5 + m_7 + m_9 + m_{11} + m_{13} + m_{15}$$

（4）画 ROM 存储矩阵节点连接图。

在图 8.13 所示电路中，字线 W_0～W_{15} 与最小项 m_0～m_{15} 分别一一对应，我们注意到作为地址译码器的与门阵列，其连接是固定的，它的任务是完成对输入地址码（变量）的译码工作，产生一个个具体的地址-地址码（变量）的全部最小项。而作为存储矩阵的或门阵列是可编程的，各交叉点-可编程点的状态，也就是存储矩阵中的内容，可由用户编程决定。

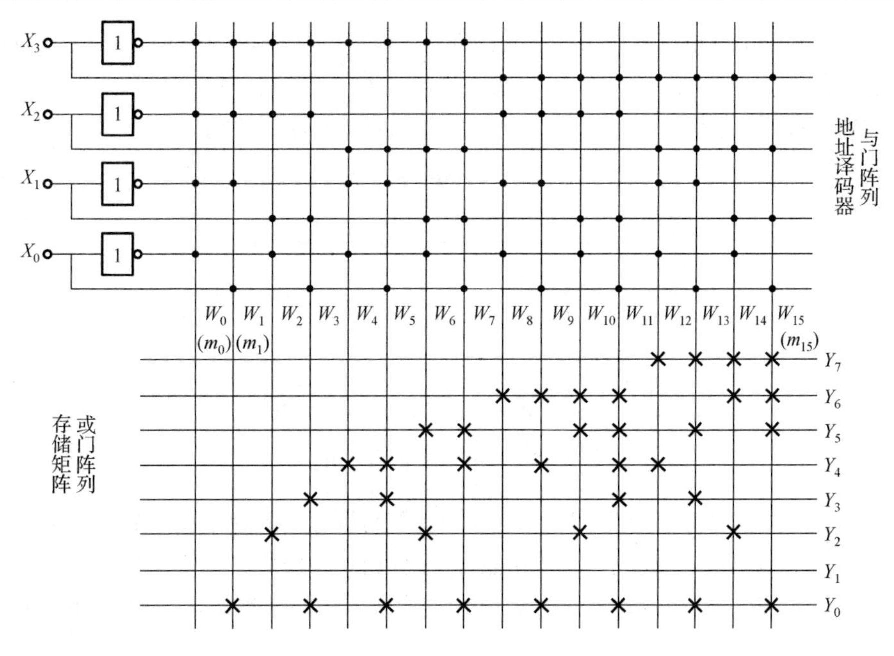

图 8.13　例 8.5 的 ROM 存储矩阵连接图

*8.4　可编程逻辑器件 PLD

8.4.1　可编程逻辑器件概述

从逻辑功能的特点上的角度，可以将数字集成电路分为通用型和专用型两大类。前面几章讲到的中、小规模数字集成电路（如 74 系列及其改进系列、CC400 系列、74HC 系列等）都属于通用型数字集成电路，它们的逻辑功能比较简单，而且固定不变。它们的这些逻辑功能在组成复杂数字系统时经常用到，所以这些器件有很强的通用性。

从理论上讲，用这些通用型的中、小规模集成电路可以组成任何复杂的数字系统，但如果能把设计的数字系统做成一片大规模集成电路，则不仅能减小电路的体积、重量、功耗，而且会使电路的可靠性大为提高。这种为某种专门用途而设计的集成电路称为专用集成电路，即所谓的 ASIC（Application Specific Integrated Circuit）。然而，在用量不大的情况下，设计和制造这样的专用集成电路不仅成本很高，而且设计、制造的周期也太长。这是一个很大的矛盾。

可编程逻辑器件（Programmable Logic Device，PLD）的研制成功为解决这个矛盾提供了一条比较理想的途径。PLD 虽然是作为一种通用器件生产的，但它的逻辑功能是由用户通过对器件编程来设定的，而且，有些PLD的集成度很高，足以满足设计一般数字系统的需要。这样就可以由设计人员自行编程，把一个数字系统“集成”在一片PLD上，而不必请芯片制造厂商设计和制作专用集成电路芯片。

20 世纪 80 年代以来，PLD 发展非常迅速，目前生产和使用的 PLD 产品主要有现场可编程逻辑阵列（Filed Programmable Logic Array，FPLA）、可编程阵列逻辑（Programmable Array Logic，PAL）、通用阵列逻辑（Generic Array Logic，GAL）、复杂可编程逻辑器件（Complex

Programmable Logic Device，CPLD）和现场可编程门阵列（Field Programmable Gate Array，FPGA）等几种类型。其中，CPLD 和 FPGA 的集成度比较高，有时又把这两种器件称为高密度可编程逻辑器件（HDPLD）。图 8.14 给出了可编程逻辑器件的分类。

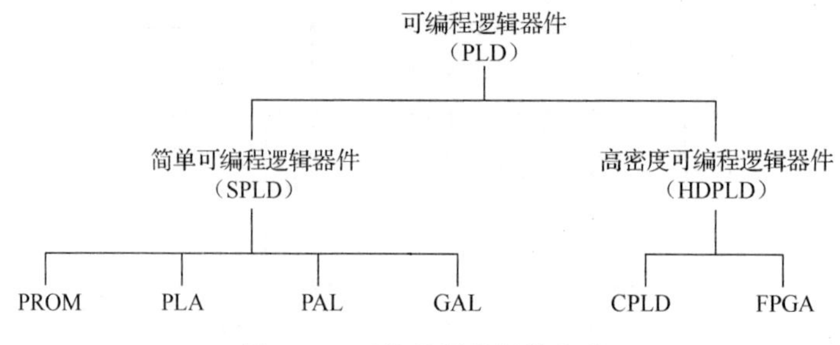

图 8.14　可编程逻辑器件分类

经过几十年的发展，目前市场上的 PLD 产品型号繁多，电路结构各异。其中，比较有代表性的是 Altera 公司的 CPLD 器件和 Xilinx 公司的 FPGA 器件，它们占据大部分市场份额。部分厂商的 CPLD/FPGA 产品型号、结构类型、芯片工艺、编程技术等如表 10.4 所示。

表 8.4　部分 CPLD/FPGA 产品介绍

生产厂商	产品型号	结构类型	芯片工艺	编程技术
Altera	APEX、FLEX	查找表	SRAM	ICR
	MAX7000、MAX9000	乘积项	EEPROM	ISP
	MAX7000	乘积项	EPROM	编程器
Xilinx	Virtex、Spartan XC4000、XC3000	查找表	SRAM	ICR
Lattice	ispLSI	乘积项	EEPROM	ISP
Actel	MX、SX 系列	查找表	反熔丝	编程器

8.4.2　可编程逻辑器件的基本结构和电路表示方法

1. 可编程逻辑器件的基本结构

多数PLD由与阵列、或阵列以及起缓冲驱动作用的输入、输出结构组成，由于其核心特征是结构排列成阵列（一般是与阵列和或阵列），所以又称为阵列逻辑，图 8.15 是 PLD 的通用结构框图。其中，每个数据输出都是输入的与或函数。与阵列、或阵列的输入线及输出线都排列成阵列方式，每个交叉点处用逻辑器件或熔丝连接起来，用器件的通、断或熔丝的烧断、保留进行编程。有的 PLD 是与阵列可编程，有的 PLD 是或阵列可编程，有的 PLD 是与阵列、或阵列都可以编程。

前面学习过的 PROM 也可以看成 PLD 的一种。在 PROM 中，与阵列（常称为地址译码器）是不可以编程的，它产生输入地址的全部最小项，而或阵列（常称为存储矩阵）是可以编程的，通过或阵列的编程可以实现任何组合函数。

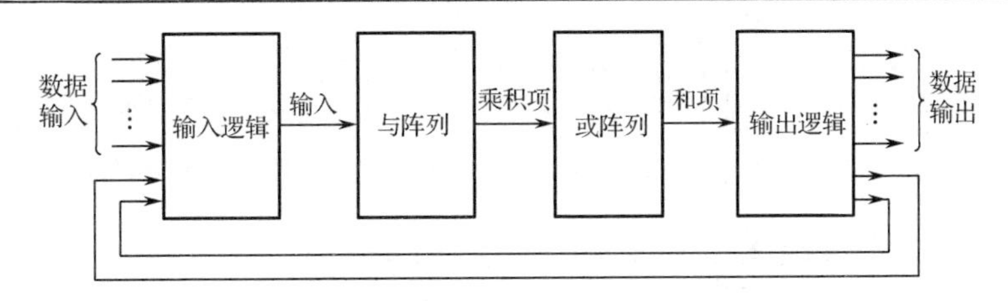

图 8.15　PLD 的通用结构框图

2. PLD 的电路表示法

前面介绍的逻辑电路的一般表示方法，不适合描述可编程逻辑器件 PLD 的内部结构与功能。PLD 表示法在芯片内部配置和逻辑图之间建立了一一对应关系，并将逻辑图和真值表结合起来，形成一种紧凑而易于识读的表达形式。

（1）连接方式。

PLD 电路由与门阵列和或门阵列两种基本的门阵列组成。与门阵列和或门阵列可以是固定的，也可以是可编程的。图8.16 是一个可编程与门阵列和固定或门阵列组成的 PLD 结构图。由图可以看出，门阵列交叉点上的连接方式有三种：

① 硬线连接。硬线连接是固定连接，不能用编程方式加以改变。

② 编程连接。它是通过编程实现接通的连接。

③ 编程断开。通过编程使该处连接呈断开状态。

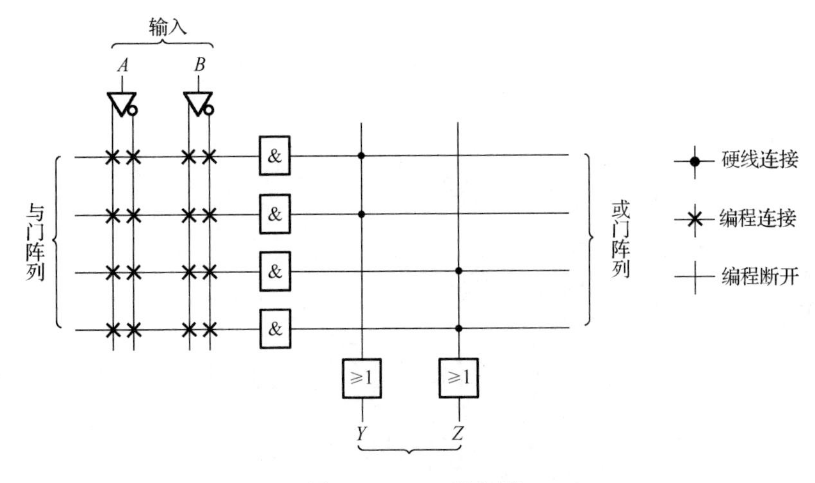

图 8.16　PLD 结构图

（2）基本门电路的 PLD 表示法。

图 8.17 中给出了几种基本门在 PLD 表示法中的表达形式。一个 4 输入与门在 PLD 表示法中的表示如图 8.17(a)所示，$L_1=ABCD$，通常把 A、B、C、D 称为输入项，把 L_1 称为乘积项（Product-Term）。一个 4 输入或门如图 8.17(b)所示，其中 $L_2=A+B+C+D$。缓冲器有互补输出，如图 8.17(c)所示。带输出缓冲器的 PLD 如图 8.17(d)所示。一种简化的编程连接示意图如图 8.17(e)所示。

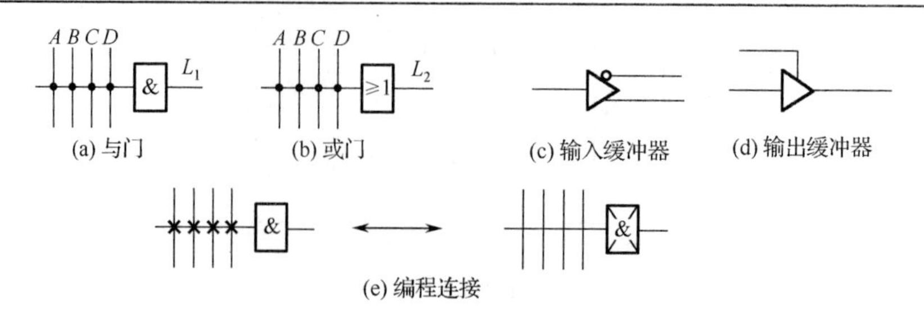

图 8.17　基本门的 PLD 表示法

8.4.3　复杂可编程逻辑器件（CPLD）

早期的 PLD（主要是 PAL、GAL）在 20 世纪 80 年代曾经广泛应用。随着技术的发展，这些 PLD 由于逻辑资源过少、结构过于简单而不能满足实际需要。

CPLD 是从 PAL 和 GAL 发展出来的，相对而言规模大、结构复杂，属于大规模集成电路范围。如图 8.18 所示，CPLD 主要由三部分组成。

- 逻辑块（Logic Blocks，LB）：与或阵列，是构成 PLD 逻辑组成的核心；
- 输入/输出块（I/O Blocks，IOB）：输入/输出缓冲器及控制单元；
- 可编程互连资源（Programmable Interconnection Resource，PIR）：由各种长度的连线线段组成，其中也有一些可编程的连接开关，用于逻辑块之间、逻辑块与输入/输出块之间的连接。

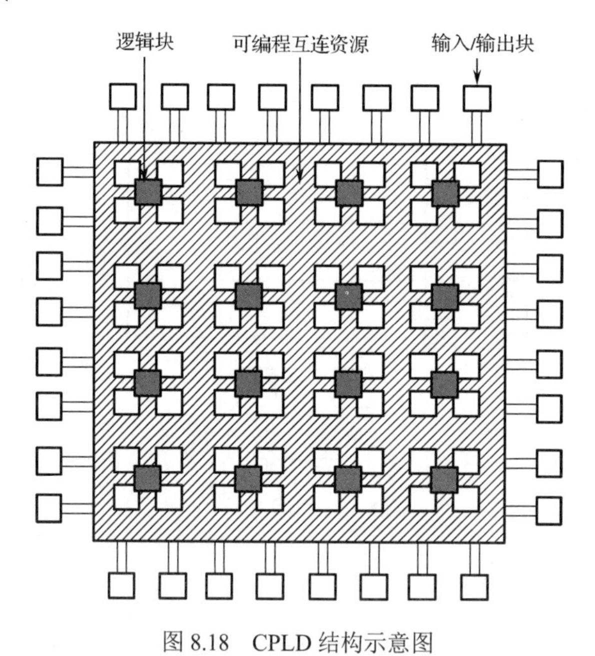

图 8.18　CPLD 结构示意图

CPLD 的结构是在 GAL 的基础上扩展、改进形成的，尽管 CPLD 比 GAL 规模大得多、功能强得多，但其核心部分——可编程逻辑块，仍然是基于乘积项（即与-或阵列）结构的。

经过几十年的发展，许多公司都开发出了 CPLD 可编程逻辑器件。比较典型的是 Altera 公司的 CPLD 系列，它们开发较早，占据较大的 PLD 市场份额。下面以 Altera 公司生产的

MAX7000 系列为例，介绍 CPLD 的电路结构及其工作原理。

MAX7000 系列是 Altera 公司生产的高性能 CPLD，产品包括 MAX7000S（5.0 V）、MAX7000AE（3.3 V）、MAX 7000B（2.5 V）。基于电可擦除可编程只读存储器（EEPROM）的 MAX7000 产品采用先进的 CMOS 工艺制造，提供从 32 个到 512 个宏单元的密度范围，速度达 3.5 ns 的引脚到引脚延迟。另外，MAX7000 器件支持在系统可编程能力（ISP），可以在现场轻松进行重配置。

MAX7000 系列器件结构如图 8.19 所示。它主要由逻辑阵列块（Logic Array Block，LAB）、I/O 控制块（I/O Control Block）和可编程互连阵列（Programmable Interconnect Array，PIA）三个部分组成。下面详细介绍这三个部分的电路结构及实现的功能。

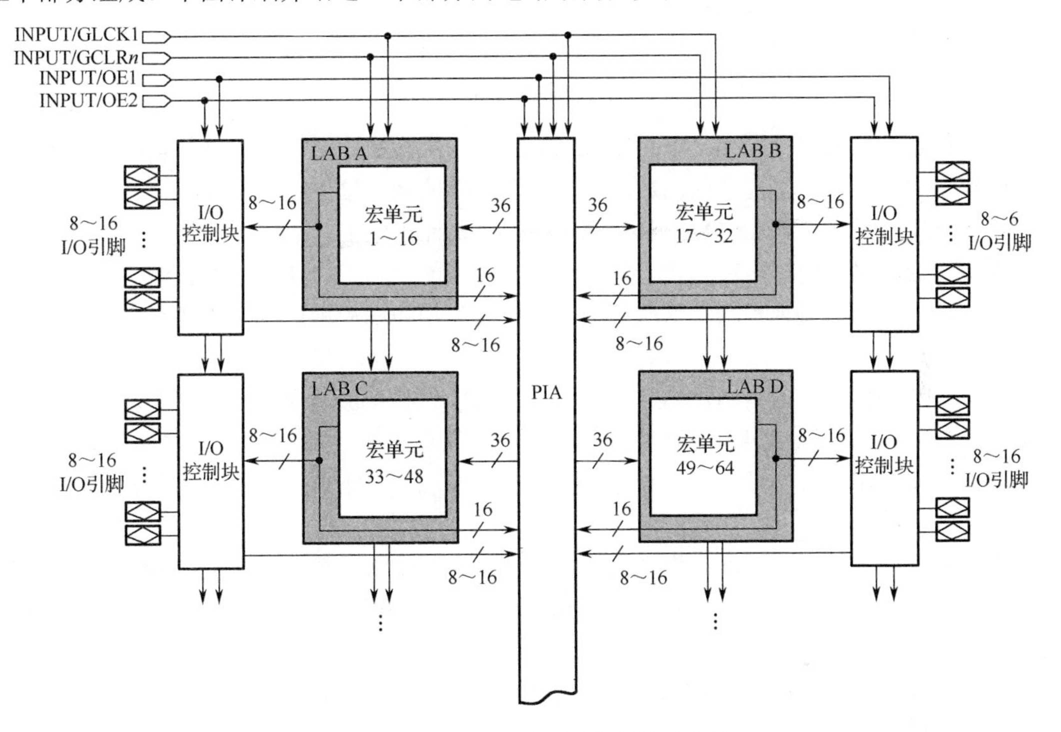

图 8.19　MAX7000 系列器件结构示意图

1. 逻辑阵列块（LAB）

LAB 是 MAX7000 系列的核心部分。每个 LAB 由 16 个宏单元（Macrocell）组成。多个 LAB 通过可编程互连阵列（PIA）和全局总线连接在一起。输入到每个 LAB 的信号如下：

- 来自 PIA 的 36 个通用逻辑输入；
- 全局控制信号（时钟信号、清零信号）；
- 从 I/O 引脚到寄存器的直接输入通道，用以实现 MAX7000 的快速建立时间。

（1）宏单元。MAX7000 宏单元如图 8.20 所示，它包括逻辑阵列、乘积项选择阵列以及可编程寄存器。逻辑阵列用来实现组合逻辑，它给每个宏单元提供 5 个乘积项。乘积项选择阵列再将这些乘积项分配到“或门”和“异或门”的输入端实现逻辑函数，或者将这些乘积项作为宏单元中触发器的控制信号：清零、置位、使能控制等。

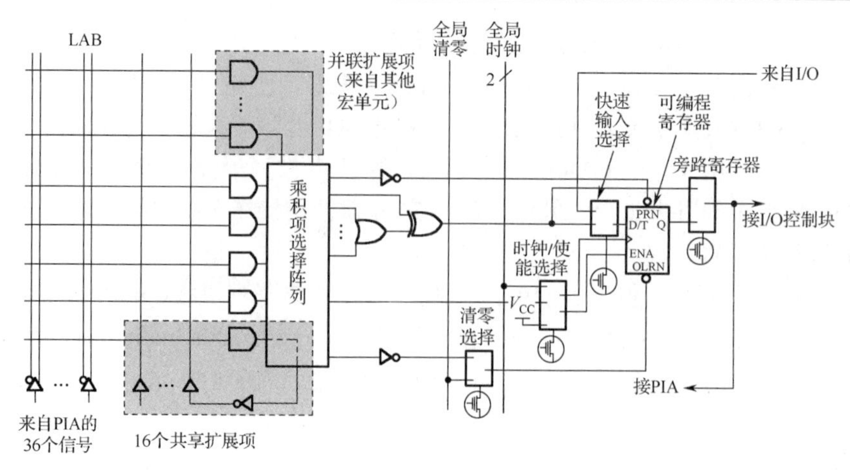

图 8.20 MAX7000 宏单元

（2）扩展乘积项（Expander Product-Term）。尽管大多数逻辑可以用一个宏单元的 5 个乘积项来实现，但实现某些复杂的函数时需要用到更多的乘积项。这时可以利用另外的宏单元提供所需的逻辑资源。MAX7000 系列器件结构也允许利用扩展乘积项。利用扩展项可保证在实现逻辑综合时，用尽可能少的逻辑资源实现尽可能快的工作速度。扩展乘积项包括共享扩展乘积项和并联扩展乘积项。这两种扩展项作为附加的乘积项可直接送到本地 LAB 的任意宏单元中。

共享扩展项：每个 LAB 有多达 16 个共享扩展项。共享扩展项就是由每个宏单元提供一个未使用的乘积项，并将其反相后反馈到逻辑阵列，供集中使用。每个共享扩展项可以被 LAB 中任意宏单元使用或共享，用来实现复杂的逻辑函数。图 8.21（a）显示了共享扩展项是如何馈送到多个宏单元的。

并联扩展项：并联扩展项是指某些宏单元中没有被使用的乘积项，并且这些乘积项可以被分配到邻近的宏单元，实现复杂的逻辑函数。在使用并联扩展项时，最多允许 20 个乘积项直接馈送到宏单元的“或”逻辑，其中 5 个乘积项是由宏单元本身提供的，另外 15 个乘积项是由本 LAB 中相邻宏单元的并联扩展项提供的。图 8.21（b）显示了并联扩展项是如何从相邻宏单元中借用的。

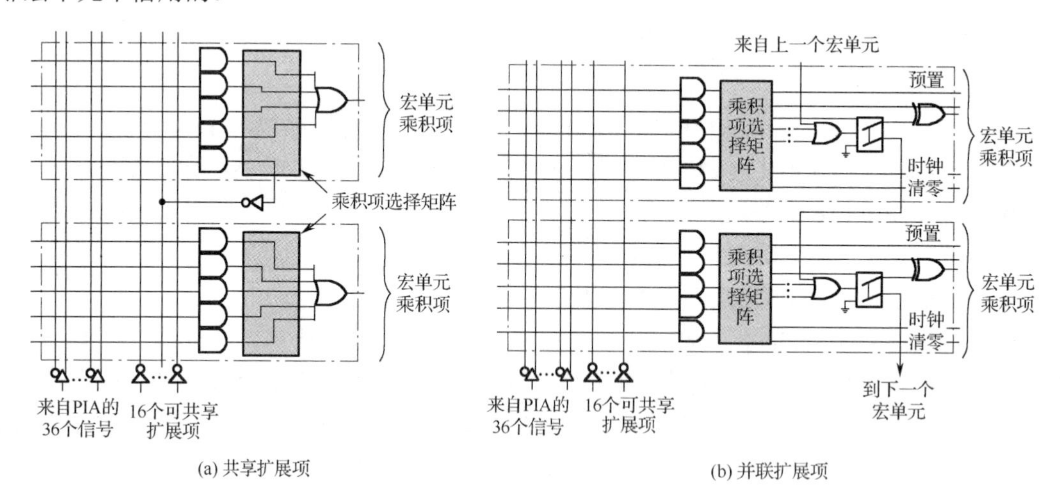

图 8.21 MAX7000 扩展乘积项

2. 可编程互连阵列（PIA）

通过可编程互连阵列（PIA）可以将多个 LAB 相互连接构成所需的逻辑。在 MAX7000 系列中，PIA 是一组可编程的全局总线，它可以将器件中任何信号源连接到其目的地。图 8.22 显示了信号是如何通过 PIA 送到其他 LAB 的。图中“与门”的一个输入端连接到 EEPROM 单元，用来选择 PIA 作为馈入 LAB 的信号。

多数 CPLD 中的互连资源都有类似 MAX7000 系列 PIA 的这种结构。这种连线最大的特点是能够提供具有固定延时的通路，换句话说，信号在芯片中的传输延时是固定的、可预测的。所以，也将这种连接线称为确定型连接线。

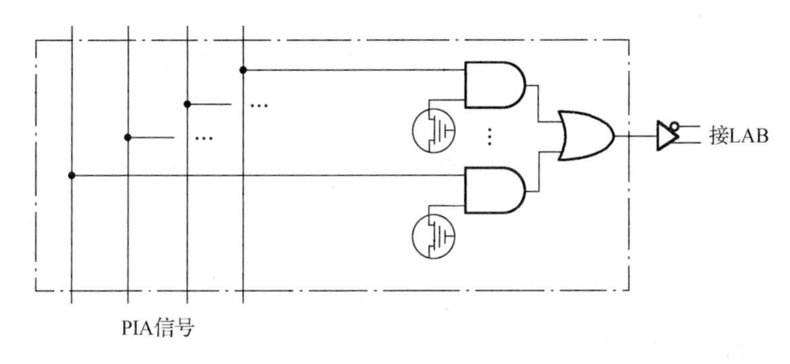

图 8.22　MAX7000 的 PIA

3. I/O 控制块

MAX7000 系列的 I/O 控制块结构如图 8.23 所示。I/O 控制块允许每个 I/O 引脚单独配置成输入、输出或双向工作模式。所有的 I/O 引脚都有一个三态输出缓冲器，可以从 6 个全局输出使能信号中选择一个信号作为其控制信号，也可以选择集电极开路输出。输入信号可以馈入到 PIA 中，也可以通过快速通道直接输入到宏单元的寄存器中。

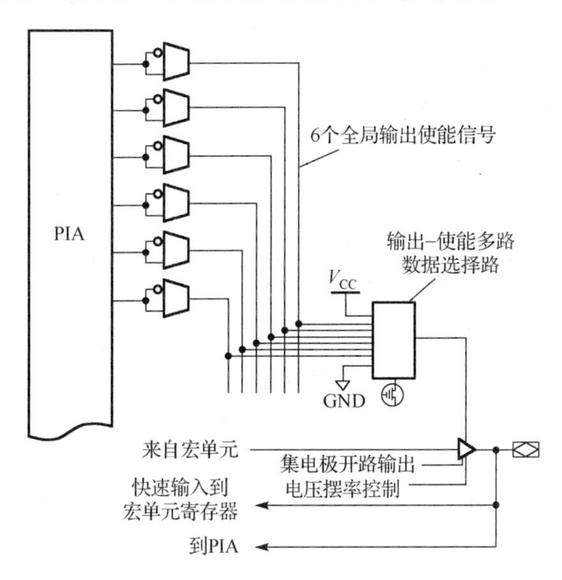

图 8.23　MAX7000 的 I/O 控制块

【例 8.6】试述 CPLD 如何实现图 8.24 所示电路。

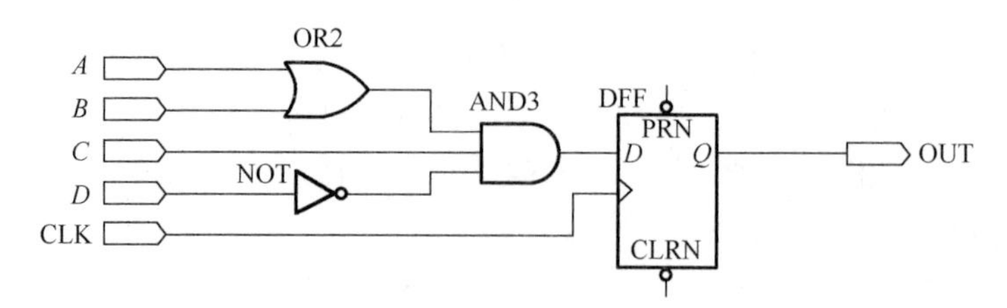

图 8.24 例 8.6 电路图

解：假设组合逻辑的输出为 F，则

$$F=(A+B)\cdot C\cdot \overline{D}=A\cdot C\cdot \overline{D}+B\cdot C\cdot \overline{D}$$

CPLD 将以下面的方式来实现组合逻辑 F:

A、B、C、D 由 CPLD 芯片的引脚输入后进入可编程连线阵列（PIA），在内部产生 A、$\overline{A}$、B、$\overline{B}$、C、$\overline{C}$、D、$\overline{D}$ 共 8 个输出。图 8.25 中每一个叉表示相连。图 8.24 电路中 D 触发器的实现比较简单，直接利用宏单元中的可编程 D 触发器来实现。时钟信号 CLK 由 I/O 引脚输入后进入芯片内部的全局时钟专用通道，直接连接到可编程触发器的时钟端。可编程触发器的输出与 I/O 引脚相连，把结果输出到芯片引脚。

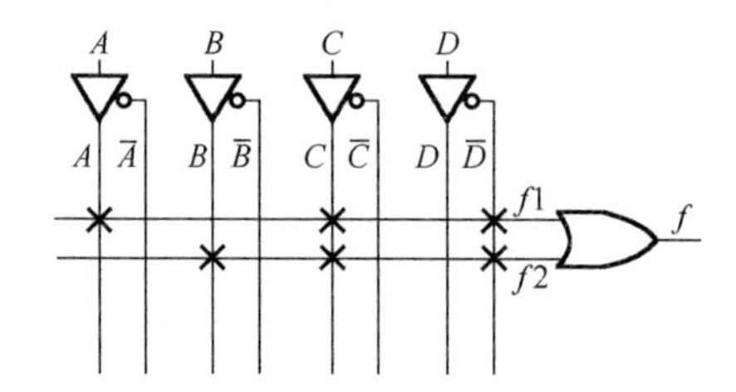

图 8.25 例 8.6 电路在 CPLD 中的实现方式示意图

8.4.4 现场可编程门阵列（FPGA）

通过 8.4.3 节的介绍可知，CPLD 的主体部分是基于乘积项结构的与或阵列；芯片制造一般采用 EEPROM 或 Flash 工艺，器件上电就可以工作，无须其他芯片配合。

与 CPLD 不同，现场可编程门阵列基于查找表（Look-Up Table，LUT）结构；由于 LUT 主要适合 SRAM 工艺生产，所以目前大部分 FPGA 都是基于 SRAM 工艺的。因此，需要外加一片专用配置芯片，在上电时由这个专用配置芯片把数据加载到 FPGA 中。也有少数 FPGA 采用反熔丝或 Flash 工艺，不需要专用配置芯片。

如图 8.26 所示，FPGA 的基本组成部分是可配置逻辑块（Configurable Logic Block，CLB）、可编程的输入/输出块（Input/Output Block，IOB）和可编程互连（Programmable Interconnect，PI）。整个芯片的逻辑功能是通过对芯片内部的 SRAM 编程实现。例如，Xilinx 公司 XC4000 内含的 CLB 可多达 2304 个。

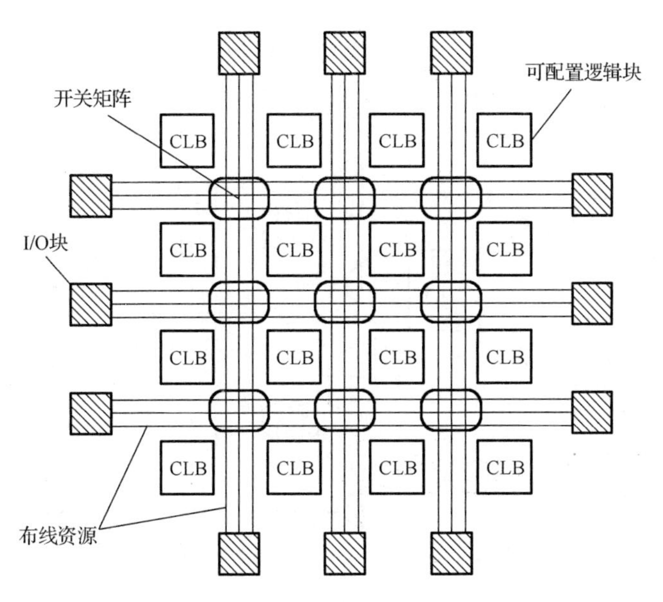

图 8.26　FPGA 结构示意图

FPGA 和 CPLD 可统称为大容量 PLD（High Capacity PLD，HCPLD）。这两种器件各有所长，FPGA 较小的逻辑单元（如 XC4000 的 CLB）和多种连线结构克服了 CPLD 的固定与或阵列结构的局限性，在组成系统时较灵活。当逻辑单元的布局和连线合理时，FPGA 器件内部资源的利用率较高，工作速度也较快。FPGA 的缺点是延迟时间不好预测，而 CPLD 的走线比较固定，信号传输的延迟时间容易计算，易于处理竞争-险象问题。但是，若 FPGA 的局部和布线不合理，则器件资源利用率和工作性能反而不如 CPLD。

从逻辑设计角度看，对于同样规模的器件，FPGA 型的 PLD 中触发器的数量较多，CPLD 型的 PLD 更适合组合逻辑电路较复杂的情况。例如，MACH4-128 型 CPLD 的容量相当于 5000 个门，其内包含 8 个 PAL 块、192 个触发器；XC4003E 型 FPGA 的容量为 3000 门，内含 100 个 CLB、360 个触发器；XC2VP125 型 FPGA 的等效逻辑单元为 125000 个，内含 4 个 PC405 处理器、10008 kbit RAM 块、556 个 18×18 位乘法器。

下面主要以 Xilinx 公司的 FPGA 器件系列为例，介绍 FPGA 的电路结构和工作原理。

1. 可配置逻辑块（CLB）

CLB 是 FPGA 实现各种逻辑功能的基本单元。图 8.27 为 Xilinx XC4000E 中 CLB 的结构框图。主要由快速进位逻辑、3 个函数发生器、2 个 D 触发器、多个可编程数据选择器及控制电路组成。CLB 共有 13 个输入信号和 4 个输出信号。G_1～G_4、F_1～F_4 为 8 个组合逻辑输入，K 为时钟信号，C_1～C_4 是 4 个控制信号；4 个输出信号中，X、Y 为组合输出，XQ、YQ 为寄存器/控制信号输出。

（1）函数发生器。

逻辑函数发生器，在图中标为函数发生器，在物理结构上就是一个 2^n×1 位的 RAM，它可以实现任意 n 变量的组合逻辑函数。其工作原理是将 n 个输入变量作为 SRAM 的地址，把 2^n 个函数值存储到 SRAM 单元中，对任意 n 个输入变量构成的地址，RAM 都对应唯一确定的函数输出。通常将逻辑函数发生器的这种结构称为查找表（LUT）结构。

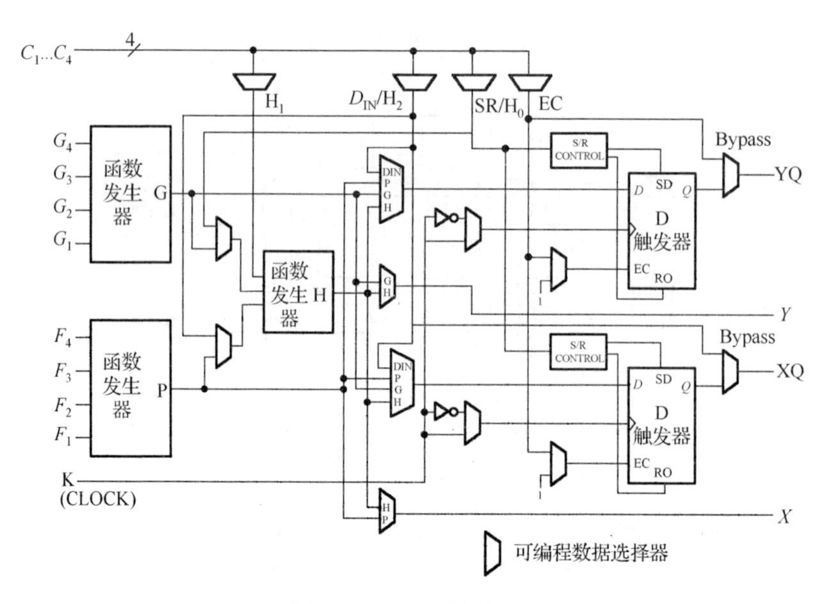

图 8.27　CLB 结构框图

查找表本质上就是一个 RAM。目前 FPGA 中多使用 4 输入的 LUT，所以一个 LUT 可以看成一个有 4 位地址线的 16×1 的 RAM。每输入一个信号进行逻辑运算就等于输入一个地址进行查表，找出地址对应的内容输出即可。表 8.5 是一个简单的 4 输入与门查找表的例子。

表 8.5　查找表示例

实际逻辑电路		LUT 的实现方式	
a b c d out		地址线 a b c d 16×1 RAM (LUT) 输出	
a、*b*、*c*、*d* 输入	逻辑输出	地址	RAM 中存储的内容
0000	0	0000	0
0001	1	0001	1
....	0	...	0
1111	1	1111	1

在图 8.27 中，在 XC4000E 系列 CLB 中共有 3 个函数发生器。前两个是 4 变量函数发生器，其输入分别是 G_1～G_4、F_1～F_4，输出分别是 G'和 F'。第 3 个是 3 变量函数发生器，其中一个输入是 $\mathrm{H_1}$，另外两个输入可以从 $\mathrm{SR/H_0}$ 和 G′、$\mathrm{D_{IN}/H_2}$ 和 F′中各选一个信号。

（2）触发器。

XC4000E 系列的 CLB 中还有两个边沿触发的 D 触发器，它们与逻辑函数发生器可以实现各种时序逻辑电路。D 触发器的输入信号可以通过可编程数据选择器从 D_{IN}、G'、F'和 H'

中选择。通过可编程数据选择器，两个 D 触发器可以选择在时钟的上升沿或下降沿触发，也可以单独选择时钟使能信号为 EC 或 1。两个 D 触发器共用一个置位/复位信号 SR。

（3）快速进位逻辑。

为了提高 FPGA 的运算速度，在 CLB 的函数发生器 G 和 F 之前还设计了快速进位逻辑电路，如图 8.28 所示。例如，可以将函数发生器 G 和 F 分别配置成 2 位带进位输入和进位输出的二进制加法器。将多个 CLB 通过进位输入/输出级连起来，可以构成任意长度的加法器。为了连接方便，在 XC4000E 系列的快速进位逻辑电路中还设计了两组进位输入/输出信号，使用时只选择其中的一组，这样，在 FPGA 的 CLB 之间就形成了一个独立于可编程连线的进位/借位链。

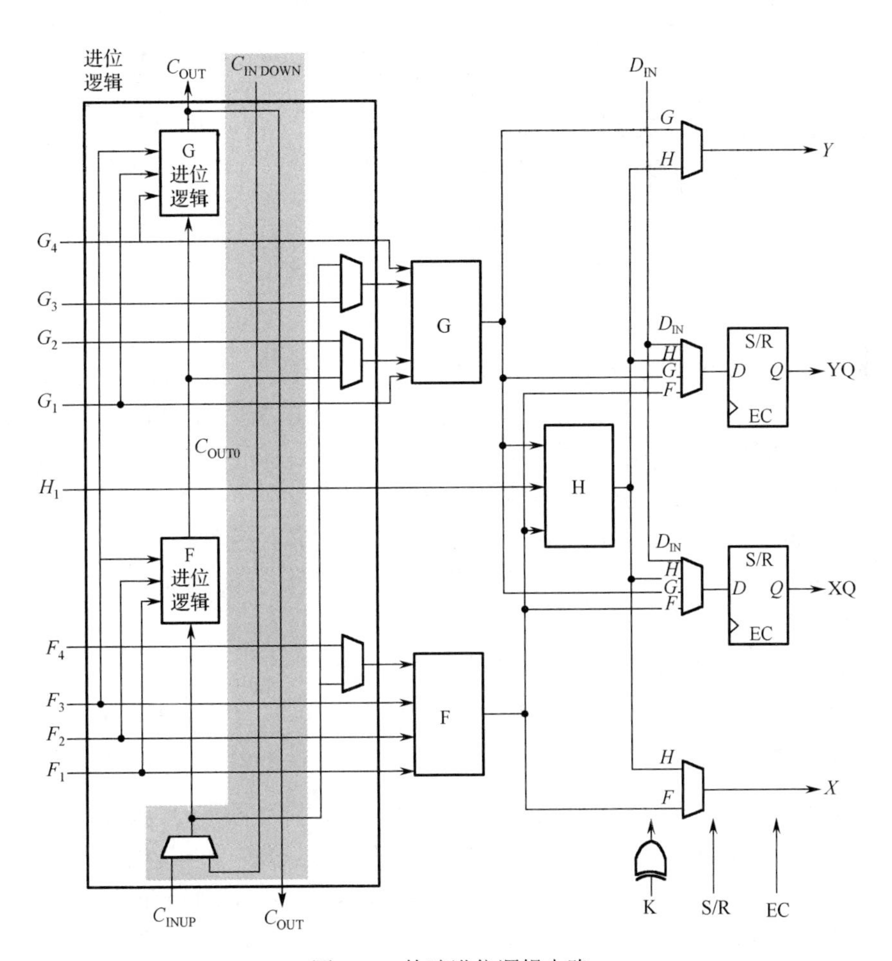

图 8.28　快速进位逻辑电路

2．可编程输入/输出块（IOB）

FPGA 的 IOB 是芯片外部引脚与内部逻辑之间的接口。芯片的每个引脚都由一个 IOB 控制，可以被任意配置成输入、输出或双向模式。图 8.29 是一个简化的 IOB 原理框图。

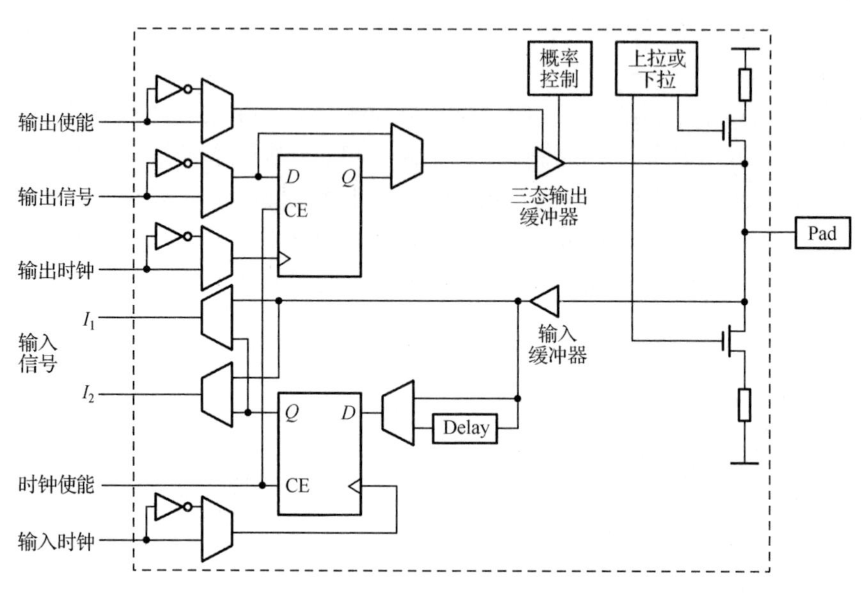

图 8.29 简化的 IOB 原理框图

IOB 中有输入、输出两条通路。当引脚作为输入时，外部引脚上的信号可直接由 I_1 或 I_2 进入内部逻辑，也可以经过触发器后再进入内部逻辑；当引脚作为输出时，内部逻辑中的信号可以先经过触发器，再由三态缓冲器输出到外部引脚上，也可以直接通过三态缓冲器输出。三态缓冲器的使能信号既可以设定为高电平有效，也可以设定为低电平有效，还可以设定它的摆率（Slew Rate）快慢，即电压变化的速率。摆率快速方式适合于频率较高信号的输出，摆率慢速方式有利于减小噪声、降低功耗。对于未使用的引脚，可以通过上拉电阻接电源或通过下拉电阻接地，避免受到其他信号的干扰。

另外，输入通路的触发器和输出通路的触发器共用一个时钟使能信号，但是它们的时钟信号是独立的，都可以通过可编程数据选择器配置成上升沿有效或下降沿有效。

3. 可编程互连（PI）资源

可编程互连（PI）资源分布于 CLB 和 IOB 之间。由多种不同长度的金属线通过可编程开关矩阵（Programmable Switch Matrix，PSM）相互连接。XC4000 提供三种通用连接线结构：单长度连接线（Single-Length Line）、双长度连接线（Double-Length Line）、长连接线（Long Line）。如图 8.30 所示，单长度连接线用于相邻 CLB 之间的连接，其长度等于两个相邻 PSM 之间的距离，实现 PSM 之间的连接。这种连线可以提供最大的连接灵活性和相邻功能块之间的快速布线。

双长度连接线的长度是单长度连接线长度的两倍，用来连接附近的 CLB。由围在 CLB 四周的可编程开关矩阵负责通用单/双长度的连接线之间的连接关系，每条水平连线和垂直连线的交叉点上，有 6 个由 MOS 传输门构成的开关 K1～K6（见图 8.31）。

长连接线有垂直长连接线和水平长连接线两种，它们从门阵列的一端连到另一端，并且途中不需要经过可编程开关矩阵。这些长连接线主要用于长距离或多分支信号的传送。

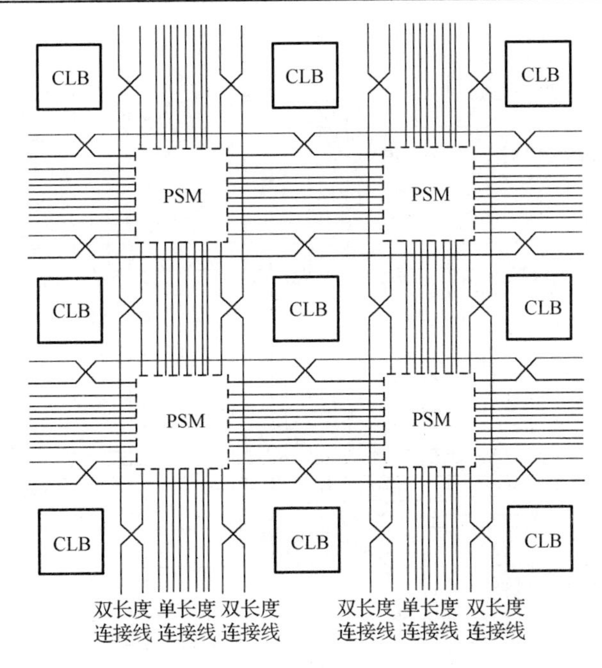

图 8.30　可编程互连资源示意图

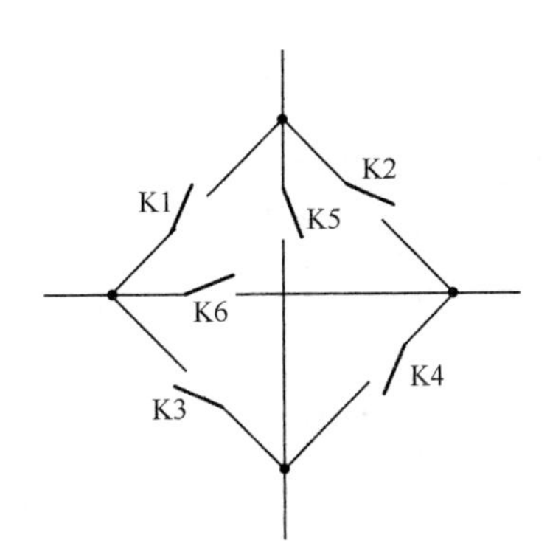

图 8.31　PSM 中每个交叉点有 6 个开关

除了上面介绍的三种通用连接线结构，XC4000E 系列的 PI 资源中还有一些专用的全局信号线（Global Line）。全局连接线贯穿整个 XC4000 器件，可到达器件内的每一个 CLB。全局连接线主要用于传送一些公共信号，如全局时钟信号、全局复位信号等（见图 8.32）。

8.4.5　CPLD/FPGA 设计方法与编程技术

1．设计流程

CPLD/FPGA 的设计流程就是利用 EDA（Electronic Design Automatic）开发软件和编程工具对 CPLD/FPGA 芯片进行开发的过程，包括设计输入、功能仿真、综合、综合后仿真、实现与布局布线、时序仿真与验证以及芯片编程、器件调试等主要步骤。CPLD/FPGA 实际设计流程如图 8.33 所示。

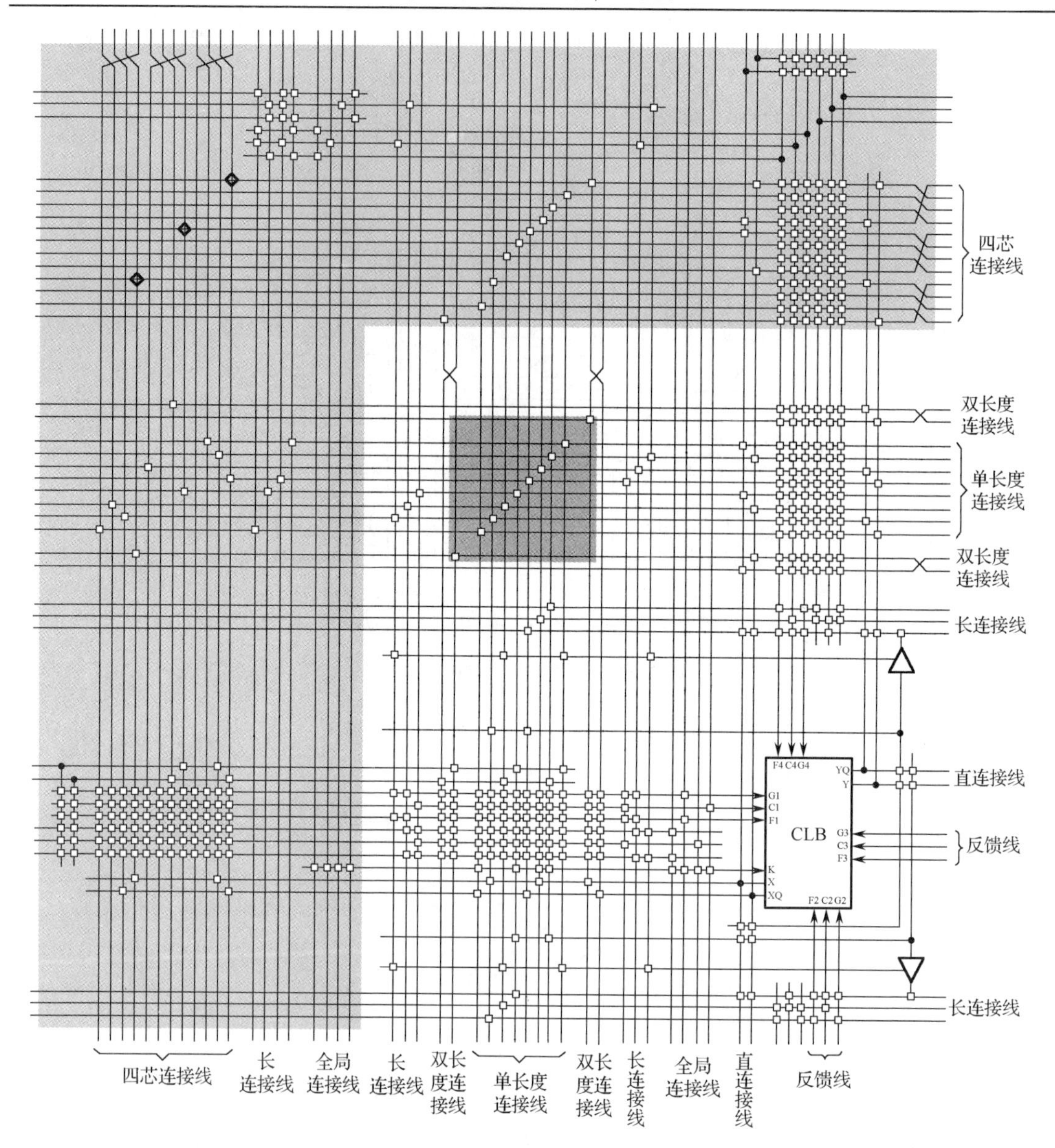

图 8.32　XC4000E 系列 PI 资源详图

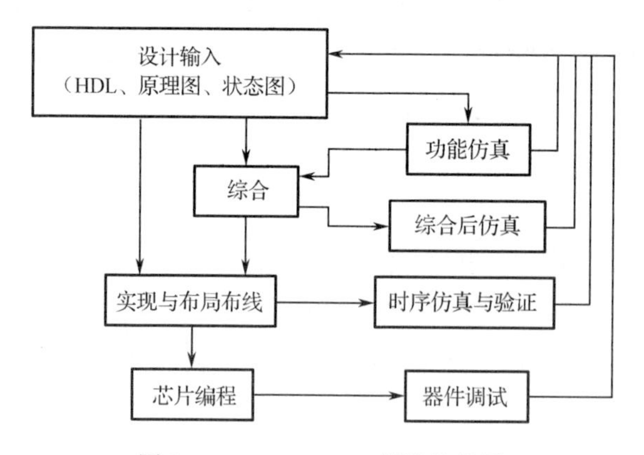

图 8.33　CPLD/FPGA 设计流程图

2. EDA 软件与开发板

CPLD/FPGA 的 EDA 软件通常有 Altera 公司的 Quartus II、Xilinx 公司的 ISE 等软件。开发板通常有 Altera 公司的 DE2（见图 8.34）、Xilinx 公司的 Spartan（见图 8.35）等。

图 8.34　Altera DE2 开发板

图 8.35　Xilinx Spartan 开发板

3. PLD 编程技术

传统的编程技术是将 PLD 芯片插在专用的编程器（或烧录器）上进行编程。随着编程技术的发展，出现了在系统可编程（In-System Programming，ISP）和在电路可重配置（In-Circuit Reconfigurability，ICR）两种先进的编程技术。

（1）ISP 技术。

ISP 技术彻底摆脱了编程器，改变了 PLD 芯片必须先编程再将程序装配到器件的传统做法，可以通过 JTAG（Joint Test Action Group）接口对装配在系统中的 PLD 芯片直接编程。具有 ISP 特性的 PLD 采用 EEPROM 工艺，可多次擦写，且系统掉电时程序不丢失。

对 ISP 器件的编程非常容易，只需要一台 PC、一根 ISP 编程电缆和 ISP 编程软件，如图 8.36 所示。

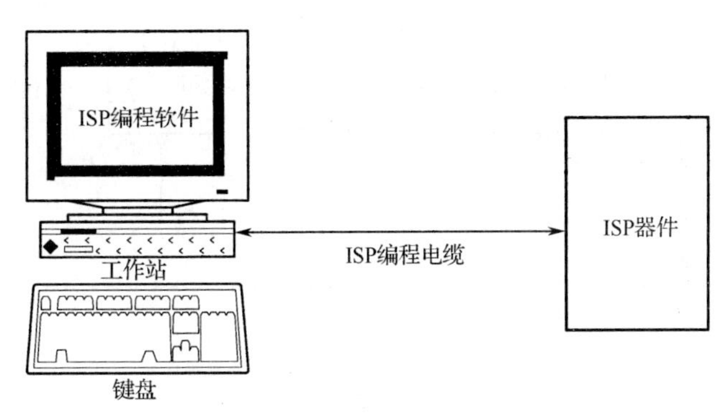

图 8.36　ISP 编程示意图

（2）ICR技术。

ICR技术与ISP技术类似，不同之处在于ICR可编程逻辑器件采用的是SRAM工艺。SRAM工艺的特点是编程速度快，缺点是器件掉电时SRAM中的数据会丢失。所以，系统在每次上电后都要重新对SRAM写入数据，这个过程通常称为配置。若要改变器件的逻辑功能，只需对器件重新配置编程数据即可，称为再配置。

ICR技术有两种配置方式：主动配置和被动配置。主动配置方式是指系统上电后PLD主导配置操作，将存放在外部非易失存储器中的数据自动读取到SRAM中。被动配置方式是指需要在PC或MCU控制下，将存放在外部非易失存储器中的数据读取到SRAM中。

综上所述，ISP和ICR技术使得PLD的编程变得非常方便，克服了传统通过编程器（或烧录器）编程时反复插拔器件易造成芯片引脚损坏的缺点。更重要的是，它对系统的设计、维护以及升级都产生了重大影响，成为PLD器件的主流编程技术。

习题

8.1 现有容量为256×8的RAM一片，试回答：

（1）该片RAM共有多少个存储单元？

（2）该片RAM共有多少个字？字长多少位？

（3）该片RAM有多少条地址线？

（4）访问该片RAM时，每次会选中几个存储单元？

8.2 画出2114（1K×4）扩展成1024×8的RAM芯片连接图。

8.3 画出把64×2 RAM扩展成256×2 RAM的连接图，并说明各片RAM的地址范围。

8.4 画出把256×2 RAM扩展成512×4 RAM的连接图，并说明各片RAM的地址范围。

8.5 RAM 2112（256×4）组成如题8.5图所示的电路。

（1）按图示接法，写出2112(1)至2112(4)的地址范围（用十六进制表示）。

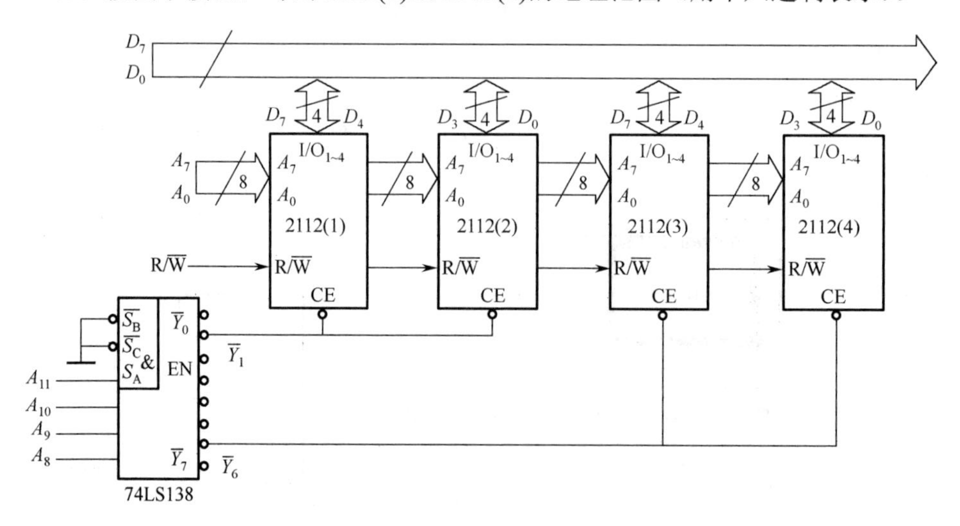

题8.5图

（2）按图示接法，内存单元的容量是多少？若要实现2K×8的内存，需要多少片2112

芯片？

（3）若要将 RAM 的寻址范围改为 B00H～BFFH 和 C00H～CFFH，电路应如何改动？

8.6 RAM 2114（1K × 4）组成如题 8.6 图所示电路。

（1）确定图示电路内存单元的容量是多少？若要实现 2K × 8 的内存，需要多少片 2114 芯片？

（2）写出 2114(1)至 2114(3)的地址范围（用十六进制表示）。

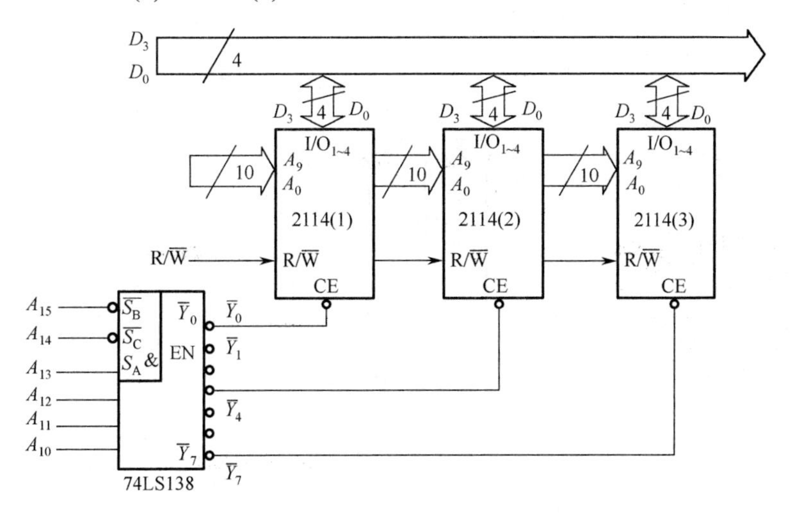

题 8.6 图

8.7 RAM 6116（2K × 8）组成如题 8.7 图所示电路。

（1）确定 RAM 容量和地址。

（2）若将要 RAM 的地址改为 C000H～FFFFH，电路的接法应如何改动？

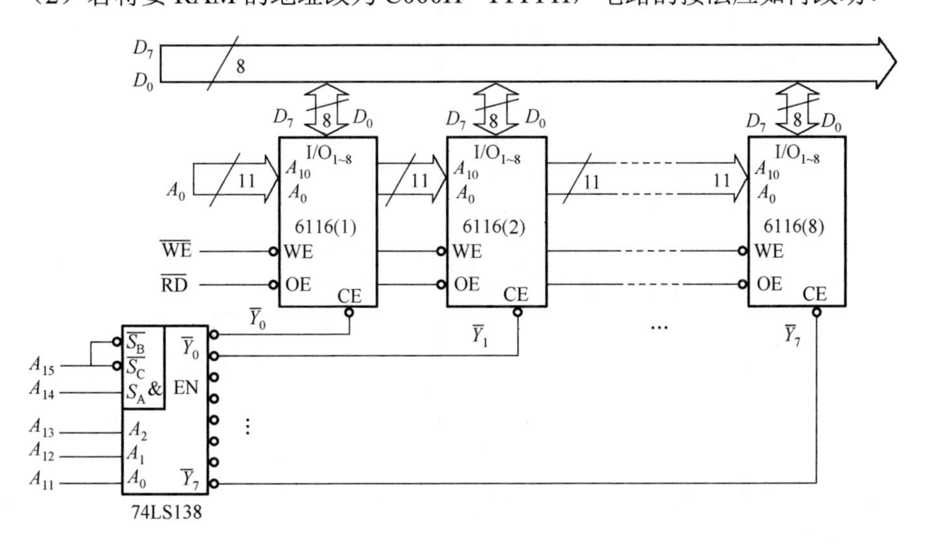

题 8.7 图

8.8 试确定如题 8.8 图所示各电路中 RAM 芯片的寻址范围。

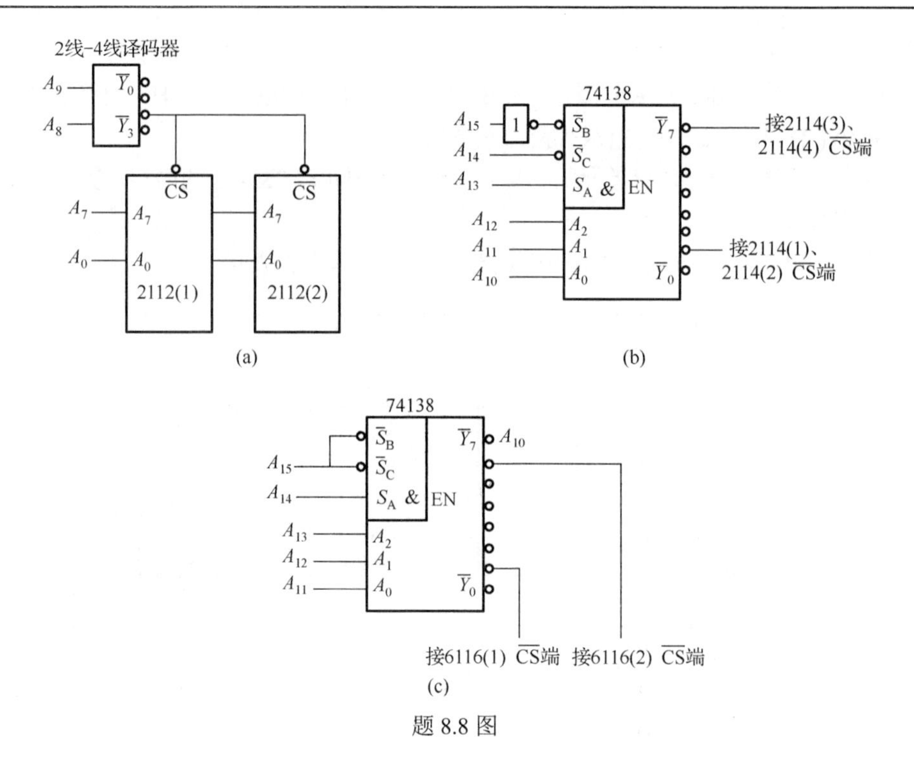

题 8.8 图

8.9 试用 RAM 6116（2K × 8）芯片和 74LS138 芯片实现内存容量为 8K × 8、寻址范围为 8000～87FFH、9800～9FFFH、C000～C7FFH、D800～DFFFH 的电路。画出相应的电路图。

8.10 已知 PROM 的阵列图如题 8.10 图所示，写出该图的逻辑表达式。

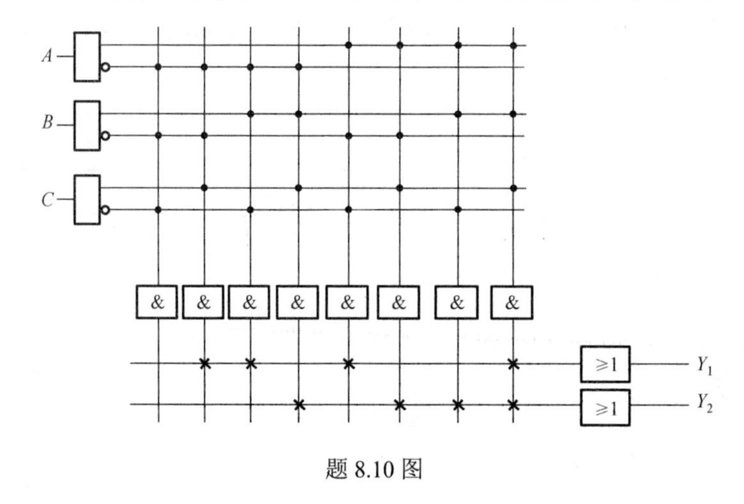

题 8.10 图

8.11 画出用 PROM 实现函数 $F_1(A,B,C,D)=\Sigma(0,7,8,15)$ 和 $F_2(A,B,C,D)=\Sigma(2,7,12,13,15)$ 的阵列连接图。

8.12 试用 PROM 实现逻辑函数 F_1～F_4，并画出相应电路。

$$F_1(A,B,C,D)=\overline{A}\overline{B}\overline{D}+BD+A\overline{B}C$$

$$F_2(A,B,C,D)=A\overline{B}\,\overline{C}+\overline{A}B\overline{C}+\overline{A}\,\overline{B}C+AC\overline{D}+\overline{C}D$$

$$F_3(A,B,C,D)=\overline{A}C\overline{D}+A\overline{C}D+\overline{A}BD+\overline{B}\,\overline{D}$$

$$F_4(A,B,C,D)=A\overline{B}\,\overline{C}+\overline{A}BC+B\overline{C}D+\overline{B}CD$$

8.13　用 PROM 实现 1 位全加器，画出阵列图。

8.14　用 PROM 实现 2 位 8421BCD 码到 7 位二进制码的转换，画出阵列图。

8.15　用 PROM 实现 4 位二进制自然码转换成二进制格雷码，画出阵列图。

8.16　NMOS ROM 电路如题 8.16 图所示。已知地址译码器译中的通道输出 W_i 为高电平。根据电路结构，说明内存单元 D_0～D_7 中的内容。

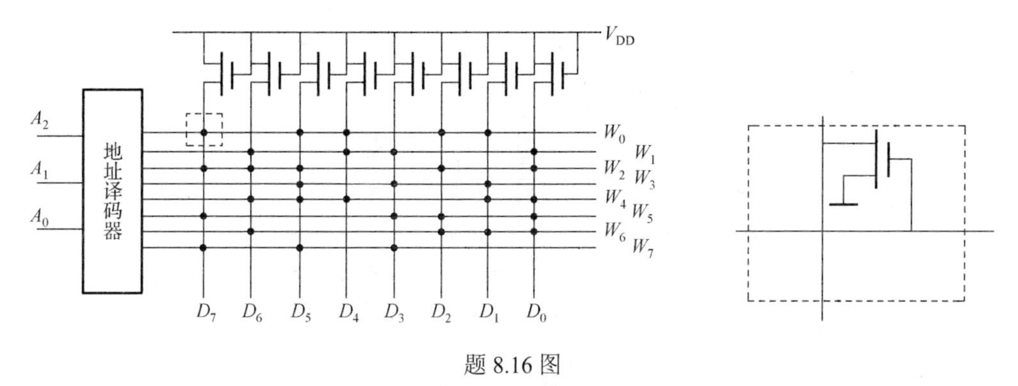

题 8.16 图

8.17　NMOS ROM 实现的组合逻辑电路如题 8.17 图所示。已知地址译码器译中的通道输出为高电平。分析电路功能，写出逻辑函数 F_1、F_2 的表达式。

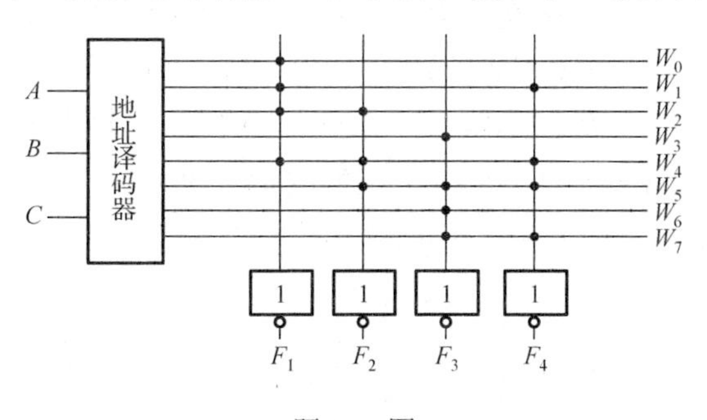

题 8.17 图

8.18　74LS161 和 PROM 组成的电路如题 8.18 图所示。

（1）分析 74LS161 功能，说明电路的计数长度 M 为多少。

（2）写出 W、X、Y、Z 的函数表达式。

（3）在 CLK 作用下，分析 W、X、Y、Z 端顺序输出的 8421BCD 码的状态，并说明电路的功能。

8.19　PLD 的编程连接如题 8.19 图所示，写出 X、Y、Z 的表达式。

8.20　试用 PLD 实现下列函数，并画出相应的电路。

$$F_1(A,B,C)=\sum m(0,1,2,4)$$

$$F_2(A,B,C)=\sum m(0,2,5,6,7)$$

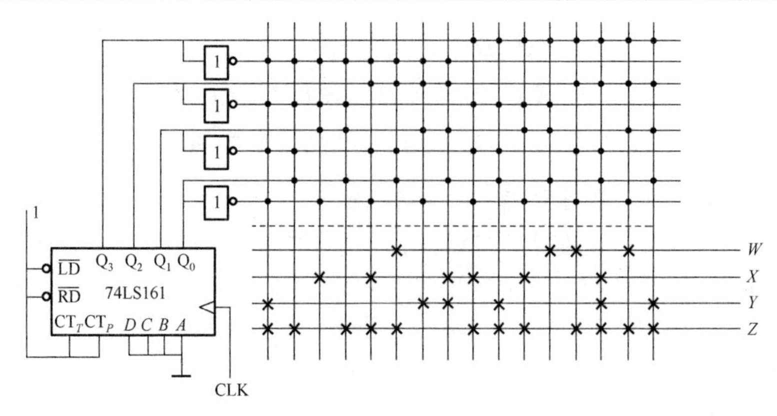

题 8.18 图

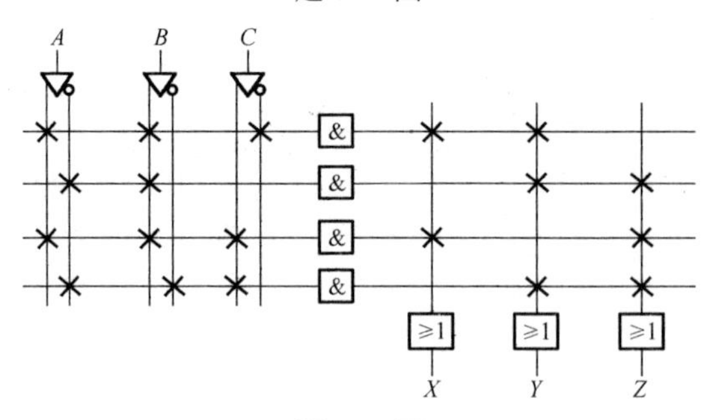

题 8.19 图

8.21　试用 PLD 实现下列函数，并画出相应的电路。

$$F_1(A,B,C,D) = \sum m(0,1,2,3,6,8,9,10,12,14)$$
$$F_2(A,B,C,D) = \sum m(0,1,2,3,4,5,8,9,13,15)$$
$$F_3(A,B,C,D) = \sum m(2,3,4,5,10,11,13,15)$$

8.22　用 PLD 将 RAM 2112（256 × 4）扩展成 4K × 8 的内存，画出连线图。

8.23　PLD 和 D-FF 组成的同步时序电路如题 8.23 图所示。

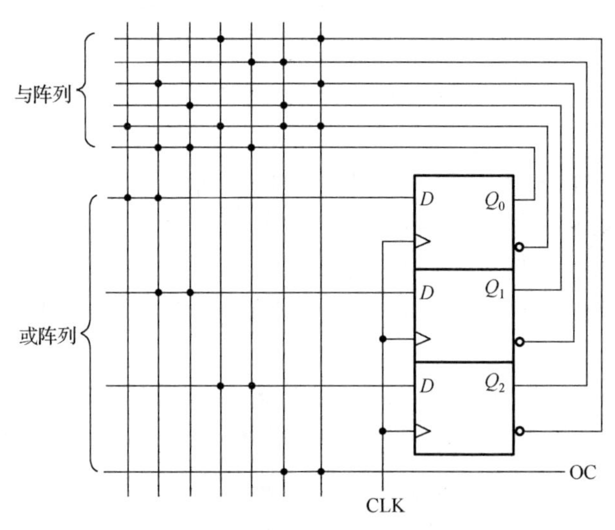

题 8.23 图

（1）根据 PLD 结构，写出电路的驱动方程和输出方程。

（2）分析电路功能，画出电路的状态转换图。

8.24　PLD 和 D-FF 组成的同步时序电路如题 8.24 图所示。分析电路功能，画出电路的状态转换图。

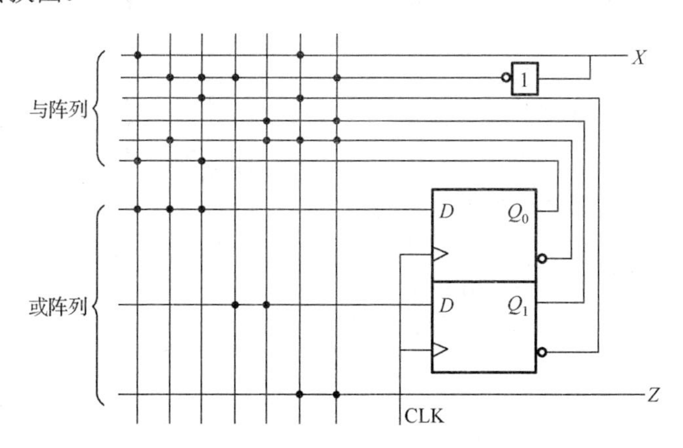

题 8.24 图

8.25　试用 PLD 和 JK-FF 设计一个同步时序电路，电路的状态转换图如题 8.25 图所示。图中 X、Y 为输入，Z 为输出。

（1）写出电路的输出方程和驱动方程。

（2）画出用 PLD 和 JK-FF 实现的电路图。

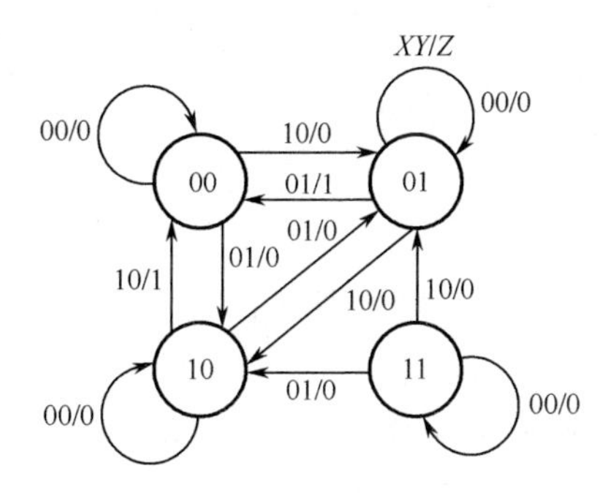

题 8.25 图

8.26　CPLD 和 FPGA 的主要区别是什么？

8.27　简述 FPGA 的基本结构特点。

第9章　数字系统设计基础

前面几章介绍了组合逻辑电路和时序逻辑电路的分析和设计方法。设计方法主要采用真值表、卡诺图、状态图等，设计对象是功能相对单一的基本逻辑单元电路。由若干数字电路和逻辑单元构成，能够实现数据存储、传送和处理等复杂功能的数字设备，称为数字系统。对逻辑系统进行设计时，采用前面介绍的经典设计方法比较困难，需要采用新的方法来描述和设计。本章介绍数字系统的设计方法。

9.1　数字系统概述

9.1.1　数字系统的结构

一个大型的数字系统从上到下可划分为若干子系统或小系统。小型数字系统可分为控制器和数据处理器，图9.1给出一个小型数字系统的结构框图。控制器发出控制信号T_i，命令处理器完成在T_i状态下指定的数据处理任务，数据处理器根据命令对数据进行加工和处理，把产生的结果以状态变量W的形式反馈给控制器，控制器再根据状态变量和外输入X来决定下一步发给数据处理器的命令。如此循环，直到完成数字系统所要求的操作。通常以是否有控制单元作为区别功能部件和数字系统的标志，含有控制单元并按照顺序进行操作的系统称为数字系统，否则只能算作子系统部件，不能称为一个独立的数字系统。

9.1.2　数字系统的定时

同步数字系统，是控制器和数据处理器所有的时序操作都在同一个时钟脉冲 CLK 的同步作用下进行的数字系统。CLK脉冲的上升沿（或下降沿）到来时，控制器和数据处理器中的所有寄存器、计数器、触发器等时序电路，同时按系统的要求完成一步时序操作。图 9.2 给出了系统上升沿为有效边沿时的时钟脉冲波形。

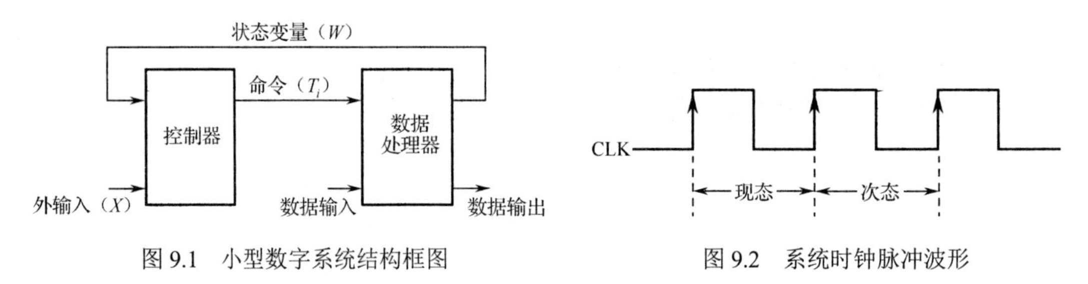

图9.1　小型数字系统结构框图　　图9.2　系统时钟脉冲波形

时钟脉冲CLK上升沿到达之前，与系统操作任务有关的信号均应达到稳态值。时钟脉冲上升沿到来后，各时序部件按规定要求进行内容更新，并形成状态变量W，控制器根据状态变量W、控制器现态、外输入等形成新的控制命令T_i。T_i稳定后，数据处理器才能根据T_i、数据输入等决定下一步的数据操作及输出。在这之后，下一个时钟脉冲的上升沿才允许出现，时钟脉冲 CLK 的最小周期由这段时间间隔来确定。

9.1.3 数字系统设计的一般过程

数字系统设计可以分为自上而下和自下而上两种设计方法，其中，自上而下设计方法符合常规的逻辑思维习惯，被广泛采用。自上而下设计方法把一个复杂的系统设计转化为较小规模的控制器和一些数据处理电路基本模块，大大简化了设计的难度。

数字系统设计可以分为三个阶段，即系统设计阶段、逻辑设计阶段和电路设计阶段。

在系统设计阶段，首先对设计任务分析理解，确立设计原理和技术规范，划分系统的控制单元和受控单元，确立初始结构框图。然后根据设计原理，公式化、程序化解决问题的步骤。用算法状态机（Algorithmic State Machine，ASM）图表描述时序流程。

逻辑设计阶段是依据系统设计阶段提供的技术指标、技术规范、初始结构和算法，设计出系统的硬件部分，即完成控制器和数据处理器的设计。

电路设计阶段是选择具体的集成电路，实现控制器和数据处理器。

本章主要介绍 ASM 图表的建立，以及控制器和数据处理器的设计方法。

9.2 ASM 图表

算法状态机图表（ASM 图表）是数字系统控制过程的算法流程图。它看上去类似于通常所说的算法流程图，但实际上有很大差别。算法流程图只表示出事件发生的先后序列，没有时间概念，而 ASM 图表可表示事件的精确时间间隔序列。对逻辑系统进行设计时，采用上面的经典设计方法就比较困难，需要采用新的方法来描述和设计。数字系统实现一个计算任务时采取操作序列的形式，操作序列有两个特性：

（1）操作是按特定的时间序列进行的，即通过多步计算，一步一步地完成一个计算任务。

（2）实现操作取决于某一判断，即根据外部输入和处理器反馈的状态决定计算的下一个步骤。

算法状态机可以简明地描述控制器对处理器的控制过程，从而描述系统的整个工作过程。

9.2.1 ASM 图表的符号

ASM 图表是硬件算法的符号表示法，可以方便地表示数字系统的时序操作，它由三个基本符号组成，即状态框、判断框和条件框。

1. 状态框

状态框用矩形框表示，矩形左上角的字母表示该状态的名称（状态符号），右上角的二进制代码表示该状态的二进制代码，矩形框内标出在此状态下要实现的操作和输出。图9.3(a)和图9.3(b)分别为状态框符号及其实例，在这个例子中，状态框的符号是 T_i，代码是001。在这个状态下，外输出 $Z=0$，下一个 CLK 到来时，数据处理器实现无条件操作 $A+1$。

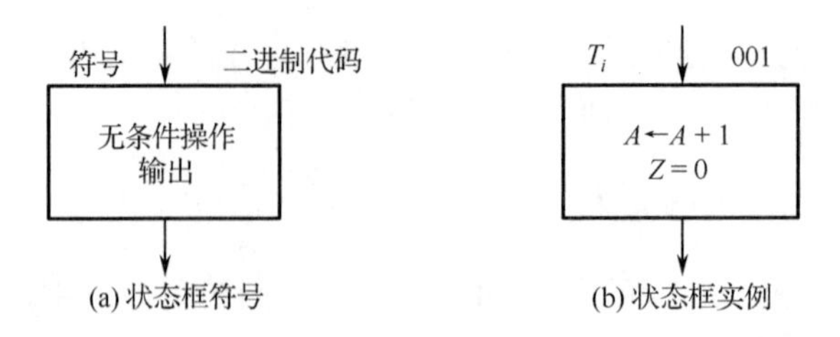

(a) 状态框符号　　(b) 状态框实例

图 9.3　状态框

2. 判断框

判断框用菱形框表示，图 9.4 中分别给出判断框符号、2 分支判断框、3 分支判断框和两种形式的 4 分支判断框。菱形框内的判断量 X 或 XY 是控制器的外输入或来自数据处理器的状态变量，控制器根据判断框的内容决定在下一个 CLK 有效边沿到来时状态的转换方向。数据处理器也要根据现状态判断量决定下一个 CLK 有效边沿到来时的数据操作。

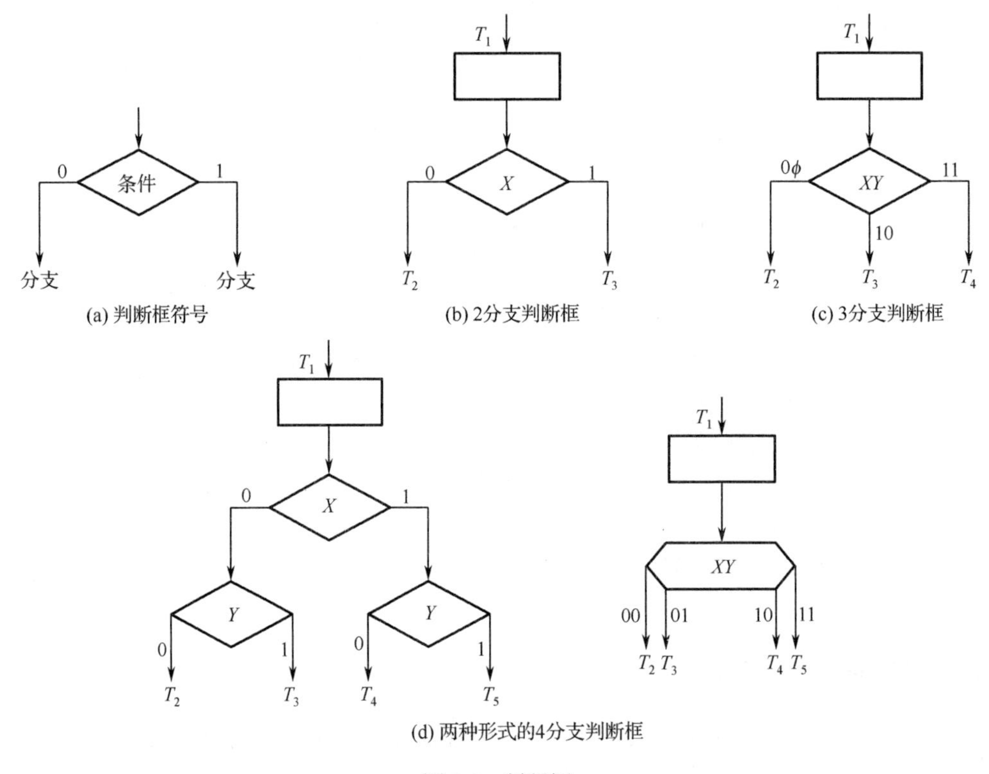

(a) 判断框符号　　(b) 2分支判断框　　(c) 3分支判断框

(d) 两种形式的4分支判断框

图 9.4　判断框

3. 条件框

条件框用椭圆框表示，图9.5(a)给出了条件框符号，图9.5(b)给出了条件框的一个实例。条件框的入口只允许是判断框的一个分支，图 9.5(b)表示在 T_i 状态下，若 $S=1$，则输出 $Z=1$，下一个 CLK 有效边沿到来时，数据处理器的寄存器 R 左移一步。

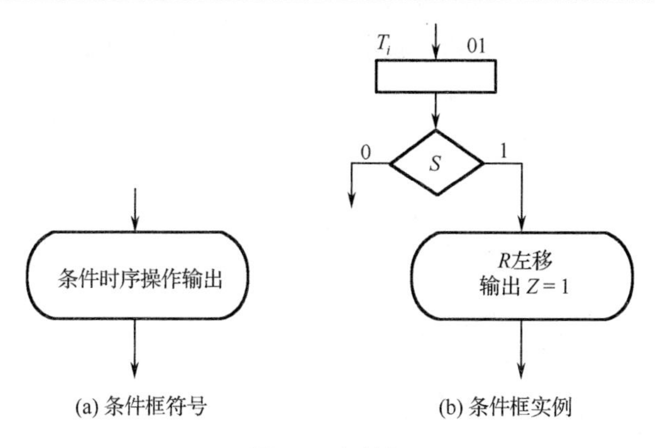

图 9.5　条件框

9.2.2　ASM 图表的含义

【例 9.1】描述图 9.6 中 ASM 图表的含义。

解： 图 9.6(a)和图 9.6(b)分别给出了本例的 ASM 图表和操作时间表。

图 9.6 中的 ASM 图表表示：在 T_0 状态下，下一个 CLK 到来，触发器 E 无条件清零；若 $X = 0$，控制器由 $T_0 \rightarrow T_1$；若 $X = 1$，计数器 A 加 1，状态由 $T_0 \rightarrow T_2$；虚线框的部分称为一个 ASM 块，它由一个状态框 T_0 和它下面的判断框和条件框组成，即操作 $E \leftarrow 0$，$A \leftarrow A + 1$；一个 ASM 块内的操作是在一个 CLK 脉冲作用下完成的。而 T_1 状态下的 $R \leftarrow R - 1$ 表示，在 T_1 状态下，下一个 CLK 到来，$R \leftarrow R - 1$；T_2 状态下，下一个 CLK 到来，B 左移一步。

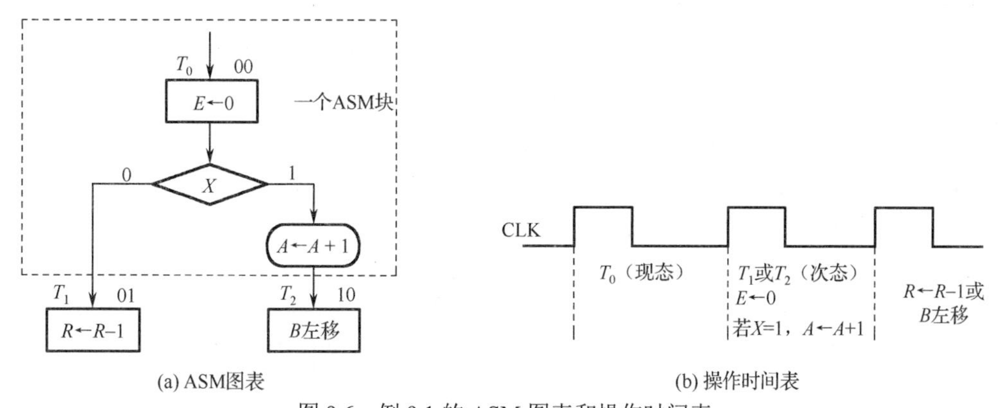

图 9.6　例 9.1 的 ASM 图表和操作时间表

【例 9.2】描述图 9.7(a)ASM 图表的含义。

解： 图 9.7(a)给出了本例的 ASM 图表，图 9.7(b)给出了等效状态图。

图 9.7(a)的 ASM 图表表示：在 T_1 状态下，下一个 CLK 到来，数据处理器中的加法处理器进行 $A+1$ 操作；若 $XY=00$，控制器由 $T_1 \rightarrow T_2$；若 $XY=01$，控制器由 $T_1 \rightarrow T_3$；若 $X=1$，数据处理器完成条件操作 $F \leftarrow 0$，控制器由 $T_1 \rightarrow T_4$。

图 9.7(a)虚线框内为一个 ASM 块，状态 T_1 和它下面的操作是在一个 CLK 脉冲作用下完成的。图 9.7(a)的 ASM 图表可用图 9.7(b)的状态图表示，但图 9.7(b)的状态图只能表示出图 9.7(a)中控制器的状态框之间的转换关系，而无法表示出数据处理器的无条件操作 $A \leftarrow A+1$ 和条件

操作 $F \leftarrow 0$；图 9.7(b)状态图箭头旁的转换条件 $XY/$是控制器的外输入，或者是数据处理器产生的状态变量。

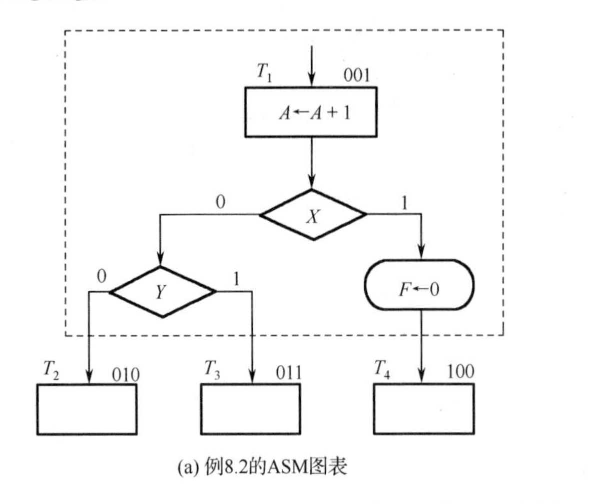

(a) 例8.2的ASM图表

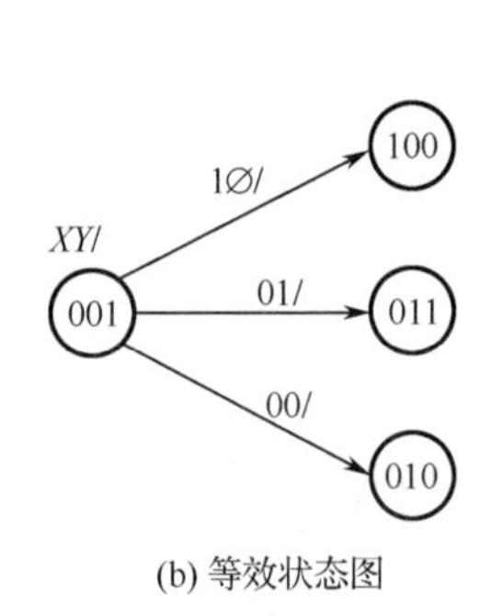

(b) 等效状态图

图 9.7 例 9.2 的 ASM 图表和状态图

9.2.3 ASM 图表的建立

【例 9.3】 在 T_0 状态下，若控制输入 X 和 Y 分别等于 0 和 1，系统实现条件操作：寄存器 R 左移，并转移到状态 T_1。试画出其 ASM 图表。

解： 根据例 9.3 的描述，画出 ASM 图表如图 9.8 所示。

【例 9.4】 用数字系统记录并显示停车场内的存车数量。车场入口处备有一光电元件，每当有汽车进入车场时，光线有变化，信号Y由 1 变为 0。离开车场的车从另一出口出来，出口处也备有一光电元件，每当有汽车从车场出来时，光线有变化，信号 Z 由 1 变为 0。信号 Y、Z 与时钟同步，持续期大于或等于一个时钟周期。记录车场车辆数目的数据处理器是一个可逆处理器。画出该数字系统的 ASM 图表。

解： 根据对系统的描述，画出本例的 ASM 图表如图 9.9 所示。

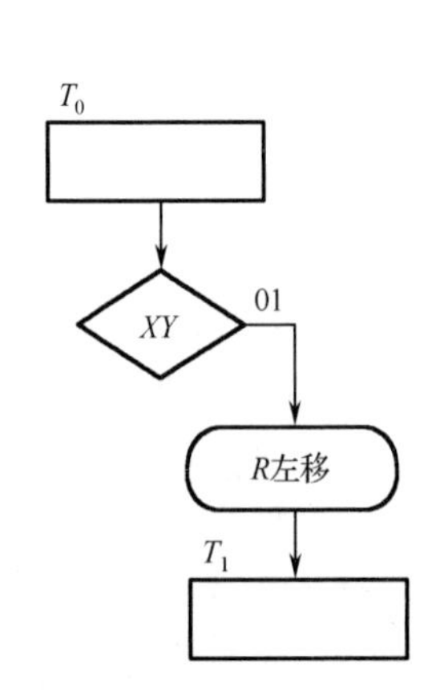

图 9.8 例 9.3 的 ASM 图表

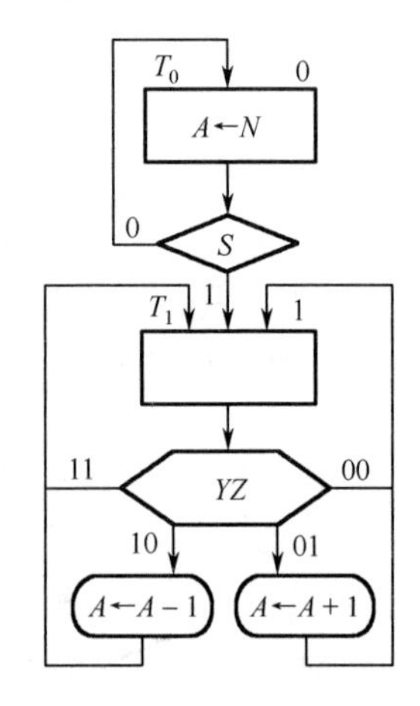

图 9.9 例 9.4 的 ASM 图表

【例 9.5】Tong 检测算法是无线信号检测过程中虚警的常用策略。其包含一个计数变量 K，该计数变量的阈值 A 和初始值 B 存在关系 $A>B$。首先，当接收机开始搜索信号时，K 被预置成 B；接着，将每次的检测量 V 与检测阈值 V_t 相比较，若 V 大于 V_t，则 K 值加 1，反之 K 值减 1；当 K 值达到阈值 A 时，系统认定信号存在；若 K 值被减为 0，则认定信号不存在；若 K 值在 0 和 A 之间，则继续搜索。请画出该数字系统的 ASM 图表。

解：设 T_0 为起始状态，将计数器 K 赋初始值 B。系统中由一个比较器将检测量 V 与检测阈值 V_t 相比较，结果作为变量 X，若 V 大于 V_t，则 $X=1$，反之，$X=0$。另一个比较器比较 K 值与 A 值，若 $K \geq A$，则变量 $Y=1$，否则 $Y=0$。第三个比较器比较 K 值与 0，若 $K=0$，则变量 $Z=1$，否则 $Z=0$。系统最终的输出值为 R，$R=1$ 则表示检测到信号，$R=0$ 则表示未检测到信号。图 9.10 为对应的 ASM 图表。

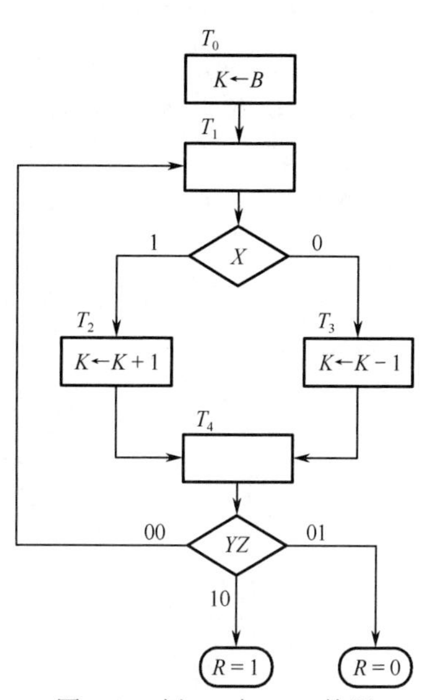

图 9.10　例 9.5 中 Tong 检测算法的 ASM 图表

【例 9.6】已知某数字系统的状态图如图 9.11 所示，试根据此状态图画出对应的 ASM 图表。

解：对应的 ASM 图表如图 9.12 所示。

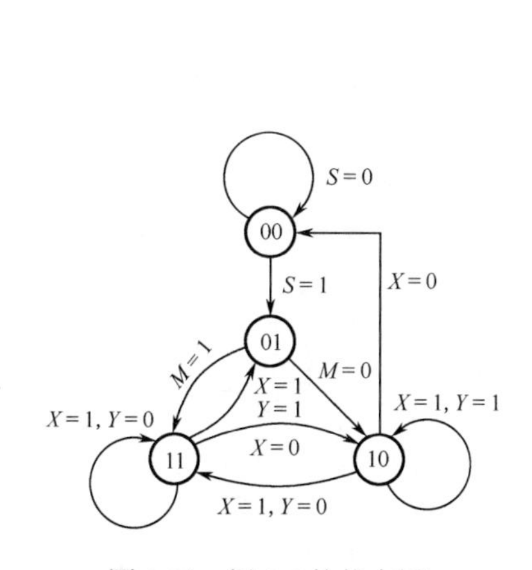

图 9.11　例 9.6 的状态图

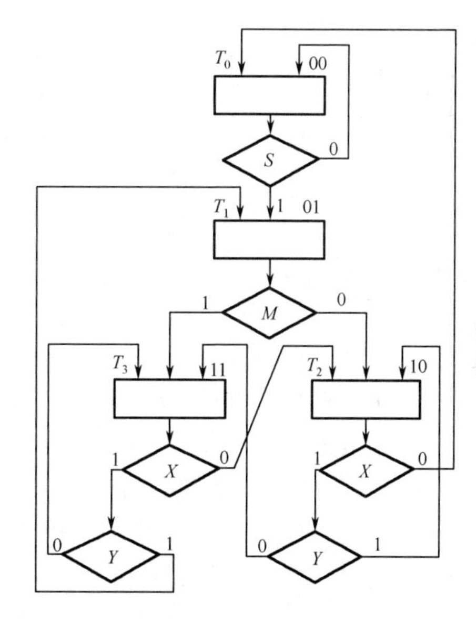

图 9.12　例 9.6 的 ASM 图表

9.3　数字系统设计

1. 设计步骤

数字系统设计主要包括下列步骤。

第 1 步：根据命题确定硬件算法流程图——ASM 图表。ASM 图表要能正确、全面地反映设计命题的意义和要求。

第2步：根据ASM图表设计控制器，控制器只能完成ASM图表中状态之间的转换。

第3步：根据ASM图表设计数据处理器，数据处理器要完成ASM图表中的条件操作和无条件操作。

第4步：画出控制器和数据处理器，并把它们相对应的端点相互连接，加入统一的时钟脉冲CLK。

第5步：实验并调试数字系统电路，它应满足命题的功能需要。

2．数字系统设计举例

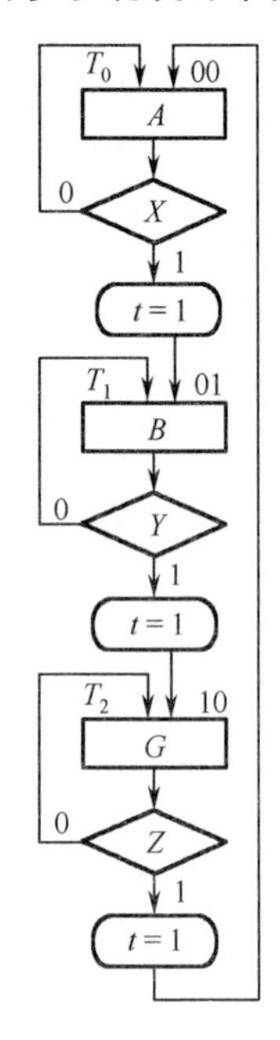

图9.13 例9.7的ASM图表

【例9.7】 设计三种图案彩灯控制系统的控制器。三种图案彩灯依次循环亮，其中苹果形图案灯亮16 s，香蕉形图案灯亮12 s，葡萄形图案灯亮9 s。

解：（1）定义有关信号名称。

输入

计时信号：16 s时间到，$X=1$；

12 s时间到，$Y=1$；

9 s时间到，$Z=1$。

定时信号：定时时间到，$t=1$，否则$t=0$。

输出

苹果形图案灯亮，$A=1$；

香蕉形图案灯亮，$B=1$；

葡萄形图案灯亮，$G=1$。

（2）画ASM图表

根据题意画出ASM图表如图9.13所示。

（3）控制器设计

第一种方法：每个状态一个触发器。

根据图9.13的ASM图表，它有三个状态：T_0、T_1、T_2，可选用三个D触发器实现，三个D触发器的控制输入端分别为D_0、D_1、D_2。我们知道，D触发器的特性方程为$Q^{n+1}=D$。

观察ASM图表，写出各个状态的输入条件作为D触发器的控制输入方程。以T_0为例，在什么条件下$T_0=1$？$T_0=1$状态下，有两个箭头指向T_0，即T_0状态时$X=0$，下一个状态仍为T_0；T_2状态时，若$Z=1$，状态由$T_2 \to T_0$，故可写出：

$$D_0 = T_0\overline{X} + T_2 Z$$

$$D_1 = T_0 X + T_1\overline{Y}$$

$$D_2 = T_1 Y + T_2\overline{Z}$$

根据上面三个方程，画出用每个状态一个触发器的方

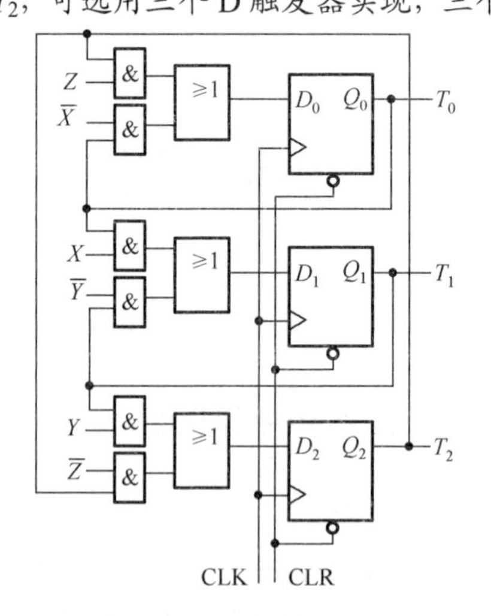

图9.14 用每个状态一个触发器设计控制器

法设计的控制器电路如图 9.14 所示。

第二种方法：用多路选择器（MUX）、D-FF、译码器设计控制器。

本例题中有三个状态：T_0、T_1、T_2，选用两个 D-FF，它们的两个状态端 Q_1、Q_0 作为高电平有效的 2 线–4 线译码器的输入端，可译出 Q_1Q_0 的 4 个状态，即译码器 4 个输出中的三个分别为 T_0、T_1、T_2。而两个 D-FF 的 Q_1、Q_0 又可作为两个 MUX 的地址端，从而完成状态的转换。下面用状态转换表（见表 9.1）来描述状态转换情况。

由表 9.1 画出卡诺图如图 9.15 所示。用这种方法设计出的控制器如图 9.16 所示。

表 9.1　例 9.7 状态转换表

状态符号	现　态	输　入	次　态	输　出
	$Q_1^nQ_0^n$	X Y Z	Q_1^{n+1} Q_0^{n+1}	T_0 T_1 T_2
T_0	0 0	0 ∅ ∅	0 0	1 0 0
		1 ∅ ∅	0 1	
T_1	0 1	∅ 0 ∅	0 1	0 1 0
		∅ 1 ∅	1 0	
T_2	1 0	∅ ∅ 0	1 0	0 0 1
		∅ ∅ 1	0 0	

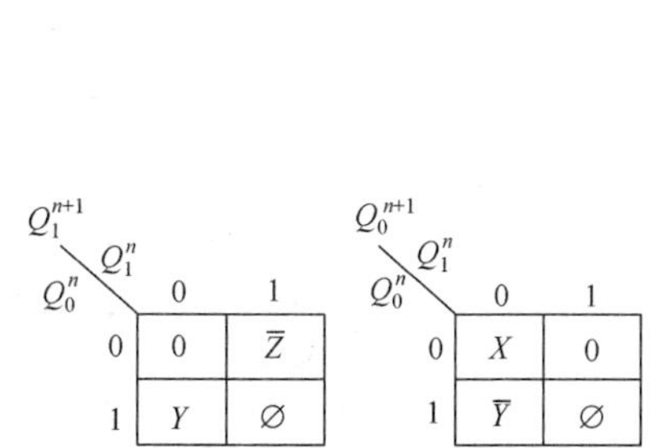

图 9.15　例 9.7 卡诺图

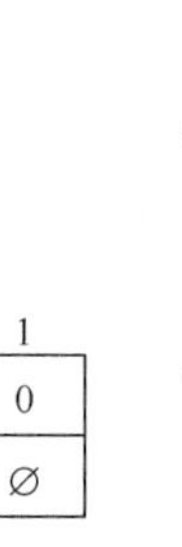

图 9.16　用 MUX、D-FF、译码器设计的控制器

【例 9.8】十字路口的交通灯管理系统。在主干道 A 和小道 B 的十字交叉路口，设置交通灯管理系统，使车辆有序通行，其示意图如图 9.17 所示。小道 B 路口设有传感器 M，小道有车要求通行时，$M=1$，否则 $M=0$。主干道 A 通车时绿灯亮，小道 B 不通车时红灯亮，主干道通车至少 16 s。超过 16 s 时，若小道有车要求通行，即 $M=1$，主道绿灯灭黄灯亮 3 s，之后改为主道红灯亮，小道绿灯亮。小道通车最长时间为 16 s。在 16 s 内，只要小道无车，即 $M=0$，小道交通灯就由绿灯亮变为黄灯亮，持续 3 s 后变为红灯亮，主干道由红灯亮变为绿灯亮。16 s 和 3 s 的定时信号由加法计数器完成，时间到，$t=1$，计数器清零，重新计时下一个定时时间。

解：（1）根据题意定义有关信号名称。

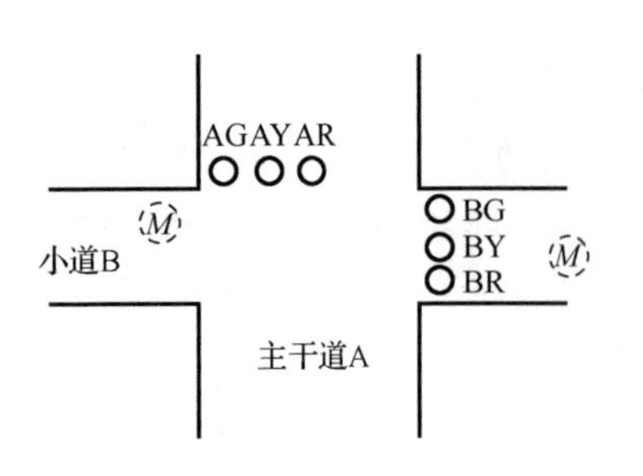

图 9.17　十字路口交通灯图

输入

小道传感器 M：小道有车，$M=1$，否则 $M=0$。
定时信号 t：定时时间到，$t=1$，否则 $t=0$。
计时信号 Y、Z：16 s 计时时间到，$Y=1$，
　　3 s 计时时间到，$Z=1$。

输出

主干道绿灯亮，AG = 1;
主干道黄灯亮，AY = 1;
主干道红灯亮，AR = 1;
小道绿灯亮，BG = 1;
小道黄灯亮，BY = 1;
小道红灯亮，BR = 1。

（2）画出 ASM 图表。

根据题意，画出 ASM 图表如图 9.18 所示。

（3）控制器设计。

控制器用MUX、D-FF、译码器方法设计。此例中，ASM 图表有 4 个状态，故使用两个 4-1 MUX，两个 D-FF 和一个 2 线-4 线高电平有效译码器，根据ASM图表对状态的要求，列出控制器状态转换表 9.2。

表 9.2　例 9.8 状态转换表

状态符号	现态		输入			次态		输出			
	Q_1^n	Q_0^n	Y	Z	M	Q_1^{n+1}	Q_0^{n+1}	T_0	T_1	T_2	T_3
T_0	0	0	0	∅	1	0	0				
			∅	∅	0	0	0	1	0	0	0
			1	∅	1	0	1				
T_1	0	1	∅	0	∅	0	1	0	1	0	0
			∅	1	∅	1	0				
T_2	1	0	0	∅	1	1	0				
			0	∅	0	1	1	0	0	1	0
			1	∅	∅	1	1				
T_3	1	1	∅	0	∅	1	1	0	0	0	1
			∅	1	∅	0	0				

由表 9.2 画出卡诺图，如图 9.19 所示。根据以上状态表及卡诺图，画出控制器电路如图 9.20 所示。

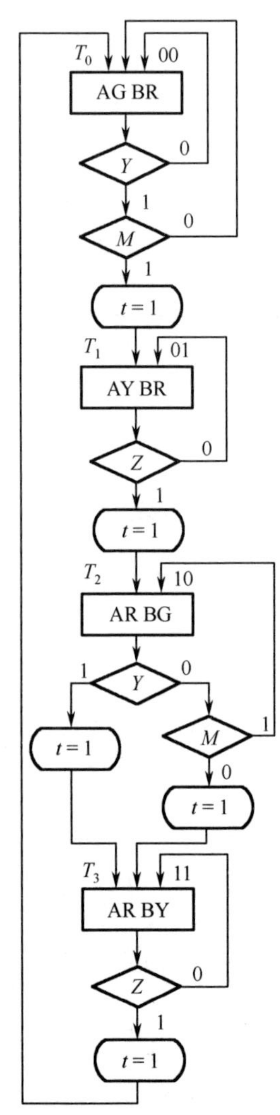

图 9.18　例 9.9 的 ASM 图表

（4）数据处理器设计

根据 ASM 图表可知，数据处理器包括红、绿、黄指示灯电路、定时信号 $t=1$ 产生电路和计时 16 s 及 3 s 电路三部分。

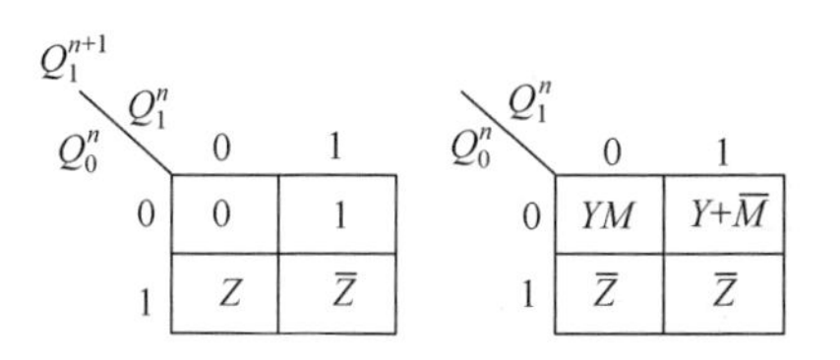

图 9.19　例 9.8 卡诺图

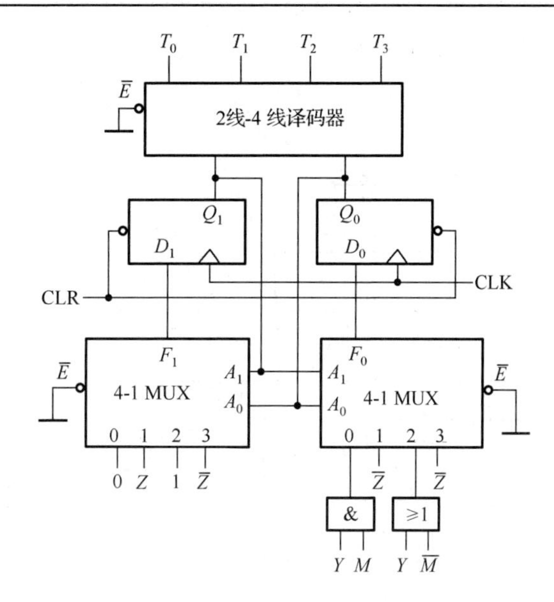

图 9.20　用 MUX、D-FF、译码器设计的控制器

指示灯驱动电路的真值表见表 9.3。可见，指示灯驱动方程为：AG = T_0，AY = T_1，AR = T_2+ T_3，BG = T_2，BY = T_3，BR = T_0+ T_1。根据驱动方程画出指示灯驱动电路如图 9.21 所示。

表 9.3　指示灯真值表

状态	指示灯					
	AG	AY	AR	BG	BY	BR
T_0	1	0	0	0	0	1
T_1	0	1	0	0	0	1
T_2	0	0	1	1	0	0
T_3	0	0	1	0	1	0

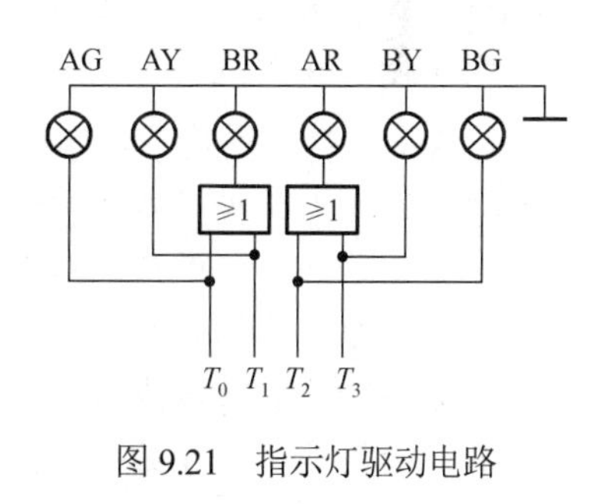

图 9.21　指示灯驱动电路

定时信号 $t=1$ 产生电路。根据 ASM 图表，$t=1$ 的条件方程为

$$t = T_0YM + T_1Z + T_2Y + T_2\overline{M} + T_3Z$$
$$= T_0MY + T_1Z + T_2(Y + \overline{M}) + T_3Z$$

根据 t 的表达式，可画出定时信号 $t=1$ 的逻辑电路，如图 9.22 所示。

计时电路。计时电路用秒脉冲加法计数器 74161 实现，其驱动要求如下：

$$\overline{\mathrm{LD}} = \bar{t} \qquad D_3D_2D_1D_0 = 0000$$

计数器 74161 输出。16 s 到，$Q_3Q_2Q_1Q_0 = 1111$（即 CO = 1）；3 s 到，$Q_3Q_2Q_1Q_0 = 0010$（即 $Q_1 = 1$）。同时注意到，16 s 对应 T_0 和 T_2 状态，而 3 s 对应 T_1 和 T_3 状态。所以计时电路的输出要求为

$$Y=1:\ Y=(T_0+T_2)\mathrm{CO}$$
$$Z=1:\ Z=(T_1+T_3)Q_1$$

计时电路如图 9.23 所示。

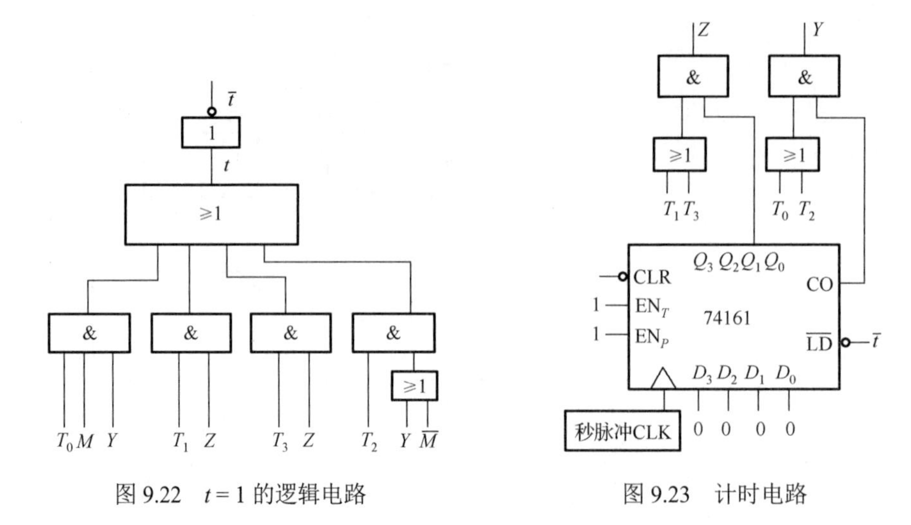

图 9.22　$t=1$ 的逻辑电路　　　　图 9.23　计时电路

把图 9.20～图 9.23 的异步清零 CLR 端连在一起，各时序电路时钟脉冲 CLK 端接在一起并接入周期为 1 s 的脉冲电源，其他各相同端点接在一起，即为交通灯管理系统的电路图。

【例 9.9】设计 8 位串行数字锁。

（1）设计任务。

8 位串行数字锁的工作原理是：串行输入 8 位二进制数，如果接收到的数据与原设定的参考数（密码）相同，则表示得到的是正确的开锁信号，锁打开。

在实验条件下，串行输入数据由开关 P 设定，可以为 0 或 1，由按钮开关（READ）送入系统中，即当按钮开关按下时 P 的状态为读入，每读一个数据都要同原设定的参考数进行比较，若相等，则准备接收下一位数据；若不相等，系统应进入错误状态。输入数据的位数也是开锁的条件，只有每一位输入数据的位数和位值都正确时，开锁信号（TRY）到，锁才能打开。系统还设置 RESET 复位信号，复位后系统进入初始状态。

（2）设计过程。

根据对设计任务的分析，建立系统的初始结构如图 9.24 所示；处理器的系统结构如图 9.25 所示。

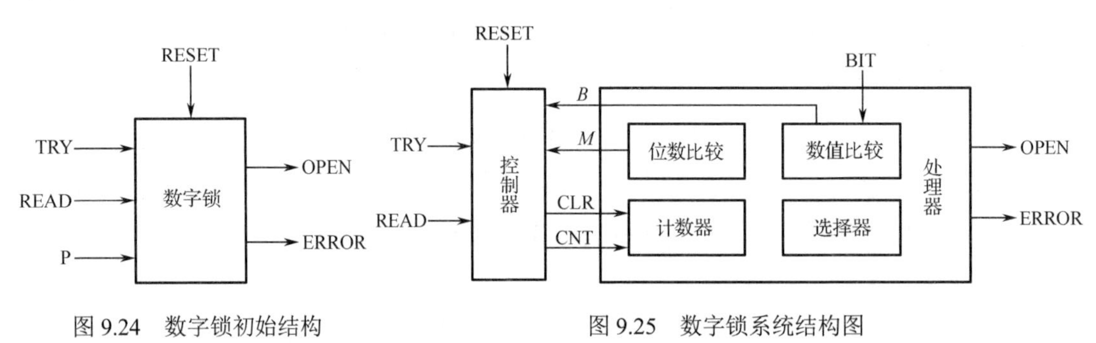

图 9.24　数字锁初始结构　　　　图 9.25　数字锁系统结构图

解： 设计过程如下。

（1）明确系统的设计任务，确定系统的逻辑功能。

数字密码锁内部已经设置了 8 位二进制密码，分别用 D_7、D_6、D_5、D_4、D_3、D_2、D_1、D_0 表示。开锁时的串行输入密码由开关 P 产生，可以为 0 或 1，其逻辑如图 9.26 所示。

为了使系统能一位一位地依次读取由开关 P 送来的串行数码，设置了一个按钮开关 READ，送入密码时，首先用开关 P 设置 1 位数码，然后按下 READ 开关，这样就将开关 P 产生的当前数码读入系统。为了标识串行数码输入的开始和结束，设置了 RESET 和 TRY 按钮开关，RESET 信号使系统进入初始状态，准备接收新的串行数码，当送入的位数码与开锁密码一致时，按下 TRY 产生开锁信号，系统便输出 OPEN 信号打开锁，否则数字锁不开，并输出错误信号 ERROR。

（2）将系统划分为控制器和处理器。

将数字密码锁划分为控制器和处理器两部分，如图 9.25 所示。控制器对处理器接收开关 P 产生的数码进行控制，并将与其对应的密码位数相比较，比较结果 B 作为状态信息送到控制器。为累计输入数码位数，需要一个计数器 C，控制器发出的控制信号CLR 使计数器清零，并使数码的比较从低位开始，同时计数器开始累计输入密码的次数并与密码的位数相比较，两者相等，则输出一个控制信号 M 到控制器。图 9.26 给出了处理器逻辑图。由 8 位拨动开关设置的密码作为 8 选 1 多路选择器的数码输入，三位二进制计器的输出作为多路选择器的选择数码输入。多路选择器的输出与开关 P 产生的数码相比，两者相同时输出 B 为 1，不同时为 0。控制器输出 CNT 和 CLR 控制命令，复位后，控制器发出 CLR 命令使计数器清零，多路选择器被选择的数码从密码的最低位开始。在控制器 CNT 发出信号的作用下，从低位到高位逐位被选择出来，控制器根据处理电路反馈回来的 B 状态信息，获得各次比较结果。开锁密码位数的确定由比较器完成，当输入数码的位数为 8 位时，比较器输出 M 为 1，否则为 0。

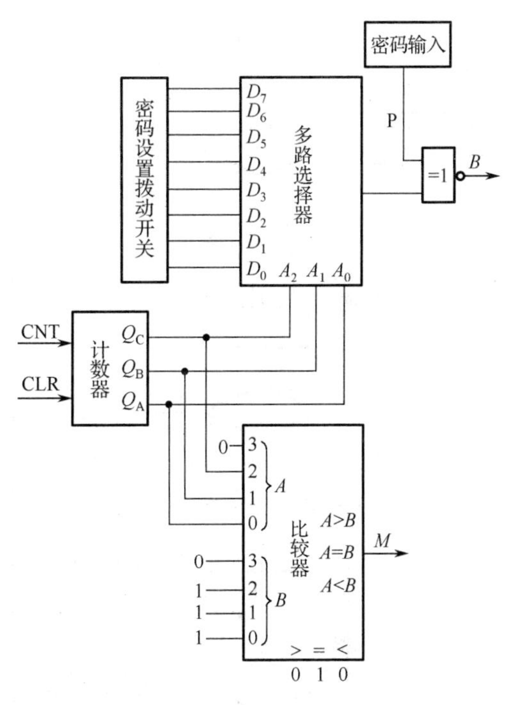

图 9.26　处理器逻辑图

（3）确定数字锁的算法，画出 ASM 图表。

根据上述分析得出数字锁的 ASM 图表，如图 9.27 所示，其中 T_0 为初始状态，T_1 为接收数码状态，T_2 为准备开锁状态，T_3 表示每正确接收一次数码，计数器 C 的值加 1，T_4 为开锁状态，T_5 为错误状态。异步复位信号RESET使得控制器进入初始状态。在该状态时，控制器发出 CLR 命令使计数器 C 清零。下一个时钟到来时，系统无条件地转到接收数码状态 T_1。在 T_1 状态下，若开锁信号 TRY 为 1 时，控制器进入错误状态 T_5，TRY 为 0 时，等待接收数码。READ 为 1 时读取数码，若本次送的数码 P 与开锁密码相应位的数值不相等，比较器输出 B 为 0，控制器进入错误状态T_5，若两者数值相等，比较器输出B 为1，然后判断位数比较

器输出 M 的结果，M 为 0 时控制器进入 T_3 状态。在 T_3 状态，控制器输出 CNT 命令使计数器 C 的值加 1，然后转换到接收数据状态，这样循环下去，直到正确接收 8 次数码后，位数比较器 M 输出为 1，系统转换入 T_2 状态。

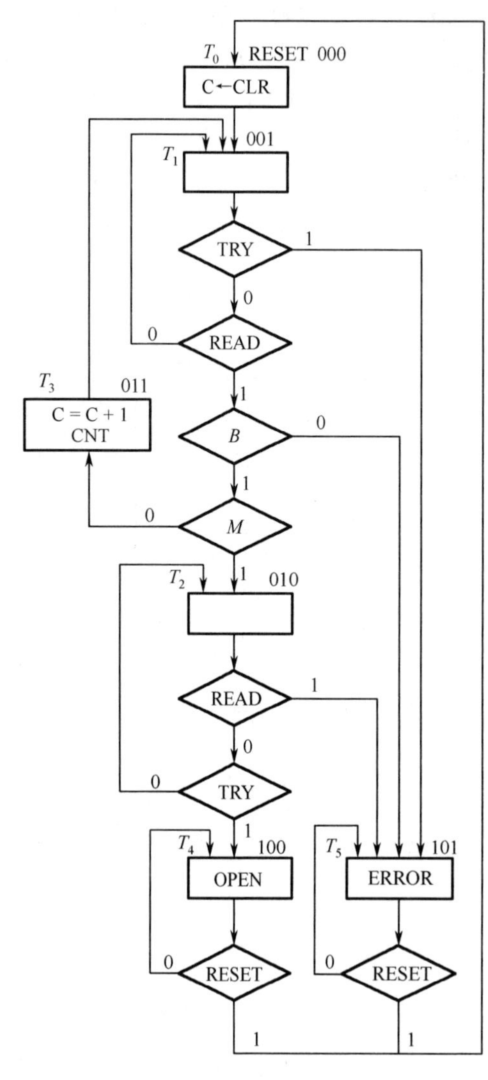

图 9.27 数字锁 ASM 图表

T_2 为准备开锁状态。在 T_2 状态下再读数时，即 READ 为 1 时，控制器进入错误状态 T_5，否则等待开锁信号TRY，TRY 为 1 时，控制器由 T_2 状态进入开锁状态 T_4，并输出 OPEN 开锁命令。在上述过程中，任何一次送入的数码与开锁密码的数值不一致，或者READ开关和 TRY 开关使用的顺序与规定的不符，都将使控制器进入错误状态 T_5，同时控制器发出错误信息 ERROR。

（4）设计控制器、处理器电路。

图 9.27 所示 ASM 图表的硬件实现方法很多，用中规模集成电路实现，可以采用 1 个触发器对应 1 个状态的方法。用 6 个 D 触发器 FF_0～FF_5 输出表示 T_0～T_5 6 种状态，开锁过程中的每一时刻只能有一个状态为 1，其余状态为 0。以次态是 T_1 状态为例说明过程。在图 9.27 中有三个箭头（T_0 状态、T_3 状态和 READ 判断框的箭头）最终直接指向 T_1 状态框，说明控制器在 T_0、T_1 和 T_3 状态下，根据不同的转换条件作用，可以转换到 T_1 状态。例如，控制器现态为 T_0，此时 FF_0 为 1，其余触发器均为 0。在下一个时钟脉冲来到时，不需要其他任何条件，控制器状态将转换到 T_1 状态，所以转换条件为 1，此时 FF_1 为 1，其余触发器为 0；控制器在 T_1 状态时，则 T_1 为 1，FF_1 的状态端 $Q_1 = T_1 = 1$。因为 D-FF 的控制方程为 $Q^{n+1} = D_1$，所以，D_1 的输入方程为

$$D_1 = T_0 + T_1 \cdot \overline{\mathrm{TRY}} \cdot \overline{\mathrm{READ}} + T_3$$

因此，用每个状态一个触发器的方法，FF_0～FF_5 的控制方程分别为

$$D_0 = (T_4 + T_5)\mathrm{RESET}$$
$$D_1 = T_0 + T_1 \cdot \overline{\mathrm{TRY}} \cdot \overline{\mathrm{READ}} + T_3$$
$$D_2 = T_1 \cdot \overline{\mathrm{TRY}} \cdot \mathrm{READ} \cdot B \cdot M + T_2 \overline{\mathrm{TRY}} \cdot \overline{\mathrm{READ}}$$
$$D_3 = T_1 \cdot \overline{\mathrm{TRY}} \cdot \mathrm{READ} \cdot B \cdot \overline{M}$$

$$D_4 = T_2 \cdot \overline{\text{READ}} \cdot \text{TRY} + T_4\overline{\text{RESET}}$$

$$\begin{aligned} D_5 &= T_1 \cdot \text{TRY} + T_1 \cdot \overline{\text{TRY}} \cdot \text{READ} \cdot \overline{B} + T_2 \cdot \text{READ} + T_5\overline{\text{RESET}} \\ &= T_1 \cdot \text{TRY} + T_1 \cdot \text{READ} \cdot \overline{B} + T_2 \cdot \text{READ} + T_5\overline{\text{RESET}} \end{aligned}$$

同样，可写出控制器输出信号的逻辑表达式为

$$\text{CLR} = \overline{T_0} \text{（低电平有效）}$$

$$\text{CNT} = T_3$$

$$\text{OPEN} = T_4$$

$$\text{ERROR} = T_5$$

根据上述逻辑方程得出数字锁的控制器电路，如图 9.28 所示。D 触发器选用 7474，与门选用 7408，或门选用 7432。在图 9.26 给出的处理器电路的逻辑图中，多路选择器选用 74151，比较器选用 7485，计数器选用 74163，同或门可以用门电路构成。将控制器和处理器的相同端点连接起来，就可以构成数字密码锁系统。

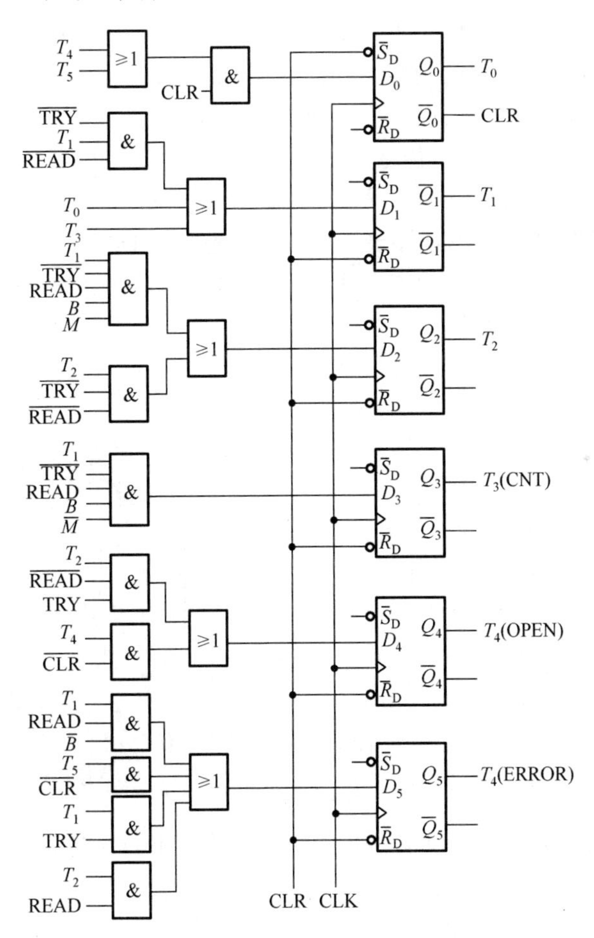

图 9.28　数字锁控制器电路

习题

9.1 数字系统在逻辑上可以划分成哪两部分？其中哪一部分是数字系统的核心？

9.2 什么是数字系统的ASM 图表？它与一般的算法流程图有什么不同？ASM 图表中块的时序意义是什么？

9.3 某数字系统，在 T_0 状态下，下一个 CLK 到来，完成无条件操作：寄存器 $R \leftarrow 1010$，状态由 $T_0 \rightarrow T_1$。在 T_1 状态下，下一个 CLK 到来，完成无条件操作：R 左移，若外输入 $X=0$，则完成条件操作：计数器 $A \leftarrow A+1$，状态由 $T_1 \rightarrow T_2$；若 $X=1$，状态由 $T_1 \rightarrow T_3$。画出该系统的 ASM 图表。

9.4 一个数字系统在 T_1 状态下，若启动信号 $S=0$，则保持 T_1 状态不变；若 $S=1$，则完成条件操作：$A \leftarrow N_1$，$B \leftarrow N_2$，状态由 $T_1 \rightarrow T_2$。在 T_2 状态下，下一个 CLK 到，完成无条件操作 $B \leftarrow B-1$，若 $M=0$，则完成条件操作：P 右移，状态由 $T_2 \rightarrow T_3$；若 $M=1$，状态由 $T_2 \rightarrow T_4 \rightarrow T_1$。画出该数字系统的 ASM 图表。

9.5 设计一个数字系统，它有三个4位的寄存器 X、Y、Z，并实现下列操作：

① 启动信号 S 出现，传送两个 4 位二进制数 N_1、N_2 分别给寄存器 X、Y；

② 如果 $X>Y$，左移 X 的内容，并把结果传送给 Z；

③ 如果 $X<Y$，右移 Y 的内容，并把结果传送给 Z；

④ 如果 $X=Y$，把 X 或 Y 传送给 Z。

画出满足以上要求的 ASM 图表。

9.6 按照题 9.6 图给出的 ASM 图表，用每个状态一个 D 触发器的方法设计控制器。

9.7 某电路控制器状态图如题 9.7 图所示，画出其等效的 ASM 图表，用 MUX、D-FF、译码器方法设计控制器。

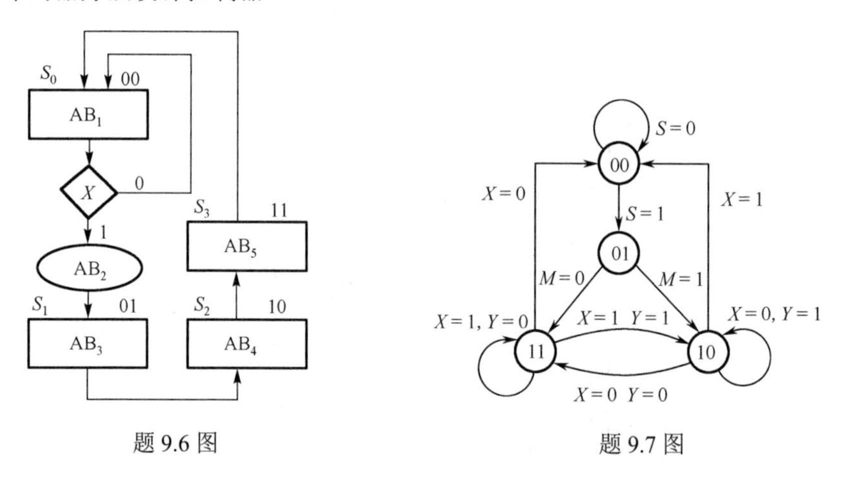

题 9.6 图　　　　题 9.7 图

9.8 某数字系统的 ASM 图表如题 9.8 图所示，试完成下列要求：

① 画出其等效的状态图；

② 用每个状态一个 D 触发器的方法设计控制器。

9.9 某数字系统的 ASM 图表如题 9.9 图所示，试根据此 ASM 图表用 MUX、D-FF、译码器方法设计控制器。

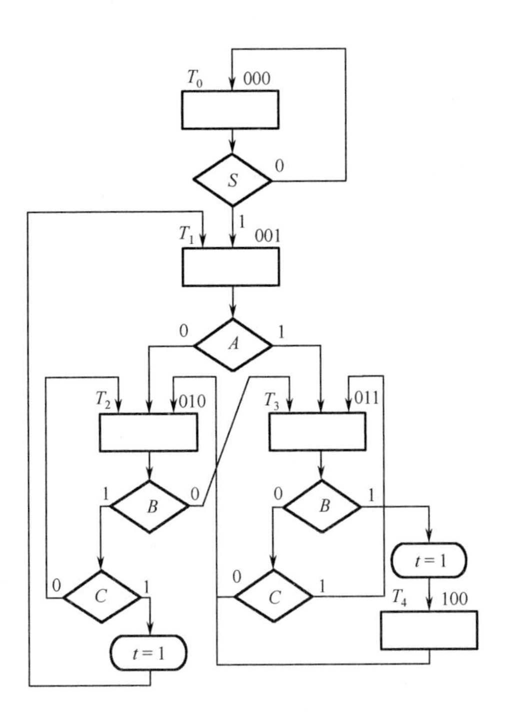

题 9.8 图

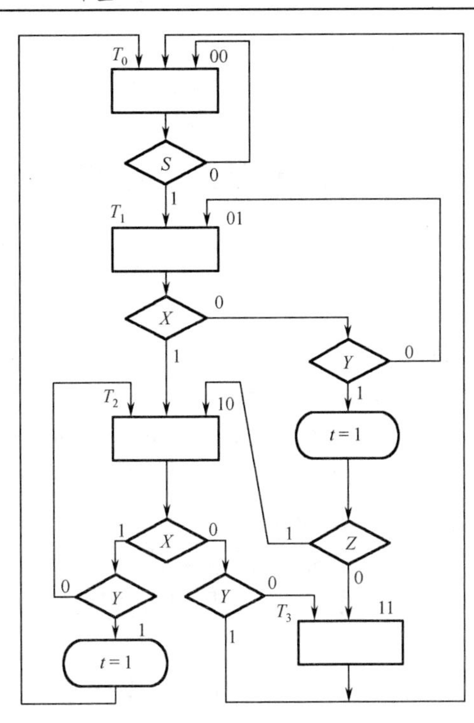

题 9.9 图

9.10　某公园有一处 4 种颜色的彩色艺术图案灯，它的艺术图案由 4 种颜色顺序完成，绿色亮 16 s，红色亮 10 s，蓝色亮 8 s，黄色亮 5 s，周而复始地循环。试用 MUX、D-FF、译码器方法设计这种灯的控制系统。

9.11　设计一个串行数据检测电路，设 X 为输入的串行数据序列。当检验到数据流中出现所需的 110 数据时，使检测器的输出 Z 为 1。要求：①画出其 ASM 图表；②用每个状态一个 D 触发器的方法设计控制器。

9.12　设计十字路口交通灯控制系统：东西方向道路和南北方向道路各行车 1 min，两个方向红绿灯交换时，须亮黄灯 5 s。东西方向绿、黄、红灯亮分别用 EG、EY、ER 表示，南北方向绿、黄、红灯亮分别用 SG、SY、SR 表示。试按上述要求设计交通灯控制系统。

9.13　设计 8 种花型彩灯控制系统：由 8 个发光二极管组成的彩灯，一字排开，彩灯的图案循环变换步骤如下：

① 彩灯由左至右逐个亮至最后全亮；

② 彩灯由右至左逐个灭至最后全灭；

③ 彩灯由右至左逐个亮至最后全亮；

④ 彩灯由左至右逐个灭至最后全灭；

⑤ 8 个彩灯全亮；

⑥ 8 个彩灯全灭；

⑦ 8 个彩灯全亮；

⑧ 8 个彩灯全灭。

按以上要求设计彩灯控制系统。

第 10 章　硬件描述语言 Verilog HDL

在电子电路设计领域，速度快、性能高、容量大、体积小、微功耗成为集成电路设计的主要发展方向。为适应这些新的需求，设计自动化被广大电子工程师接受，取代人工设计方法，成为主要的设计手段。在数字逻辑设计领域，以共同的工业标准来统一数字逻辑电路的描述是非常必要的。目前，VHDL、Verilog HDL 已经成为电子设计自动化（Electronic Design Automatic，EDA）的工具和集成电路厂商普遍认同、共同推广的标准化硬件描述语言（Hardware Description Language，HDL）。因此，掌握 EDA 技术，学会使用 VHDL 或 Verilog HDL 设计电子电路，是每个硬件设计工程师必须掌握的一项基本技能。

本章将对集成电路设计领域广泛使用的硬件描述语言 Verilog HDL 进行简单介绍。

10.1　Verilog HDL 的基本知识

10.1.1　什么是 Verilog HDL

Verilog HDL 是一种硬件描述语言，用于从算法级、门级到三极管级的多种抽象设计层次的数字系统建模。该语言允许设计者进行数字逻辑系统的仿真验证、时序分析、逻辑综合，是目前应用广泛的一种硬件描述语言。Verilog HDL 可以描述数字逻辑设计的行为特性、数据流特性、结构组成，也可以描述响应监控和设计验证方面的时延和波形产生机制。所有这些都使用同一种建模语言。此外，Verilog HDL 提供了编程语言接口，通过该接口可以在模拟、验证期间从设计外部访问设计，包括模拟的具体控制和运行。

Verilog HDL 不仅定义了语法，而且对每个语法结构都定义了清晰的模拟、仿真语义。因此，用这种语言编写的模型能使用 Verilog 仿真器进行验证。Verilog HDL 从 C 编程语言继承了多种操作符和结构。Verilog HDL 的核心子集非常易于学习和使用。完整的硬件描述语言足以描述最复杂的芯片和完整的电子系统。

10.1.2　Verilog HDL 的发展历史

Verilog HDL 在 1983 年由 GDA（GateWay Design Automation）公司的 Phil Moorby 首创，最初只设计了仿真和验证工具。1984 年至 1985 年，Moorby 设计出了第一个名为 Verilog-XL 的仿真器；1986 年，他提出了用于快速门级仿真的 XL 算法。随着 Verilog-XL 算法的成功，Verilog HDL 得到迅速发展。1989 年，Cadence 公司收购了 GDA 公司，Verilog HDL 成为 Cadence 公司的资产。1990 年，Cadence 公司发布 Verilog HDL，并促进成立了 OVI（Open Verilog International）组织来推进 Verilog HDL 的发展。IEEE 于 1995 年制定了 Verilog HDL 的 IEEE 标准 Verilog HDL1364—1995，2001 年发布了 Verilog HDL1364—2001 标准。2005 年，Verilog HDL1364—2005 标准公布，该版本是对上一版本的细微修正。System Verilog（IEEE 1800—

2005 标准）是 Verilog HDL—2005 的一个超集，它是硬件描述语言、硬件验证语言的集成。图 10.1 展示了 Verilog HDL 的发展历史。2009 年，IEEE 1364—2005 和 IEEE 1800—2005 两部分合并为 IEEE 1800—2009。

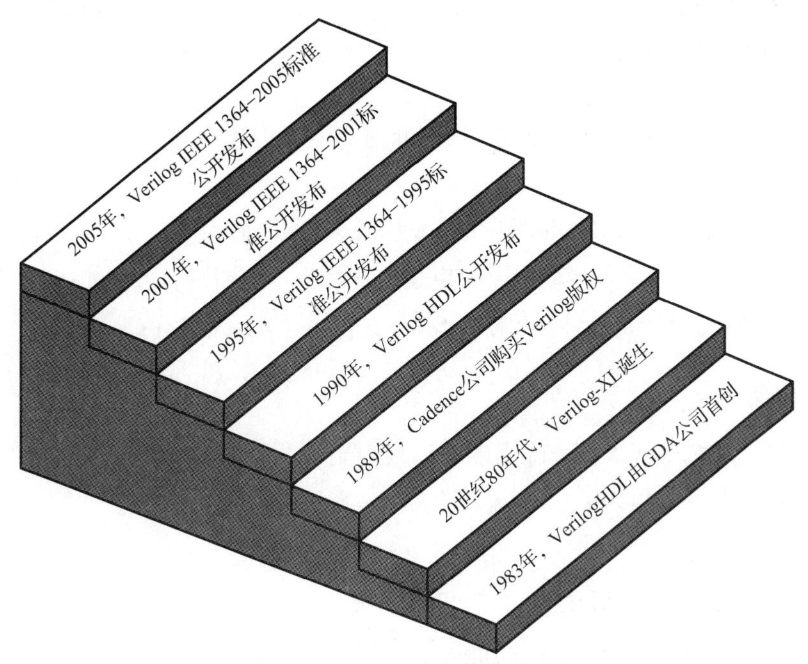

图 10.1　Verilog HDL 的发展历史

10.1.3　Verilog HDL 程序的基本结构

一个完整的 Verilog HDL 程序由若干模块构成，每个模块又可以由若干子模块构成。一个模块包括接口说明和逻辑功能描述两部分。图 10.2 是 Verilog HDL 模块定义的一般语法结构。从图中可以看出，Verilog 结构位于 module 和 endmodule 声明语句之间且标识模块结束的 endmodule 后没有分号，每个 Verilog HDL 程序包括 4 个主要部分：端口定义、端口类型说明、数据类型定义和逻辑功能描述。

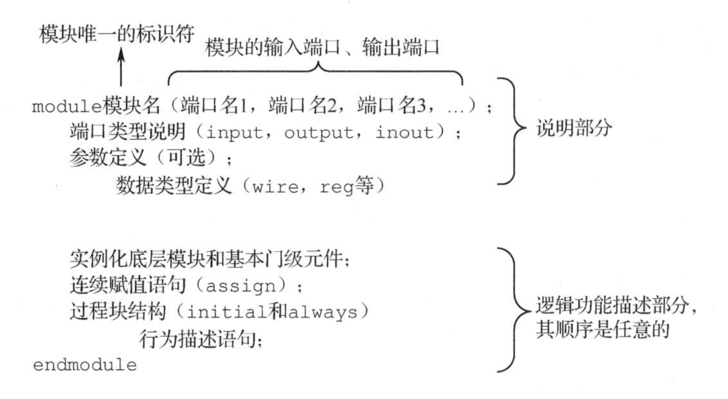

图 10.2　Verilog HDL 模块定义的语法结构

1．端口定义

模块的端口声明了模块的输入输出口。其格式如下:

```
module 模块名(端口 1,端口 2,端口 3,…);
```

模块的端口表示模块的输入和输出口名，是与别的模块联系时所用的端口的标识。在引用模块时其端口可以用两种方法连接。

（1）在引用时，严格按照模块定义的端口顺序来连接，不用标明原模块定义时规定的端口名。例如：

```
模块名(连接端口 1 信号名,连接端口 2 信号名,连接端口 3 信号名,…);
```

（2）在引用时用“.”符号，标明原模块是定义时规定的端口名。例如：

```
模块名(.端口 1 名(连接信号 1 名), .端口 2 名(连接信号 2 名),…);
```

2．端口类型说明

端口类型说明包括输入端口、输出端口和双向端口，凡是在模块的端口定义中出现的端口都必须明确地说明其端口类型。其格式如下：

```
input[信号位宽-1:0]端口名;
output[信号位宽-1:0]端口名;
inout[信号位宽-1:0]端口名;
```

端口类型说明也可以写在端口声明语句里。其格式如下：

```
module 模块名(input port1,input port2,…output port1,output port2…);
```

3．数据类型定义

数据类型定义是对模块中用到的信号（包括端口信号、节点信号等）进行定义，也就是指定数据对象为寄存器型（reg)、线型（wire）等。输入端口和双向端口不能声明为 reg 型，如果没有声明，则默认为 wire 型。

4．逻辑功能描述

模块中最重要的部分是逻辑功能描述部分，通常使用三种方法描述电路的功能。

（1）使用实例化底层模块的方法，即调用其他已定义好的底层模块对整个电路的功能进行描述，或者直接调用 Verilog HDL 内部基本门级元件描述电路的结构，通常将这种方法成为结构描述方式；

例如：

```
and U1(c,a,b);              //一个名为U1的与门，a和b为输入，c为输出
```

（2）使用连续赋值语句对电路的逻辑功能进行描述，通常称为数据流描述方式，对组合逻辑电路建模使用该方式特别方便；

例如：

```
assign a=b&c;               //描述了一个有两输入的与门
```

（3）使用过程块语句结构（包括 initial 和 always 两种语句结构）和比较抽象的高级程序

语句对电路的逻辑功能进行描述，通常称为行为描述方式。行为描述侧重于描述模块的行为功能，不涉及实现该模块逻辑功能的详细硬件电路结构。

例如：

```
always @(posedge areg)    //当 areg 信号的上升沿出现时把 tick 信号反相
   begin
      tick=~tick;
   end
```

此外，还有一种开关级描述方式，专门对 MOS 管构成的逻辑电路进行建模。

【例 10.1】2 选 1 数据选择器的 Verilog HDL 描述，其逻辑图如图 10.3 所示。

```
module mux2to1 (a,b,sel,out);              //模块的端口定义
   input a,b,sel;                          //端口类型说明，定义输入信号
   output out;                             //端口类型说明，定义输出信号
   wire selnot,a1,b1;                      //定义内部结点信号数据类型
   //下面对电路的逻辑功能进行描述
   not U1 (selnot,sel);                    //非门 U1，输出 selnot,输入 sel
   and U2 (a1,a,selnot);                   //与门 U2，输出 a1,带有两个输入 a、selnot
   and U3 (b1,b,sel);                      //与门 U3，输出 b1,带有两个输入 b、sel
   or U4 (out,a1,b1);                      //或门 U4，输出 out,带有两个输入 a1、b1
endmodule
```

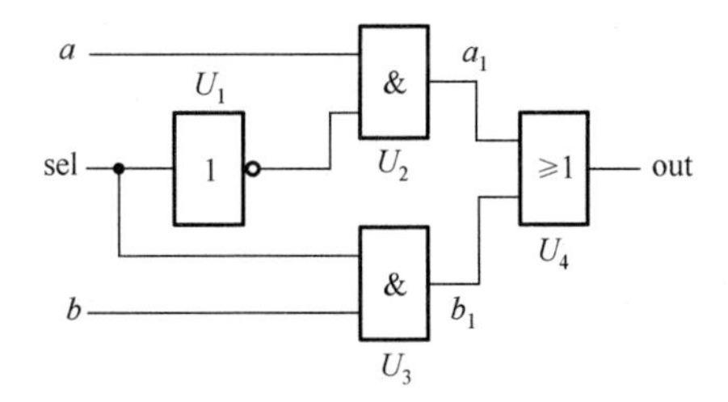

图 10.3　2 选 1 数据选择器逻辑图

10.2　Verilog HDL 的基本元素

在前面对 Verilog HDL 程序基本结构的介绍中，我们接触到了许多 Verilog HDL 的基本元素。这些基本元素主要包括注释符、标识符、关键字、间隔符、操作符和数据类型。本节将介绍常用的 Verilog HDL 的基本元素。

10.2.1　注释符

Verilog HDL 中有两种注释符：/*……*/和//。其中，/*……*/为多行注释符，用于写多行注释；//为单行注释符，以//开始到本行结束都属于注释语句，而且它只能注释到本行结束。注释只是为了改善程序的可读性，在编译时不起作用。

【例 10.2】多行注释举例。

```
and U2 (a1,a,selnot);     //与门 U2，输出 a1,带有两个输入 a、selnot
```

【例 10.3】单行注释举例。

```
reg  a1,a2;    //定义两个寄存器变量 a1、a2
```

10.2.2 标识符

标识符（Identifier）用于定义模块名、端口名、信号名等。Verilog HDL 中的标识符可以是任意一组字母、数字、$符号和_（下画线）符号的组合，但标识符的第一个字符必须是字母或下画线。单个标识符的总字数不能超过 1024 个。另外，标识符是区分大小写的。例如，c 和 C 是两个不同的标识符。

10.2.3 关键字

Verilog HDL 定义了一系列保留字，也称为关键字。关键字有其特定的和专有的语法作用，用户不能再对这些关键字进行新的定义。注意，只有小写的关键字才是保留字，例如，标识符 always（关键字）与标识符 ALWAYS（非关键字）是不同的。表 10.1 是 Verilog HDL 中使用的关键字。

表 10.1　Verilog HDL 关键字

always	and	assign	begin	buf	bufif0	bufif1	case
casex	casez	cmos	deassign	default	defparam	disable	else
end	endcase	endmodule	endfunction	endprimitive	endspecify	endtable	endtask
event	for	force	forever	fork	function	highz0	highz1
if	initial	inout	input	integer	join	large	macromodule
medium	module	nand	negedge	nmos	mor	not	notif0
notif1	or	output	parameter	pmos	posedge	primitive	pull0
pull1	pullup	pulldown	rcmos	reg	releses	repeat	mmos
rpmos	rtran	rtranif0	rtranif1	scalared	small	specify	specparam
strength	strong0	strong1	supply0	supply1	table	task	time
tran	tranif0	tranif1	tri	tri0	tri1	triand	trior
trireg	vectored	wait	wand	weak0	weak1	while	wire
wor	xnor	xor					

10.2.4 间隔符

Verilog 的间隔符包括空格符（\b）、制表符（\t）、换行符（\n）及换页符。如果间隔符并非出现在字符串中，则该间隔符被忽略。所以，编写程序时可以跨越多行书写，也可以在一行内书写。在 Verilog HDL 程序中，间隔符起分隔文本的作用，在必要的地方插入适当的空格或换行符，可使程序排列得更整齐或更利于阅读。

10.2.5 操作符

Verilog HDL 提供了丰富的操作符，按所需操作数的个数可分为单目操作符、双目操作符和三目操作符；按功能可分为算术操作符、位操作符、归约操作符、逻辑操作符、关系操作符、相等与全等操作符、移位操作符、连接与复制操作符和条件操作符等 9 类。表 10.2 按照优先级的高低列出了 Verilog HDL 的操作符（0 为最高优先级）。

表 10.2　Verilog HDL 操作符的优先级

操作符	名称	功能说明	优先级
-	取反	对有符号数取反；单目操作符	0
!	逻辑取反	将非 0（TRUE）变为 0，将 0（FALSE）变为非 0；单目操作符	0
~	按位取反	对操作数的每一位取反；单目操作符	0
&	归约与	对操作数的各位求与；单目操作符	0
~&	归约与非	对操作数的各位求与非；单目操作符	0
|	归约或	对操作数的各位求或；单目操作符	0
~|	归约或非	对操作数的各位求或非；单目操作符	0
^	归约异或	对操作数的各位求异或；单目操作符	0
~^	归于同或	对操作数的各位求同或；单目操作符	0
*	乘号	计算两个操作数的积；双目操作符	1
/	除号	计算两个操作数的商；双目操作符	1
%	取模	计算两个操作数的余数；双目操作符	1
+	加号	计算两个操作数的和；双目操作符	2
-	减号	计算两个操作数的差；双目操作符	2
<<	左移	左侧为需要移位的操作数，右侧操作数表示移位的位数，空出的位用 0 补足；双目操作符	3
>>	右移	左侧为需要移位的操作数，右侧操作数表示移位的位数，空出的位用 0 补足；双目操作符	3
<	小于	计算关系值；双目操作符	4
<=	小于等于	计算关系值；双目操作符	4
>	大于	计算关系值；双目操作符	4
>=	大于等于	计算关系值；双目操作符	4
==	逻辑等	比较两个操作数是否相等，如果某一位不确定，那么结果也是不确定的；双目操作符	5
! =	逻辑不等	比较两个操作数是否不等，如果某一位不确定，那么结果也是不确定的；双目操作符	5
===	Case 等	比较两个操作数是否严格相等，按位比较包括值为 z 或 x 的位；双目操作符	5
!==	Case 不等	比较两个操作数是否不为严格相等，按位比较包括值为 z 或 x 的位；双目操作符	5
&	按位与	对两个操作数按位求与；双目操作符	6
~&	按位与非	对两个操作数按位求与非；双目操作符	6
^	按位异或	对两个操作数按位求异或；双目操作符	6
~^	按位同或	对两个操作数按位求同或；双目操作符	6
|	按位或	对两个操作数按位求或；双目操作符	7
~|	按位或非	对两个操作数按位求或非；双目操作符	7
&&	逻辑与	逻辑连接符，对两个逻辑值求与；双目操作符	8
||	逻辑或	逻辑连接符，对两个逻辑值求或；双目操作符	9
? :	条件	根据“? ”前表达式的真假选择“: ”前后的哪个值作为返回值；三目操作符	10

1. 算术操作符

常用的算术操作符包括：+（加法操作符），-（减法操作符），*（乘法操作符），/（除法操作符），%（取模操作符）。例如：

```
8/3                 //结果为2，整数除法截断任何小数部分
-10%3               //结果为-1，取模操作符求出与第一个操作数符号相同的余数
10%-3               //结果为1
'b10x1+'b0111       //结果为不确定数'bxxxxx，操作数中有不定态，则结果一般也为不确定
```

在赋值语句下，算术表达式结果的长度由操作符左端的赋值目标的长度决定。

表达式中所有中间结果的长度应取最大操作数的长度（赋值时，此规则也包括左端目标）。例如：

```
wire [4:1] B,D;         //定义了2个4位的wire型数据B和D
wire [1:5] C;           //定义了1个5位的wire型数据C
wire [1:6] P;           //定义了1个6位的wire型数据P
wire [1:8] A;           //定义了1个8位的wire型数据A
…
 assign A=(B+C)+(D+P);    /*赋值语句，表达式右端的操作数最长为P（长度为6），但是
表达式左端的操作数为A（长度为8），所以所有的加操作使用8位进行。因此，(B+C)和(D+F)相
加的结果长度均为8位*/
```

执行算术操作和赋值时，区分无符号数和有符号数非常重要。无符号数存储在线网、一般寄存器和基数形式表示的整数中，有符号数存储在整数寄存器和十进制形式表示的整数中。例如：

```
reg [0:5] B;        //定义了1个6位的reg型数据B
integer T;          //定义了1个有符号整数变量T
…
B=-6'd12;           /*寄存器变量B只能存储无符号数，右端表达式的值为110100（12的
                      二进制补码），所以赋值后，B存储的十进制数为52*/
T=-6'd12;           //T变量可以存储有符号数,所以T的值是十进制数-12,位形式是110100
```

2. 位操作符

位操作符包括：~（一元非），单目操作符，相当于非门操作；&（二元与），双目操作符，相当于与门操作；|（二元或），双目操作符，相当于或门操作；^（二元异或），双目操作符，相当于异或门操作；~^(^~)（二元异或非），双目操作符，相当于同或门操作。例如：

```
A=5'b11001, B=5'b10101;
A=~A;               //A的值为5'b00110
A=A&B;              //A的值为5'b10001
A=A|B;              //A的值为5'b11101
A=A^B;              //A的值为5'b01100
A=A^~B;             //A的值为5'b10011
```

如果操作数长度不相等，在进行位操作时，自动将两个操作数按右端对齐，位数少的操作数在高位用0补齐。

3. 归约操作符

归约操作符是单目操作符，对操作数逐位进行运算，运算结果是一位逻辑值。归约操作符有6种：

&（归约与），如果存在位值为 0，则结果为 0；如果存在位值为 x 或 z，则结果为 x；否则结果为 1。

~&（归约与非），与归约与（&）相反。

|（归约或），如果存在位值为 1，则结果为 1；如果存在位值为 x 或 z，则结果为 x；否则结果为 0。

~|（归约或非），与归约或（|）相反。

^（归约异或），如果存在位值为 x 或 z，则结果为 x；如果操作数中有偶数个 1，则结果为 0；否则结果为 1。

~^（归约异或非），与归约异或（^）相反。

例如：

```
A=4'b1010;
B=&A;           //B=0
B=~&A;          //B=1
B=|A;           //B=1
B=~|A;          //B=0
B=^A;           //B=0
B=~^A;          //B=1
```

4．逻辑操作符

逻辑操作符有 3 种，分别是&&（逻辑与）、||（逻辑或）、!（逻辑非）。

对于向量操作，0 向量作为逻辑 0 处理，非 0 向量作为逻辑 1 处理。例如，A='b0110，它不是 0 向量，作为逻辑 1 处理；在逻辑操作中，若任何一个操作数包含 x，则结果也为 x。

5．关系操作符

关系操作符有 4 种：>（大于）、<（小于）、>=（不小于）和>=（不大于）。关系操作符是对两个操作数进行比较，比较结果为真，则结果为 1；比较结果为假，则结果为 0。如果操作数中有一位为 x 或 z，那么结果为 x。如果操作数长度不同，则长度较短的操作数在高位方向添 0 补齐。

6．相等与全等操作符

相等与全等操作符是对两个操作数进行比较，如果比较结果为假，则结果为 0，否则结果为 1。相等与全等操作符有 4 种：==（逻辑相等）、!=（逻辑不等）、===（全等）和!==（非全等）。其中，“===”和“!==”严格按位进行比较，把不定态（x）和高阻态（z）看成逻辑状态进行比较，比较结果不存在不定态，一定是 1 或 0。而“==”和“!=”是把两个操作数的逻辑值做比较，值 x 和 z 具有通常的意义，如果两个操作数之一包含 x 或 z，结果为未知的值（x）。如果操作数的长度不相等，则长度较小的操作数在高位添 0 补齐。

7．移位操作符

移位操作符是把操作数向左或向右移若干位。移位操作符有两种：<<（左移）、>>（右移）。移位操作符有两个操作数，右侧操作数表示的是左侧操作数移动的位数。它是一个逻辑移位，空闲位添0补位。如果右侧操作数的值为 x 或 z，则移位操作的结果为 x。例如：

```
reg [1:8] A;        //定义了 1 个 8 位的 reg 型变量 A
A=4'b0110;          //A 的值为 0000_0110
A=A>>2;             //A 的值为 0000_0001
```

移位操作符可用于支持部分指数操作。例如：二进制 $A\times2^3$ 可以使用移位操作 A<<3 实现。

8. 连接与复制操作符

连接操作符是将多组信号用大括号括起来，拼接成一组新信号。其表示形式为

```
{expr1, expr2,…, exprN}
```

其中，expr1,expr2,…,exprN 是若干个小表达式。

复制操作通过指定的重复次数来执行操作。其表示形式为

```
{repetition_number{ expr1,expr2,…,exprN }}
```

其中，repetition_number 是指定的重复次数，大括号中的内容是连接操作。

9. 条件操作符

条件操作符是 Verilog HDL 中唯一的三目操作符，它根据条件表达式的值选择表达式，其表示形式为

```
cond_expr ? expr1 : expr2
```

其中，若 cond_expr 为真（即值为 1），则选择 expr1；若为假（即值为 0），则选择 expr2。若为 x 或 z，则结果是将两个待选择的表达式进行计算，然后把两个计算结果按位进行运算得到最终结果。按位运算的原则是，若两个表达式的某一位都为 1，则这一位的最终结果是 1；若都是 0，则这一位的结果是 0；否则结果为 x。例如：

```
assign out=(sel==0) ? a : b;
```

若 sel 为 0，则 out=a；若 sel 为 1，则 out=b。若 sel 为 x 或 z，则当 a=b=0 时，out=0；当 a≠b 时，out 值不确定。

10.2.6 数据类型

数据类型是用来表示数字电路硬件中的数据储存和传送元素的。Verilog HDL 提供了丰富的数据类型，下面就最常用的几种进行介绍。

1. 常量

在程序运行的过程中，其值不能被改变的量称为常量。Verilog HDL 中有三类常量：整型、实数型和字符串型。Verilog HDL 中规定了 4 种基本值的类型：

- 0 ——逻辑 0 或“假”；
- 1 ——逻辑 1 或“真”；

- x ——未知值；
- z ——高阻态。

其中，x 值和 z 值是不区分大小写的。

（1）整型常量。

整型常量就是整型数，可按如下两种方式书写：

①简单的十进制数格式，表示为有符号数，如 30、–26。

②基数格式，通常为无符号数，这种形式的格式为：<位宽>'<进制><数字>

其中，位宽——表明定义常量的二进制位数（长度），为可选项；

进制——可以是二（b、B）、八（o、O）、十（d、D）或十六（h、H）进制；

数字——可以是所选进制的任何合法值，包括不定值（x、X）和高阻值（z、Z）。

例如：

```
8'b1011_0011      //8 位二进制数
64'hfe11          //64 位二进制数，该数用十六进制表示，0..0,1111,1110,0001,0001
6'Hx              //6 位 x(扩展的 x)，即 xxxxxx
4'd-5             //非法，数值不能为负数
7'o  37           //在位长和字符之间以及基数和数值之间允许出现空格
7'  o37           //非法，在"'"和基数 o 之间不允许出现空格
(3+1) 'd5         //非法，位长不能为表达式
```

如果没有定义一个整型数的长度，数的长度为相应值中定义的位数。例如：

```
'o376             //9 位二进制数
'hBE              //8 位二进制数
```

如果定义的长度比常量指定的长度长，通常在左边添 0 补位；如果数最左边一位为 x 或 z，就相应地用 x 或 z 在左边补位。如果定义的长度比常量指定的长度短，那么最左边的位相应地被截断。

（2）实数型常量。

在 Verilog HDL 中，实常数的定义可以用十进制表示，也可以用科学浮点数（指数格式）表示。

①十进制表示：由数字和小数点组成（必须有小数点），如 4.6、1125.78、12.5。

②指数格式：由数字和字符 e(E)组成，e(E)的前面必须有数字，而且后面必须为整数。例如：

```
26e-3          //表示 0.026
```

（3）字符串型常量。

字符串型常量是由一对双引号括起来的字符序列，用于表示需要显示的信息。在双引号内的任何字符（包括空格和下画线）都作为字符串的一部分。字符串不能分成多行书写，字符串中的特殊字符必须用“\”来说明。例如：

```
\n 换行符；
\t 制表符；
\\字符"\"本身；
\"双引号"；
\206 八进制数 206 对应的 ASCII 值。
```

2. 变量

变量是在程序运行过程中其值可以改变的量。在 Verilog HDL 中，变量的数据类型有很多种，可以归结为线网型、寄存器型和参数型 3 种。数组虽不算是一种数据类型，但其结构特殊，故最后将介绍数组。

（1）线网型变量。

线网型（net）变量可以理解为实际电路中的导线，通常用于表示实体之间的物理连接。其特点是输出值紧随输入值的变化而变化，不可以存储任何值，并且一定要受到驱动器的驱动才有效。对线网型变量有两种驱动方式，一种方式是在结构描述中将其连接到逻辑门或模块的输出端；另一种方式是用连续赋值语句 assign 对其进行赋值。一个线网型变量可以同时受几个驱动源的驱动，此时该线网型变量的取值由逻辑强度较高的驱动源决定；如果多个驱动源的逻辑强度相同，则取值为不定态，这和实际电路模型的情况是完全相符的。

Verilog HDL 提供了多种线网型变量，见表 10.3。在为不同工艺的基本元件建立库模型的时候，常常需要用不同的连接类型与之对应，以使其行为与实际器件一致。

表 10.3　线网型变量的类型和功能

类　型	功　能
wire，tri	对应于标准的互连线（可默认）
supply1，supply0	对应于电源线或接地线
wor，trior	对应于有多个驱动源的线或逻辑连接
wand，triand	对应于有多个驱动源的线与逻辑连接
trireg	对应于有电容存在且能暂时存储电平的连接
tri1，tri0	对应于需要上拉或下拉的连接

线网型变量的语法格式为

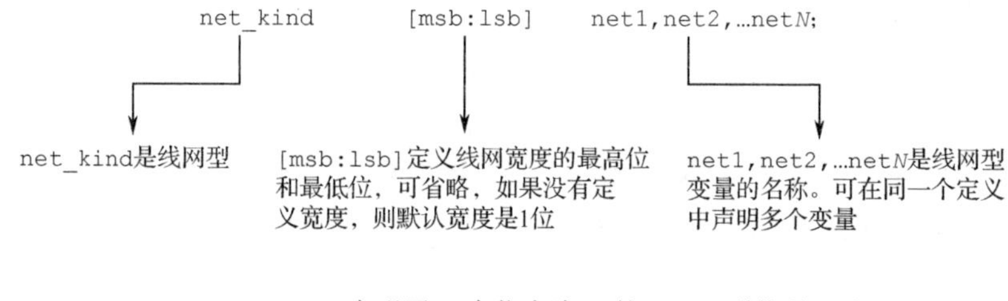

例如：

```
wire  a,b;             //声明了 2 个位宽为 1 的 wire 型信号 a 和 b
wire  [7:0]  c;        //声明了 1 个位宽为 8 的 wire 型信号 c
tri  [7:0]  addr;      //声明了 1 个位宽为 8 位的三态线 addr
```

wire 和 tri 是最常用的线网型，它们具有相同的语法格式和功能。wire 型变量通常用来表示单个门驱动或连续赋值语句驱动的线网型数据，tri 型变量则用来表示驱动器驱动的线网型数据。

在端口声明中被声明为 input 或 inout 型的端口，只能被定义为线网型变量；被声明为 output 型的端口可以定义为线网型或寄存器型变量，不加定义则默认为线网型变量。

wire 型数据常用来表示以 assign 关键字指定的组合逻辑信号。Verilog HDL 程序模块中的输入、输出信号类型默认时自动定义为 wire 型，wire 型变量可以用作任何方程式的输入，也可以用作 assign 语句或实例元件的输出。

【例 10.4】定义 wire 型变量。

```
module wire_def(a,b,out);
   input a,b;                //端口类型声明，a 和 b 声明为输入型端口
   output out;               //端口类型声明，c 声明为输出型端口
   wire a,b;                 //变量类型定义，被声明为 input 型的变量只能被定义为线网型
                             //对 output 型端口，如果不加定义，默认为 wire 型
   assign  out=a&b;          //将 a 与 b 进行与运算并将结果赋值给 out
endmodule
```

（2）寄存器型变量。

寄存器型变量可以理解为实际电路中的寄存器，是一种存储元件，在输入信号消失后可以保持原有的数值不变。通过赋值语句可以改变寄存器内存储的值，其作用与改变触发器存储的值相当。在设计中，必须将寄存器变量放在过程语句（如 initial、always）中，通过过程赋值语句进行赋值。在未被赋值时，寄存器的默认值为 x。寄存器型信号或变量有 5 种数据类型，见表 10.4。

表 10.4　寄存器型变量的 5 种数据类型

类　型	功　能
reg	可以选择不同的位宽
integer	有符号整数变量，32 位宽，算术操作，可产生 2 的补码
real	有符号的浮点数，双精度，64 位宽
time	无符号整数变量，64 位宽
realtime	实数型时间寄存器

reg 型是最常用的寄存器类型。reg 初始值为不定值 x。它只能存储无符号数。其语法格式如下：

```
reg [n-1:0]  数据名 1,数据名 2,…,数据名 i;
```

例如：

```
reg a;                  //定义了 1 个 1 位的名为 a 的 reg 型变量
reg [7:0] a;            //定义了 1 个 8 位的名为 a 的 reg 型变量
reg [5:1]    a,b;       //定义了 2 个 5 位的名为 a 和 b 的 reg 型变量
```

在 Verilog HDL 中不能直接声明存储器，存储器是通过寄存器数组声明的。通过定义单个寄存器的位宽和寄存器的个数可以确定存储器的大小。存储器的使用格式如下：

```
reg [msb:lsb] mem1 [upper1:lower1],mem2[upper2:lower2],…;
```

例如：

```
reg [4:1] a[64:1]          //a 为 64 个 4 位寄存器的数组
reg b[5:0]                 //b 为 6 个 1 位寄存器的数组
```

对存储器赋值时，只能逐个赋值，例如：

```
reg [1:4] a[0:2]           //a 是由 3 个 4 位寄存器组成的存储器
a[0]= 4'hC                 //依次对 3 个寄存器赋值
```

```
a[1]= 4'hB
a[2]= 4'hA
```

integer型是整数寄存器，也是Verilog HDL中常用的变量类型。这种寄存器用于存储整数值，并且可以存储有符号数。integer型变量的语法格式如下：

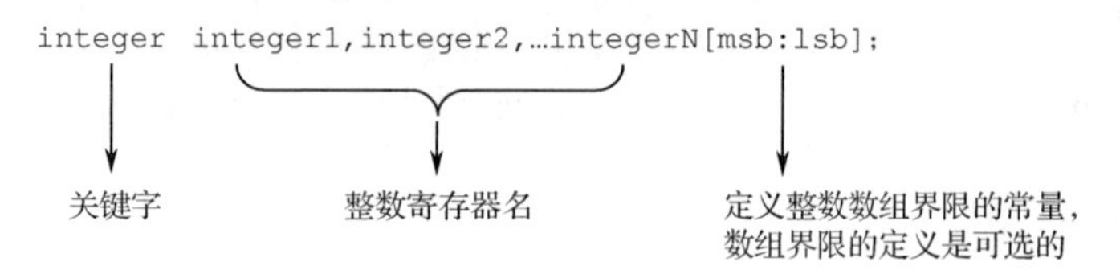

例如：

```
integer a,b;          //声明了2个整数寄存器a和b
integer a[2:4];       //声明了一组寄存器，分别为a[2]、a[3]、a[4]
```

注意：整数寄存器不能按位访问。如果想得到integer中的若干位数据，可以将integer赋值给一般的reg型变量，然后从中选取相应的位。

time型的寄存器用于存储和处理时间，它存储一个64位的时间值，时间的单位可由系统任务设定。time型变量只存储无符号数。time型变量的语法格式如下：

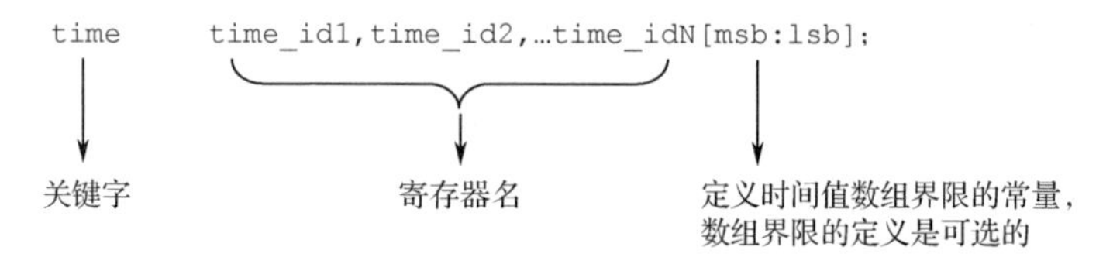

例如：

```
time CurrTime;        // CurrTime存储一个时间值
time a[2:4];          //声明了时间值数组
```

real是实数寄存器型变量，real型变量用于仿真延时、负载等物理参数，默认值为0；当将值x或z赋予real型变量时，这些值作为0处理。realtime是实数型时间寄存器，一般用于在测试模块中存储仿真时间。它们的格式如下：

```
real real_reg1,real_reg2,…,real_regN;
realtime realtime_reg1, realtime_reg2,…, realtime_regN;
```

例如：

```
real a,b;                    //定义a、b为实数寄存器变量，位宽为64
```

注意：integer型、real型、time型变量的位宽是固定的，它们是矢量，因此在定义时不可以加位宽。

（3）参数型变量。

参数型变量与前两种变量不同，它没有对应的物理模型。参数型变量使用关键字parameter定义，同一个模块中每个参数型变量的值必须为一个常量。使用参数型变量可以增强程序的可读性、可维护性与可移植性。比如，将RAM的地址线位宽、数据线位宽定义为参数型，那么仅改变参数值就可以表示不同的RAM模型。下面定义了两个参数型变量：

```
parameter ADDWIDTH=10,DATAWIDTH=8; /*定义了地址线的位宽为10，可对2^10个
存储单元进行寻址；定义了数据线的位宽为8，即每个存储单元有8位*/
```

在引用模块时，可以改变模块中参数型变量的值，方法是在引用模块前添加#（参数1,

参数 2,…)，括号中按顺序列出模块中参数变量所需的值。

【例 10.5】引用模块时更改 parameter 型变量的值。

```
module ram(input1,input2,…,output1,output2,…);
parameter ADDWIDTH=10,DATAWIDTH=8;   //地址线位宽为 10，数据线位宽为 8
…
endmodule
module top;
…
//模块 top 用不同的地址线和数据线位宽构建了两个不同的 RAM 模块
ram  #(12)  ram1(input1,input2,…,output1,output2,…); //地址线位宽为 12,
                                                       //数据线位宽仍为 8
ram  #(20,4)  ram2(input1,input2,…,output1,output2,…);//地址线位宽为 20,
                                                       //数据线位宽为 4
endmodule
```

除了在引用模块时可以定义参数型变量的值，还可以通过使用 defparam 语句改变参数型变量的值。例 10.6 在模块 modify_parameter 中更改了例 10.5 中 RAM2 的地址线的位宽。

【例 10.6】使用 defparam 语句更改 parameter 型变量的值。

```
module  modify_parameter;
defparam  top.ram2.ADDWIDTH=16;  //修改 RAM2 的地址线位宽为 16
endmodule
```

（4）数组

一组寄存器型的变量可以定义为数组，其对应于实际电路中的存储器模块（RAM、ROM等）。例如：

```
reg  [7:0]  mem[15:0];    //定义了一个 16*8 位的存储器 mem
```

前面的 reg　[7:0]　mem 与定义一个 8 位的寄存器的方法和含义是相同的，后面的[15:0]表示数组所包含的元素数，数组的下标的取值范围是 0～15。使用 integer、real、time 定义的寄存器型变量虽然不能定义位宽，但可以定义为数组，例如：

```
integer  mem[0:7]          //定义了一个整数型数组，相当于一个 8×32 位的存储器
real  mem[7:0]             //定义了一个时间型数组，相当于一个 8×64 位的存储器
time  mem[0:7]             //定义了一个实型数组，相当于一个 8×64 位的存储器
```

10.3　Verilog HDL 的基本语句

10.3.1　过程结构语句

Verilog HDL 中的多数过程模块都从属于以下两种过程语句：initial 和 always。一个程序模块可以有多个 initial 和 always 过程块，每个 initial 和 always 说明语句在仿真一开始即执行。initial 语句常用于仿真中的初始化，只执行一次，而 always 语句则是不断地重复执行，直到仿真过程结束。always 过程语句是可综合的，在可综合的电路设计中广泛采用。

1. initial 语句

initial 语句的语法格式如下：

```
initial
    语句块
```

其中，语句块的格式为

```
<块定义语句 1>
时间控制 1   行为语句 1;
…
时间控制 n   行为语句 n;
<块定义语句 2>
```

initial语句不带触发条件，沿时间轴只执行一次。该语句通常用于仿真模块中对激励信号的描述，或用于给寄存器变量赋初值，它是面向模拟仿真的过程语句，通常不被逻辑综合工具支持。

【例 10.7】 用 initial 语句在仿真开始时对各变量进行初始化。

```
initial
   begin
      a='b000000;              //初始时刻是 0
      #10  a='b011000;         //延迟 10 个时间单位后 a 赋予新值 011000
      #10  a='b011010;
      #10  a='b011011;
      #10  a='b010011;
      #10  a='b001100;
   end
```

从该例子中可以看到，可用 initial 语句生成激励波形作为电路的测试仿真信号。

2. always 语句

always 过程块是由 always 过程语句和语句块组成的，其语法格式如下：

```
always  @  (敏感信号表达式)
    语句块
```

其中，语句块的格式为

```
<块定义语句 1>
时间控制 1   行为语句 1;
…
时间控制 n   行为语句 n;
<块定义语句 2>
```

其中，@ <敏感信号表达式>是可选项，有敏感事件列表的语句块称为"由事件控制的语句块"，它的执行受敏感事件的控制。

always 过程语句通常带有触发（激活）条件，只有当触发条件被满足时，其后的块语句才真正开始执行。如果触发条件默认，则认为触发条件始终被满足。该语句在测试模块中一般用于对时钟的描述，但更多地用于对硬件功能模块的行为描述。由于其不断重复执行的特性，所以只能和一定的时序控制结合在一起才有用。

【例 10.8】always 语句示例。

```
reg[7:0] counter;
reg tick;
   always @(posedge areg)    /*当 areg 信号的上升沿出现时把 tick 信号反相,并且把
                               counter 增加 1*/
begin
   tick=~tick;
   counter=counter+1;
end
```

always 的时间控制为边沿触发或电平触发。单个信号触发也可多个信号触发，如多信号中间需要用关键字 or 连接。例如：

```
always @(posedge areg or posedge clock)          //两个边沿触发
always @(a or b or c)                            //多个电平触发
```

边沿触发的 always 块常用于描述时序逻辑，可被综合工具自动转换为寄存器组合门级逻辑；电平触发的 always 块常用来描述组合逻辑或带锁存器的组合逻辑，可被转换为表示组合逻辑的门级逻辑或带锁存器的组合逻辑。一个模块中可以有多个 always 块，它们都是并行运行的。

10.3.2 语句块

语句块是由块标志符 begin-end 或 fork-join 界定的一组语句，当块语句只包含一条语句时，块标志符可以省略。

1. 顺序语句块

顺序语句块的语句按给定次序顺序执行。每条语句中的延时值与其前面语句执行的模拟时间相关。一旦顺序语句块执行结束，跟随顺序语句块过程的下一条语句继续执行。语法格式如下：

```
begin
   时间控制 1 行为语句 1;
   …
   时间控制 n 行为语句 n;
 end
```

【例 10.9】begin-end 语句示例，图 10.4 为其激励波形。

```
begin
   a=0;b=1;sel=0;       //加入激励信号，即产生输入 a、b、sel
   #10 b=0;             //#10 语句间延迟时间
   #10 b=1;sel=1;
   #10 a=1;
end
```

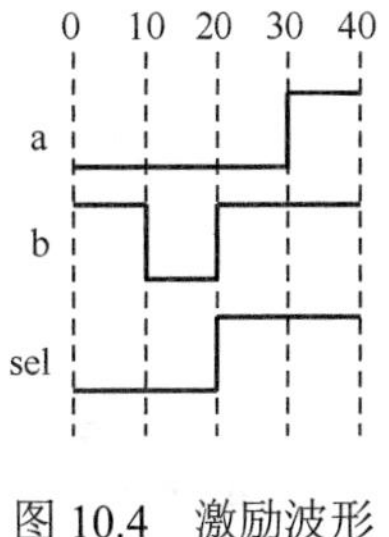

图 10.4　激励波形

2. 并行语句块

并行语句块内的语句是同时执行的，即程序流程控制一进入该并行块，块内的语句就开

始同时执行；块内每条语句的延迟时间是相对于程序流程控制进入块内的仿真时刻而言的；延迟时间用来给赋值语句提供执行时序；当按时间顺序排序在最后的语句执行完后，或一个disable语句执行时，程序流程控制跳出该程序块。

并行语句块的语法格式与顺序语句块的语法格式相似，将begin-end换成fork-join即可。

【例 10.10】fork-join 语句示例。

```
fork
    a=0;b=1;sel=0;
    #10 b=0;
    #20 b=1;sel=1;
    #30 a=1;
join
```

10.3.3 时序控制

时序控制用来对过程块中各条语句的执行时间（时序）进行控制。Verilog HDL 提供了两种类型的时序控制：

（1）延时控制；

（2）事件控制。

1. 延时控制

延时控制为行为语句的执行指定一个延迟时间，语法格式如下：

```
#<延迟时间> 行为语句;        或           #<延迟时间>;
```

其中，符号“#”是延时控制的标识符，<延迟时间>是指定的延迟时间的大小，它是以多个仿真时间单位的形式给出的。

【例 10.11】延时控制示例。

```
module clk_gen(clk);
output clk;
reg clk;
    initial
        clk=0;
                #10 clk=1;   /*这是第一种延时方式，仿真进程在遇到这条带有延时控制的行
                               为语句时，延迟等待到<延迟时间>所指定的时间量后，执行行
                               为语句指定的操作*/
                #10;         /*这是第二种延时方式，仿真进程在遇到这条语句时不执行任何
                               操作，而是进入一种等待状态，等到过了所指定的时间量后继
                               续执行下一条语句*/
        #30 clk=0;
    end
endmodule
```

2. 事件控制

事件控制为行为语句的执行由指定触发事件触发，分为电平敏感事件触发和边沿敏感事件触发。

（1）电平敏感事件触发。

触发条件是指定的条件表达式为真。电平敏感事件控制用关键词“wait”来表示，有以下 3 种表示方式：

```
wait(条件表达式) 语句块;
wait(条件表达式) 行为语句;
wait(条件表达式);
```

当执行到电平敏感事件控制语句时，条件表达式的值为“真”，行为语句立即执行，否则一直等到条件表达式变为“真”时才开始执行。例如：

```
wait (enable)                //当 enable 为高电平时执行加法
sum=a+b;
```

（2）边沿敏感事件触发。

在边沿敏感事件触发的事件控制方式下，行为语句的执行需要由指定事件的发生来触发，也就是在指定信号的跳变沿才触发语句的执行；当信号处于稳定状态时，不会触发语句的执行。边沿敏感事件控制的语法格式有以下 4 种：

```
@(信号名)                       //信号名有变化时就触发事件
@(posedge 信号名)               //信号名有上升沿就触发事件
@(negedge 信号名)               //信号名有下降沿就触发事件
@(敏感事件 1or 敏感事件 2or…)    //敏感事件之一触发事件
```

事件控制语句通常与 always 语句联合使用，用来构建逻辑电路中常见的功能模块，每个 always 过程最好只由一种类型的敏感信号来触发，而不要将边沿敏感型和电平敏感型信号列在一起。

10.3.4　赋值语句

Verilog HDL 有两种变量赋值的语句，一种称为连续赋值，另一种称为过程赋值。连续赋值语句是数据流描述方式的赋值语句；而过程赋值语句则是行为描述方式，过程赋值又分为阻塞赋值和非阻塞赋值两种。

1. 连续赋值

连续赋值是为线网型变量提供驱动的一种方法，只能为线网型变量赋值，并且线网型变量也必须用连续赋值的方法赋值。以关键字 assign 开头，后面跟着“=”赋值的语句。语法格式如下：

```
assign  net_value=expression(表达式);
```

其中，net_value 为线网型（wire）变量；expression 为赋值操作表达式，可以是常量、有运算符（如逻辑运算符、算术运算符）参与的表达式。例如：

```
wire  a,b;            //定义了两个 1 位的输入信号
wire  out1,out2;      //定义两个 1 位的输出信号
assign out1=a&b;      //out1 输出了 a 和 b 的与值
assign out2=a|b;      //out2 输出了 a 和 b 的或值
```

在本例中，有两个连续赋值语句。这些赋值语句是并发的，与其书写的顺序无关。连续

赋值语句执行时，只要等号右侧的操作数上有事件发生（操作数值的变化），右端表达式即被计算，如果结果值有变化，新结果就赋给等号左侧的线网型变量。

2. 过程赋值

过程赋值语句是最常见的赋值形式，等号左侧是赋值目标，等号右侧是表达式。它有如下特点：

- 只出现在 initial（主要用于仿真）和 always（主要用于设计）语句块内。
- 只能给寄存器变量赋值。
- 右端表达式可以是任何表达式。

在硬件中，过程赋值语句表示用语句右端表达式所推导出的逻辑来驱动该赋值语句的左端变量。有两种赋值方式：阻塞（Blocking）赋值方式，使用“=”；非阻塞（Non-Blocking）赋值方式，使用“<=”。

（1）阻塞赋值语句。

阻塞赋值的操作符是等号（“=”），例如：

```
b=a;
```

阻塞赋值语句在执行时，先计算右端表达式的值，然后赋值给等号左侧的目标，在完成整个赋值之前不能被其他语句打断。

（2）非阻塞赋值语句。

非阻塞赋值的操作符是“<=”，例如：

```
b<=a;
```

非阻塞过程赋值只能用于寄存器赋值。非阻塞赋值在所在块结束之后才能真正完成赋值操作。

10.3.5 分支语句

Verilog HDL 语言中有两种分支语句：if-else 条件分支语句和 case 分支控制语句。

1. if-else 语句

if 语句用来判定所给的条件是否满足决定执行给出的两种操作之一。Verilog HDL 语言提供三种形式的 if 语句。

① `if(条件表达式) 块语句`

当条件表达式为逻辑真时执行块语句，其他情况下（如为 0、x、z）均为条件不成立；一条没有 else 语句的 if 语句映射到硬件上会形成一个锁存器。例如：

```
always@(enable or data)
begin
    if(enable)
        out=data;
end
```

② if(表达式) 语句 1
　else 语句 2

【例 10.12】if-else 语句示例。

```
always@(enable or a or b)
begin
   if(enable)                    //enable=1 时执行
      out=a;
   else                          //enable≠1 时执行
      out=b;
end
```

综合的结果产生一个二选一的多路选择器，它的等效语句是

```
assign out=(enable)?a:b;
```

③ if(条件表达式 1) 块语句 1
　else if(条件表达式 2) 块语句 2
　…
　else if(条件表达式 *n*) 块语句 *n*
　else 块语句 *n*+1

这种形式常用于多路选择控制，条件判断的先后顺序隐含着条件的优先级关系，如无标识符，else 语句与最近的 if 配对。

2. case 语句

case 分支语句是另一种用来实现多路分支选择控制的语句。case 分支语句通常用于对微处理器指令译码功能的描述和有限状态机的描述。它有 case、casez 和 casex 三种形式，其语法格式如下：

```
case(敏感表达式)
   值 1: 块语句 1
   值 2: 块语句 2
   …
   值 n: 块语句 n
   default: 块语句 n+1           //默认分支
endcase
```

case 语句首先对敏感表达式求值，然后依次对各分支项求值并进行比较，第一个与条件表达式值相匹配的分支中的语句被执行，执行完这个分支后将跳出 case-endcase 语句。默认分支覆盖所有没有被分支表达式覆盖的其他分支。

Verilog HDL 针对电路的特性还提供了 case 语句的另外两种形式：casez 和 casex。casez 语句忽略比较表达式两边的 z 部分，casex 语句忽略比较表达式的 x 部分和 z 部分，即在表达式进行比较时，不将该位的状态考虑在内。这样，在 case 语句表达式进行比较时，就可以灵活地设置对信号的某些位进行比较。

【例 10.13】casez 和 casex 语句示例。

```
casez(a)
   3'b10z:  out=1;              //当 a=100、101、10z 时，都有 out=1;
```

```
casex(a)
    3'b10x:  out=1;                    //当a=100、101、10x、10z时，都有out=1;
```

10.3.6 循环语句

Verilog HDL中有4种类型的循环语句，分别是forever循环语句、repeat循环语句、while循环语句和for循环语句，它们都只能在initial或always语句模块中使用。

1．forever循环语句

forever循环语句常用于产生周期性的波形，用来作为仿真测试信号，它是一条永远循环执行的语句，不需要声明任何变量。其一般形式如下：

```
forever 语句;
```

或

```
forever
    begin
        多条语句
    end
```

它与always语句的不同处在于不能独立写在程序中，而必须写在initial块中。

【例10.14】forever语句示例。

```
reg clk;                    //定义一个寄存器变量clk
initial
    begin
        clk=0;              //clk初始值为0
            forever         /* 这种行为描述方式可以非常灵活地描述时钟，可以控制
                               时钟的开始时间及周期占空比，仿真效率也高*/
        begin
            #10 clk=1       //延迟10个时间单位后clk值为1
            #5 clk=0        //延迟5个时间单位后clk值为0
        end
    end
```

2．repeat循环语句

repeat循环语句是将一条语句循环执行确实的次数。repeat语句的一般形式如下：

```
repeat(循环次数表达式) 语句;       //循环次数表达式通常为常量表达式
```

或

```
repeat(循环次数表达式)
    begin
        多条语句
    end
```

3．while循环语句

while 循环语句有一个条件控制表达式，当这个条件满足时重复执行过程语句。其一般形式如下：

```
while(条件表达式) 语句;
```

或

```
while(条件表达式)
   begin
      多条语句
   end
```

【例 10.15】while 语句示例，用 while 循环语句对 count 进行计数和输出。

```
initial
   begin
      count=0;
      while(count<10)                     //当 count 值小于 10 时执行下面语句
         begin
            $display("count%d",count);  //向屏幕输出 count 的值
            #10 count=count+1;            //延迟 10 个时间单位后，count 值加 1
         end
   end
```

4. for 循环语句

Verilog HDL 中的 for 循环语句与 C 语言中的 for 循环语句类似，其一般形式如下：

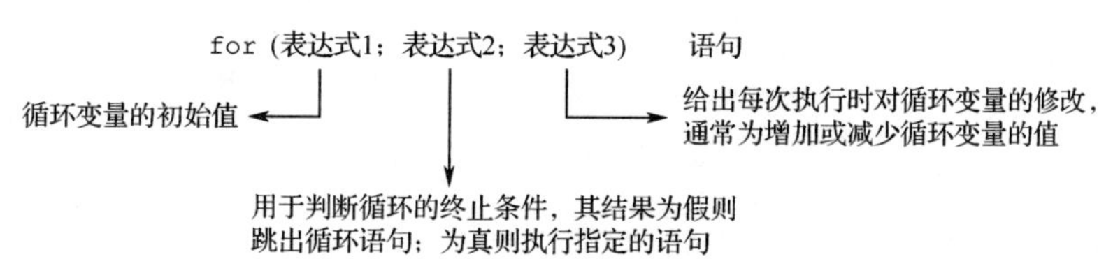

for 循环语句最简单的应用形式如下：

```
for(循环变量赋初值;循环结束条件;循环变量增值)
```

【例 10.16】for 语句示例。

```
initial
   for(a=0;a<10;a=a+1)          /*a 初值为 0，当 a<10 时执行下面的语句并自增 1，
                                  循环判断，直至跳出循环*/
   begin
      $display("a%d",a);       //向屏幕输出 a 的值
   End
```

10.4　Verilog HDL 程序设计实例

数字电路的两个主要分支为组合电路和时序电路。本节主要结合组合逻辑电路和时序逻辑电路的基本知识，以及前三节介绍的 Verilog HDL 程序编写基础，分别描述常用的组合逻辑电路和时序逻辑电路，同时通过 Quartus II 软件工具对这些电路进行仿真验证。

10.4.1　基本逻辑门电路设计

【例 10.17】基本逻辑门电路示例 1。

```
//结构化描述方式
module basegate (a, b, noto, ando, oro);      //模块名，端口列表
input a;                       //输入端口声明
input b;
output ando;                   //输出端口声明
output noto;
output oro;
and uand (ando, a, b);         //调用 Verilog HDL 语言原语 and、not、or 模块
not unot (noto, a);
or uor (oro, a, b);
endmodule                      //模块结束语句
```

综合后生成的寄存器传输级结构如图 10.5 所示。

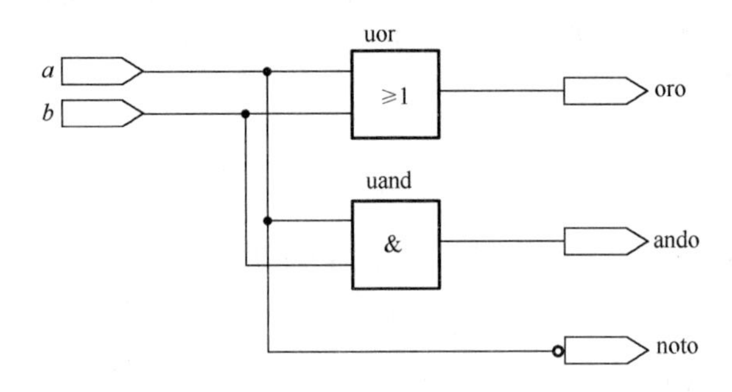

图 10.5　基本逻辑门的寄存器传输级结构

Verilog HDL 中提供下列内置基本逻辑门。

- 多输入门：and，nand，or，nor，xor，xnor；
- 多输出门：buf，not；
- 三态门：bufif0，bufif1，notif0，notif1；
- 上拉电阻、下拉电阻：pullup，pulldown；
- MOS 开关：cmos，nmos，pmos，rcmos，rnmos，rpmos；
- 双向开关：tran，tranif0，tranif1，rtran，rtranif0，rtranif1。

【例 10.18】基本逻辑门电路示例 2。

```
// 数据流描述方式
module gate(a0,a1,yand ,yor ,ynot, ynand, ynor, yxor, yxnor);
  input a0,a1;
  output yand , yor, ynot, ynand , ynor , yxor , yxnor ;
    assign yand = a0&a1;          //与运算
    assign yor  = a0|a1;          //或运算
    assign ynot = ~a0;            //非运算
    assign ynand = ~(a0 & a1);    //与非
    assign ynor = ~( a0|a1);      //或非
    assign yxor = a0^a1 ;         //xor 异或
```

```
   assign yxnor = ~(a0 ^ a1);     //xnor 同或
endmodule
```

【例 10.19】基本逻辑门电路示例 3。

```
//行为描述方式
module basegate (a, b, noto, ando, oro);          //模块名，端口列表
input a;                                          //输入端口声明
input b;
output ando;                                      //输出端口声明
output noto;
output oro;
reg ando, noto, oro;                  //在 always 语句中被赋值对象应声明为 reg 型
always @ (a or b)                     //always 过程连续赋值
begin
   ando <= a&b;
  noto <=~a;
  oro <=a | b;
end
endmodule                             //模块结束语句
```

三种描述方式综合后的结果是一样的，这就给我们编写代码提供了方便。不需要为选择哪种方式来描述电路而烦恼，只需要选择喜欢的、容易编写的或容易读明白的方式进行代码编写即可。在进行简单设计时可选择数据流描述方式，在进行复杂电路设计时可选择行为描述方式，在进行多模块电路设计时可选择结构化描述；在上述方式都不适合的情况下，可以选择以上三种混合的方式进行设计。

进行基本门电路波形功能仿真，仿真报告的波形如图 10.6 所示。

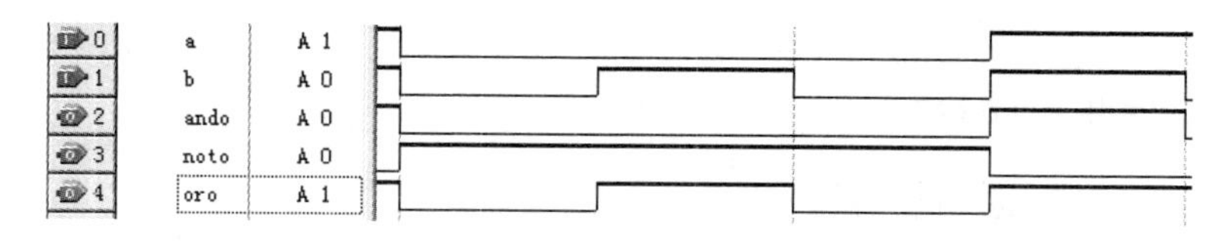

图 10.6　基本逻辑门电路的波形功能仿真

【例 10.20】组合门电路示例。

```
//数据流描述方式
module cominationgate (a, b, nando, noro, xoro, nxoro);  //模块名，端口列表
input a;                                   //输入端口声明
input b;
output nando;                              //输出端口声明
output noro;
output xoro;
output nxoro;
assign nando =~ (a & b);                  //assign 持续赋值语句
```

```
assign noro =~ (a | b);
assign xoro = (a & ~b) | (~a & b);
assign nxoro = (a & b) | (~a & ~b);
endmodule                                    //模块结束语句
```

综合后生成的寄存器传输级结构如图 10.7 所示。进行组合门电路的波形功能仿真，如图 10.8 所示。

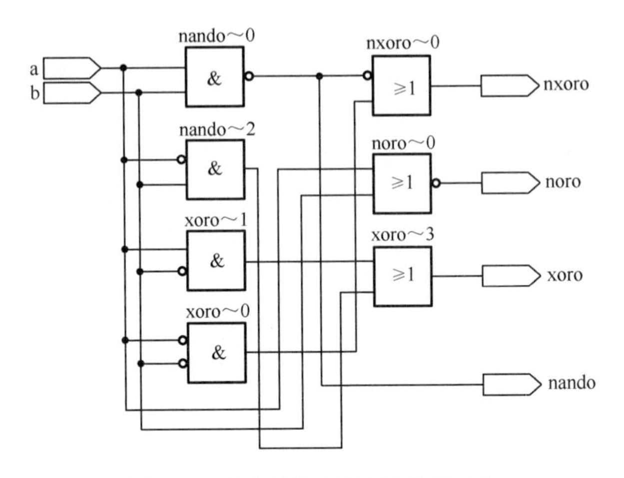

图 10.7　组合门的寄存器传输级结构

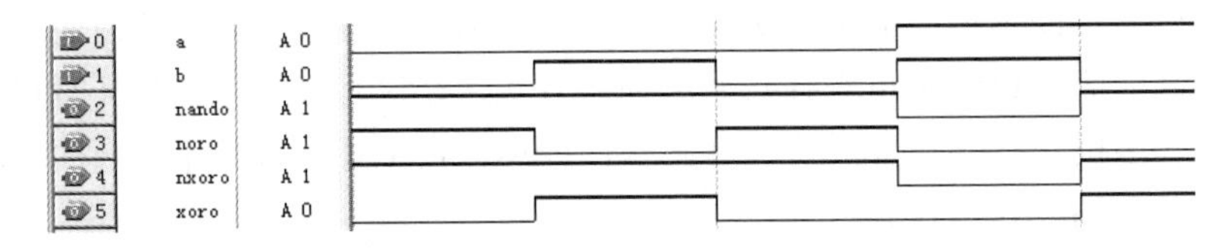

图 10.8　组合门电路的波形功能仿真

10.4.2　组合逻辑电路设计

本节介绍常见组合逻辑电路的设计。

1. 1 位半加法器设计

1 位半加法器由两个二进制 1 位输入端 *a* 和 *b*、1 位和输出端 sum 及 1 位进位输出端 cout 构成，其真值表如表 10.5 所示。

表 10.5　1 位半加法器真值表

a	*b*	sum	cout
0	0	0	0
0	1	1	0
1	0	1	0
1	1	0	1

输出 sum、cout 与输入 a、b 的逻辑关系为

$$\text{sum} = a \oplus b = \overline{a}b + a\overline{b} = (a+b)(\overline{a}+\overline{b}) = (a+b)\overline{ab}$$

$$\text{cout} = ab = \overline{\overline{ab}}$$

从半加法器的逻辑关系可以看出，其包含一个异或门和一个与门。

本实例设计 1 位半加法器模块 adder，其外部接口示意如图 10.9 所示，输入分别定义为 a、b，进位输出和结果分别定义为 cout、sum，声明为 wire 数据类型，数据流语句采用 assign 赋值语句。

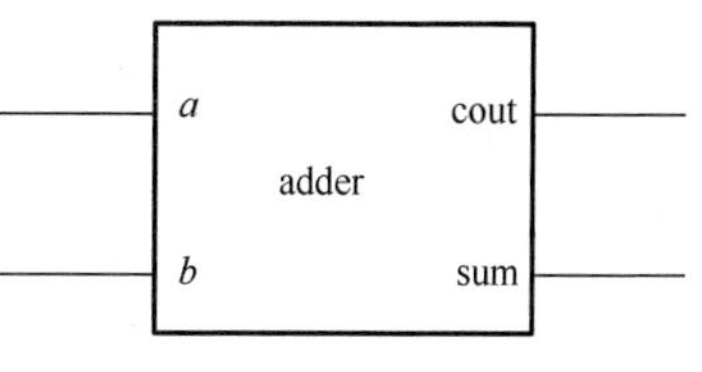

图 10.9　1 位半加法器 adder

【例 10.21】1 位半加法器 adder 设计示例。

```
module adder (cout, sum, a, b);  //模块名，端口列表
output      cout;                //输出端口声明
output      sum;
input          a, b;             //输入端口声明
wire        cout, sum;           //wire 变量声明
assign  { cout, sum } =a+b;      //数据流语句 a+b 相加
endmodule                        //模块结束语句
```

功能仿真波形如图 10.10 所示。a=0，b=0 时，cout=0，sum=0；a=0，b=1 时，cout=0，sum=1；a=1，b=0 时，cout=0，sum=1；a=1，b=1 时，cout=1，sum=0。

对比半加法器仿真波形和真值表相同，可验证功能正确。

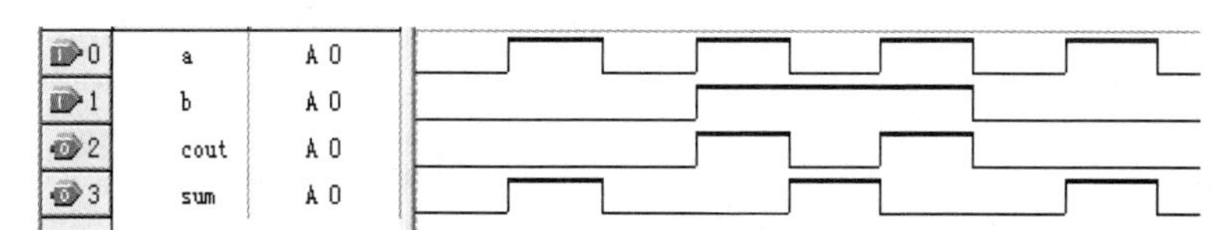

图 10.10　1 位半加法器的功能仿真波形

2. 1 位全加法器设计

在全加法器设计中，将第 i 位的输出进位作为第 i+1 位的输入。1 位全加法器真值表如表 10.6 所示，从中可以得出输出 sum、cout 与输入 a、b、cin 的逻辑关系为

$$\text{sum} = a \oplus b \oplus \text{cin}$$

$$\text{cout} = ab + b\text{cin} + a\text{cin} = ab + (a \oplus b)\text{cin}$$

表 10.6　1 位全加法器真值表

a	b	cin	cout	sum
0	0	0	0	0
0	0	1	0	1
0	1	0	0	1
0	1	1	1	0
1	0	0	0	1

续表

a	*b*	cin	cout	sum
1	0	1	1	0
1	1	0	1	0
1	1	1	1	1

从全加法器的逻辑关系可以看出，其包含两个异或门、两个与门和一个或门。

1 位全加法器 full_add 顶层的外部接口示意如图 10.11 所示，*a*、*b*、cin 分别表示两个输入及进位，cout、sum 表示进位输出与结果：

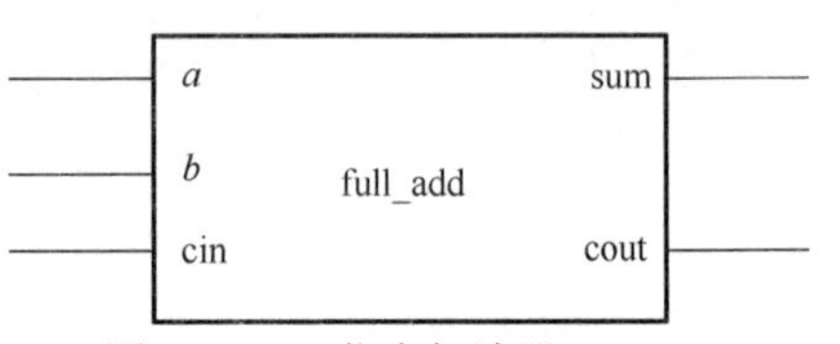

图 10.11　1 位全加法器 full_add

cout=((a&b)|(b&cin)|(a&cin)), sum=(a^b)^cin。

【例 10.22】1 位全加法器 full_add 设计示例。

```
module full_add (a, b, cin, sum, cout);  //模块名，端口列表
input a, b, cin;                         //输入端口声明
output sum, cout;                        //输出端口声明
reg sum, cout;
reg m1, m2, m3;                          //变量声明
always @ (a or b or cin)                 //always 过程连续赋值
begin
sum = ( a^b ) ^ cin;
m1=a&b;
m2=b&cin;
m3=a&cin;
cout= ( m1|m2 ) | m3;
end
endmodule                                //模块结束语句
```

always 语句是过程连续赋值语句，always 语句中有一个与事件控制（紧跟在字符@后面的表达式）相关联的顺序过程（begin-end 对）。这意味着只要 *a*、*b* 或 cin 上发生事件，即 *a*、*b* 或 cin 任意一值发生变化，顺序过程就被执行。在顺序过程执行中，语句顺序执行，并且在顺序过程执行结束后被挂起。顺序过程执行完成后，always 语句再次等待 *a*、*b* 或 cin 上发生的事件。

综合后生成的寄存器传输级结构如图 10.12 所示。功能仿真波形如图 10.13 所示。

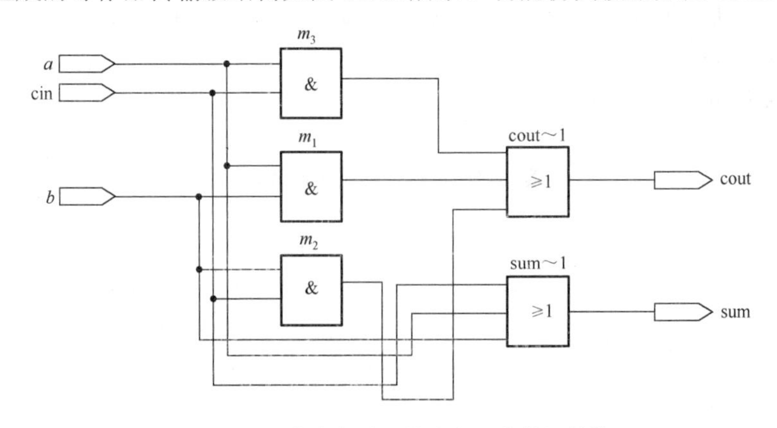

图 10.12　1 位全加法器的寄存器传输级结构

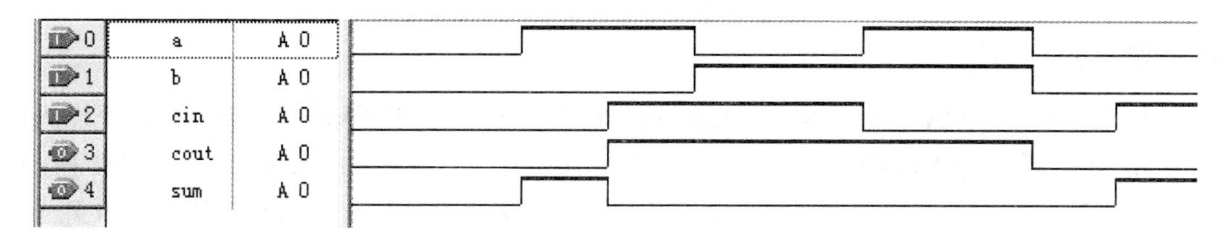

图 10.13　1 位全加器的功能仿真波形

a=0，b=0，cin=0 时，cout=0，sum=0；a=0，b=0，cin=1 时，cout=0，sum=1；a=0，b=1，cin=0 时，cout=0，sum=1；a=0，b=1，cin=1 时，cout=1，sum=0；a=1，b=0，cin=0 时，cout=0，sum=1；a=1，b=0，cin=1 时，cout=1，sum=0；a=1，b=1，cin=0 时，cout=1，sum=0；a=1，b=1，cin=1 时，cout=1，sum=1。加法器仿真波形和真值表相同。

3. 8 线-3 线编码器设计

下面的实例设计一个 3 位二进制编码器，如图 10.14 所示，8 位输入端，即 I_0～I_7，3 位输出端，即 Y_0～Y_2，其真值表如表 4.5 所示。

【例 10.23】 8 线-3 线编码器设计示例。

```
module code8_3 (I, Q);         //模块名，端口列表
input [7:0] I;                 //输入端口声明
output [2:0] Q;                //输出端口声明
reg [2:0] Q;                   //变量声明
always @ (I)                   //always 过程连续赋值
 begin
     case (I)                  //在 case 语句中实现编码过程
     8'b0000_0001:Q =3'b111;
     8'b0000_0010:Q =3'b110;
     8'b0000_0100:Q =3'b101;
     8'b0000_1000:Q =3'b100;
     8'b0001_0000:Q =3'b011;
     8'b0010_0000:Q =3'b010;
     8'b0100_0000:Q =3'b001;
     8'b1000_0000:Q =3'b000;
     default:    Q =3'bxxx;
     endcase
 end
endmodule                      //模块结束语句
```

Y_2　Y_1　Y_0

普通编码器

I_0　I_1　I_2　I_3　I_4　I_5　I_6　I_7

图 10.14　8 线-3 线编码器

功能仿真波形如图 10.15 所示，I 表示编码器的输入，Q 表示输出。通过观察，可以得到仿真结果和前述设计的二进制编码器完全一致。当 I 分别为“00000001”“00000010”“00000100”“00001000”“00010000”等，即“1”“2”“4”“8”“16”等时，Q 对应地分别为“111”“110”“101”“100”“011”等。

0	I	A [0]	[1] [2] [4] [8] [16]
9	Q	A [0]	[7] [6] [5] [4] [3]

图 10.15　8 线-3 线编码器的功能仿真波形

4．3线-8线译码器

本实例为设计3线-8线译码器74LS138。它有3个二进制输入端 a、b、c 和8个译码输出端 Y_0～Y_7。除了输入端和输出端，3线-8线译码器还有3个附加控制输入端e1、e2和e3。当[e1 e2 e3]=100时，译码器处于工作状态；当[e1 e2 e3]≠100时，译码器被禁止，即 Y_0～Y_7 输出均为高电平。3线-8线译码器的功能表如表10.7所示。

表10.7　3线-8线译码器真值表表

输入						输出							
e1	e2	e3	c	b	a	Y_0	Y_1	Y_2	Y_3	Y_4	Y_5	Y_6	Y_7
x	1	x	x	x	x	1	1	1	1	1	1	1	1
x	x	1	x	x	x	1	1	1	1	1	1	1	1
0	x	x	x	x	x	1	1	1	1	1	1	1	1
1	0	0	0	0	0	0	1	1	1	1	1	1	1
1	0	0	0	0	1	1	0	1	1	1	1	1	1
1	0	0	0	1	0	1	1	0	1	1	1	1	1
1	0	0	0	1	1	1	1	1	0	1	1	1	1
1	0	0	1	0	0	1	1	1	1	0	1	1	1
1	0	0	1	0	1	1	1	1	1	1	0	1	1
1	0	0	1	1	0	1	1	1	1	1	1	0	1
1	0	0	1	1	1	1	1	1	1	1	1	1	0

3线-8线译码器的Verilog HDL程序如下，其中，利用if-else语句来判断译码器是否处于工作状态，如果译码器处于工作状态，通过将c、b、a用位拼接运算符拼接成3位的信号，在case语句中进行相应的译码过程。模块代码如下。

【例10.24】3线-8线译码器设计示例。

```
module decoder3_8 (Y, a, b, c, e1, e2, e3); //模块名，端口列表
output [7:0] Y;                              //输出端口声明
input a, b, c;                               //输入端口声明
input e1, e2, e3;
reg [7:0] Y;                                 //变量声明
always @ (a or b or c or e1 or e2 or e3)     //always过程连续赋值
  begin
       if ((e1==1) & (e2==0) & (e3==0))      //判断译码器是否处于工作状态
           begin
               case ({c, b, a})        //将c、b、a用位拼接运算符拼接成3位信号
               3'd0:Y=8'b1111_1110;    //在case语句中实现译码过程
               3'd1:Y=8'b1111_1101;
               3'd2:Y=8'b1111_1011;
               3'd3:Y=8'b1111_0111;
               3'd4:Y=8'b1110_1111;
               3'd5:Y=8'b1101_1111;
               3'd6:Y=8'b1011_1111;
               3'd7:Y=8'b0111_1111;
```

```
              default:Y =8'bX;
              endcase
          end
      else
          Y=8'b1111_1111;
  end
endmodule                                          //模块结束语句
```

3 线-8 线译码器的波形功能仿真结果如图 10.16 所示，功能波形仿真与功能表相一致。

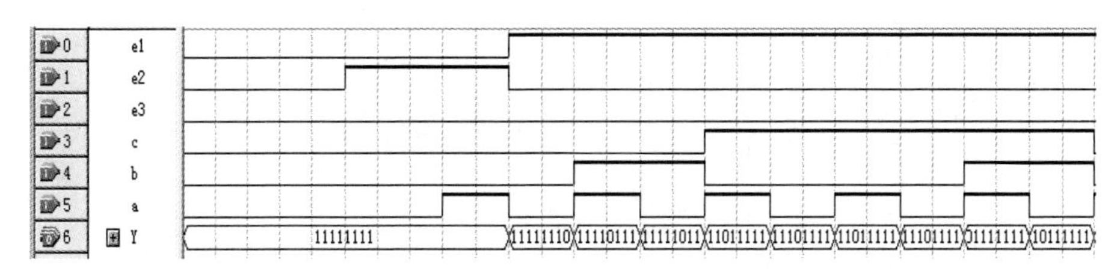

图 10.16　3 线-8 线译码器的波形功能仿真

5. 数据选择器

数据选择器的功能是，根据选择信号决定哪路输入信号送到输出信号。输出信号不仅与输入信号有关，还与选择信号有关。下面的实例设计一个 4 选 1 数据选择器，其寄存器传输级结构如图 10.17 所示。其中，a,b,c,d 为数据输入端，sel 为数据选择端，en 为使能端。数据选择器的 Verilog HDL 语言代码如下。

【例 10.25】 4 选 1 数据选择器示例。

```
module dataselector (a, b, c, d, sel, en, y);  //模块名，端口列表
input a;                    //输入端口声明
input b;
input c;
input d;
input [1:0] sel;
input en;
output y;                   //输出端口声明
reg y;                      //在 always 语句中被赋值的信号要声明为 reg 类型
always @ (a or b or c or d or sel or en)   //always 过程连续赋值
begin
 if (1'b1 ==en)             //判断使能信号 en 是否有效
 begin
     case (sel)             //在 case 语句中实现数据选择过程
     2'b00:
         y <= a;
     2'b01:
         y <= b;
     2'b10:
         y <=c;
     2'b11:
         y <=d;
     default:
         y <=1'bz;
     endcase
 end
 else
     y <=1'bz;              //使能信号为低无效时，输出 y 为高阻态
```

```
    end
    endmodule                    //模块结束语句
```

综合后生成的寄存器传输级结构如图 10.17 所示。功能仿真波形如图 10.18 所示，当使能信号 en 为高有效，信号 sel 分别为 0、1、2、3 时，输出信号 y 分别等于输入信号 a、b、c、d；当使能信号 en 为低无效时，输出信号 y 为高阻态。

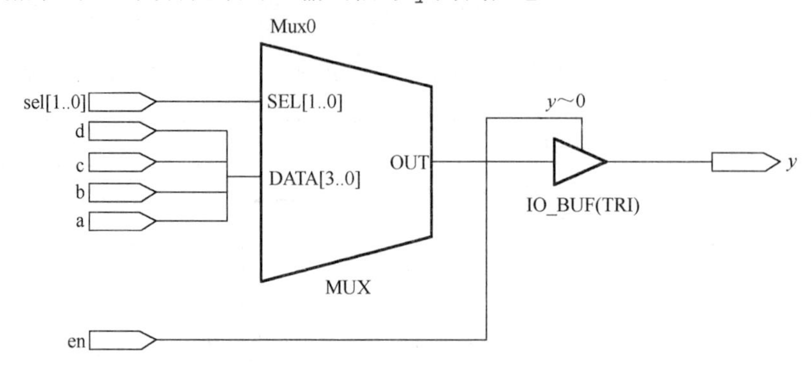

图 10.17　数据选择器的寄存器传输级结构

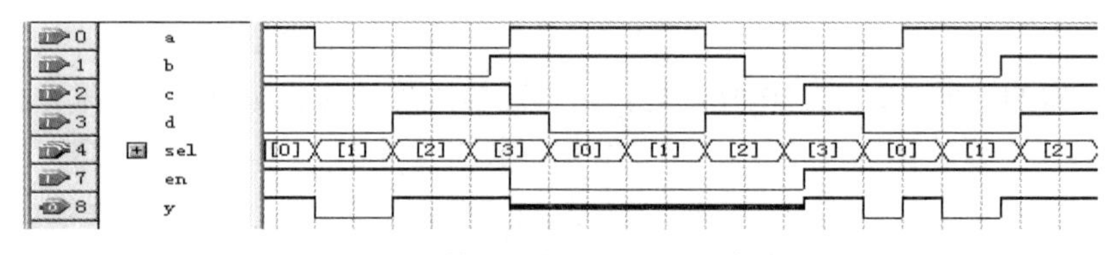

图 10.18　数据选择器的功能仿真波形

10.4.3　时序逻辑电路设计

在数字系统中，除了组合逻辑电路，时序逻辑电路也是数字系统中重要的组成部分。其中，计数器、触发器、锁存器、寄存器、分频器等是常用的时序逻辑电路。

1. 基本 D 触发器设计

在多种触发器中，D 触发器是最简单、最常用的一种触发器。基本 D 触发器的逻辑符号如图 10.19 和图 10.20（带异步复位和置数功能）所示，它具有一个数据输入端口 d、一个时钟输入端口 clk 和一个输出端口 q。其工作原理为，当时钟信号 clk 上升沿到来时，输入端口 d 的数据传递给输出端口 q；否则，输出端口将保持原来的值。

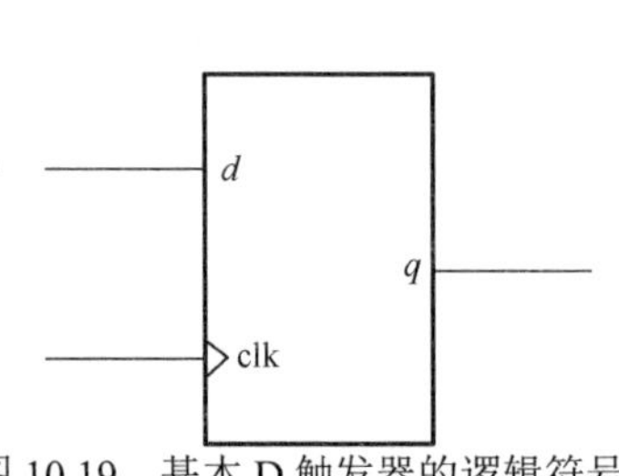

图 10.19　基本 D 触发器的逻辑符号

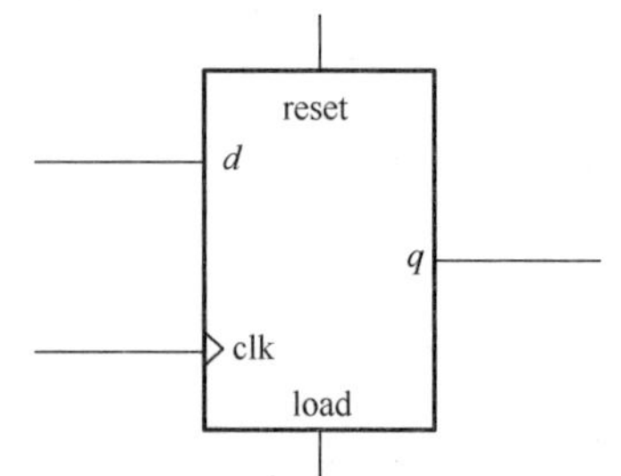

图 10.20　带异步复位和置数功能的 D 触发器逻辑符号

基本 D 触发器的 Verilog HDL 代码在例 10.26 中给出。

【例 10.26】基本 D 触发器示例。

```
module dtrigger (clk, d, q);
input clk;                    //时钟信号
input d;                      //D 触发器输入信号
output q;                     //D 触发器输出信号
reg q;                        //在 always 语句中被赋值的信号要声明为 reg 型
always @ (posedge clk)        //clk 上升沿语句，下降沿为 negedge clk
begin
     q <= d;
end
endmodule
```

综合后生成的寄存器传输级结构如图 10.21 所示。功能仿真波形如图 10.22 所示，输入信号时钟为 clk，输入数据为 d，输出信号为 q。从图中可以看出，输出信号 q 与输入数据 d 的波形基本一致，但输出信号相对于输入数据延迟半个周期。这说明，D 触发器对输入信号的采样在时钟信号的上升沿。

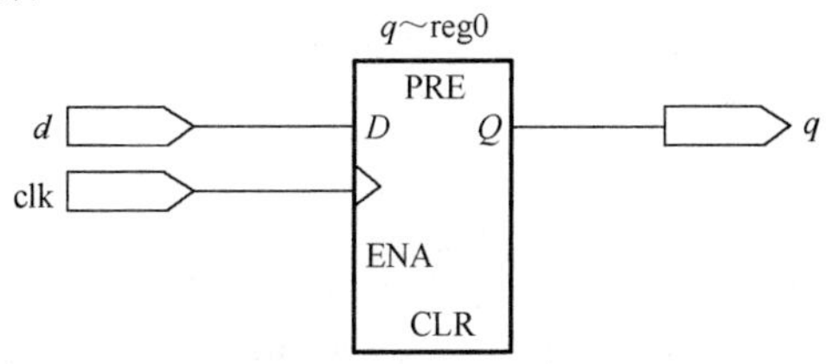

图 10.21　基本 D 触发器的寄存器传输级结构图

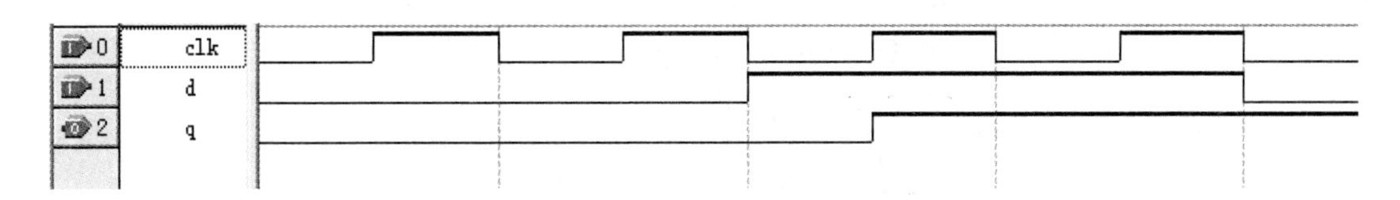

图 10.22　基本 D 触发器的功能仿真波形

2．带异步复位和置数功能的 D 触发器

带异步复位和置数功能的 D 触发器的逻辑符号如图 10.20 所示，它在基本 D 触发器的基础上加了一个复位端口 reset、一个置数端口 load。异步是指只要置数/复位控制端口的信号有效，D 触发器就会立刻执行置数或复位操作，也就是与时钟信号无关。下面给出其 Verilog HDL 代码。

【例 10.27】带异步复位和置数功能的 D 触发器示例。

```
module dff_rst_ld (clk, reset, load, d, q);
 input clk, d, reset, load;
 output q;
 reg q;
 always @ (posedge clk or posedge reset or posedge load)
   begin
```

```
        if (reset==1)                    //异步复位功能
          q<=0;
        else if (load==1)                //异步置数功能
          q<=1;
        else
          q<=d;
      end
    endmodule
```

带异步复位和置数功能 D 触发器的功能仿真波形如图 10.23 所示，从图中可以看出，在复位和置数使能端无效的情况下，每到来一个时钟上升沿，就把 d 的数据赋给 q；只要复位和置数使能端有效，无论时钟处于何种状态都进行相应的复位和置数功能。

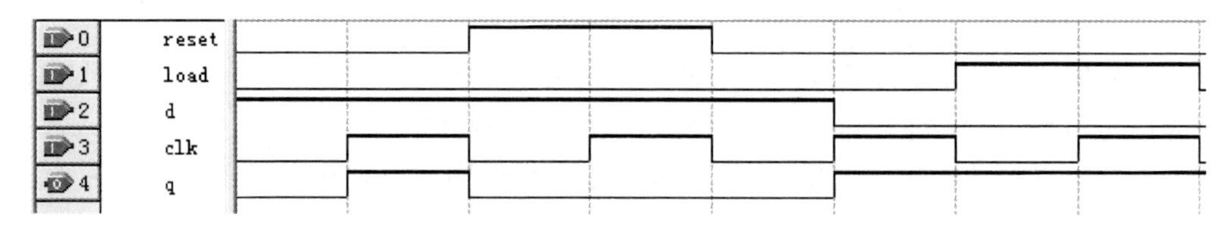

图 10.23　带异步复位和置数功能的 D 触发器的功能仿真波形

3. RS 触发器

基本 RS 触发器由两个与非门的输入、输出端交叉连接构成，其电路图和逻辑符号如图 10.24 所示，它有两个输入端 R（复位端）、S（置数端），两个输出端 Q、$\overline{Q}$。与之对应的功能表如表 10.8 所示，由功能表可知，当进行复位操作，使 $Q=0$ 时，应使 $R=0$，即 R 低电平有效；当进行置数操作，使 $Q=1$ 时，应使 $S=0$，即 S 低电平有效。

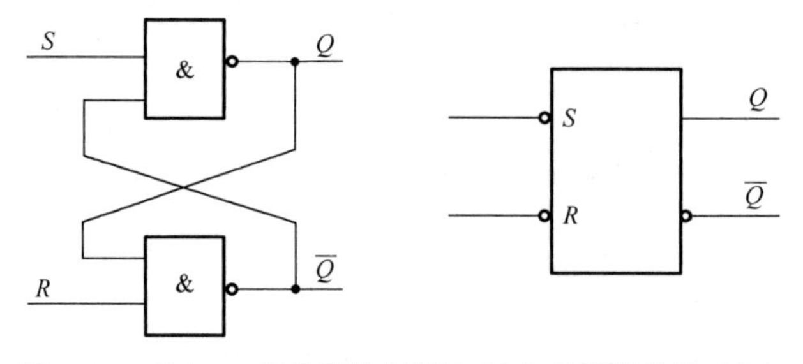

图 10.24　基本 RS 触发器的电路图（左）和逻辑符号（右）

表 10.8　两个与非门组成的基本 RS 触发器的功能表

R	S	Q
1	0	1
0	1	0
1	1	不变
0	0	不定

【例 10.28】 采用结构描述的基本 RS 触发器示例。

```
    module RSff1 (R, S, Q, QN);
     input R, S;
```

```
  output Q, QN;
  nand U1 (Q, S, QN),
       U2 (QN, R, Q);
endmodule
```

例 10.28 是调用两个与非门电路来实现基本 RS 触发器的设计，也就是结构描述方式。还可以采用行为描述方式实现，见例 10.29。

【例 10.29】采用行为描述的基本 RS 触发器（采用 if 语句的嵌套形式实现）。

```
module RSff2 (R, S, Q, QN);
  input R, S;
  output Q, QN;
  reg Q, QN;
  always@ (R or S)                    //R、S 的各种组合
      if({R,S}==2'b01)                begin Q<=0;QN<=1;end
      else if ({R,S}==2'b10)          begin Q<=1;QN<=01;end
      else if ({R,S}==2'b11)          begin Q<=Q;QN<=QN;end
      else                            begin Q<=1'bX;QN <=1'bX;end
endmodule
```

基本 RS 触发器的功能仿真波形如图 10.25 所示，从图中可以看出，仿真结果与功能表相符。

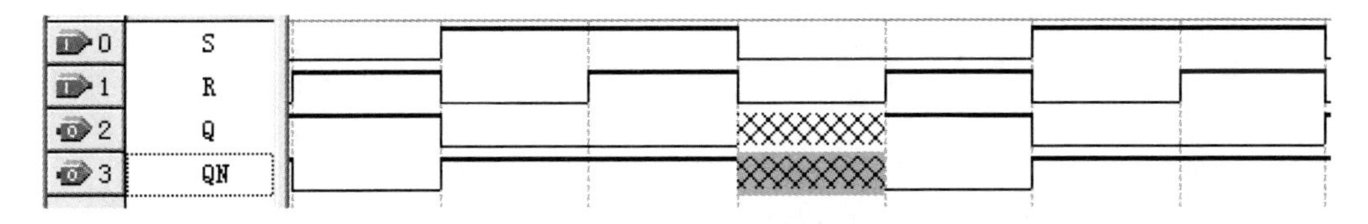

图 10.25　基本 RS 触发器的功能仿真波形

注意：对于用两个与非门构成的基本 RS 触发器，不允许工作在 $R=S=0$ 的状态，所以在设计过程中要避免出现这种情况。

4．4 位计数器设计实例

本实例设计了一个单独的 4 位计数器，如图 10.26 所示，clk 是时钟输入，reset 是复位输入，qout 是计数输出。

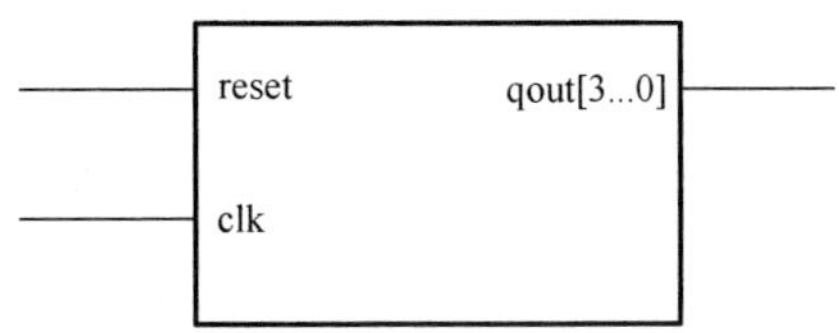

图 10.26　4 位计数器 count4

【例 10.30】4 位计数器 count4 示例。

```
module counter (qout, reset, clk);
output [3:0] qout;
input clk, reset;
```

```
reg [3:0] qout;
always @ (posedge clk)
     begin
     if (reset) qout<=0;                //reset 有效 qout=0
     else    qout<=qout+1;              //自动加 1
     end
endmodule
```

count4 的功能仿真波形如图 10.27 所示，clk 上升沿触发时 qout 变化。

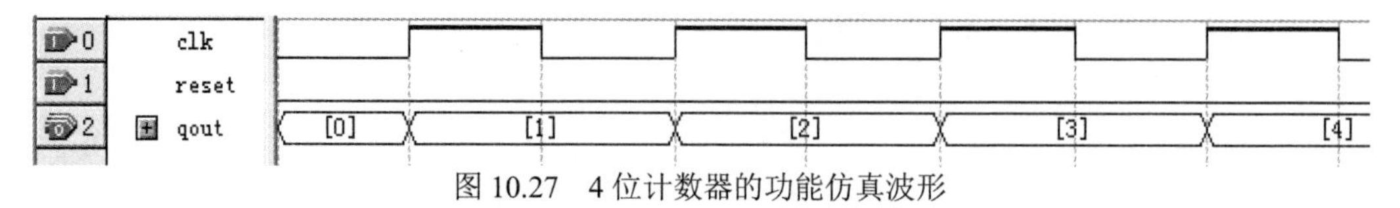

图 10.27 4 位计数器的功能仿真波形

5．60 进制同步计数器设计

同步计数器是指在同一时钟信号的控制下，构成计数器的各个触发器的状态同时发生变化的计数器。60 进制同步计数器的代码在例 10.31 中给出。

【例 10.31】 60 进制同步计数器示例。

```
module count60 (clk, rst, qh, ql, cout);
  input clk, rst;
  output [3:0] ql;
  output [2:0] qh;
  output cout;
  reg [3:0] ql;
reg [2:0] qh;
always @ (posedge clk or posedge rst)
  begin
     if (rst)  ql<=0;
     else if (ql==9)
         ql<=0;
     else
         ql<=ql+1;
     end
always @ (posedge clk or posedge rst)
  begin
     if(rst) qh<=0;
     else if(ql==0)
       if(qh==5)
          qh<=0;
       else
          qh<=qh+1;
  end
  assign cout=(qh==5 && ql==9)?1:0;
endmodule
```

60 进制同步计数器的波形功能仿真如图 10.28 所示。该计数器采用两个 always 过程语句，共用一个时钟信号 clk，分别实现高位 qh（十位）和低位 ql（个位）的计数功能，高位 qh 的值为从 0～5，低位 ql 的值为从 0～9，因此 qh 和 ql 分别定义成 3 位和 4 位向量形式，

cout 在计数到 59 时产生高电平状态。

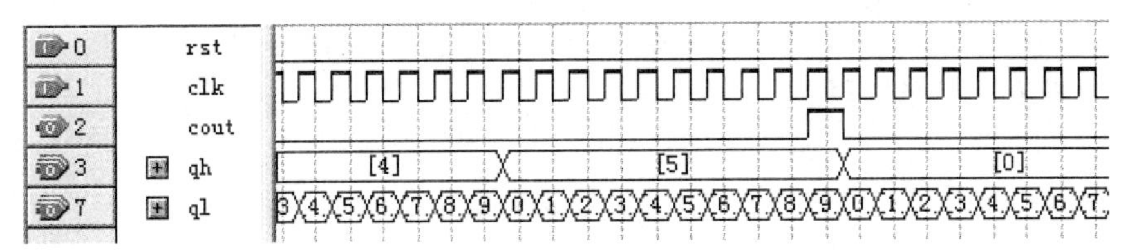

图 10.28　60 进制同步计数器的波形功能仿真

6. 普通寄存器设计实例

在数字电路中，寄存器是一种在某一特定信号（通常是时钟信号）的控制下存储一组二进制数据的时序逻辑电路。寄存器一般由多个触发器连接而成，采用一个公共信号进行控制，同时各触发器的数据端口仍然各自独立地接收数据。通常，寄存器可以分为两大类：普通寄存器和移位寄存器。

【例 10.32】带清零功能的 8 位数据寄存器示例。

```
module reg_8 (out, in, clk, clr);
output [7:0] out;
input [7:0] in;
input clk, clr;
reg [7:0] out;                  //在 always 语句中被赋值的信号要声明为 reg 型
always @ (posedge clk or posedge clr)      //clk 上升沿语句和 clr 有效语句
begin
if (clr) out<=0;
else out<=in;
end
endmodule
```

带清零功能的 8 位数据寄存器的功能仿真波形如图 10.29 所示。当 clr 有效时，不论时钟 clk 处于何种状态，输出都为 0；当 clr 无效时，时钟 clk 上升沿到来后将 in 的数据寄存到 out 中。

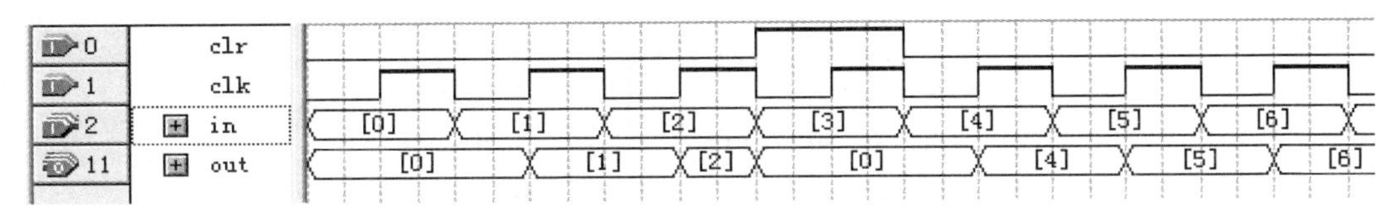

图 10.29　带清零功能的 8 位数据寄存器的波形功能仿真

7. 移位寄存器

移位寄存器是指除了具有存储二进制数据的功能，还具有移位功能的触发器组。它是数字装置中大量应用的一种逻辑，按照移位寄存器的移位方向进行分类，可以分为左移移位寄存器、右移移位寄存器和双向移位寄存器等。

【例 10.33】8 位左移移位寄存器示例。

```
module shiftleft_reg (clk, rst, l_in, s, q);
```

```
    input clk, rst, l_in, s;
    output [7:0] q;
    reg [7:0] q;        //在always语句中被赋值的信号要声明为reg型
    always @ (posedge clk)
        begin
          if (rst)
            q<=8'b0;
           else if (s)
            q<=(q[6:0],l_in);
           else
            q<=q;
        end
endmodule
```

8 位左移移位寄存器是通过将 l_in 放在 q[6:0]的右边并置成一个 8 位向量，将其锁存在 q[7:0]来实现的。图 10.30 是 8 位左移移位寄存器的功能仿真波形，从图中可以看出，随着输入 l_in 的变化，每当时钟上升沿到来，且控制端 s =1 时，输出将输入的数据放在输出的最低位上，实现左移的功能；当控制端 s = 0 时，寄存器保持。

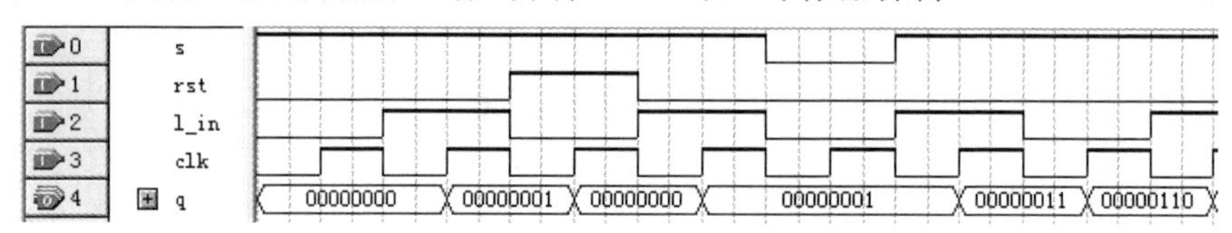

图 10.30　8 位左移移位寄存器的功能仿真波形

10.4.4　数字系统设计实例

数字跑表是体育比赛中常用的计时仪器，它通过按键来控制计时的起点和终点。本设计实例要求，计时精度为 10 ms，计时范围为 0～59 分 59 秒 99 百分秒。

图 10.31 是该数字跑表的结构示意图。数字跑表设置了 3 个输入信号，分别是时钟输入信号 clk、异步复位信号 reset、启动/暂停按键 pause。复位信号高电平有效，可对数字跑表异步复位；当启动/暂停按键 pause 为低电平时，数字跑表开始计时，为高电平时暂停，变低后在原来的数值基础上继续计数。控制信号功能如表 10.9 所示。

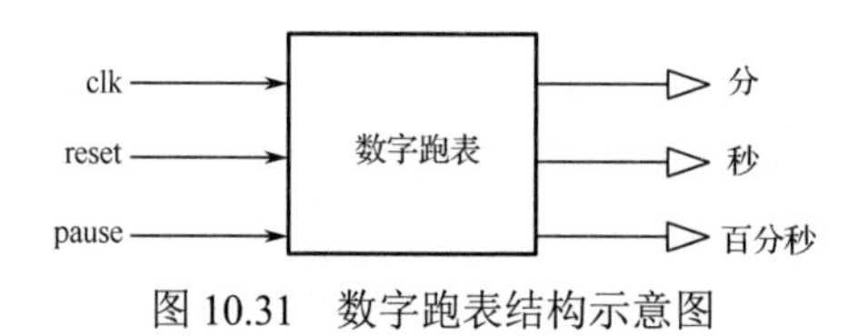

图 10.31　数字跑表结构示意图

表 10.9　控制信号功能表

控制信号	取　值	功　能
异步复位信号 reset	0	计数
	1	异步复位
启动/暂停 pause	0	计数
	1	暂停

为了在数码管上显示输出信号，百分秒、秒和分信号，采用 BCD 码计数方式。根据设计要求，用 Verilog HDL 设计的数字跑表程序如例 10.34 所示。

【例 10.34】数字跑表示例。

```
module paobiao (clk, reset, pause, msh, msl, sh, sl, minh, minl);
    input clk, reset;         //clk 为时钟信号，reset 为异步复位信号，高电平有效
    input pause;              //启动/暂停信号
    output [3:0] msh, msl, sh, sl, minh, minl;//百分秒、秒、分的高位和低位
    reg [3:0] msh, msl, sh, sl, minh, minl;
    reg cout1, cout2;         //cout1 位百分秒向秒的进位，cout2 为秒向分的进位
    //百分秒计数进程，每计满 100，cout1 向秒产生一个进位
    always @ (posedge clk or posedge reset)
     begin
       if (reset)             //异步复位
        begin
          {msh,msl} <=8'h00;
          cout1 <=0;
        end
       else if (!pause)       //pause 高电平暂停计数，低电平正常计数
        begin
          if (msl==9)
           begin
             msl<=0;
             if (msl==9)
              begin
                msh<=0;
                cout1<=1;
              end
             else
              msh<=msh+1;
           end
          else
           begin
             msl<=msl+1;
             cout1<=0;
           end
          end
       end
    //秒计数进程，每计满 60，cout2 向分产生一个进位
    always @ (posedge cout1 or posedge reset)
     begin
       if (reset)   //异步复位
        begin
          {sh,sl} <=8'h00;
          cout2 <=0;
        end
```

```
        else if (sl==9)
          begin
            sl<=0;
            if (sh==5)
              begin
                sh<=0;
                cout2<=1;
              end
            else
              sh<=sh+1;
          end
        else
          begin
            sl<=sl+1;
            cout2<=0;
          end
      end
  //分计数进程，每计满 60，自动从零开始计数
  always @ (posedge cout2 or posedge reset)
      begin
        if (reset)      //异步复位
          begin
            {minh,minl}<=8'h00;
          end
        else if (minl==9)
          begin
            minl<=0;
            if (minh==5)
              minh<=0;
            else
              minh<=minh+1;
          end
        else
          minl<=minl+1;
      end
endmodule
```

图 10.32 是其计时范围的仿真波形，从图中可以看出，其最大计时为 59 分 59 秒 99 百分秒，然后重新从 0 开始计时。图 10.33 是带有暂停功能的仿真波形，从图中可以看出，在 05 分 17 秒 04 百分秒时，启动/暂停按键 pause 为高电平，计时暂停，保持其时间不变，当转为低电平时，在原数值的基础上继续计时。从两个波形可以看出，该设计与要求相符。

如果想在数码管上显示时间信息，可以在该模块的输出上连接选择模块和 BCD 码转七段码模块。

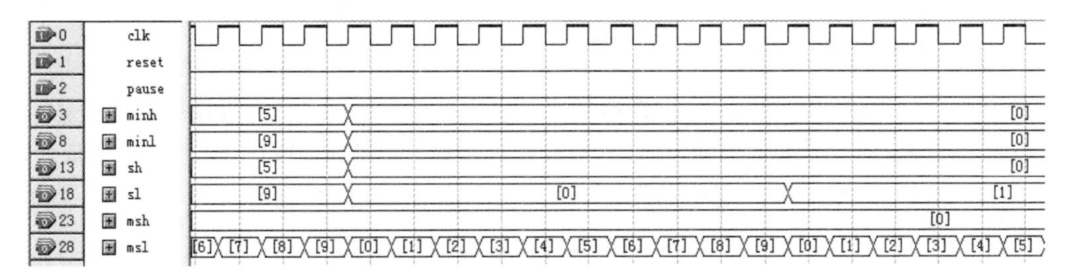

图 10.32　数字跑表计时范围的仿真波形

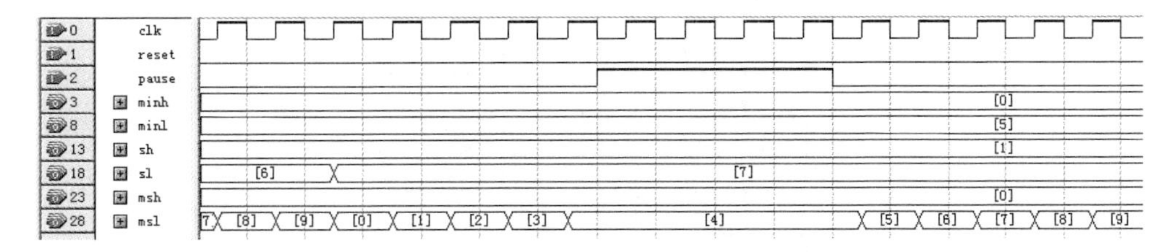

图 10.33　数字跑表暂停功能的仿真波形

10.5　Verilog HDL 的模拟仿真

10.5.1　Quartus II 开发软件

Quartus II 软件是 Altera 公司为支持其可编程逻辑器件的开发而推出的专用软件。Quartus II 设计工具完全支持 VHDL、Verilog HDL 的设计流程，其内部嵌有 VHDL、Verilog HDL 逻辑综合器。它集成了 Altera 的全部 CPLD/FPGA 器件的硬件开发功能，同时可以实现系统级设计、综合、仿真、约束等功能，还具有在线测试功能。

1. Quartus II 软件主界面

Quartus II 软件的主界面如图 10.34 所示。

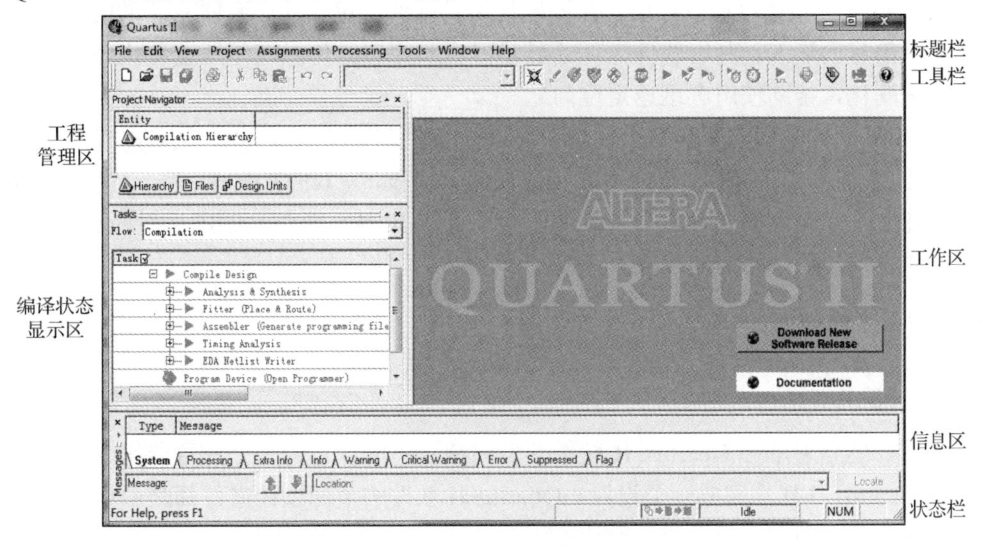

图 10.34　Quartus II 软件的主界面

2. Quartus II 软件的设计流程

Quartus II 软件的设计流程如图 10.35 所示。从图中可以看出，设计流程中包括设计输入、综合、布局布线、时序分析、仿真、编程和配置等步骤，其中的布局布线还包括功耗分析、调试、工程更改管理等部分。这些操作都可以利用 Quartus II 软件实现。

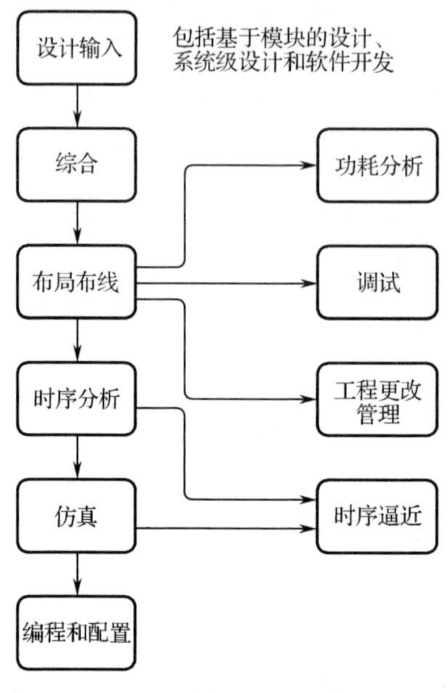

图 10.35　Quartus II 软件设计流程

此外，Quartus II 软件为设计流程的每个阶段提供 Quartus II 图形用户界面、EDA 工具界面以及命令行界面。可以在整个流程中只使用这些界面中的一个，也可以在设计流程的不同阶段使用不同界面。

10.5.2 ModelSim 开发软件

ModclSim 软件是和 Quartus II 软件搭配使用的软件，对其进行编程就可以模拟真实环境下各种复杂信号的输入。利用软件提供的显示界面和窗口，可以方便地查看代码逻辑所有信号线的电平变化，帮助使用者迅速定位问题。

ModelSim 软件是优秀的 HDL 语言仿真软件，提供友好的仿真环境，是单内核支持 VHDL 和 Verilog 混合仿真的仿真器。它采用直接优化的编译技术、Tcl/Tk 技术、单一内核仿真技术，编译仿真速度快，编译的代码与平台无关，便于保护 IP 核，个性化的图形界面和用户接口，为用户加快调错提供强有力的手段。

10.5.3 仿真实例

1. 建立设计工程

为了更好地学习掌握 Quartus II 软件开发系统，下面以设计一个计数器作为实例，介绍如何利用 Quartus II 软件完成一个设计。Quartus II 软件的全部设计文件都是由设计工程管理器进行管理的。下面介绍建立一个设计工程的过程。

Step1：建立文件夹，可在任意目录中（注意不能用汉字），如“d:\altera\90\quartus\example”。

Step2：在图 10.34 所示的 Quartus II 主界面中，执行菜单命令“File”→“New Project Wizard”，打开如图 10.36 所示的创建工程向导对话框。单击“Next”按钮，打开如图 10.37 所示的输入工程路径、工程名称、工程设计的实体名称对话框（注意：工程名称最好和文件夹名称一致）。输入设计的工程名称和工程设计的实体名称之后，单击“Next”按钮，打开如图 10.38 所示的工程类型对话框。

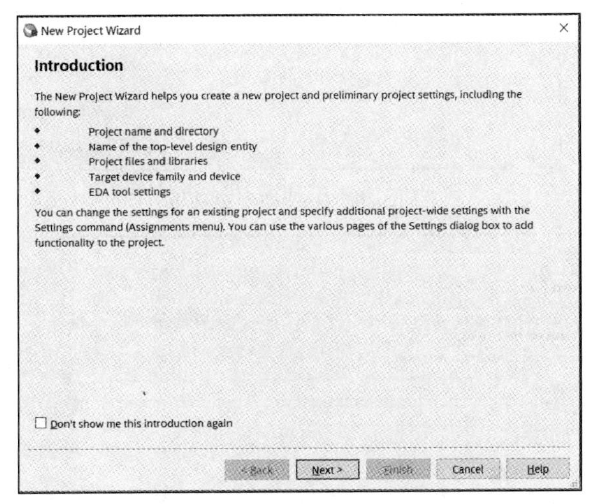

图 10.36　创建工程向导对话框

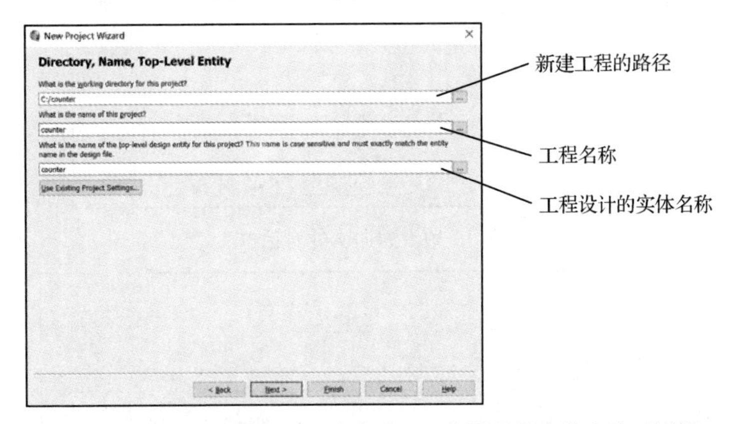

图 10.37　输入工程路径、工程名称、工程设计的实体名称对话框

Step3：在工程类型对话框中对工程类型进行选择。一般默认为 Empty project 即可，单击“Next”按钮，打开如图 10.39 所示的添加文件对话框。

Step4：在“File name”栏中选择添加其他已存在的设计文件（如果有）。

Step5：在图 10.40 所示对话框中，在“Family”栏中选择芯片系列，在“Package”栏中选择芯片的封装形式，在“Pin count”栏中选择芯片的引脚数目，在“Speed grade”栏中选择速度级别来约束可选芯片的范围。也可在“Target device”栏中自动选择芯片。这里选择芯片型号如图中所示，完成后单击“Next”按钮，打开如图 10.41 所示的 EDA 工具设置对话框。

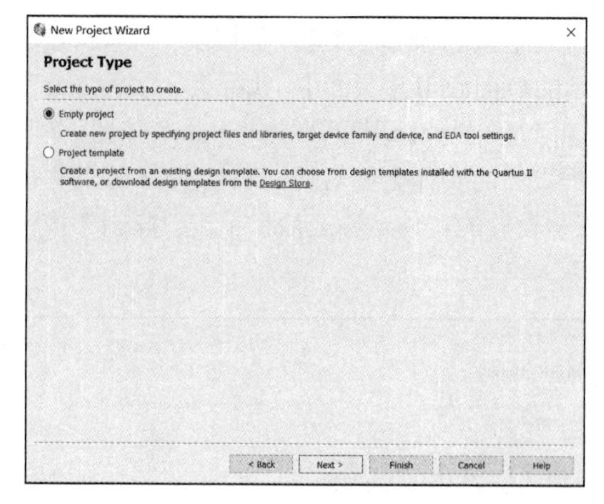

图 10.38 工程类型对话框

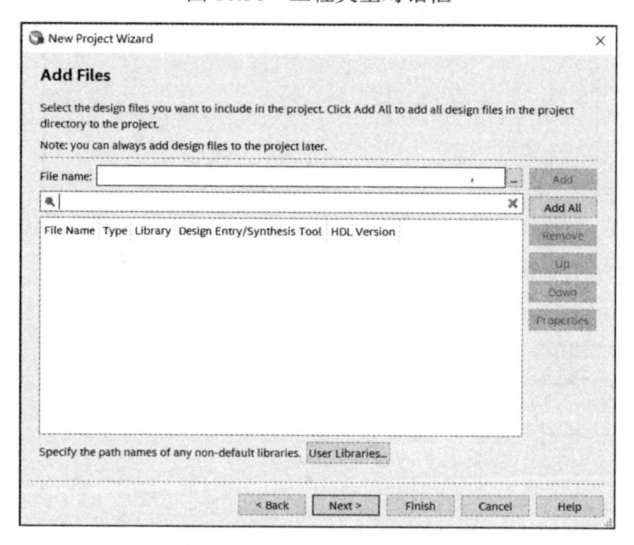

图 10.39 添加文件对话框

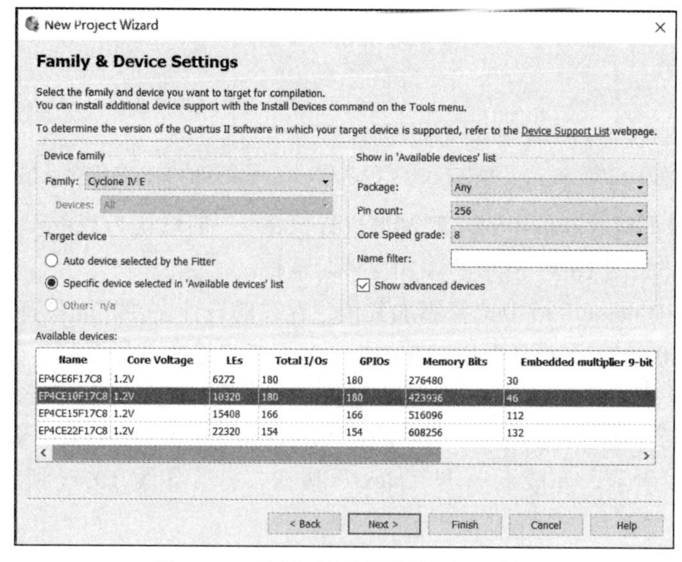

图 10.40 选择可编程逻辑芯片对话框

Step6：在图 10.41 所示对话框中选择第三方 EDA 软件，一般无须改动，直接单击“Next”按钮，打开如图 10.42 所示的创建工程向导结束对话框。单击“Finish”按钮，结束创建工程，进入 Quartus II 15.0 管理器窗口，工程文件的扩展名为.qdf。如果工程已经建立，可执行菜单命令“File”→“Open Project”，打开如图 10.43 所示对话框，也可进入管理器窗口。

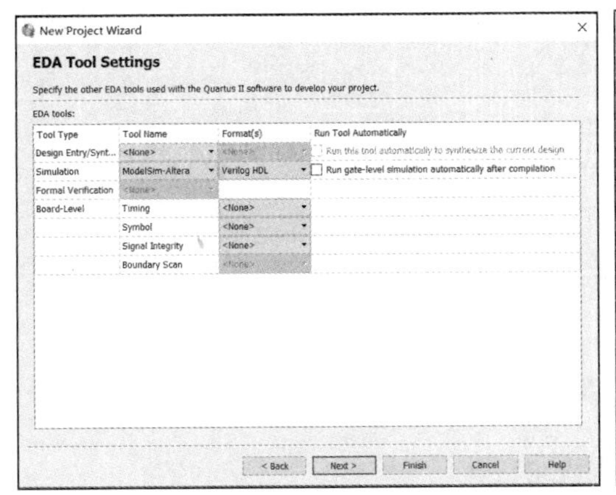

图 10.41　EDA 工具设置对话框

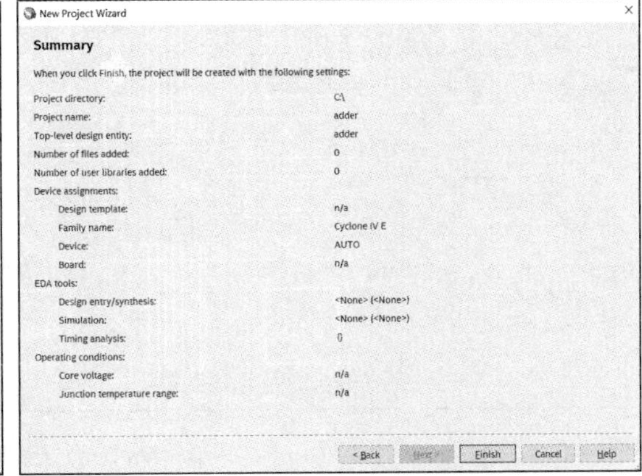

图 10.42　创建工程向导结束对话框

Quartus II 支持以 VHDL 和 Verilog HDL 等硬件描述语言书写的文本文件，在进行文本编辑输入时，首先建立一个设计文件。在 Quartus II 15.0 管理器窗口中，执行菜单命令“File”→“New”，打开如图 10.44 所示的选择编辑文件类型对话框。在对话框中的“Design Files”下选择“Verilog HDL File”，单击“OK”按钮，打开如图 10.45 所示的文本编辑器对话框，进入新建的 Verilog HDL 文本编辑窗口，输入 Verilog HDL 程序代码。

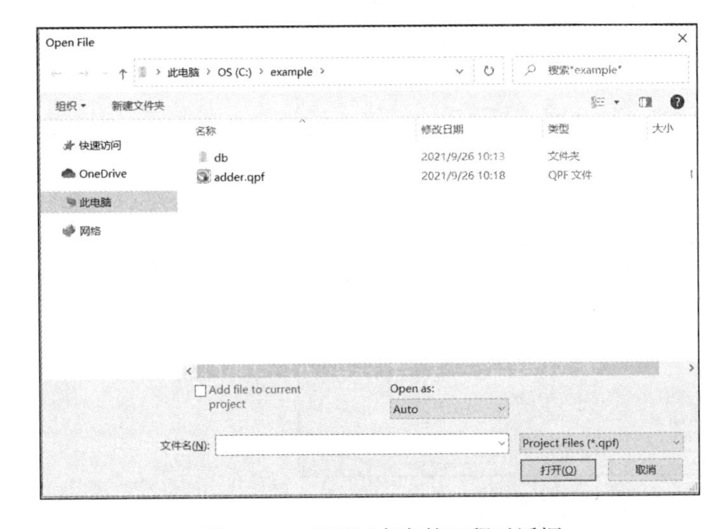

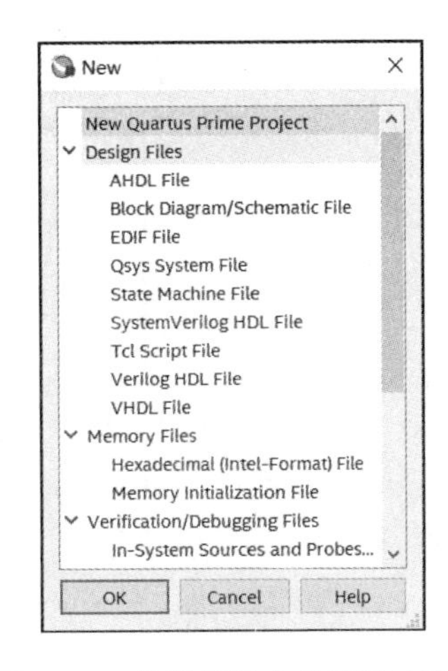

图 10.43　打开已存在的工程对话框　　图 10.44　选择编辑文件类型对话框

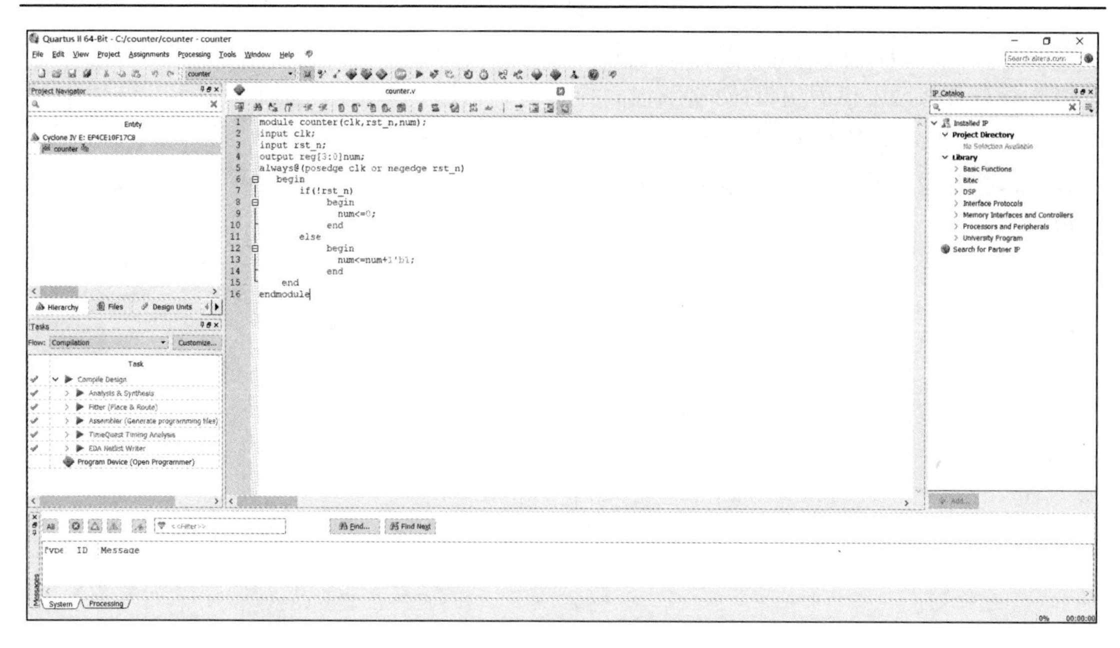

图 10.45 文本编辑器对话框

2. 设计处理

在设计输入完成后，用户就可以对设计工程进行处理了，设计处理主要使用 Quartus II 编译器完成。在进行编译处理前，必须进行必要的设置，具体步骤如下：执行菜单命令“Assignments”→“Setting”或“Device”，打开如图 10.46 所示的选择目标芯片对话框。在选择目标芯片时，本例选择 EP4CE10F17C8 芯片。

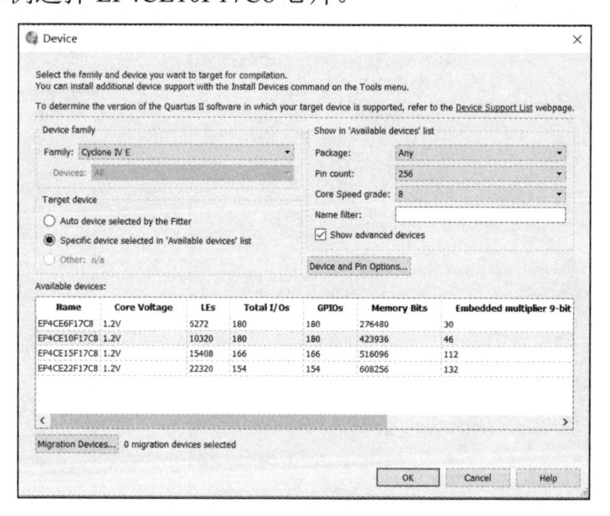

图 10.46 选择目标芯片对话框

3. 编译

Quartus II 编译器是由一系列处理模块构成的，这些模块负责对设计工程的查错、逻辑综合和结构综合。执行菜单命令“Processing”→“Start Compilation”或“Compiler tools”均可启动编译器，编译完成的信息显示如图 10.47 所示。

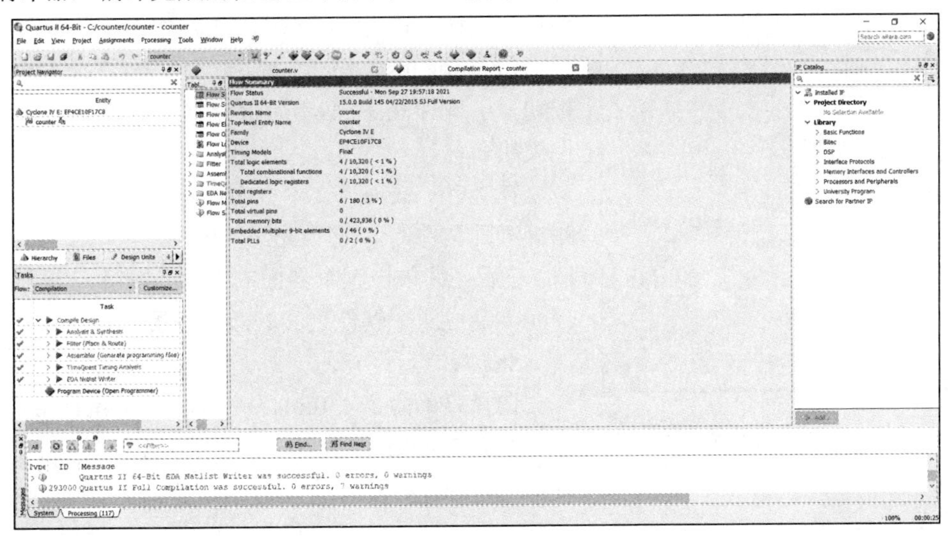

图 10.47　编译完成后的信息显示

4．设计仿真

仿真就是对设计工程进行一项全面彻底的测试，以确保设计工程的功能和时序特性，以及最后得到的硬件器件的功能与原设计吻合。编译通过仅说明语法正确，检查逻辑是否正确还需要使用另一个工具——ModelSim。

Step1：编写测试激励。

仿真可以理解为我们平时测试电路板的过程，需要给待测单元提供一定的输入，因此在调用 ModelSim 之前，需要编写一段测试激励代码，给待测模块输入测试激励代码，如图 10.48 所示。

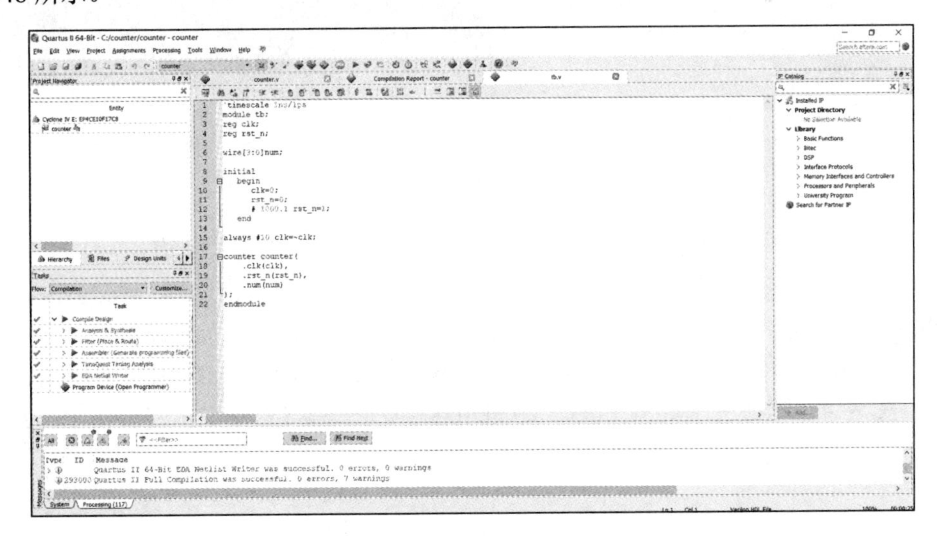

图 10.48　编写测试激励代码界面

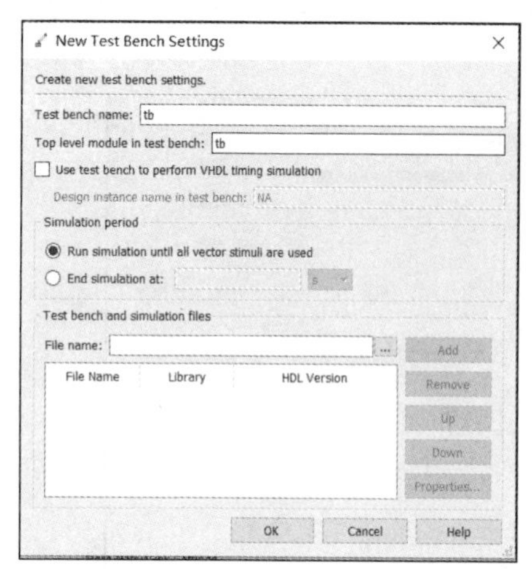

图 10.49 输入测试文件模块名称界面

Step2：软件之间的级联设置。

测试代码编写完毕，需要对软件进行一些设置。右键单击工程名称“Counter”，选择“Settings”选项，选择“Compile test bench”选项，单击“Test Benchs…”按钮，出现如图 10.49 所示的界面，在其中输入测试文件模块名称。

在“File name”文本框右侧单击“…”按钮，选择测试激励文件，单击“Open”按钮，再单击“Add”按钮，最后连续单击三个界面的“OK”按钮，返回 Quartus 界面，完成两个软件之间的级联设置。

Step3：运行仿真。

选择菜单命令“Tools”→“Run Simulation Tool”→“RTL Simulation”，单击执行后出现如图 10.50 所示的 ModelSim 界面。

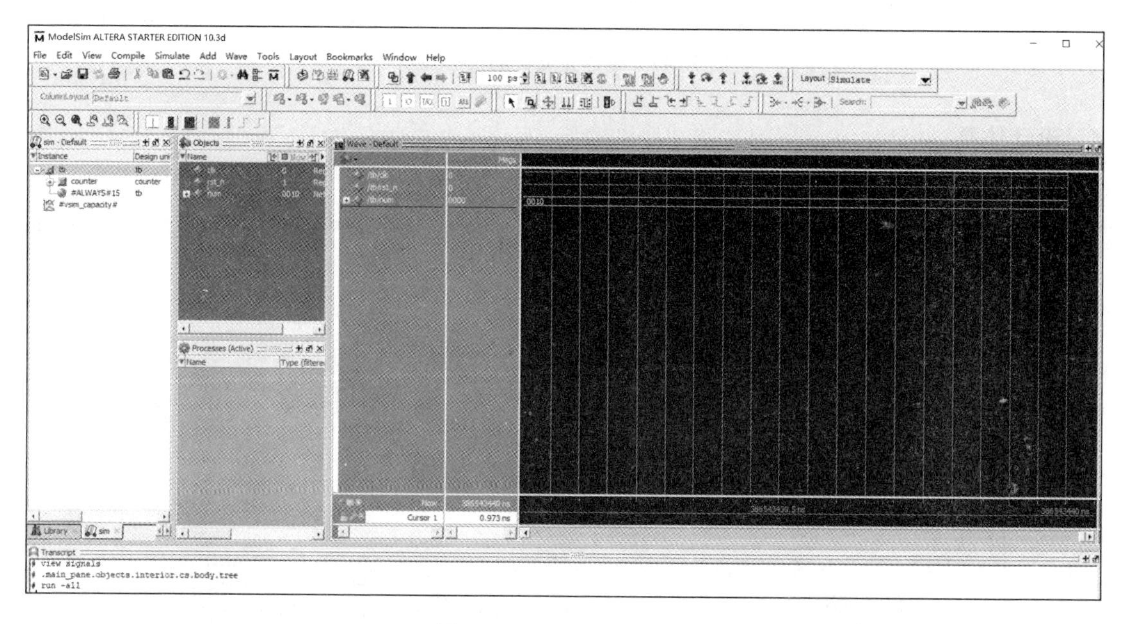

图 10.50 ModelSim 界面

单击“Stop”按钮，停止现在的波形，然后按 Ctrl+A 组合键选中所有信号，按 Delete 键删除全部信号波形，在“Sim”工具栏右击“Counter”选项，接下来选择“Add Wave”选项，单击“Toggle leaf names<_>full names”图标，再按 Ctrl+G 组合键实行自动分组，在“Radix”选项中选择无符号类型数据，按 Ctrl+S 组合键保存波形，再次单击“OK”按钮确认保存，接下来在命令窗口中输入 restart 指令，如图 10.51 所示，按 Enter 键出现如图 10.52 所示的窗口，单击“OK”按钮。

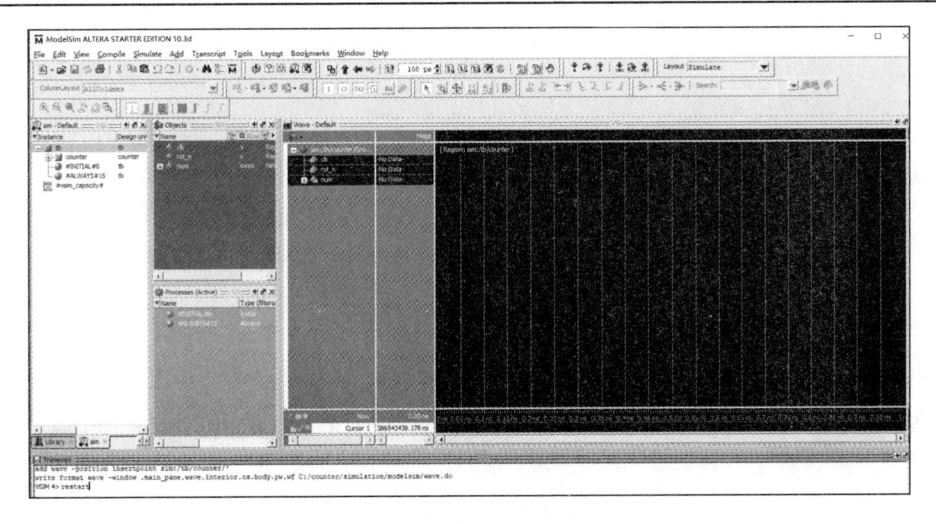

图 10.51　输入指令界面

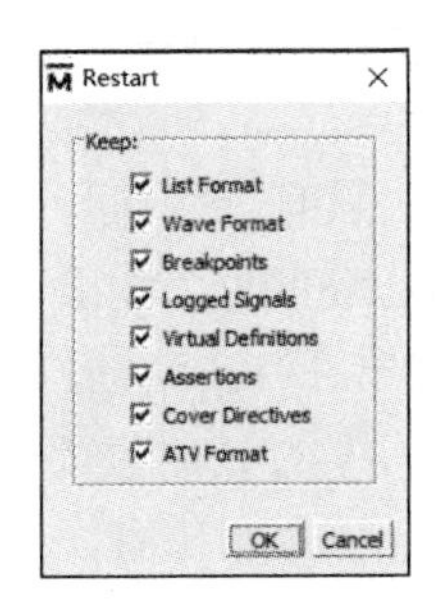

图 10.52　Restart 对话框

接着在命令窗口中输入“run 0.1ms”，按 Enter 键确认，单击波形界面，通过图标对界面进行放大或者缩小，查看波形任意位置，最后得到的结果如图 10.53 所示。

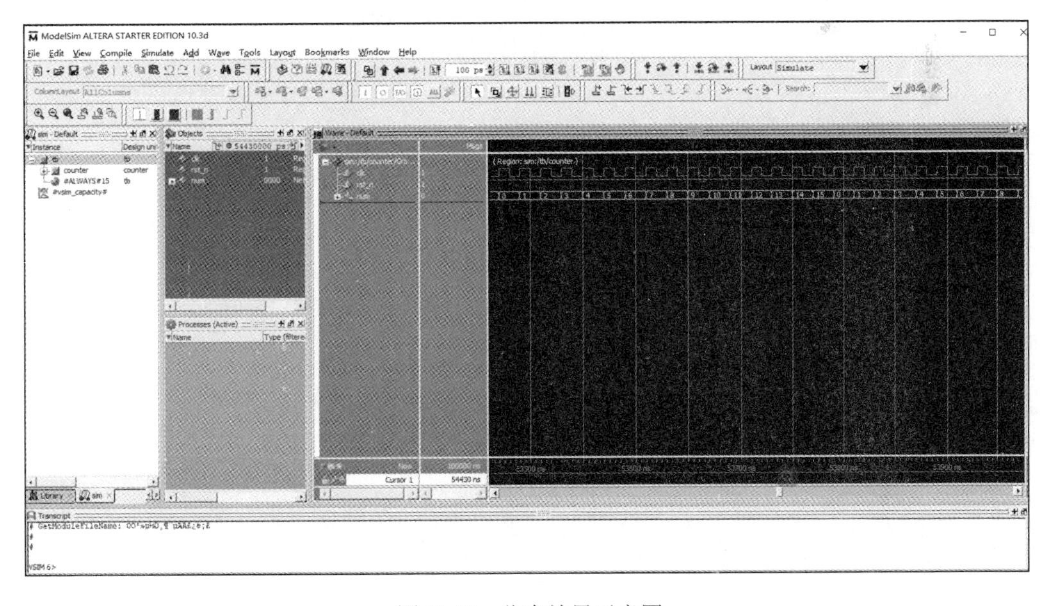

图 10.53　仿真结果示意图

习题

10.1　Verilog HDL 允许设计者进行数字逻辑系统的功能有哪些？

10.2　Verilog HDL 程序包括哪几个主要部分？Verilog HDL 模块包含哪些部分？

10.3　Verilog HDL 程序基本元素主要包括哪些？标识符的第一个字符必须是什么？

10.4　Verilog HDL 中数据类型的作用是什么？其变量类类型有几种？分别是什么？表示实际电路中的寄存器常用什么类型？

10.5　Verilog HDL 的基本语句有哪些？

10.6　过程结构语句多从属于哪两种过程语句？它们的区别是什么？

10.7　Verilog HDL 中有哪几种循环控制语句？它们各自的特点是什么？

10.8　设计一个 4 位二进制加法计数器（带同步清零）。

10.9　设计一个 4 路抢答器，要求根据主持人指令进行抢答，分辨出选手按键的时间先后。

10.10　设计一个 8 路彩灯控制程序，要求彩灯：

（1）8 路彩灯同时亮灭；

（2）从左至右逐个亮（每次只有一路亮）。

10.11　设计一个组合逻辑电路，电路有两个输出，其输入为 8421BCD 码。当输入是十进制数 2、4、6、8 时，输出 X=1；当输入数大于 5 时，输出 Y=1。

10.12　设计一个同步置数、异步清零的 D 触发器。

10.13　设计一个 8 位加法器，进行综合和仿真，并查看结果。

10.14　设计一个奇偶校验位生成器。

10.15　利用计数器 74LS160 设计 60 进制的计数器。

参 考 文 献

1 孟贵胥，王兢. 数字电子技术. 大连：大连理工大学出版社，2002

2 白彦霞，赵燕，陈晓芳. 数字电路与逻辑设计. 北京：清华大学出版社，2021

3 康华光. 电子技术基础 数字部分（第五版）. 北京：高等教育出版社，2006

4 阎石. 数字电子技术基础（第四版）. 北京：高等教育出版社，1998

5 刘宝琴，王德生，罗嵘. 逻辑设计与数字系统. 北京：清华大学出版社，2005

6 李宏. 数字电路与系统实验指导. 北京：电子工业出版社，2021

7 Victor P. Nelson 等著，段晓辉等译. 数字逻辑电路分析与设计. 北京：清华大学出版社，2016

8 Thomas L. Floyd. 数字基础（第七版）（影印版）. 北京：科学出版社，2002

9 John F. Wakerly. 数字设计：原理与实践（第四版）. 北京：高等教育出版社，2007

10 蔡杏山. 模拟电路和数字电路自学手册. 北京：人民邮电出版社，2018

11 林红，郭典等. 数字电路与逻辑设计（第 4 版）. 北京：清华大学出版社，2022

12 蔡良伟. 数字电路与逻辑设计（第四版）. 西安：西安电子科技大学出版社，2021

13 卢毅，赖杰. VHDL 与数字电路设计. 北京：科学出版社，2001

14 Mark Zwolinski 著，李仁发等译. VHDL 数字系统设计. 北京：电子工业出版社，2004

15 姜雪松，刘东升. 硬件描述语言 VHDL 教程. 西安：西安交通大学出版社，2004

16 赵权科. 数字电路实验与课程设计. 北京：电子工业出版社，2019

17 徐惠民，安德宁. 数字逻辑设计与 VHDL 描述. 北京：机械工业出版社，2002

18 唐竞新. 数字电子电路解题指南. 北京：清华大学出版社， 2006

18 王公望. 数字电子技术常用题型解析及模拟题. 西安：西北工业大学出版社，1999

19 丁志杰，赵宏图，张延军. 数字电路与系统设计. 北京：清华大学出版社，2020

20 阎石，王红. 数字电子技术基础——习题解答. 北京：高等教育出版社，2006

21 李晓辉. 数字电路与逻辑设计（第 2 版）. 北京：电子工业出版社，2017

22 哈尔滨工业大学电子学教研室. 数字电子技术基础. 北京：高等教育出版社，2011

23 张艳花，牛晋川. 数字电子技术基础——学习指导及习题详解. 北京：电子工业出版社，2011

24 方怡冰. 数字电路与逻辑设计. 西安：西安电子科技大学出版社，2020